# 国内外油田结垢防治技术与应用

李琼玮 郭 钢 苑慧莹 刘 宁 等编著

石油工业出版社

## 内 容 提 要

油气田开发的全生命周期过程中,涉及大量的生产系统结垢防治问题。本书介绍了油田结垢机理、结垢监测及化学防垢剂、防垢工艺和防垢技术实践等内容,以及近年来国内外油田结垢防治的新进展和基于生产实践的一些新认识。

本书适合油田工程技术领域和从事油田化学技术开发的科研人员、高等院校相关专业师生参考使用。

### 图书在版编目(CIP)数据

国内外油田结垢防治技术与应用/李琼玮等编著.
—北京:石油工业出版社,2022.1
ISBN 978-7-5183-4948-7

Ⅰ.①国… Ⅱ.①李… Ⅲ.①油田-结垢-防治
Ⅳ.①TE358

中国版本图书馆 CIP 数据核字(2021)第 228562 号

---

出版发行:石油工业出版社
　　　　　(北京安定门外安华里 2 区 1 号楼　100011)
网　　址:www.petropub.com
编辑部:(010)64523738　图书营销中心:(010)64523633
经　　销:全国新华书店
印　　刷:北京晨旭印刷厂

---

2022 年 1 月第 1 版　2022 年 1 月第 1 次印刷
787×1092 毫米　开本:1/16　印张:17
字数:420 千字

定价:160.00 元
(如出现印装质量问题,我社图书营销中心负责调换)
**版权所有,翻印必究**

# 《国内外油田结垢防治技术与应用》
# 编 写 组

组　长：李琼玮

副组长：郭　钢　苑慧莹　刘　宁

成　员：周志平　王光义　刘　伟　孙雨来　苟利鹏

　　　　何　淼　周　佩　刘爱华　杨　虎　姜　毅

　　　　李明星　杨立华　杨会丽　朱方辉　王小琳

　　　　刘晓庆　李　慧　杨海燕　董　俊　杨　乐

# 序

在近年国际能源需求不断增长的大背景下，油气田开发新技术层出不穷，其中油田全生命周期工程技术研究因其以实现高最终采收率和高收益率为目标，得到油田管理、技术和操作等各层级人员越来越多的关注和思考。油田生产的全过程存在不同程度的结垢，在注水开发油田、化学驱油田这一问题更为突出。油田生产中的结垢及伴生的腐蚀影响"井—线—站"生产系统的可靠性，降低系统效率，继而降低开发效果、效益，急需从源头抓、尽早防和彻底治。

该书主要围绕油田结垢防治的基础理论、室内实验、生产实践三个方面，汇总分析了国内外大量研究成果、技术条件和工艺方法、矿场经验，不仅对油田开发中清防垢综合方案的制订、评价、优化调整具有较强的指导意义，也可作为石油院校相关专业的教学资源，为学习者的科普启蒙、理论研究、实战推演提供案例分享。

长庆油田作为典型的低渗透—特低渗透油田，区域面积广、开发层系多，结垢、结蜡和腐蚀问题复杂。该书作者及相关团队在长期的支撑保障油田生产运行和油田化学科研实践过程中，积累了对成垢、预防和治理科学务实的理解和因地制宜的方案。他们针对长庆油田的混层结垢等复杂垢问题，分析国内外技术现状，借他山之石以攻玉，开展动态评价方法、新型防垢剂等技术研究，取得了系统性的成效。但应该看到采油工程等技术的进步往往漫长而崎岖，还需要克服各种新困难、新挑战。希望油田化学工作者继续坚持"爱国、创业、求实、奉献"的石油精神，潜心钻研，优化集成，为油田发展和行业进步发挥更大作用。

中国石油长庆油田公司副总工程师

2021 年 12 月

# 前　言

长庆油田是国内最大的低渗透油田，自20世纪80—90年代，针对安塞、陇东油田的碳酸盐垢、钡锶垢防治方面的问题，朱义吾、赵作滋和马广彦等油田技术专家通过大量卓有成效的实验和研究，形成了很多认识和成果，走在了国内油田的前列。

2006年以来，按照"源头治理、清防结合"的技术思路，中国石油长庆油田公司在结垢防治工作中投入大量精力，先后开展了注入水纳滤脱硫酸根前处理、多层采出液混输改分输和水力空穴物理清垢技术等研究，初步形成了清防垢工艺技术系列、配套标准和设备。在解决姬塬油田前期开发中出现的严重硫酸盐垢问题中，取得了一定的应用效果。

2013年，长庆油田实现$5000×10^4$t/a油气当量后，随着油田主力老区块逐步进入中含水阶段；勘探新发现及页岩油大幅上产中，新区块的产出流体更为复杂；三叠系、侏罗系两大主力开发层系的多个小层叠合开发，油水井的注采过程和地面混合液的集输、破乳及回注流程，也存在差异较大的不配伍问题；靖边、苏里格南区等部分下古生界气井和苏里格气田的部分上、下古生界合采井，因地层水矿化度高、产水量大，腐蚀和结垢问题共存。以上油气生产中的结垢难题既是前所未有，又呈现多样性、周期短和严重影响生产等特点。

经过对国内文献的系统检索和分析，我们发现国内技术人员对近年来国外相关研究缺乏系统梳理，综合性分析和认识不足；与单井措施结合的储层结垢防治方面缺乏长效工艺；部分区块生产系统硫酸钡/锶垢防治难度极大，属于世界性的难题；在井站多、人员少和数字化管理模式下，兼具经济性和易管理等优点的集约防治技术，仍需探索以突破技术瓶颈。

在全球近年油价持续低迷形势下，中东、俄罗斯极地和北美等地区油气田开发中的钻完井与生产更紧密结合，不断尝试在油田化学清防垢方面的创新和新技术试验，甚至在非洲的安哥拉、南亚的印度和巴基斯坦以及南美的阿根廷等国家都开展了一些有意义的探索。因此，在编写本书时，为了尽最大可能分类梳理和提炼有益的技术建议，既结合了长庆油田公司从事油田化学防垢研究和钻采工程的众多技术人员的努力和付出，又广泛查阅、分析了国外油田结垢防治资料，特别是参阅了美国石油工程师协会（SPE）、美国腐蚀工程师协会（NACE）等的公开文献，以及国内外学者、相关油田的研究资料、标准等。

本书共七章，第一章、第二章为绪论及结垢机理新进展，第三章介绍了结垢监测与评价技术，第四章、第五章介绍了化学防垢剂和油水井防垢工艺进展，第六章介绍了国内油田防垢技术实践及认识，第七章介绍了物理清防垢技术与应用。

第一章至第三章、第五章和第七章由李琼玮、郭钢执笔；第四章由李琼玮、刘宁、苑慧莹执笔；第六章由苑慧莹、李琼玮执笔。全书由李琼玮、刘宁、郭钢和苑慧莹统稿。

在本书编写过程得到了中国石油长庆油田公司郑明科、胡建国、赵振峰、慕立俊、张矿生、姚建国、李宪文、黄伟、李成龙、杨海恩、马广彦等的大力支持，还得到了中国石油大学（北京）杨子浩、Saudi Aramco 公司 Qiwei Wang 和 Baker Hughes 公司 Haiping Lu、华中科技大学陈振宇、西南石油大学胡义升、北京科技大学杨斌等教授和专家的支持和帮助，在此一并表示感谢。

由于编者水平有限，书中难免存在疏漏和不当之处，敬请读者批评指正。

# 目 录

第一章 绪论 …………………………………………………………………… （1）
  第一节 油气勘探的一些新领域 …………………………………………… （2）
  第二节 全生命周期的结垢防治理念 ……………………………………… （4）
  参考文献 ……………………………………………………………………… （7）

第二章 油田结垢机理新进展 ………………………………………………… （9）
  第一节 常规垢的特性及结垢影响因素 …………………………………… （11）
  第二节 复杂盐垢机理研究 ………………………………………………… （30）
  第三节 原油、腐蚀等对盐垢的增效作用 ………………………………… （33）
  第四节 油田结垢管理与预测 ……………………………………………… （37）
  参考文献 ……………………………………………………………………… （60）

第三章 结垢监测与评价技术 ………………………………………………… （66）
  第一节 垢产物及结垢过程的室内分析 …………………………………… （67）
  第二节 动态结垢测试方法 ………………………………………………… （75）
  第三节 现场结垢监测方法 ………………………………………………… （85）
  参考文献 ……………………………………………………………………… （88）

第四章 化学防垢剂研究进展 ………………………………………………… （91）
  第一节 常用防垢剂及作用机理 …………………………………………… （91）
  第二节 钡锶垢防垢剂及配方 ……………………………………………… （105）
  第三节 特种垢的化学防垢剂 ……………………………………………… （106）
  第四节 防垢剂的评价方法研究 …………………………………………… （108）
  第五节 溶垢剂及其评价方法研究 ………………………………………… （124）
  参考文献 ……………………………………………………………………… （139）

第五章 油水井防垢工艺进展 ………………………………………………… （144）
  第一节 注入水的前端处理防垢技术 ……………………………………… （144）
  第二节 压裂阶段的固体防垢技术 ………………………………………… （152）
  第三节 地层深部挤注防垢工艺与试验 …………………………………… （164）
  第四节 防垢剂加注及配套工艺 …………………………………………… （183）
  参考文献 ……………………………………………………………………… （192）

## 第六章 国内油田防垢技术实践及认识 (196)
### 第一节 国内主力油田防垢技术 (197)
### 第二节 提高采收率工艺中的结垢及对策 (219)
### 第三节 气井除垢解堵技术 (227)
### 参考文献 (236)

## 第七章 物理清防垢技术与应用 (239)
### 第一节 国内外物理清防垢技术与应用 (239)
### 第二节 涂镀层防垢 (244)
### 第三节 长庆油田物理防垢技术应用 (251)
### 第四节 集中结垢技术 (257)
### 参考文献 (259)

## 后记 (261)

# 第一章 绪 论

工业革命以来，复杂结垢对工业生产的影响就被人们重视和研究。工业用水是一种含有多种电解质的溶液，当达到过饱和条件后，就会生成相应的晶核，同时，不同可溶性盐的混合物也易于产生沉淀，并导致结垢。早在1910年，就已经有了关于工业换热器表面结垢调查的初步研究成果。

油气田生产系统结垢也一直是影响生产和开发效益的一个重要问题。在油气开发的全过程都可能面临结垢问题，结垢可以发生在各种位置，如储层深部，采油系统的管、杆和泵，地面集输系统的管线、阀和设备等处。特别是注水开发的油田，将各类水注入储层以保持地层压力和提高产量时，结垢问题更为复杂。在不同生产阶段，结垢程度还存在动态变化：

(1) 产出液中含水(原始地层水或注入的清水/海水、采出水)或三次采油中聚合物、其他气体等介质含量。

(2) 注入水(介质)与地层水或多层系产出液间的水型不配伍混合。

(3) 系统内温度和压力的变化或流态变化等。

结垢、蜡和腐蚀等问题往往共生、共存，相互促进加剧。由结垢引起的地层堵塞、近井地带异常沉积，会导致注水量减少和注水压力增加，成为影响产量和最终采收率的一个重要因素。另外，结垢还导致石油和天然气产量急剧下降，井下设备经常更换，生产井段重新钻井，因堵塞油井而导致的磨钻扩眼和增产作业以及其他补救性修井工作，增加了油田运营成本。

国外一些油公司将全生产流程的结垢、结蜡和破乳脱水等问题的研究及防治，归并为流动保障(Flow Assurance)部门，此时的结垢防治工作就需要更深入地考察各作用因素，寻求更为全面、高效的解决问题措施。整体来看，国外公司等对油气田结垢防治的重视程度和研究投入较高，也更注重系统性。另外，SPE还每隔两年组织全球技术人员召开油田防垢技术会议，专题研讨油气田结垢防治方面的难题；NACE年度腐蚀大会也会设立一两个专题小组，探讨各种工业生产中的结垢问题。

与国外同行相比，国内在相关理念、技术研究深度和管理要求等诸多方面的差距很大，值得借鉴的经验非常多。而且通过近年对国外技术的跟踪分析，深刻地感受到，如果不迎头赶上，这种差距还会越来越大。

在全球能源紧缺的整体形势和近些年油价波动的情况下，出现的各种新领域和新思路，对结垢防治也提出了新挑战。

# 第一节 油气勘探的一些新领域

近年来，随着国际石油天然气勘探开发的深入，储层情况日益复杂，"深、海、低、非、极"资源储量成为油气产量增长的热点，流动保障及其中的结垢防治相应的难度也不断加大。

（1）"深"是指油气井开发层系埋深越来越大。

中国石油塔里木油田公司在库车山前油气区的克深区块开发中，埋深达到6500~8000m，气藏压力和温度超高（压力最高125MPa，温度181℃），是典型"三超"[地层压力超高（122MPa）、埋藏超深（7000m）、地层温度超高（168℃）]气藏。而且地层条件复杂，存在逆冲断层、巨厚复合盐膏层、高压盐水层等。为了保障钻井安全和井筒长期密封完整性需求，完井套管层次一般为4~5层，特殊情况达到6层；材质上采用了超级13Cr等马氏体不锈钢油套管；套管强度则是P110以上的高强度；钻完井周期平均在6个月以上。2020年6月，中国石化西北油田分公司在塔里木盆地顺北区块的顺北55X井完钻井深8725m，创亚洲陆上定向钻井最深纪录。

国外深井油气田开发，也伴随着高温异常高压井，如挪威的Kristin海水油田的气井储层原始压力为50MPa，温度为165℃[1]。

这些深井的开发和生产、井筒后期作业的难度很大，对应的结垢防治成本压力很大。

（2）"海"是指海洋油气勘探开发。

1973年的第一次石油危机，迫使中东以外的英国、挪威、荷兰和丹麦等国加大在北海海域的油气资源开发投入[2]。北海油田的油气井深2500m，平台有效空间的生产设备、管路复杂，集成度高，对连续生产的安全和运行时率要求高。20世纪80年代以来，巴西海上油气藏勘探中，坎波斯盆地、桑托斯盆地的水深多为100~2600m。20世纪90年代初，在非洲西部安哥拉的超深水海域，水深达2070m，英国石油公司（BP）在该地区钻探的海上油井总垂深达5907m。在北美的墨西哥湾海上油气资源开发中，2002年在该地区的探井水深已达到2970m[3-5]。

相对于常规浅海（水深小于500m）的油气井开发，深水和超深水项目具有典型的高科技、高投入和高风险特点，其勘探、钻完井和生产管理的难度极大。2001年的"深海地平线"钻井平台事故和2011年的BP公司墨西哥湾漏油事件既造成了人员伤亡、设备毁坏等方面的巨大经济损失，还有不可恢复和估量的环境破坏。正因为深水、超深水油气井的高投入，生产中对产量和全系统的流动保障要求就更高，需要尽一切可能降低结垢、结蜡和出砂、腐蚀等对生产带来的不利影响[6]。

（3）"低"是指低渗透/特低渗透油气资源开发。

鄂尔多斯盆地是典型的"三低"油气藏（低渗透、低压、低丰度），单井产量低，对开发技术的成本控制有很高要求。经过近40年的反复探索和艰苦攻关，2013年底，长庆油田公司在盆地内建成了油气当量5000×10⁴t/a的国内最大油气田。2020年底，长庆油田油气当量突破6000×10⁴t/a，已连续8年保持5000×10⁴t/a以上稳产。为落实中国石油"加快二次发展"的要求，长庆油田公司继续加大勘探开发力度，力争实现2023年油气当量突破6300×10⁴t/a的更高目标。而同在该盆地内开展油气田开发的陕西省延长集团、中国石化华北油田分公司,也分别建成了 $1500×10^4$ t/a、$500×10^4$ t/a 油气当量的生产规模。中国石油青海油田公司的涩北气田同样是典型的低渗透气田,至 2021 年底,以 $50×10^8 m^3$/a 的生产规模已连续稳产 11 年。

低渗透/特低渗透油田开发中,为提高单井产量和储量动用程度,往往同一口井或同一区块打开多层系,再加上油井的注水开发模式和地面系统的多层混输等模式,易产生不同程度的结垢问题。以年产 $650×10^4$ t 的某油田为例,近年来生产中暴露出的重点结垢问题有:

① 45%的油井存在严重结垢问题,油井地层堵塞后的酸化解堵措施频繁,采出水回注井的回注压力上升。主力产层对应注清水井的注水压力升高快,降压增注的措施难度加大。

② 油井管杆结垢堵塞、检泵频繁。

③ 35%的集输站点存在严重结垢问题。集输系统的站内汇管、增压橇或加热炉盘管和收球筒等工艺管路,运行 2~3 个月即出现集输压力升高、管内结垢堵塞,甚至堵死,且以硬垢质为主。

④ 物理方法清除硫酸盐垢的难度增大,综合成本高;现场生产管理中频繁停输,截断埋地管线,开挖后进行高压水射流清垢。员工不得不将汇管等重点管段抬至站外,采取火烧、敲击等方式除去坚硬的硫酸钡锶垢。这些工作不仅劳动强度大,而且效率低。仅某采油厂在加热炉盘管的清垢作业费用每年就达到 1000 余万元。

⑤ 在用化学防垢剂的室内评价方面,某些产品的防垢率结果远低于国家标准、行业标准。现场实际条件下,不同化学防垢剂的防垢效果差异大。

(4)"非"是指非常规油气资源的开发。

在致密油气、页岩油开发中,广泛应用的主要技术是压裂改造油层、注水或注气保持油藏能量等技术,储层地质研究和保护油层措施是油田开发过程中的关键技术。

2000 年以后,全球致密油气开发大幅提高了单井产量和生产规模。在 2011—2014 年,美国的巴肯(Bakken)、奈厄布拉勒(Niobrara)、马塞勒斯(Marcellus)、鹰滩(Eagle Ford)、二叠(Permian)、海恩斯维尔(Haynesville)和尤蒂卡(Utica)七大页岩油气(致密油气)产区占到了美国原油产量增长的 92%、天然气产量增长的全部。特别是二叠盆地在 2018 年的原油产量达到了 $35×10^4$ t/d,约是同期中国原油日产量的 1/2,计划到 2021 年该盆地的原油产量要达到约 $70×10^4$ t/d。

而地处美国北部威利斯顿盆地的巴肯油田,2013 年原油产量占全美当年总产量的 10%以上。因其油井产出水的矿化度和溶解性离子含量高,导致形成 $Ca^{2+}/Fe^{2+}$ 混合垢、岩盐析出等的复杂垢,其机理和防治是比较典型的问题。尤蒂卡页岩油气开发中也出现了岩盐问题。

近年来,中国石油西南油气田公司在川东北的长宁—威远和中国石化西南分公司在涪陵焦石坝等地的页岩气开发中,水平井完井、储层改造和规模生产等方面也取得了非常引人注目的突破。长庆油田公司的页岩油开发中,为了更有效动用储量,水平井的水平段达到 5000m 以上,分段改造规模大于 50 段,压裂液入地液量最高达到 $10×10^4 m^3$,加砂量达到 $1.2×10^4 m^3$ 以上。由于压裂液配液用水和产层水不配伍等原因,近两年,部分油井在投产后的杆式泵、电动潜油泵出现不同程度的结垢卡泵和泵上油管、杆的结垢问题。

而国外同行也在探索利用这一大规模改造的时机，在改造地层、补充能量的同时，为后期生产解决地层、水平井段的结垢伤害等问题。

（5）"极"是指在极寒、近北极地区的油气田开发。

俄罗斯西伯利亚盆地西北部的亚马尔半岛是仅次于中东波斯湾的世界第二大天然气富集区。近年来，俄罗斯正在建设的世界上规模最大、纬度最高的液化天然气项目——亚马尔项目，中国石油等公司也参与了投资建设。

另外，俄罗斯天然气工业股份公司 1978 年投产的乌连戈伊气田可采储量达 $8.49 \times 10^{12} m^3$，是世界上最大的陆上气田。近年来，在博瓦涅科沃气田的设计产能达到 $1150 \times 10^8 m^3/a$。2019 年又计划开始开发哈拉萨维戈夫天然气和凝析油气田。这些极寒区项目对工艺、材料和生产都提出了极高要求。

## 第二节　全生命周期的结垢防治理念

近年来，油气生产设备的全生命周期管理理念得到越来越多的技术人员、管理人员的认可。如何在全生命周期内，对结垢风险进行分析和有效控制，也是油气田开发的主要目标之一。但随着采出流体的混合比例和混合部位的物理环境变化，井筒会在全生命周期内出现不同介质通过的情况，需要结合结垢预测，及时进行风险分析。同时，结垢防治或控制必须面对油田生命周期管理在不同阶段（油田前期评价、新井产建、稳产开发、产量下降和废弃）的挑战，比如，某油田在含水上升阶段和高含水阶段的结垢防治就会有不同策略。

最优的方案是基于有效管理和结垢风险控制，在油田开发建设初期就制定结垢防控的顶层设计策略。在随后的生产阶段，结垢问题受生产系统的组成和具体环境影响。随着海水或浅层水等的注入，非地层水与地层水不配伍，可能产生碳酸盐和硫酸盐等类型垢。欧洲北海油田的结垢防治措施如图 1-1 所示。

作为结垢防治技术和解决方案的需求主体，国内、外油田公司在自身开展研究和应用时，也带动了大学、研究机构和技术服务商、化学剂供应商等的多层次、联合研发活动。较为典型的有雪佛龙、BP、壳牌、沙特阿美等公司的研究部门，斯伦贝谢、贝克休斯和哈里伯顿等技术服务商，以及美国莱斯大学、英国赫瑞-瓦特大学和利兹大学等研究机构，纳尔科（ChampionX，之前名称为 Nalco Champion）、巴斯夫和沙索等化学剂服务商。国内的各大油田、石油院校和防垢剂生产厂家等也开展了很多有益的工作。

不同油气田的结垢情况和防治难度各有特点，国内外油田的开发理念和政策、产量水平差异等因素直接影响了对结垢防治技术研究的重视程度。另外，主要受语言沟通障碍的影响，国内与欧美、中东和俄罗斯等同行在新技术经验分享、交流或联合工业项目合作等方面较少。希望结合国内外典型结垢问题，去思考防治技术研究和发展的方向。

### 一、国外油田典型结垢问题

国外陆上油田开发中，油井结碳酸钙、硫酸钙、硫酸锶或钡垢的案例有很多专门报道。在俄罗斯的西西伯利亚地区、阿尔及利亚、印度尼西亚的南苏门答腊油田、沙特阿拉伯油田等由于注水导致的结垢，井下和地面生产设备都发现钙垢和硫酸锶垢。近年主要集中在美国的巴肯、鹰滩和二叠盆地油田等致密油新区域，其中有地层产出液中含高浓度盐卤水导致的

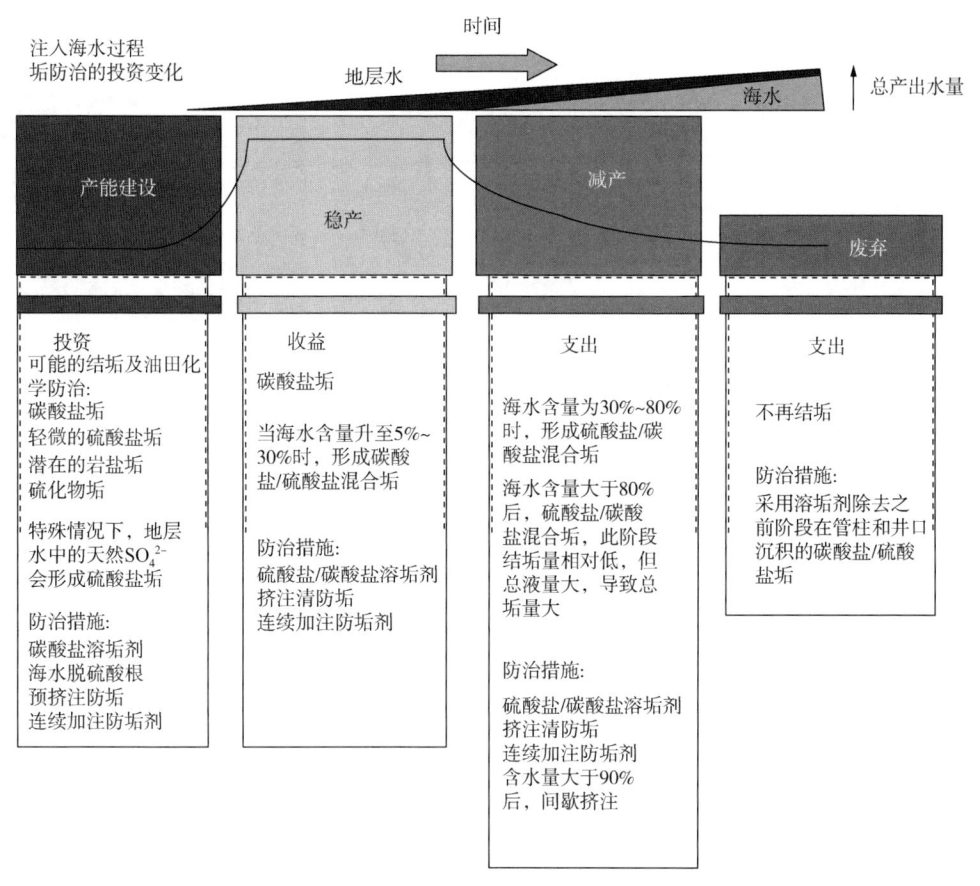

图 1-1 欧洲北海油田的结垢防治措施

结岩盐问题,也有常规硫酸盐垢,以及比较少见的硫化锌、硫化铅垢问题[7-14]。

当海上油田采用注水开发模式,海水作为注水井水源时,往往因海上 $SO_4^{2-}$ 含量高(大于2000mg/L),与地层水不配伍导致储层深部、近井地带和井筒、地面系统等严重结垢,周期很短,清防垢措施频繁,产量影响大。BP 在 2006 年评估,其全球业务范围内因结垢造成的油井产量损失为 $(21\sim28)\times10^4 t/a$。特别是 1991—2005 年,在北海油田的注海水开发区块,BP 一直面临着生产系统结硫酸盐垢难题,油井产量损失的 20% 源于结垢问题。因而,每年开展井下防垢剂挤注措施 200 口井,成本花费 2000 万美元。据统计,在环境苛刻的海上油田,因严重结垢导致的产量损失和防垢措施两项成本之和,高达 15 美元/bbl❶。

随着 BP 在美洲的墨西哥湾和西非的安哥拉等海上深水油田项目开发,地层水的化学成分特性与北海区块近似,形成硫酸钡垢的风险较高,典型结垢如图 1-2 所示。结垢防治面临的挑战包括:(1)海底井的深水作业,井底到井口的结垢;(2)防砂完井的结垢;(3)不同层系、区域间的混合结垢,难以控制防垢剂的有效注入部位;(4)井内挤注或除垢措施的高成本;(5)高含水期的防垢难度大,措施后有效寿命短;(6)地面管道和设备等生产系统由于结垢而造成的停产。例如,中东地区海上平台的多相流计量系统,沉积垢造成电磁计量

---

❶ 1bbl = 158.9873dm³。

传感器的电极对短路，电容信号（主要是介电常数）不稳定，影响油连续相中的含水率测量。

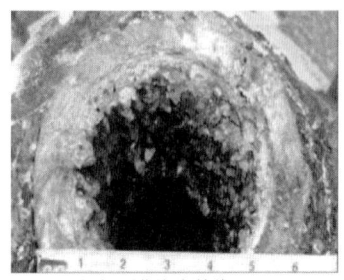

(a) 西非海底管线　　　　(b) 非洲北部采油管汇　　　　(c) 北海陆上管线

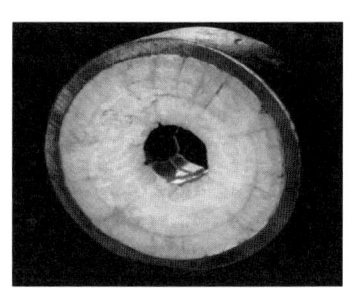

图1-2　国外海上油田的典型结垢

为适应"水平井完井+多段压裂"等新型开发模式，国外研究者还集中探索试验了从压裂改造—生产—措施过程的结垢防治新技术。压裂阶段的固体防垢颗粒、防垢剂组分和性能、生产阶段的结垢预测和挤注工艺优化等得到了规模化的应用，取得了预期的效果。

## 二、国内油田典型结垢问题

随着近年来国内新、老油田的开发阶段变化，陆上油田的结垢问题也有所变化。特别是东部油田逐步进入高含水阶段后，暴露出注采水质不配伍结垢加剧，多种提高采收率工艺导致的附加结垢等新问题。

大庆油田的三次采油为 $5000×10^4$ t/a 稳产发挥了重要作用，但在"聚合物+碱+表面活性剂"三元复合驱实践中，也暴露出因弱碱与阳离子、黏土矿物反应造成的井筒成垢周期短，硅质垢的防治困难；辽河油田的稠油热采中，地层流体在从井内举升采出过程中，随着温度、压力的降低，无机垢与蜡质、沥青质同步析出，垢防治难度很大；吉林油田在 $CO_2$ 驱的工程试验中，也发现地面集输系统腐蚀、结垢混合产物共存的问题。

胜利油田在进入特高含水开发后期，注采关系复杂，结垢呈现的特征是与腐蚀等问题并存。自2000年后，胜利油田的特稠油、超稠油开发中，在采用掺水降黏、蒸汽吞吐和泡沫驱油等采油工艺后，因采出水反复循环使用及地层出砂、稠油携砂等问题，致使集输系统的管道、加热炉和容器结垢日趋严重，影响油田的正常生产。南海西部油田也存在着井筒的严重结垢问题[15]。

而我国西部的长庆油田、青海油田和塔里木油田等，采出液含水率虽然普遍低于东部油田，但部分区块的生产系统严重结垢问题，也一直被人们所关注。如长庆油田在20世纪80—90年代的马岭油田、安塞油田结垢防治，自2006年以来的某区块多层系开发初期的严重结垢问题，以及近年来部分区块进入中含水阶段，井筒、地面集输系统等生产系统的结垢问题逐步凸显，频繁、短期结垢问题也严重影响正常生产及油田稳产[16-20]（图1-3）。分析主要原因有多层系开发和注入水不配伍，井筒和地面形成硫酸盐垢，特别是酸碱难溶性的硫酸钡锶垢。还有因侏罗系储层 $Na_2SO_4$ 或 $NaHCO_3$，或三叠系储层 $CaCl_2$ 水型的矿化度比较高，呈过饱和态，随压力降低、温度变化后，形成碳酸盐等垢型，造成管道堵塞、加热炉热效率降低及外输泵排量减少。

如何适应低渗透油田经济有效开发中面临的地形地貌复杂，井、站多且分布分散等实

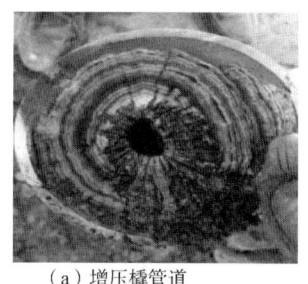

(a) 增压橇管道　　　　　　　(b) 法兰
（6个月/50mm）

(c) 集油管道　　　　　　　　(d) 分离器管线
（3个月）　　　　　　　　　　（6个月）

图 1-3　长庆油田某区块的地面系统结垢

际，以及集输流程、工艺设备的提升对单井措施和站点垢防治等作业成本的降本增效要求，还需要开展很多扎实、基础的研究和试验。特别是需要通过化学防垢剂优选和井筒防垢、地层清防垢工艺等方面相结合，提升高钙、高钡锶"双高"采出介质下，复杂垢的化学防治效率和工艺有效期。

## 参 考 文 献

[1] Wat R, Wennberg K, Holden R, et al. The challenges associated with performing and combining scale dissolver and squeeze treatments in Kristin—A subsea HP/HT gas condensate field[C]. SPE International Oilfield Scale Conference, 2008.

[2] 赵政璋, 赵贤正, 李景明, 等. 国外海洋深水油气勘探发展趋势及启示[J]. 中国石油勘探, 2005(6): 71-76.

[3] 叶德燎, 徐文明, 陈荣林. 南美洲油气资源与勘探开发潜力[J]. 中国石油勘探, 2007, 12(2): 70-75.

[4] 熊利平, 邬长武, 郭永强, 等. 巴西海上坎波斯与桑托斯盆地油气成藏特征对比研究[J]. 石油实验地质, 2013, 35(4): 73-79.

[5] 朱毅秀, 高兴, 杨程宇, 等. 巴西坎普斯盆地油气地质特征[J]. 海相油气地质, 2011(3): 26-33.

[6] Chawathe A, Ozdogan U, Glaser K S, et al. A plan for success in deep water[J]. Oilfield Review, 2009, 21(1): 26-35.

[7] Dai Z, Shi W, Kan A T, et al. Thermodynamic model improvements for common minerals at high temperature, high pressure and high TDS with mixed salts[C]. SPE International Symposium on Oilfield Chemistry, 2013.

[8] Duan Z, Li D. Coupled phase and aqueous species equilibrium of the $H_2O-CO_2-NaCl-CaCO_3$ system from 0 to 250℃, 1 to 1000bar with NaCl concentrations up to saturation of halite[J]. Geochimica et Cosmochimica Acta., 2008, 72(20): 5128-5145.

[9] Kan A T, Tomson M B. Scale prediction for oil and gas production[J]. SPE Journal, 2012, 17(2): 362-378.

[10] Fan C, Shi W, Zhang P, et al. Ultra-HTHP scale control for deepwater oil and gas production[J]. SPE Journal, 2012, 17(1): 177-186.

[11] Fan C F, Kan A T, Zhang P, et al. Scale prediction and inhibition for oil and gas production at high temperature/high pressure[J]. SPE Journal, 2012, 17(2): 379-392.

[12] Ahcene N, Meshal A A, Waleed A A, et al. MPFM accuracy enhancements in a scale precipitation environment: lessons learned and guidelines[C]. International Petroleum Technology Conference, 2014.

[13] Voloshin A I, Ragulin V V, Tyabayeva N E, et al. Scaling problems in western Siberia[C]. International Symposium on Oilfield Scale, 2003.

[14] Mackay E J, Jordan M M, Torabi F. Predicting brine mixing deep within the reservoir and its impact on scale control in marginal and deepwater developments[J]. SPE Production & Facilities, 2003, 18(3): 210-220.

[15] 姜平. 南海西部在生产油气田化学工艺技术研究及实践[M]. 北京：化学工业出版社，2019.

[16] 朱义吾，赵作滋，巨全义，等. 油田开发中的结垢机理及其防治技术[M]. 西安：陕西科学技术出版社，1995：32-34.

[17] 巨全义，管惠珠. 油田开发中的化学防垢技术[J]. 石油钻采工艺，1990，12(4)：69-74.

[18] 马广彦. 采油井地层深部结垢防治技术[J]. 石油勘探与开发，2002(5)：85-87.

[19] 徐振峰，马广彦，冯彦田，等. 油田结垢治理技术的改进与提高[J]. 石油工业技术监督，2004，20(4):10-11.

[20] 杨全安，慕立俊. 油田实用清防蜡与清防垢技术[M]. 北京：石油工业出版社，2014.

# 第二章　油田结垢机理新进展

油气田的采、集、输过程会形成多种类型的沉积垢，影响因素复杂。深入理解典型垢的形成、生长和预测等环节，既是现场结垢部位开展针对性防治工艺研究和措施的基础，也为探索结垢源头的防治对策提供了优化基础。

垢的分类方法众多，可以根据化学成分、成垢的主要物理/化学过程等进行分类。

（1）按照垢的化学成分进行分类。

化学物质通常以离子态存在于水溶液中，当成垢离子总量超过其溶解度后，溶液中的化合物就以固体形式沉淀出来。垢是在复杂因素作用下，溶液发生物理化学反应后，形成的无机盐成分或无机成分与有机成分混合的固体沉积物。这些沉积垢通常是以微观结晶形式存在。常见的油田垢及影响其溶解度的主要变量见表2-1。

表2-1　常见的油田垢

| 名称 | 化学式 | 溶度积 $K_{sp}$（25℃、1atm时） | 影响溶解度的主要变量 |
| --- | --- | --- | --- |
| 碳酸钙 | $CaCO_3$ | $3.36×10^{-9}$（方解石） | $CO_2$分压、温度、总溶解盐、pH值 |
| 硫酸钙 | $CaSO_4$（硬石膏） | $4.93×10^{-5}$ | 温度、总溶解盐、压力 |
|  | $CaSO_4·2H_2O$（石膏） | $3.14×10^{-4}$ |  |
|  | $CaSO_4·1/2H_2O$（半水合物） | $3.1×10^{-7}$ |  |
| 硫酸锶 | $SrSO_4$（天青石） | $3.44×10^{-7}$ | 温度、压力、总溶解盐 |
| 硫酸钡 | $BaSO_4$（重晶石） | $1.08×10^{-10}$ | 温度、压力 |
| 岩盐 | NaCl（盐卤水） | 溶解度35.96g/100g（水） | 总溶解盐、压力 |
| 硫化物 | ZnS（闪锌矿） | $2×10^{-4}$ | pH值、溶解性气体 |
|  | PbS（方铝矿） | $3×10^{-7}$ |  |
| 铁的化合物 | $FeCO_3$（菱铁矿） | $3.13×10^{-11}$ | pH值、腐蚀、溶解性气体 |
|  | $Fe_xS_y$（硫铁矿） | — |  |
|  | $Fe(OH)_2$、$Fe(OH)_3$ | $4.87×10^{-17}$、$2.79×10^{-39}$ |  |

注：1atm=101325Pa。

溶解度和溶度积均表示物质的溶解能力，两者既有联系又有区别。溶解度是在特定的温度、压力等条件下溶质在溶剂中的最大溶解量。溶度积$K_{sp}$是一个常数，是一定温度下难溶电解质的饱和溶液中各离子浓度幂的乘积。

油田主要的成垢阳离子镁、钙、锶、钡都位于元素周期表中的第二主族，易与阴离子

$SO_4^{2-}$、$CO_3^{2-}$形成难溶性沉淀。钙、锶、钡的原子量顺序变大，形成化合物的溶度积也相应变小(图2-1)。

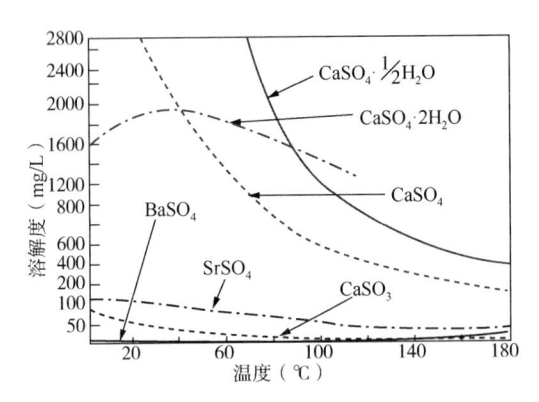

图2-1　0~180℃时常见盐垢在去离子水中的溶解度变化

不同环境下，盐垢的热力学、动力学过程差异很大。油气上游生产环境不同于下游炼化系统，或电厂的工业循环水系统、城市民用水系统等，后者在工况条件下的结垢环境相对单一、介质稳定，而前者的结垢问题往往更为复杂。油气田垢晶生长、沉淀过程与水动力环境下的过饱和度、温度、压力、离子强度、流态和流速、搅拌、接触时间和环境pH值等密切相关。

(2)按照引起垢沉淀的主要物理/化学过程进行分类。

①析晶污垢：在流动条件下呈过饱和的溶液中，溶解的无机盐、蜡和胶质等有机物在设备表面的析晶或结晶产物。

②微粒污垢：流体中悬浮的固体微粒在设备表面的积聚。

③化学反应污垢：由化学反应形成的沉积物。

④腐蚀污垢：金属材料参与化学反应所形成的腐蚀产物积聚。

⑤生物污垢：由宏观生物体和微生物体附着于设备表面而形成的污垢。油田地面集输系统较常见的是微生物垢，是细菌等微生物及其代谢产物形成的黏液，与悬浮在水中的无机物、泥沙和腐蚀产物等黏结混合，最终沉积在设备表面形成的生物黏膜或有机物膜。

⑥混合污垢：上述5种污垢形成机制中，若干种机制同时发生而形成的污垢。

油田系统的结垢主要是流体物理、化学条件发生改变，导致化合物的平衡状态变化。主要有3种结垢沉淀过程：

(1)多数盐类的溶解行为是随着压力和(或)温度的降低，其溶解度降低，盐垢结晶更容易形成。而油田最常见的碳酸钙具有反常溶解行为，随着温度降低，碳酸钙溶解度增大。还有采油生产中，往往因生产参数过大，造成采出介质快速降压，溶解气脱附后，液相中的盐类过饱和快速析出，短时间内出现严重结垢。

(2)两种不相容流体的混合。最常见的是富含阳离子的地层水，与富含硫酸盐的注入水混合(海上油田的注海水开发，或长庆低渗透油田注富含$SO_4^{2-}$洛河水的开发)，都会产生不同程度的硫酸盐垢沉淀[1]。

其他流体不相容性，包括硫化氢气体、硫离子与二价阳离子($Fe^{2+}$、$Zn^{2+}$或$Pb^{2+}$)的地层水混合，形成硫化物垢。

（3）盐水蒸发，导致盐浓度增加超过溶解度极限并形成盐沉淀。例如，在高温高压气井中，当干气流与低流速的盐水混合后，盐水脱水生成岩盐（NaCl）沉淀。

鉴于很多文献、资料或教材中，对无机垢形成过程的常规化学反应都有比较详细的介绍。本章主要围绕常规垢、复杂盐垢及原油等对盐垢的增效作用、结垢管理与预测4个方面，进行详细介绍。

# 第一节 常规垢的特性及结垢影响因素

## 一、结垢相关的基本概念

针对工业换热器的污垢形成和化工结晶过程的相关研究很多，并各成体系。油气生产过程中的结垢是以盐垢结晶为主的多种混合物沉积，其不可控性更强。这里从物理化学的热力学、动力学和结晶学的认识出发，简要介绍有关的基本概念和术语，提供背景性知识，以便后续讨论和理解。

### （一）晶体及结晶过程

常见盐垢都属于晶体，晶体是内部结构的质点（原子、离子或分子）规律排列的固体物质。晶体具有自发成为有规律多面体的趋势，并且具有各向异性，即在不同方向上的晶体几何特性和物理特性都有数值不同的差异。晶体中的每个宏观质点因为内部晶格相同，而使得每一宏观质点的物理性质和化学组成都相同。与之对应的是非晶体，如玻璃、高分子化合物（沥青、石蜡、橡胶）等，虽然也呈现固态，但严格意义上说是一种过冷的高黏度的液态物体。

盐垢从溶液中结晶成垢，要经历3个必要条件：（1）过饱和溶液；（2）产生微观晶粒以作为结晶的核心（又称为晶核），即晶核形成（又称为成核）；（3）晶核长大（又称为晶体生长），最终成为尺寸较大的宏观晶体。

要促进晶核产生或使晶核长大，都必须有一个直接推动力，这种推动力是浓度差，也就是溶液的过饱和度。过饱和度的大小直接影响着成核过程和晶体生长过程的快慢，并间接影响最终晶体的粒度及其分布。

理想的盐垢结晶过程可以得到化学性质均一、纯度较高的晶体。本章讨论的多种油田垢基本是在室内理想实验环境下进行研究，都有明确的晶体结构。而油气田矿场采出液往往同时伴有烃类（烷烃、芳香烃）、非烃类（沥青、胶质和含硫化合物）和固体杂质（黏土微粒）等，要特别注意此时处于复杂的热力学—动力学环境，对盐垢沉积速度、沉淀物特性等影响要具体问题具体分析。

1. 成核现象

盐垢结晶过程中的成核现象可以分为初级均相成核、初级异相成核及二次成核3种形式。

溶液在不含外来物质的情况下，自发地产生晶核的过程称为初级均相成核（或自发成核）；在外来物质诱导下的成核过程，称为初级异相成核。二者统称为初级成核，以与二次成核相区别。在已有结晶物微晶的条件下,溶液中出现的成核现象称为二次成核。二次成核的主要机理是接触成核,即晶核是由晶体与其他固体接触时,所产生的晶体表层的碎粒。与初级成核相比,二次成核所需的过饱和度较低。以二次成核为主时,初级成核可以忽略不计。

2. 晶体生长

过饱和溶液中的垢晶生长,除受溶液过饱和度控制外,也受到结晶物的性质和表面结构、晶格变形程度、液流的搅动和强度、不同杂质等的影响。油田上游生产中的结垢影响因素复杂,动力学过程研究往往缺乏可控性、重现性,甚至可能在同一系统的实验中出现数据矛盾等情况。

而化工工业结晶研究相对成熟,有多种晶体生长理论和模型,可借鉴其中相对简化的结晶生长扩散学说,对理想盐垢的晶体生长进行解释。此理论将晶体生长分为表面控制生长和扩散控制生长两种类型。通常认为,高的过饱和度,晶体生长可能为扩散控制生长;低的过饱和度,晶体生长可能为表面反应控制生长。同一溶液体系在较高温度下,表面反应速率较扩散速率有较大幅度的增加,此时结晶过程属于扩散控制,受介质流体力学的影响较大;在较低温度下,则可能转变为表面反应控制。

与溶液接触的晶体表面有螺旋位错生长、表面成核生长和连续生长 3 种生长模式,如图 2-2 所示。

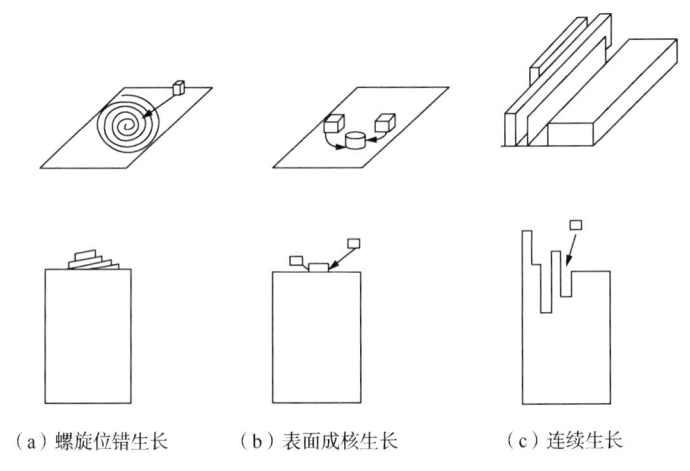

(a) 螺旋位错生长　　(b) 表面成核生长　　(c) 连续生长

图 2-2　晶体表面的 3 种生长模式

对应生长的表面结构可以用表面熵因子 $\alpha$ 来表征,定义如下:

$$\alpha = \zeta \Delta H_m / (RT) \tag{2-1}$$

式中,$\zeta$ 为表面各向异性因子;$\Delta H_m$ 为熔化焓,kJ/mol;$R$ 为气体常数,8.314J/(mol·K);$T$ 为温度,K。

$\alpha$ 值越大,表面生长速率越慢,表面光滑,趋于螺旋位错型生长;$\alpha$ 值越小,则生长速率越快,表面粗糙,生长机理趋于连续生长。一般情况下,溶解度越大、温度越高、过饱和度越大条件下的晶体生长趋于连续生长,表面较粗糙[2-6]。

## 3. 宏观晶体

自然环境下，盐垢成分的矿物经过不同的地质作用，可能形成多种形貌的宏观晶体，如碳酸钙沉积形成的白色钟乳石；碳酸钙为主的针状文石；在干旱沙漠地区，以$CaSO_4 \cdot 2H_2O$成分为主的沙漠玫瑰石（有时重晶石也会形成沙漠玫瑰石），如图2-3所示。

（a）文石晶体　　（b）沙漠玫瑰石（$CaSO_4 \cdot 2H_2O$）　　（c）重晶石晶体（$BaSO_4$）　　（d）天青石晶体（$SrSO_4$）

图2-3　宏观晶体示例

### （二）物质的溶解度和状态变化

物质在溶液中的溶解度，是定义物质与其溶液间相平衡关系的专用词，是指在一定温度下，特定溶质在100g特定溶剂中达到饱和状态时所溶解的溶质的质量，其单位是g/100g、g/mL等。物质的溶解度与其化学性质、溶剂的特性和温度、压力等物理特性有关。各种物质的溶解度数据可以从 *CRC Handbook of Chemistry and Physics* 等手册及专著中查得[7-12]。

离子强度是离子浓度的量度，与溶液中所有离子浓度呈函数关系，水溶液中易溶物质的浓度增大会大幅降低难溶盐垢的溶解度。其计算公式为：

$$\mu = \frac{1}{2}(c_1 z_1^2 + c_2 z_2^2 + \cdots + c_i z_i^2) \tag{2-2}$$

式中，$\mu$为离子强度；$c_i$为第$i$种离子的浓度，mol/L；$z_i$为第$i$种离子价数。

溶液至少可能处于稳定态、介稳态和不稳定态3种状态。溶液中含有超过饱和量的物质时，称为过饱和溶液。结晶所形成的总沉淀量由物质及其溶液之间的平衡关系决定。如溶液已经过饱和，则在溶液中超过饱和量的那部分物质迟早要从溶液中沉淀出来；如果溶液恰好饱和，则此时的固体和其溶液之间处于平衡状态。

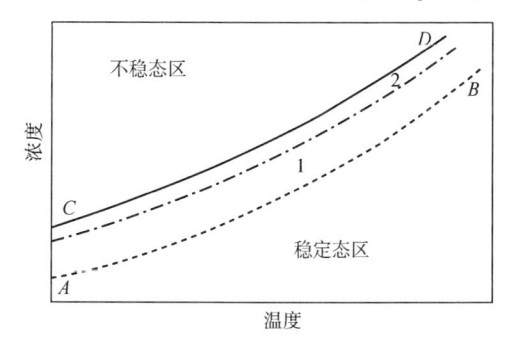

溶液的过饱和与结晶或相变的关系可如图2-4所示。图中的$AB$线为普通的溶解度曲线，$CD$线代表溶液过饱和而能自发地产生晶核的浓度曲线（超溶解度曲线），它与溶解度曲线大致平行。这两条曲线将浓度—温度图划分为3个区域：$AB$曲线以下是稳定态区，此

图2-4　特定压力下浓度—温度的溶解度关系

时溶液未饱和，没有结晶出现；AB 线以上为过饱和溶液区，在 AB 线与 CD 线之间称为介稳态区[介稳态区分为两个区域：第 1 个区域位于平衡浓度与中间曲线之间，基本上不发生均相成核；第 2 个区域位于中间曲线和 CD 之间，在这个区域内不会自发地产生晶核，但向溶液中人为加入微小晶粒（晶种）后，晶种会长大]；CD 线以上是不稳态区，溶液能自发地产生晶核。

### （三）结垢倾向的判断

垢作为一种难溶化合物，存在热力学溶解平衡，当难溶物的离子量增加，垢将以难溶沉淀形式析出；离子含量降低后，难溶物溶解。

$$n\text{M}(\text{aq}) + m\text{A}(\text{aq}) \rightleftharpoons \text{M}_n\text{A}_m(\text{S})$$

其中，M 是 $Ca^{2+}$、$Mg^{2+}$、$Ba^{2+}/Sr^{2+}$ 等；A 是 $CO_3^{2-}$、$SO_4^{2-}$ 等。

#### 1. 饱和度

饱和度（SR）是结垢离子浓度乘积与垢溶度积的比值，可判断溶液体系的结垢可能。

$$\text{SR} = [\text{M}][\text{A}]/K_{sp} \tag{2-3}$$

式中，[M] 是阳离子浓度，mol/L；[A] 是阴离子浓度，mol/L；$K_{sp}$ 为 $CaCO_3$、$CaSO_4$ 或 $BaSO_4$ 等特定垢的溶度积，是离子浓度幂的沉积常数，$K_{sp} = [\text{M}]^n[\text{A}]^m$。

当 SR = 1 时，表明溶液达到饱和状态；SR > 1 时，表明溶液处于过饱和状态，垢沉淀物可能会从溶液中析出。开始析出沉淀物的 SR 特定值，定义为临界过饱和度（Critical Supersaturation Ratio，CSSR）。每种垢型的 CSSR 值不同，同一溶液体系在不同温度、压力等工况下，同种垢的 CSSR 值也会有差异。

过饱和度的计算公式为：

$$S = \gamma \left( \frac{C_{Ba^{2+}} \cdot C_{SO_4^{2-}}}{K_{sp}} \right)^{0.5} \tag{2-4}$$

式中，$\gamma$ 是活度系数；$K_{sp}$ 是硫酸钡的溶度积；$C_{Ba^{2+}}$、$C_{SO_4^{2-}}$ 分别是钡离子和硫酸根离子的浓度，mol/L。

#### 2. 过饱和度的其他表示方法

相对过饱和度：

$$S = C/C^* \tag{2-5}$$

相对过饱和度差值：

$$A = \Delta C/C^* = (C - C^*)/C^* = S - 1 \tag{2-6}$$

式中，$C$ 为溶液浓度；$C^*$ 为溶液的平衡/饱和浓度，g/L。

#### 3. 饱和指数

饱和指数（Saturation Index，SI）的计算公式为：

$$\text{SI} = \lg\text{SR} = \lg\left( \frac{\alpha_M \cdot \alpha_A}{K_{sp}} \right) = \lg[\alpha_M][\alpha_A] + pK_{sp}(T、p、\mu) \tag{2-7}$$

其中：
$$pK_{sp}(T、p、\mu) = -\lg K_{sp}$$

式中，$\alpha_M$ 和 $\alpha_A$ 为成垢阳离子和成垢阴离子的活度；$pK_{sp}$ 是温度 $T$、压力 $p$ 和离子强度 $\mu$ 的函数。垢产物的活度系数和浓度决定了活度。

理论上，当 SI>0 时，水中的结垢离子过饱和，热力学上会结垢；当 SI=0 时，溶液和垢处于平衡态；而当 SI<0 时，溶液处于欠饱和态，不会发生结垢。实际情况下，SI>0 时，也可能处于图 2-4 所示的介稳态区，无法形成垢，此时需要额外的动力学条件以形成垢核，并从溶液转移到管壁表面沉积。

**【例 1】** 岩盐沉积的饱和指数计算公式：

$$SI = \lg\left[\frac{\alpha_{Na^+}\alpha_{Cl^-}}{K_{sp}(T、p)}\right] = \lg\left[\frac{[Na^+]\gamma_{Na^+}[Cl^-]\gamma_{Cl^-}}{K_{sp}(T、p)}\right] \quad (2-8)$$

$$SI_{barite} = \lg\left\{\frac{[Ba^{2+}][SO_4^{2-}]\gamma_{Ba^{2+}}\gamma_{SO_4^{2-}}}{K_{sp}^{barite}}\right\}$$

式中，SI 是饱和指数；$\alpha_{Na^+}$ 和 $\alpha_{Cl^-}$ 分别是 $Na^+$ 和 $Cl^-$ 的活度；$K_{sp}$ 是在特定温度和压力下的溶度积；[$Na^+$] 和 [$Cl^-$] 是 $Na^+$ 和 $Cl^-$ 的浓度；$\gamma_{Na^+}$ 和 $\gamma_{Cl^-}$ 分别是 $Na^+$ 和 $Cl^-$ 的活度系数。

**【例 2】** 垢的临界饱和指数（Critical Saturation Index）与溶液的动力学条件相关。图 2-5 为 Eugenia 等在模拟 Chestnut 油田地层水在 19.4MPa、87℃ 条件下和海水混合后的饱和指数和结垢质量，均远高于油田生产中的硫酸钡垢临界饱和指数 1.1 和临界垢质量 50mg/L。当产出液中所含海水比例为 5% 左右时，预测出现硫酸钡垢[13]。

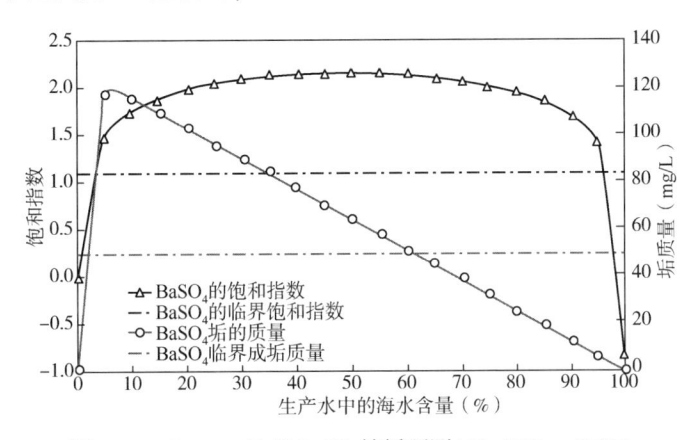

图 2-5 Chestnut 油田 $BaSO_4$ 结垢预测（19.4MPa、87℃）

## 二、碳酸钙垢的特性及结垢影响因素

### （一）碳酸钙垢的特性

碳酸钙垢是油田作业中最常见的垢型，硬度为莫氏 3~4 级（莫氏硬度矿物，按硬度由低到高分 10 级，分别为滑石、石膏、方解石、萤石、磷灰石、正长石、石英、黄玉、刚玉和金刚石），其他物理特性见表 2-2。

表 2-2 碳酸钙与无水硫酸钙、二水硫酸钙等基本特性

| 主要成分 | 颜色 | 密度（g/cm³） | 熔点（℃） | 莫氏硬度 | 热导率 [W/(K·m)] | 折射率 | 介电常数 | 吸油量（g/100g） |
|---|---|---|---|---|---|---|---|---|
| 碳酸钙（$CaCO_3$） | 白色、灰色 | 2.70~2.90 | 1339 | 3.0~4.0 | 2.40~3.00 | 1.48~1.70 | 6.1 | 13~21 |
| 无水硫酸钙（$CaSO_4$） | 白色、灰白色 | 2.93~2.97 | 1450 | 3.0~3.5 | 0.16 | 1.52~1.61 | 2.5 | 20~25 |
| 二水硫酸钙（$CaSO_4·2H_2O$） | 白色、灰白色 | 2.31 | 一定程度下脱水 | 1.5~2.0 | 0.16 | 1.52 | 2.5 | 23~25 |

自然环境下，钙盐与碳酸根反应可生成碳酸钙。在低 pH 值环境下，钙离子和碳酸氢根反应生成碳酸氢钙后发生分解反应生成碳酸钙，反应式如下：

$$Ca(HCO_3)_2 = CaCO_3 + CO_2 + H_2O$$

$$Ca^{2+} + CO_3^{2-} = CaCO_3$$

碳酸钙的简易检验方法是向少量样品中加入稀盐酸，如产生大量气泡，并将此无色气体通入澄清石灰水中，水变浑浊。

不同 pH 值下，碳酸的离解平衡关系如图 2-6 所示。

在油田生产环境，碳酸钙有方解石、文石和球霰石 3 种晶体结构（晶型），热力学最稳定和最常见的是方解石，最不稳定的是球霰石。方解石通常在室温（不大于 30℃）时形成（受 $Mg^{2+}$ 含量影响，当溶液中没有 $Mg^{2+}$ 存在时，方解石形成温度约 70℃），呈六面体，容易用盐酸除去；文石通常在 30℃ 以上时形成，呈正交晶状，文石在设备表面上比方解石更硬且更致密。

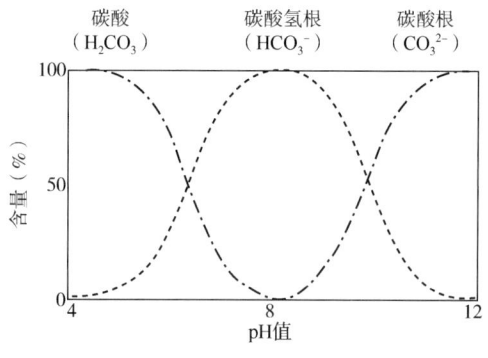

图 2-6 不同 pH 值下碳酸的离解特性

碳酸钙晶体尺寸相对比较大且不规整，但与微晶杂质等混合沉淀时，垢外观变得均匀细致。油田环境下，方解石往往含有 $FeCO_3$ 和（或）$MgCO_3$，其晶体化学式为 $Ca_{0.8~1.0}(Fe,Mg)_{0~0.2}CO_3$。地质成藏研究认为，油气运移期的地层水运移过程中，方解石可发生白云石化，转化为白云石 $[CaMg(CO_3)_2]$，并消耗卤水中大量的 $Mg^{2+}$。要特别注意，在油田生产过程中不会产生白云石垢[14]。

Nancollas 和 Sawada 介绍了 $CaCO_3$ 晶种的一种制备方法：

（1）制备方解石晶种。在 25℃ 下，将 5L 的 0.2mol/L $CaCl_2$ 溶液以 250mL/h 的速率缓慢加入 5.5L 的 0.2mol/L $Na_2CO_3$ 溶液中；将此悬浮液老化搅拌 1 天，过滤晶体，在蒸馏水中再悬浮 1 周。重复这一过程，直到晶体没有氯离子，然后在 150℃ 下过滤和干燥，得到 10μm 大小、斜方晶型的方解石晶体。

（2）文石晶体的制备用溶液类似于（1），只是在90℃下进行了1h内的沉淀实验。快速过滤沉淀晶体，在90℃水中洗涤，最后在150℃干燥。

（3）制备球霰石晶种。在25℃下，将200mL的0.2mol/L $CaCl_2$溶液加入250mL的0.2mol/L $Na_2CO_3$溶液中，搅拌反应1h，然后在80℃下过滤和干燥30min得到目标晶种。图2-7是3种晶型的SEM照片[15]。

(a) 方解石　　　(b) 文石　　　(c) 球霰石

图2-7　碳酸钙的3种晶型形貌

**（二）碳酸钙垢的结垢影响因素**

**1. $CO_2$分压**

气相中$CO_2$及其与高矿化度盐水的化学反应对碳酸钙沉淀影响比较大。多数油田的储层内含有碳酸盐类胶结矿物和$CO_2$，在温度不大于200℃、压力不大于30MPa的地层水环境条件下，碳酸钙处于饱和态。

而$CO_2$与水反应会生成碳酸，随后碳酸一级离解形成$H^+$和$HCO_3^-$，二级离解形成$CO_3^{2-}$和$H^+$：

$$CO_2 + H_2O \rightleftharpoons H_2CO_3$$

$$H_2CO_3 \rightleftharpoons H^+ + HCO_3^-$$

$$HCO_3^- \rightleftharpoons CO_3^{2-} + H^+$$

由于碳酸的第一离解常数比第二离解常数大得多，正常情况下，$HCO_3^-$的数量远大于$CO_3^{2-}$。溶解态的$CaCO_3$只能稳定存在于含$Ca^{2+}$和$HCO_3^-$的溶液中，而无法存在于含$Ca^{2+}$和$CO_3^{2-}$的溶液中。该沉淀可用方程表示：

$$Ca^{2+} + 2HCO_3^- \rightleftharpoons Ca(HCO_3)_2 \rightleftharpoons H_2O + CO_2 + CaCO_3 \downarrow$$

从上式的可逆反应中可以看出，增加$CO_2$的浓度，可以生成更多的碳酸氢钙。在系统平衡条件下，水中溶解态$CO_2$含量对$CaCO_3$的溶解度影响很大，$CO_2$含量的减少会加速碳酸钙的生成。同一系统中，溶解在液相中的$CO_2$量与该系统气相中$CO_2$分压成正比。$CO_2$分压等于气相中$CO_2$的摩尔分数和系统总压力的乘积（$p_{CO_2} = m_{CO_2} p$）。如果系统或气相中$CO_2$含量增加，溶解在水中的$CO_2$量也会按比例增加。

在含有微溶或不溶矿物质的溶液中，$CO_2$分压对pH值的影响如图2-8所示。纯水中$CaCO_3$溶解度与$CO_2$分压的关系如图2-9所示，其中$CaCO_3$溶解度随$CO_2$分压的增加而增大，相比而言，在$CO_2$存在条件下，$CaCO_3$溶解度随温度升高而增大的幅度小一些。

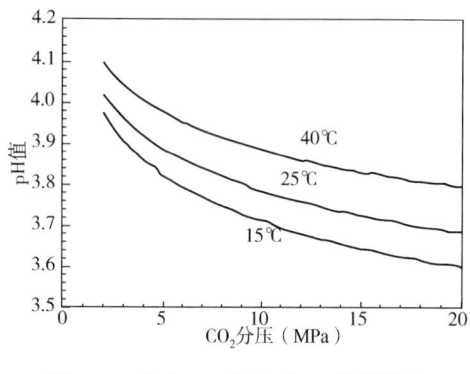

图 2-8　水中 $CO_2$ 分压对 pH 值的影响 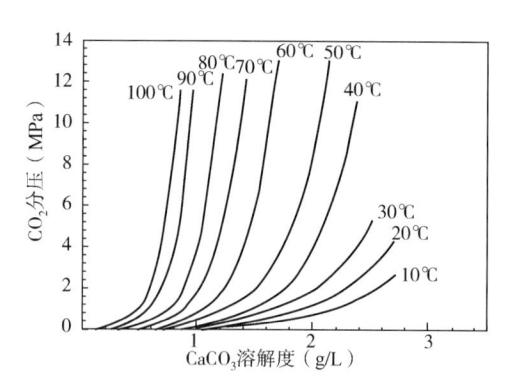　　　图 2-9　$CO_2$ 分压与 $CaCO_3$ 溶解度的关系

**2. 总压力的影响**

$CaCO_3$ 在两相体系中的溶解度随着压力的增加而增加。当压力降低时，$CO_2$ 分压降低，从溶液中逸出，溶液的 pH 值升高。油气田现场生产中节流针阀、井下安全阀或油嘴等区域，压差变化较大区域更易结垢，可能原因是此类区域的流体压力变化大，$CO_2$ 更容易析出，导致 pH 值升高，碳酸盐垢更容易生成；还有部分因素是此类区域流体为紊流，加剧了金属腐蚀，含 $Fe^{2+}$ 的腐蚀产物也会影响垢沉淀过程。

**3. pH 值和流速的影响**

水中存在的 $CO_2$ 量会影响其 pH 值和 $CaCO_3$ 的溶解度。pH 值越低，$CaCO_3$ 沉淀的可能性越小；反之，产生沉淀的可能性越大。

影响结垢的流体动力学因素，主要是液流形态(层流、紊流)、流速及其分布。

液体流速、液流路径变化可影响液流形态。极低流速下，因为垢晶沉积，会促进结垢。而紊流使水分子相互碰撞，流速增加使液流搅和程度增大，促使晶核快速形成，但对进一步的垢沉积情况有两种相反的研究认识：一种是以 Hasson、Zahavi、Muller-Steninhagen 和 Branch 等研究报道为代表的，认为流速提高能抑制结垢。由于流速提高，增大了流体沉积物的切应力，从而加剧了垢质自表面的剥离。Bott 认为，流速提高后，溶液中成垢离子的滞留时间缩短，结晶速率减缓。另一种认识是 Ritter、Kanaukhov 与 Chernozubov 等的研究认为流速提高能促进结垢生长，这是由于结垢过程中离子扩散阻力较大，或沉积物附着力很强而流体切应力相对较弱的结果。但这些研究报道中并未控制温度恒定，而流速提高导致温度降低等综合因素，也可能降低结垢速率。

Najibi 研究了流动、加热条件下 $CaCO_3$ 的沉积结垢过程，认为 $CaCO_3$ 结垢速率取决于流体流速和表面温度。低流速时，传质边界层厚度较大，所以分子扩散对结垢速率影响很大。而随着流速提高，传质边界层厚度下降，分子扩散对结垢速率影响很小直至可以忽略，此时结垢过程为表面反应所控制。

**4. 温度的影响**

$CaCO_3$ 与大多数物质的溶解行为相反，是具有反常溶解度的盐类，即温度升高时，溶解度下降，$CaCO_3$ 沉淀可能性越大，会结出更多垢，如在地面不结垢的水注入井下的高温度段，则可能成垢。Plummer 等研究了 0~90℃、$CO_2$—$H_2O$ 溶液中 $CaCO_3$ 的 3 种晶型的溶解度随温度变化的行为[16]。田茂诚等研究了恒热流条件下的圆管内表面 $CaCO_3$ 结垢过程,发现结垢表面温度、流体温度变化所形成的温度场也会影响结垢过程。

5. 溶解盐的影响

在最高溶解盐浓度约 200g/L 的范围内,随着水中溶解盐(不包括 $Ca^{2+}$ 或 $HCO_3^-$)含量的增加,$CaCO_3$ 的溶解度增加,其结垢趋势越小。

## 三、硫酸钙垢的特性及结垢影响因素

### (一) 硫酸钙垢的特性

硫酸钙($CaSO_4$)是地球化学和石油工程中的常见矿物。纯净的 $CaSO_4$ 一般透明、无色或白色,因含杂质而呈灰色,属正交(斜方)晶系,具3组相互垂直的解理,可裂成长方形解理小块(可作为鉴定特征)。$CaSO_4$ 的单晶体呈等轴柱状或厚板状,集合体常呈块状或粒状,有时为纤维状[17]。

$$CaSO_4 \rightleftharpoons Ca^{2+} + SO_4^{2-}$$

简易的检测方法是向样品滴加稀盐酸,不发生暴沸。取 1.0g $CaSO_4$,灼烧至恒重,减失质量应为 18.0%~23.0%。

$CaSO_4$ 从水溶液中析出时,有石膏($CaSO_4 \cdot 2H_2O$,又称生石膏)、半水合物($CaSO_4 \cdot 1/2H_2O$,又称熟石膏或烧石膏)和无水物($CaSO_4$,又称硬石膏)3种结晶形态。在通常的温度和离子强度下,3种结晶体都稳定。自然界中主要存在 $CaSO_4 \cdot 2H_2O$ 和 $CaSO_4$ 两种形态。

Austin 等模拟海水蒸馏厂内 304 不锈钢换热器表面,进行了硫酸钙结垢的晶型实验。在 150℃下,初期(1h 以内)都是 $CaSO_4 \cdot 1/2H_2O$ 沉淀,微观上是长针形和一些垢晶微粒(图 2-10);在 2~3h 后则转化成为 $CaSO_4$,微观上由斜方板形和半水合物脱水后的大量晶粒组成(图 2-11)。

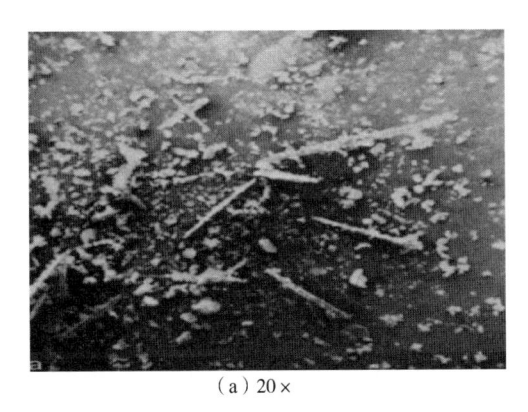

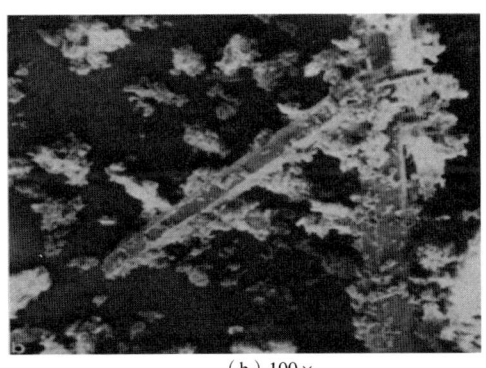

(a) 20×          (b) 100×

图 2-10  150℃下模拟海水中 0.5h 结晶的 $CaSO_4 \cdot 1/2H_2O$

Zhang 等模拟了中东油田稠油高温热采过程中 125℃下模拟海水中 3h 后结晶的 $CaSO_4$ 垢,微观下的结晶体形状如图 2-12 所示,$CaSO_4$ 垢呈现斜方板形状,$CaSO_4 \cdot 1/2H_2O$ 垢由微晶构成数百微米大小的纤维或棱柱体形[18]。

（a）20×　　　　　　　　　　　（b）100×

图 2-11　150℃下模拟海水中 3h 后结晶的 $CaSO_4$

（a）$CaSO_4$（比例尺为5μm）　（b）$CaSO_4·1/2H_2O$（比例尺为400μm）　（c）$CaSO_4·1/2H_2O$（比例尺为2μm）

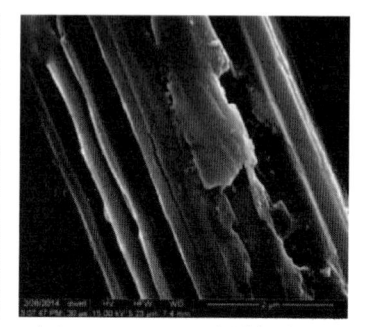

图 2-12　125℃沉淀的 $CaSO_4$ 和 $CaSO_4·1/2H_2O$ SEM 图像

### （二）硫酸钙垢的结垢影响因素

#### 1. 温度和压力的影响

　　硫酸钙的 3 种结晶形式间存在着转化过程，在常压环境下，低于 98℃时硫酸钙是稳定的 $CaSO_4·2H_2O$（生石膏）；生石膏加热至 128℃，失去大部分结晶水，转变为 $CaSO_4·1/2H_2O$（熟石膏）。而熟石膏加水后调制成浆状物，会放热逐渐凝固，结成多孔且体积略增大的硬块。这一过程是 $CaSO_4·1/2H_2O$ 转化为 $CaSO_4·2H_2O$。医用、美术用熟石膏塑形也是这一原理。生石膏进一步加热到 163℃以上，失去全部结晶水，变成稳定的无水 $CaSO_4$（硬石膏）。

　　在油气生产特定条件下，很难预测硫酸钙垢的具体结晶形态。从 $CaSO_4·2H_2O$ 转化为 $CaSO_4$ 或 $CaSO_4·1/2H_2O$ 的温度，与压力、溶解固体浓度、流动条件及溶液中不同形式硫酸钙的沉淀速度等许多因素相关。

　　Landolt-Bornstien 研究了温度对硫酸钙溶解度的影响。在 40℃以内时，通常难以从溶液中直接沉淀出 $CaSO_4$，此时主要是 $CaSO_4·2H_2O$，并且其溶解度随温度升高先增加后降低（Ping Zhang 等的认识基本相同，差别是 $CaSO_4·2H_2O$ 的沉淀区间是室温到 40~90℃的范围内）。随着时间推移，$CaSO_4·2H_2O$ 还会脱水形成 $CaSO_4$。而高于 42℃后，$CaSO_4$ 溶解度较 $CaSO_4·2H_2O$ 低，$CaSO_4$ 成为沉淀物中主要的晶相。另外，在 100℃以上的静止系统，

$CaSO_4·1/2H_2O$ 的溶解度降低，也会缓慢脱水形成 $CaSO_4$。

Harberg 等也做了相关研究，认为对硫酸钙晶形的动力学过程要结合现场或室内实验具体分析。低于80℃最有可能形成无水 $CaSO_4$；80~121℃时3种晶形都可能形成，低温段形成无水 $CaSO_4$ 的可能性更大，而高温段形成 $CaSO_4·2H_2O$，在此温度范围的高离子浓度、非紊流溶液体系中，也常发现有 $CaSO_4·1/2H_2O$ 共存；高于121℃后，主要形成 $CaSO_4·2H_2O$。

在油田生产井的近井地带或管柱内，$CaSO_4$ 垢结晶析出的主因是压力下降，压降比温度具有更大的影响。Dickson 等研究了压力和温度对 $CaSO_4$ 溶解度的影响，认为 $CaSO_4$ 在水中的溶解度随压力降低而降低。溶解度增加的根本原因是垢溶于水中时，系统总体积相应减小。

2. 系统中其他离子和浓度的影响

Carlberg[19] 和 Matches 评价了 NaCl 盐水离子强度对 $CaSO_4$ 溶解度的影响，发现在 0~70℃ 时，随着 NaCl 盐水浓度升高，$CaSO_4$ 溶解度先增大后降低，如图 2-13 所示。

3. pH 值对晶体生长的影响

Schierholtz 研究了 $CaSO_4·2H_2O$ 的非晶化，并跟踪了 pH 值在 4.5~6.6 范围内微晶初始诱导期和后续生长过程的 $Ca^{2+}$ 浓度变化情况，发现 $CaSO_4·2H_2O$ 的结晶成核受 pH 值的影响。在 pH 值为 2.3~8.1、温度为 125~150℃条件下，Austin 等模拟了海水中的 $CaSO_4$ 自发沉淀。在这种条件下，首先沉淀出 $CaSO_4·1/2H_2O$，并且随着温度的增加，缓慢向 $CaSO_4$ 转化。

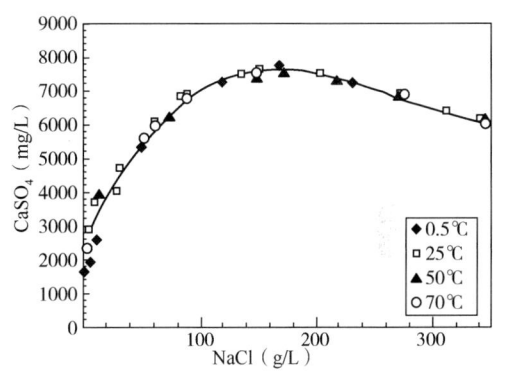

图 2-13　0~70℃时 $CaSO_4$ 在 NaCl 盐水中的溶解度变化

4. 搅拌和汽化的影响

搅拌和汽化可以加快 $CaSO_4$ 垢的生成。高温深井底或井筒，流动气相中水的蒸发，会导致 $CaSO_4$ 的过饱和析出。而在油田地面集输系统紊流态的含多种阳离子溶液中，沉积出的 $CaSO_4$ 可能同时含有其他阳离子，如 $CaSO_4$ 常与 $BaSO_4/SrSO_4$ 共沉淀，形成固溶体，还会含有少量有机挥发物(表2-3)。

表 2-3　长庆油田姬塬某厂的站点典型结垢成分分析

| 生产区块 | 取样点 | 生产层位 | 垢样位置 | 垢型 |
| --- | --- | --- | --- | --- |
| 麻＊＊ | J28 转 | C6 | 收球筒 | $BaSO_4/SrSO_4$ 39.6%，$CaSO_4$ 48.5% |
| | S19 橇 | | | $BaSO_4/SrSO_4$ 25.8%，$CaSO_4$ 63.4% |
| | C55-18 橇 | | | $BaSO_4/SrSO_4$ 65.7%，$CaSO_4$ 25.4% |
| | S5 增 | | | $BaSO_4/SrSO_4$ 27.6%，$CaSO_4$ 56.9% |
| | S15 橇 | | | $BaSO_4/SrSO_4$ 51.8%，$CaSO_4$ 26.7% |
| | S17 橇 | | | $BaSO_4/SrSO_4$ 47.4%，$CaSO_4$ 37.7% |

续表

| 生产区块 | 取样点 | 生产层位 | 垢样位置 | 垢型 |
|---|---|---|---|---|
| 冯** | J1转 | C2 | 加热炉盘管 | $BaSO_4/SrSO_4$ 87.3%, $CaSO_4$ 9.32%, $Fe_2O_3$ 0.64%, 有机挥发物 2.08% |
| | | | 外输泵 | $BaSO_4/SrSO_4$ 89.2%, $CaSO_4$ 3.26%, $Fe_2O_3$ 4.2%, 有机挥发物 5.25% |
| | J2加 | | 加热炉盘管 | $BaSO_4/SrSO_4$ 72.7%, $CaSO_4$ 3.85%, $CaCO_3$ 11.6%, $Fe_2O_3$ 2.69%, 其他 2.76% |
| | J45增 | C8 | 缓冲罐出口 | $BaSO_4/SrSO_4$ 70.6%, $CaSO_4$ 16.1%, $CaCO_3$ 12.7%, 其他 0.6% |

油田现场的 $CaSO_4$ 垢往往比较致密，呈现针状、块、层状形态，且结垢量比较大。长庆油田典型硫酸钙垢如图 2-14 所示。

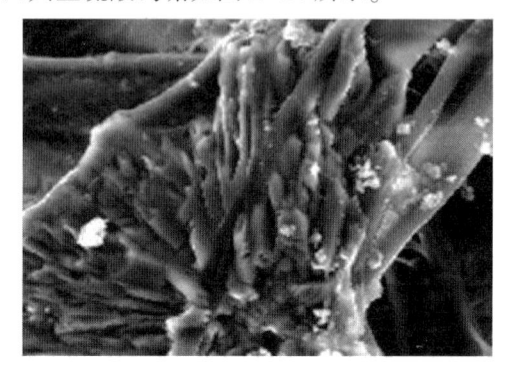

图 2-14　油田 $CaSO_4$ 垢典型微观、宏观形貌（长庆油田南*区油井油管垢）

## 四、硫酸钡垢的特性及结垢影响因素

### （一）硫酸钡垢的特性

油气田的所有盐垢中，硫酸钡（$BaSO_4$）垢因其极低的溶度积、高硬度和酸碱难溶而成为最困扰正常生产的难题。天然存在的 $BaSO_4$ 矿物主要产自低温热液矿脉、沉积岩，被称为重晶石。重晶石的莫氏硬度为 3~3.5，密度为 4.0~4.6g/cm³，在工业中有广泛用途。例如：作为防腐涂料中的填料，增加漆膜厚度、强度及耐久性；作为橡胶和塑料中的填料，以提高产品硬度、耐磨性及耐老化性能；与硫化锌的混合物[锌钡白，俗称为立德粉（lithopone）]作为优质白色颜料。我国重晶石的矿石储量和出口量均为世界第一。重晶石在油田的最重要用途是钻井液加重剂，利用其密度大、水和酸中难溶且成本低等优势，配制高密度钻井液，起到平衡地层压力、防塌防喷等作用。据国外文献介绍，全球每年用于钻井液加重的重晶石量达到 $500×10^4$t 以上。

参考化工行业标准，$BaSO_4$ 的检验方法是：将 $BaSO_4$ 与无水碳酸钠炽灼熔融，转化成可溶于水的 $BaCO_3$；然后，用盐酸将 $BaCO_3$ 溶解生成 $BaCl_2$；最后，加硫酸反应生成 $BaSO_4$，按钡重量法计算得到 $BaSO_4$ 的含量。但该方法涉及样品灼烧与处理，操作较烦琐，油田现场分析测试中不常采用。王永青等提出简化方法,将含重晶石的混合物加入王水及氢氟酸,溶解碳酸盐、硝酸盐等可溶性盐类和硅酸盐;进一步用盐酸与氯化铵混合液溶解可能含有的 $CaSO_4$;对试液进行固液分离,并充分洗涤;对沉淀物进行 800℃灼烧至恒重,即得重晶石样品中 $BaSO_4$ 含量[20]。

$BaSO_4$ 晶型属于典型的正交(斜方)晶系,晶体呈厚板状或柱状,多为致密块状或板状、粒状集合体。质纯时无色透明,含杂质时呈现各种颜色。

将分别含 $Ba^{2+}$ 和 $SO_4^{2-}$ 的两种 100mL 盐水同时倒入玻璃瓶中,然后振荡摇匀。混合盐水静置 24h 后,用 0.45μm 滤纸过滤。最后用烘箱干燥滤纸及垢,用扫描电镜(SEM)分析形貌。Todd 等以 Ba/Sr(物质的量比)为 10,制得的纯 $BaSO_4$ 垢晶形貌,呈现出 3 种单形组成的聚形晶体(图 2-15)。

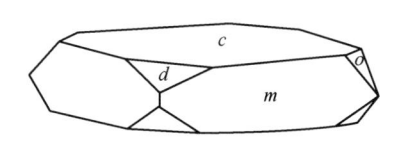

重晶石的平行双面c{001},斜方柱m{210},斜方柱d{101}和斜方柱o{011}的聚形

图 2-15 纯 $BaSO_4$ 垢晶形貌和斜方晶系的聚形晶体特征

在静态溶液和流体流动两种情况下,形成的 $BaSO_4$ 垢晶基本形貌相似。但混合盐水的过饱和度与成垢离子浓度比,与 $BaSO_4$ 的晶体习性和尺寸有直接关系。油田现场水质中的 $Ca^{2+}$、$Mg^{2+}$ 和 $HCO_3^-$ 等也会影响析出晶体的晶体习性和尺寸,使得其与室内理想状态盐水中析出的晶体有明显差异。

储层岩心等多孔介质中,(Ba,Sr)$SO_4$ 垢与 $CaCO_3$ 垢的沉积机理不同,岩心孔隙表面的 $BaSO_4$ 垢晶从形状到尺寸都会有所变化。此时主要受孔隙结构非均质的影响,$BaSO_4$ 垢以孔隙表面的异相成核为主,其次是孔隙基质中的快速垢沉积和晶体生长。模拟不配伍注入水与地层水的岩心实验中,$BaSO_4$ 垢主要沉积在岩心前段,并且沿着水平方向显著降低。

**(二)硫酸钡垢的结垢影响因素**

**1. 温度与压力的影响**

与 $CaSO_4$、$CaCO_3$ 相比,压力和温度、溶液中的离子强度上升对 $BaSO_4$ 结垢速率和结垢量的绝对量值影响并不显著。而温度对 $BaSO_4$ 的溶解度影响更明显一些,当温度为 25℃时,$BaSO_4$ 在蒸馏水中的溶解度为 2.3mg/L;95℃时,$BaSO_4$ 在蒸馏水中的溶解度为 3.9mg/L。超过 100℃后,其溶解度随温度上升而下降(图 2-16)。在笔者开展

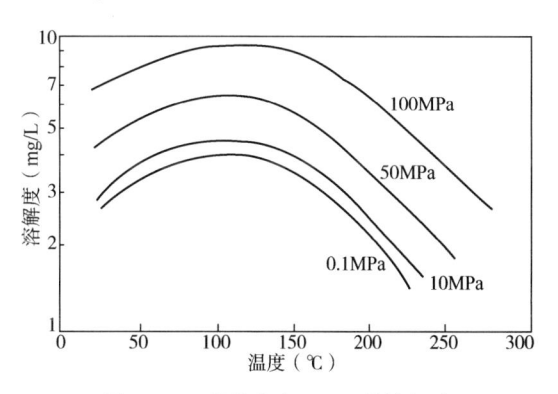

图 2-16 蒸馏水中 $BaSO_4$ 的溶解度

的 BaSO₄ 结垢相关研究中的认识也是如此。

2. Ba²⁺浓度的影响

Benissa 等研究了油田不同过饱和度下的 BaSO₄ 结垢沉积动力学。在 75℃ 流动系统中，变化 Ba²⁺浓度，发现 BaSO₄ 结垢诱导期长短与 Ba²⁺浓度成正比，而与过饱和度成反比，而整个 BaSO₄ 结垢过程似乎受到高过饱和度（SR）的热力学作用控制。

Naotatsu 等认为结垢的表面反应速率和溶液扩散控制机理，取决于传质系数、垢表面积与溶液体积的比例、过饱和度和反应顺序。通过垢晶生长实验，分析了过饱和度的变化对溶液沉淀（电导率法和钡离子选择电极法）和表面结垢（动态毛细管路）两方面的影响。表面结垢动态实验中，采用原始地层水和注入海水（水质数据见表2-4），混合比为 50∶50，实验温度为 75℃。

表 2-4　两种水的水质组成　　　　　　　　　　单位：mg/L

| 水质 | K⁺ | Ca²⁺ | Mg²⁺ | Ba²⁺ | Sr²⁺ | Cl⁻ | SO₄²⁻ |
|---|---|---|---|---|---|---|---|
| 原始地层水 | 1906 | 2033 | 547 | 20~150 | 417 | 26535 | 0 |
| 注入海水 | 380 | 405 | 1300 | 0 | 0 | 10900 | 2780 |

通过一系列实验，主要得到如下认识：

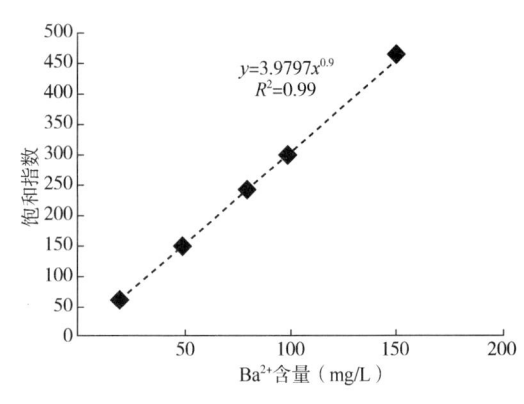

图 2-17　平衡时最终混合物中饱和指数随实际 Ba²⁺含量线性增加

（1）BaSO₄垢的饱和度随 Ba²⁺含量增加，混合溶液的宏观结垢沉淀加快（图 2-17）。

（2）随着 Ba²⁺含量增大，表面结垢的动力学过程加快。具体为：一方面，结垢诱导期从 22.6h 缩短到 1.34h，表明 Ba²⁺含量的变化对 BaSO₄垢在表面沉积的影响显著，如图 2-18 所示；另一方面，诱导期后的表面生长呈指数级快速发展。例如，Ba²⁺含量为 150mg/L 时，毛细管路动态系统的内表面结垢导致压力快速上升（从 0.11psi❶ 到 1.7psi）只需要 0.4h 左右（图 2-19）。

（3）BaSO₄垢在更宽平面内的缓慢生长和更窄范围内的快速生长[21-32]。

Kan 和 Tomson 等研究了 BaSO₄饱和指数与垢沉积动力学过程的关系，如图 2-20 所示。

3. 流速的影响

早在 1975 年，Nancollas 等就研究了 BaSO₄过饱和溶液的垢晶生长和溶解动力学过程，发现油田液相流速对垢结晶速率无影响。同时，垢晶的不同沉积形貌也不影响垢沉积的动力学过程[33]。Yan 等研究了 70℃时不同流速（旋转圆柱电极方式）对 BaSO₄结垢的影响，认为层流或紊流并不改变 BaSO₄沉积的动力学过程，即只要含 Ba²⁺及含 SO₄²⁻的两类成垢溶液充分混合后，剪切速率的变化对 BaSO₄垢晶生长过程基本无影响[34]。

---

❶ 1psi=6894.757Pa。

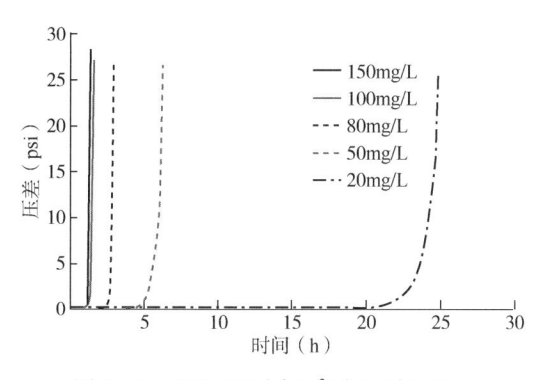

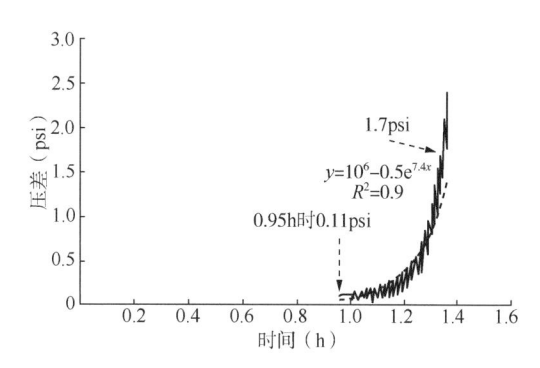

图 2-18　75℃下不同 $Ba^{2+}$ 含量时 $BaSO_4$ 垢的表面沉积诱导时间

图 2-19　75℃下 $Ba^{2+}$ 含量为 150mg/L $BaSO_4$ 垢的沉积生长

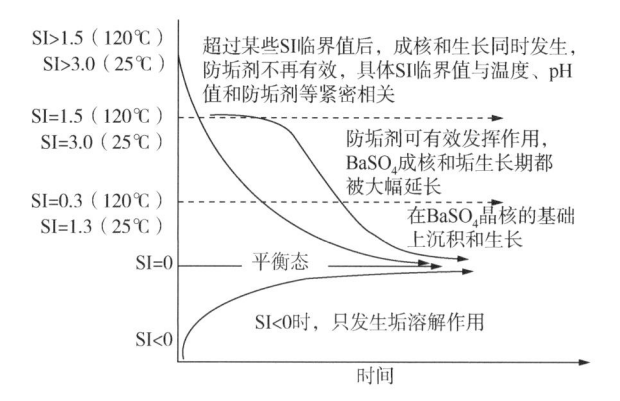

图 2-20　$BaSO_4$ 饱和指数(SI)与垢沉积动力学关系示意图

但在过饱和溶液中，流速对于 $BaSO_4$ 防垢剂的防垢效果影响明显。不同流态时，微垢晶的沉积形貌和尺寸都有变化(层流、紊流分别为 $10\mu m$、亚微米级)(图 2-21)，其可能的原因是溶液含防垢剂时，紊流会加速微晶表面的微粒剥离，抑制垢晶长大。

（a）层流　　　　　　　　　　（b）紊流

图 2-21　层流、紊流时形成的 $BaSO_4$ 沉积垢微观形貌

**4. 溶液中可溶盐的影响**

$BaSO_4$ 在含盐水溶液中的溶解度与 $CaCO_3$ 类似，随着含盐量的增加而增加。温度为

25℃、含 NaCl 为 100mg/L 的水溶液中，$BaSO_4$ 的溶解度由蒸馏水中的 2.3mg/L 提高到 30mg/L。如将该 NaCl 水溶液的温度由 25℃ 提高到 95℃，则 $BaSO_4$ 的溶解度由 30mg/L 提高到 65mg/L。

通常生产情况下，钻完井阶段的重晶石加重材料不会导致后续生产过程中再形成 $BaSO_4$ 垢。但在高温高压井底环境并含有高浓度溶解盐时，钻井液中的重晶石可能会溶解，释放出 $Ba^{2+}$。自 20 世纪 30 年代早期，人们就对此问题有所认识。后来，壳牌公司的 Templeton 等、Monnin 等先后研究了 NaCl 盐水对重晶石溶解度的影响，发现常压、50~100℃ 情况下，饱和 NaCl 盐水中的重晶石可以溶解出 50~100mg/L 的 $Ba^{2+}$。在更高的温度和压力下，$Ba^{2+}$ 溶解量可以达到 200~400mg/L。重晶石在 $CaCl_2$ 盐水中的溶解性相应更强。

在 20 世纪 90 年代早期，壳牌在开发甲酸盐类完井液的过程中，继续研究了重晶石在氯化物、溴化物和甲酸盐等盐水中的溶解度。当纯 $BaSO_4$ 和重晶石粉在 85℃ 下 75% 的甲酸钾盐水中热滚 16h 后，溶液中的 $Ba^{2+}$ 含量分别为 3400mg/L 和 1500mg/L。在甲酸盐体系中配套的碳酸/碳酸氢盐等缓冲液，可将溶解的 $Ba^{2+}$ 再次沉淀为 $BaCO_3$。

### (三) 典型油田的 $BaSO_4$ 垢问题

注水开发的油田，高含 $SO_4^{2-}$ 的注入水（浅层水或海水）与高矿化度地层水中的 $Ba^{2+}$、$Sr^{2+}$ 反应生成难溶 $BaSO_4/SrSO_4$ 垢。国内外油田都存在因 $BaSO_4/SrSO_4$ 垢导致的结垢防治难题。比较典型的区域有欧洲的北海区域、非洲安哥拉海上油田、北美致密油田和伊朗的 Siri 油田。

#### 1. 欧洲的北海区域

该区域的英国 Forties 油田的地层水中 $Ba^{2+}$ 含量最高达到 765mg/L。而 Miller 油田被 BP 公司认为是世界上 $BaSO_4$ 结垢最严重的油田，这里地层水的 $Ba^{2+}/Sr^{2+}$ 含量平均为 650mg/L，最高超过 3500mg/L，在射孔段以上 80m 以内 $BaSO_4$ 垢严重；特别是在注入水后的含水率为 30%~60% 阶段，一些油井频繁结垢，防垢挤注作业必须 7 天进行一次。同区域的 T-Block 区块，储层温度为 135℃，地层水矿化度高，$Ba^{2+}/Sr^{2+}$ 含量约 1000mg/L，$BaSO_4$ 结垢问题也较严重[35-39]。水质见表 2-5。

表 2-5 北海区域典型油田的注、采水质　　　　　单位：mg/L

| 油田 | 类型/井号 | $Na^+$ | $K^+$ | $Ca^{2+}$ | $Mg^{2+}$ | $Ba^{2+}$ | $Sr^{2+}$ | $Fe^{2+}$ | $Cl^-$ | $SO_4^{2-}$ | $HCO_3^-$ |
|---|---|---|---|---|---|---|---|---|---|---|---|
| Thistle | 地层水 | 8500 | 180 | 260 | 60 | 45 | 48 | — | 1330 | 0 | 980 |
| Magnus | 地层水 | 9900 | 300 | 540 | 48 | 100 | 70 | — | 16150 | 0 | 1000 |
| Forties | 地层水 | 25990 | 1050 | 320 | 43 | 765 | 33 | <0.05 | 40440 | 13 | 2920 |
| Forties | 海水 | 11200 | 370 | 400 | 1400 | — | — | <0.1 | 19750 | 2650 | 140 |
| Miller（采出液含水率为 30%） | A14(19) | 17500 | 1100 | 800 | 450 | 150 | 20 | 0.5 | 28750 | 1600 | 2200 |
| Miller（采出液含水率为 30%） | A21(02) | 19500 | 1100 | 580 | 280 | 300 | 30 | 0.5 | 32500 | 1100 | 2200 |
| Miller（采出液含水率为 30%） | A17(04) | 22500 | 1100 | 400 | 140 | 400 | 40 | 2.0 | 36750 | 750 | 2200 |
| Miller（采出液含水率为 30%） | A26(08) | 20500 | 1100 | 600 | 250 | 200 | 20 | 0.5 | 31500 | 1000 | 2200 |
| Miller（采出液含水率为 30%） | A25(29) | 21500 | 1100 | 470 | 200 | 200 | 20 | 0.3 | 34000 | 800 | 2200 |

另外，北海区域的挪威 Oseberg Sor 油田的 $Ba^{2+}+Sr^{2+}$ 总含量为 370mg/L。同区域储层埋藏最深、渗透率最低的 Gyda 油田，储层温度达 165℃，压力达 60MPa，地层水中 $Ba^{2+}+Sr^{2+}$

总含量最高达到1590mg/L，结垢问题也比较突出[40]。水质见表2-6。

表2-6 北海区域的 Oseberg Sor 油田和 Gyda 油田注、采水质　　　单位：mg/L

| 油田 | 类型 | | Na+ | K+ | Ca2+ | Mg2+ | Ba2+ | Sr2+ | Cl- | SO₄²⁻ | HCO₃⁻ |
|---|---|---|---|---|---|---|---|---|---|---|---|
| Oseberg Sor | Utsira 浅层水 | | 10728 | 331 | 482 | 800 | 0.2 | 13.2 | 19400 | 7 | 1090 |
| | 地层水 | | 13256 | 321 | 756 | 125 | 128 | 148 | 22247 | 4.4 | 635 |
| Gyda | 海水 | | 10890 | 460 | 428 | 1368 | 8 | 0 | 19700 | 2960 | 124 |
| | 地层水 | | 65340 | 5640 | 30185 | 2325 | 485 | 1085 | 167400 | 0 | 79 |
| Kristion | 2-5 | 1 | 33900 | 2096 | 2554 | 111 | 1618 | 534 | 56600 | 0 | 975 |
| | | 2 | 27900 | 1544 | 2536 | 50 | 1189 | 442 | 48200 | 0 | 857 |
| | R-4H | | 29400 | 1500 | 2380 | 123 | 1330 | 438 | 51900 | 0 | 904 |
| | P-2H | | 23610 | 1320 | 1720 | 87 | 1040 | 350 | 41740 | 4 | 268 |

**2. 非洲安哥拉海上油田**

该区域的 Girassol 油田地层水中 $Ba^{2+}/Sr^{2+}$ 含量约230mg/L，注水海水的 $SO_4^{2-}$ 含量为2800mg/L，在井筒和地面系统发现大量 $BaSO_4$ 垢[41]。

**3. 北美致密油田**

巴肯油田的加拿大区域内油井储层温度为90℃，对应压力为23MPa。单井的平均产油量为 $9m^3/d$，产水量为 $15m^3/d$。地层水中 $Ba^{2+}/Sr^{2+}$ 含量约390mg/L。水质见表2-7。

表2-7 巴肯油田加拿大区域的典型产出水成分

| 参数 | Na+/K+ (mg/L) | Ca2+ (mg/L) | Mg2+ (mg/L) | Ba2+ (mg/L) | Sr2+ (mg/L) | Fe2+ (mg/L) | Cl- (mg/L) | SO₄²⁻ (mg/L) | HCO₃⁻ (mg/L) | pH值 |
|---|---|---|---|---|---|---|---|---|---|---|
| 数值 | 79900 | 6700 | 818 | 2 | 386 | 55 | 156200 | 531 | 154 | 6.2 |

**4. 伊朗的 Siri 油田**

该区域的 Mishrif 产层水矿化度为12900~14100mg/L，注入水为波斯湾海水，$SO_4^{2-}$ 含量为3350mg/L。预测在不同区块的对应温度、压力条件下，Siri-C、Siri-D 区块储层主要存在 $SrSO_4$ 和 $CaSO_4 \cdot 1/2H_2O$，Siri-E 区块储层主要存在 $CaSO_4$ 和 $CaSO_4 \cdot 1/2H_2O$，Norsat 区块储层主要存在 $BaSO_4$、$SrSO_4$ 和 $CaSO_4 \cdot 1/2H_2O$。水质见表2-8。

表2-8 Siri 油田典型注、采水质

| 区块 | Na+/K+ (mg/L) | Ca2+ (mg/L) | Mg2+ (mg/L) | Ba2+ (mg/L) | Sr2+ (mg/L) | Fe2+ (mg/L) | Cl- (mg/L) | SO₄²⁻ (mg/L) | HCO₃⁻ (mg/L) | pH值 |
|---|---|---|---|---|---|---|---|---|---|---|
| 海水 | 11750 | 267 | 2996 | 0.09 | 3.4 | 0.42 | 23000 | 3350 | 166 | 7.7 |
| Siri-C | 42215/1986 | 3032 | 759 | — | 547 | 17 | 73942 | 635 | 579 | 6.82 |
| Siri-D | 35391 | 4525 | 759 | — | 760 | 5.6 | 70740 | 310 | 528 | 5.86 |
| Siri-E | 42800 | 8917 | 552 | — | 246 | — | 83324 | 142 | 397 | 6.26 |
| Nosrat | 43700 | 7920 | 2010 | 18 | 610 | — | 86900 | 340 | 244 | 5.6 |

## (四)国内油田的 $BaSO_4$ 垢情况

### 1. 江汉油田八面河油区

储层物性为高孔隙度、中—高渗透率。地层水总矿化度为15200mg/L,水型为 $CaCl_2$。$Ba^{2+}+Sr^{2+}$ 总含量为182mg/L。水质见表2-9。

表2-9  面138区块地层水和注入水离子检测数据　　　　　　　　单位:mg/L

| 样品 | $Na^+$ | $K^+$ | $Ca^{2+}$ | $Mg^{2+}$ | $Ba^{2+}$ | $Sr^{2+}$ | $Cl^-$ | $SO_4^{2-}$ | $HCO_3^-$ | 矿化度 |
|---|---|---|---|---|---|---|---|---|---|---|
| 面138地层水 | 5388 | 44.26 | 400.8 | 76.0 | — | — | 5317.5 | 960.6 | 228.8 | 18860 |
| 南区联合站污水 | 7629 | 74.0 | 804.5 | 44.26 | 56.3 | 126.2 | 14270 | 6.99 | 297.6 | 23560 |

### 2. 胜利油田纯化区块[42]

纯梁采油厂 $Ba^{2+}$ 含量平均为283mg/L。樊41区块 $Ba^{2+}$ 含量为8.9mg/L。水质见表2-10。

表2-10  部分油水井水质分析结果

| 样品 | | $Ca^{2+}$ (mg/L) | $Mg^{2+}$ (mg/L) | $Ba^{2+}$ (mg/L) | $Sr^{2+}$ (mg/L) | $SO_4^{2-}$ (mg/L) | $HCO_3^-$ (mg/L) | 总矿化度 (mg/L) | pH值 |
|---|---|---|---|---|---|---|---|---|---|
| 纯26 | | 680.6 | 137.54 | 56.80 | 46.3 | 0 | 205.9 | 32777.2 | 6.0~7.0 |
| 纯26-1 | | 2858.4 | 275.08 | 73.10 | 66.0 | 0 | 583.4 | 61288.1 | 5.0~6.0 |
| 纯47-5 | | 317.6 | 137.54 | 98.25 | 184.9 | 0 | 755.2 | 10296.6 | 6.0~7.0 |
| 纯26-3 | | 586.6 | 163.20 | 42.00 | 51.1 | 0 | 1315.2 | 30512.0 | 6.0~7.0 |
| 注入水 | | 22.7 | 22.69 | 0 | 0 | 706 | 479.3 | 1809.9 | 6.0~7.0 |
| 樊41区 | 清水 | 10.6 | 10.3 | — | — | | 136.2 | 835 | 6.0 |
| | 单井水 | 77.4 | 12.0 | | | | 462.2 | 17165 | 6.5 |
| | 混合水 | 122.7 | 15.2 | 8.87 | | | 400.6 | 15515 | 6.5 |

### 3. 中国海油涠洲油田

涠洲12-1油田储层温度为100~120℃,地层压力为24~28MPa。$Ba^{2+}+Sr^{2+}$ 总含量为69mg/L(表2-11)。部分油井电动潜油泵采油过程中,泵发热量大,全井筒结垢严重。

表2-11  涠洲12-1油田水样分析　　　　　　　　单位:mg/L

| 样品 | $Na^+/K^+$ | $Ca^{2+}$ | $Mg^{2+}$ | $Ba^{2+}$ | $Sr^{2+}$ | $Cl^-$ | $SO_4^{2-}$ | $HCO_3^-$ | 总矿化度 |
|---|---|---|---|---|---|---|---|---|---|
| 产出水 | 15532 | 1781 | 200 | 12 | 57 | 25500 | 320 | 330 | 43664 |
| 注入水(海水) | 10451 | 379 | 1228 | 0.01 | 3.84 | — | 2712 | 118 ($CO_3^{2-}$ 29) | 33179 |

另外，东海的天外天气田结碳酸钙垢周期短，1.5 个月就需螺杆钻对油管内清垢。

4. 长庆油田

主力产层的部分区块存在产层水 $Ba^{2+}/Sr^{2+}$ 异常高含量的情况。如 20 世纪 80 年代初，马岭南区 112 口生产井中，产出水含 $Ba^{2+}$ 的井有 57 口，且 $Ba^{2+}$ 含量高。开发层系为侏罗系延 10 层的南 11 井、南 75 井的 $Ba^{2+}/Sr^{2+}$ 含量不低于 1600mg/L。但井筒 $BaSO_4/SrSO_4$ 垢少，86 口井中仅 5 口，绝大多数 $BaSO_4/SrSO_4$ 垢出现在地面集输（计量）站点。随着后期生产中含水率上升，$BaSO_4/SrSO_4$ 垢问题大幅降低。

2006 年以来的姬塬油田开发生产中，主力层系为三叠系长 6 层的樊学、冯地坑等区块，$Ba^{2+}/Sr^{2+}$ 含量也为 1000~2500mg/L，由此导致的生产系统结垢问题给日常生产和防治管理形成了持续的挑战。表 2-12 为刘峁塬区块的典型结垢情况。

表 2-12 刘峁塬区块的典型结垢情况

| 垢样来源 | 垢样主要元素 | 结垢类型 | $Ba^{2+}$ 含量(%) | $Sr^{2+}$ 含量(%) |
|---|---|---|---|---|
| J22 转总机关 | Ba、Sr、O、S、Fe | 钡锶垢及铁垢 | 52.68 | 4.08 |
| J3 联总机关 | Ba、Sr、O、S | 钡锶垢 | 55.08 | 7.95 |
| L2 增加热炉盘管 | Ba、Sr、O、S、Fe | 钡锶垢及铁垢 | 46.04 | 7.53 |
| L3 增汇管 | Ba、Sr、O、S、Fe | 钡锶垢及铁垢 | 47.55 | 11.5 |
| L4 增收球筒 | Ba、Sr、O、S、Fe、C | 钡锶垢及铁垢 | 44.85 | 5.43 |
| L5 增 L66-5 集油管线 | Ba、Sr、O、S | 钡锶垢 | 53.06 | 8.27 |
| L1 增 L58-14 集油管线 | Ba、Sr、O、S | 钡锶垢 | 55.28 | 7.28 |

## 五、混合垢的研究认识

### （一）$CaCO_3$ 和 $CaSO_4$ 的混合垢

前面的研究多集中在单一类盐垢，流体中还可能同时过饱和结晶出一种以上的盐垢。这种共沉淀物不仅具有与单一组分垢不同的形态和黏附特性，其动力学过程也更复杂[43]。

Tung 等研究认为混合垢在实验管壁上的黏附能力比单一种垢的强，现场条件下，这类垢的处理难度很大[43]。

Koutsoukos 等研究了不锈钢表面的 $CaCO_3$ 和 $CaCO_3$-$CaSO_4$ 混合沉积物。实验中采用 $CaCO_3$ 或 $CaCO_3$-$CaSO_4$ 的过饱和溶液，在恒定流量为 2.3L/min、温度为 51℃条件下，监测溶液电导率和 $Ca^{2+}$ 浓度变化，以研究垢沉积动力学过程。实验条件下的 $CaCO_3$ 晶体生长符合表面扩散控制类型，形成的矿物类型主要是方解石，文石和球霰石的比例较低。$CaCO_3$ 沉淀过程中的微观形貌是先形成最不稳定的球霰石，后续出现的球粒状团聚体表明球霰石逐步转变为热力学稳定的方解石。而 $CaCO_3$-$CaSO_4$ 的过饱和溶液中，混合结垢的动力学过程表明结垢由溶液扩散控制，不锈钢壁面的沉积矿物为石膏和文石。沉积物的顺序先是不稳定的 $CaCO_3$，然后是相对稳定的 $CaSO_4$，石膏生长在文石晶体外部，如图 2-22 所示[44]。

图 2-22　流动的过饱和溶液中 $CaSO_4$ 沉积（51℃，初始 pH 值为 8.0）

**（二）$BaSO_4$ 和 $SrSO_4$ 混合垢的放射性问题**

油气开采过程中，与 $BaSO_4$ 结垢相关的天然放射性物质（Naturally Occurring Radioactive Material，NORM）需要特别关注。

钡、锶与镭同属ⅡA族元素，镭（Ra）是油气工业最主要的放射性元素，其衰变可产生射线。$RaSO_4$ 的溶解度小于 $BaSO_4$，且 $RaSO_4$ 和 $BaSO_4$ 有相似的晶体结构，因此 $Ra^{2+}$ 经常取代 $BaSO_4$ 中的 $Ba^{2+}$ 形成 $RaSO_4$。

$BaSO_4$ 垢中会含有不同比例的 $SrSO_4$ 及少量的镭，垢层中还可能含有铀、钍等放射性物质。20 世纪 80 年代初，英国北海区域油气田开发中发现 NORM，有些垢层中放射性核素镭-226 的放射性比活度达 37Bq/kg。国外也有生产组织推行石油工业天然放射性物质的管理准则。我国有学者曾开展少量工作，尚未引起国内上游生产行业的重视[45-52]。

油气井高温高压地层中，含有以溶解态存在的天然放射性物质，产出的流体可能会携带出痕量天然放射性核素，吸附在有机微粒的表面，或形成盐垢、淤渣等沉积物，在管道或设备的垢层中富集。

从健康、安全和环保角度出发，油气田控制 NORM 的最经济方法是避免其在井筒、地面系统的结垢沉积，特别是在对结垢物充分分析的前提下，采用经济性最优的化学防垢配套、地面分层集输或井底油水分离系统等技术，减少结垢并将采出水有效回注是最为适宜的方式。因此，在设计和应用诱导结垢等装置或工艺时，建议进行相关的因素评价。

**（三）$CaSO_4$ 和 $BaSO_4$ 的混合垢**

Liu 等研究认为，$CaSO_4$ 和 $BaSO_4$ 结垢之间存在干扰。在这些测试条件下，两种垢的共沉积比单一的 $BaSO_4$ 或 $CaSO_4$ 的沉积情况复杂。在实验条件下，沉积可能的机理是 $BaSO_4$ 垢晶快速形成。它为 $CaSO_4$ 提供了晶核中心，触发了 $BaSO_4$ 沉积，导致大量的 $CaSO_4$ 沉积[53-55]。

# 第二节　复杂盐垢机理研究

## 一、岩盐（NaCl）的研究

岩盐本意是由石盐组成的岩石，石盐包括岩盐和日常食用的食盐。岩盐化学成分为 NaCl，属等轴晶系的卤化物晶体。因为它们由盐水在封闭的盆地中蒸发而形成盐矿床，所以也被称为卤化物矿物。

岩盐易溶于水,25℃时在蒸馏水中的溶解度为35.96g/100g(水)。溶解盐的析出沉积受温度变化影响大,如图2-23所示。含高浓度盐水的油气体从储层采出到地表过程中,多是因为过饱和盐溶液中水的蒸发(浓缩),或溶液降温,使得盐的溶解度快速降低,形成岩盐。压力对NaCl溶解度的影响不大,随压力上升,溶解度增加缓慢。

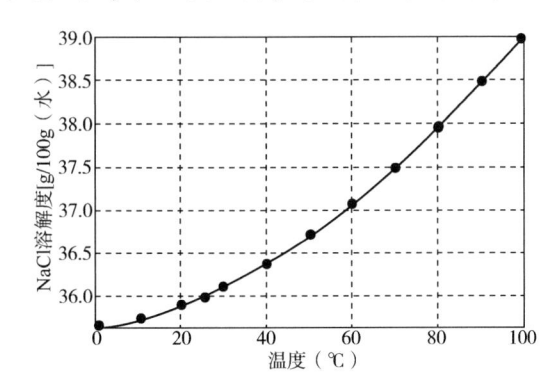

图2-23 水中NaCl溶解度—温度函数

在苏联的马尔科夫等油田的地层水矿化度最高达到600~650g/L,阿尔及利亚的哈西-迈萨乌德油田的地层水矿化度达到450g/L,这些油井水淹后,结盐堵塞物成分都为纯岩盐NaCl。如马尔科夫油田油井生产过程中,地层水从温度25℃、16.5MPa的地层到地面10~15℃条件时,会析出130~150g/L的NaCl。

近年来,美国在油气开采中的岩盐沉积问题开始得到普遍关注。例如,巴肯油田水平井开发中,出现的岩盐与$CaCO_3$、$CaSO_4$和$BaSO_4$/$SrSO_4$的复杂结垢;还有2010年后,美国东北部尤蒂卡页岩油气开发中也出现岩盐问题。因为在实验室环境中,静态瓶试法或毛细管路动态系统难以模拟、重现岩盐沉淀过程,限制了对岩盐形成和沉积机理的认识[56-59]。

岩盐垢比其他类型的垢更容易清除。最有效的清除方法是间歇注清水或采出水稀释卤盐离子浓度,或者连续注水冲洗盐沉积物,防止岩盐沉积。但因其沉积速率比其他垢高若干个数量级,某些特殊情况下需每周进行多次除岩盐垢。比如,在巴肯油田所处的地区清水来源相对匮乏,注入地层的清水高pH值、高含$HCO_3^-$、$SO_4^{2-}$和$OH^-$等阴离子,会与地层水中的$Ca^{2+}$等阳离子沉淀,引起新的结垢问题。此外,生产中的大量耗水,以及必须配套的罐车拉运、岩盐抑制剂和采出水处理等,造成油田开发的综合成本很高。

## 二、硫化物垢的研究

北海油田的英国和挪威区块、墨西哥湾和美国个别陆上油气田在生产中发现油管和地面工艺设备内有硫化铅和硫化锌等垢沉积[60-62]。锌和铅离子的主要来源有:

(1)地层中原生沉积的反应矿物[闪锌矿(ZnS)和方铅矿(PbS)]与含水层静滞水长期接触后的部分溶解。据报道,墨西哥湾的高压/高温油田产出液中含有浓度高达70mg/L的$Pb^{2+}$和245mg/L的$Zn^{2+}$,荷兰的某气田产出液中$Pb^{2+}$浓度高达150mg/L。

北海油田的英国区域内A油田储层流体中$Zn^{2+}$、$Pb^{2+}$含量较高,且$Fe^{2+}$含量大于200mg/L。高压生产系统中以$CaCO_3$垢为主,同时气相中的$H_2S$与产出水中的$Zn^{2+}$、$Pb^{2+}$反应形成硫化物垢。随着区块含水率的上升，从集输管道到处理平台的固体沉积物中，发现伴有微量 $BaSO_4$ 的 ZnS/PbS 沉积物。

（2）注水开发过程中，淡水（或海水）与油层内的矿物发生岩溶反应。

（3）在钻井和修井作业期间，溴化锌等重盐水完井液中的锌离子漏失到地层中。有报道称，在含 $2mg/L$ $H_2S$ 的储层，漏失了密度为 $2.06g/cm^3$ 的溴化锌完井液 70 余吨后，硫化物垢显著加剧。英国北海油田一个区块在完井作业期间，溴化锌盐水漏失后生成硫化锌。部分区块的油井见注入水初期，有持续数月在流体中发现 $Zn^{2+}$ 含量为 $10\sim50mg/L$。

因为锌、铅硫化物的溶解度极低，$Pb^{2+}$、$Zn^{2+}$ 和 $S^{2-}$ 不可能同时存在。在多数情况下，$Pb^{2+}$ 和 $Zn^{2+}$ 的来源主要还是地层水本身，$S^{2-}$ 来自地层水或硫化氢气体。锌、铅硫化物形成的机理应是：在采出过程，油气流体中的 $Pb^{2+}$、$Zn^{2+}$ 与近井地带或井筒内富含的硫化氢直接混合，而温度、pH 值和停留时间决定了其沉积位置。

ZnS 和 PbS 等的溶解度：1mol/L 的 NaCl 盐水溶液中，PbS、ZnS 和 FeS 溶解度数据如图 2-24 所示。当 pH 值为 5 时，FeS 的溶解度为 65mg/L，而 PbS、ZnS 的溶解度分别为 0.002mg/L 和 0.063mg/L。在相同的盐水环境下，ZnS 的溶解度比 PbS 高 30~100 倍。三者的溶解度都会随着 pH 值的降低而增加。

Barrett 和 Anderson 的溶解度数据表明，ZnS、PbS 的溶解度随着温度和盐水矿化度的升高而增加，随 pH 值的下降而增加，如图 2-25 和图 2-26 所示。

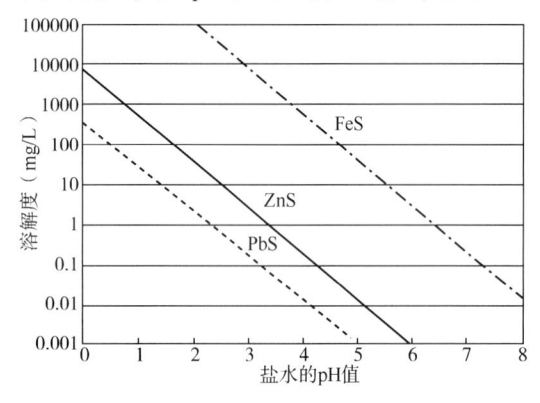

图 2-24　25℃时 1mol/L 的 NaCl 盐水中 ZnS、PbS 和 FeS 的溶解度

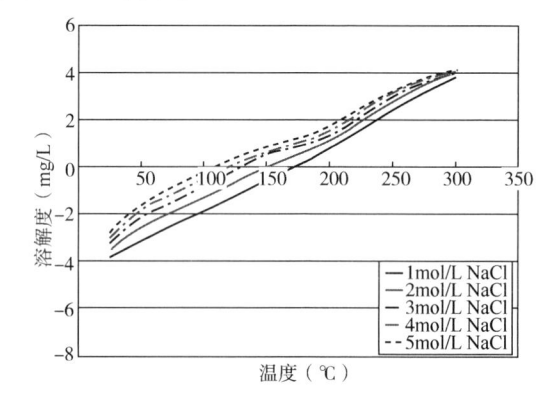

图 2-25　不同温度下 pH 值为 4.0 时 1~5mol/L NaCl 盐水中 ZnS 的计算溶解度

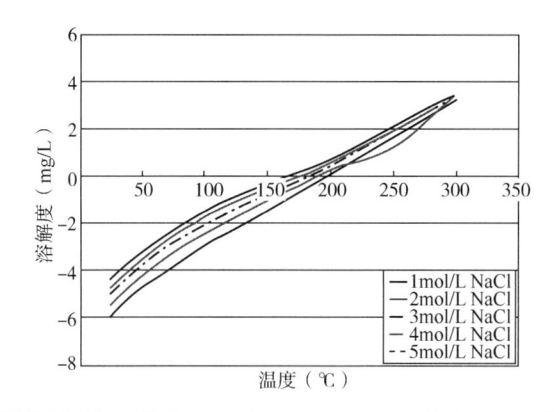

图 2-26　不同温度下 pH 值为 4.0 时 1~5mol/L NaCl 盐水中 PbS 的计算溶解度

除了上述两类特种垢外，油田生产中因蒸汽驱、三元复合驱等还产生硅垢、硅酸盐垢等问题，典型的结垢分析和防治技术介绍可见本书第六章。

# 第三节 原油、腐蚀等对盐垢的增效作用

## 一、原油与盐垢的复合作用

输送含水原油等介质管道的内表面垢沉积产物通常由盐垢、原油中有机成分等组成。这些有机成分既可以结晶形式与盐垢结合，也有以吸附形式结合在金属基体表面。它们使垢产物呈现淡黄色、棕色或黑色，并使垢具备憎水亲油特性。对盐类沉积物中所含的有机物进行的研究表明，这些有机物基本上是由不饱和芳香烃类、沥青、蜡质和胶质、硫化物等组成。大部分垢产物的成分中，水溶性化合物含量不超过0.5%，同时含有极少量金属有机化合物。

垢沉积产物中的原油有机成分具有多余的自由表面能，能够通过物理吸附作用黏附在非极性和极性的矿物微粒（如 $CaCO_3$、$CaSO_4$ 和 $BaSO_4$、$SiO_2$ 等）表面，并使这些表面憎水化。这些烃类液滴进而就成为选择性凝聚矿物微粒的中心。苏联的 Л. Х. Ибрагимов 等研究了动态条件下油井产出液中原油成分对结盐垢的影响。主要认识有：

（1）盐垢沉积物与其中分离出的有机物量有关，盐垢类沉积速度随有机质含量的增加而增大。通过电镜观察表明，盐垢沉积的主因是管道和垢微粒表面吸附有机质，从而加速了盐垢沉积。

（2）$CaCO_3$ 过饱和水溶液的结垢实验发现，从沉淀物中分离出的有机物会改变结晶诱导期。焦油和沥青对过饱和溶液中的盐类结晶影响最显著。胶质类的作用机理是把盐垢离子吸附到自身表面，并转变为新的垢晶中心。

（3）原油成分不仅促进结垢，而且促进盐垢晶体之间及与管壁之间的黏附。当从盐沉积物组分中排除有机物后，盐垢沉淀物沉积的强度平均下降20%~40%。在有机吸附层复合盐垢的管段，垢沉淀与管壁的黏结强度为2.5~3.8MPa，而没有这种吸附层时，其黏结强度下降至0.5~2.2MPa。

从掌握的相关资料看，国内外研究者在模拟油田水相环境下的结垢研究更多，对于原油有机质与盐垢的作用关系相对研究得较少。油田生产、集输环境下的原油有机质与盐垢的相互作用影响因素多，定量化研究分析难度大，对油田生产实际影响也更具体，应该是一个值得深入探索的方向。

## 二、$CO_2$ 的腐蚀与结垢影响

$CO_2$ 腐蚀的主要形式是局部腐蚀穿孔，腐蚀产物 $FeCO_3$ 膜的特性与温度有着密切的关系。研究人员普遍认为，在100℃以上，产生的 $FeCO_3$ 膜不仅致密而且附着力极强，腐蚀过程会被抑制，从而腐蚀速率降低。在60~80℃，形成的腐蚀产物膜比较厚，但比较疏松，腐蚀介质通过产物膜的传质过程决定了腐蚀速率的大小，此时腐蚀形貌呈环状或台地状，腐蚀速率相应最大，典型形貌如图2-27所示。大约在60℃以内，碳钢表面生成的 $FeCO_3$ 腐蚀产物膜，不仅量很少，而且也比较疏松不致密。溶液中 $CO_2$ 水解产生的碳酸不断向金属表面扩

散，是决定腐蚀速率的主因。

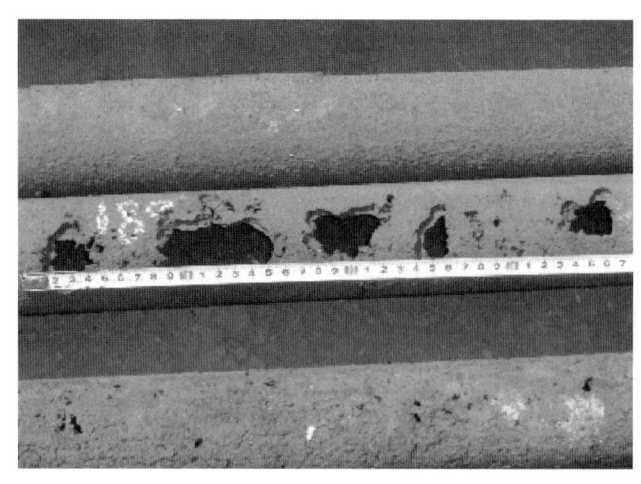

图 2-27 长庆气田 G4-*气井油管的典型 $CO_2$ 腐蚀穿孔

针对 $CO_2$ 油井环境下，研究碳钢在不同时间的腐蚀产物膜组成，发现在腐蚀初期 4~24h，腐蚀产物膜主要是 $FeCO_3$；当延长时间至 48h 时，产物膜内除了 $FeCO_3$ 外，还出现了 $Ca(FeMg)(CO_3)_2$、$Ca_2Fe_2O_5$ 等，共同构成腐蚀—沉积膜。长时间浸泡后，表面产物层则逐渐分为内外两层：外层呈现出薄且疏松的状态，内层厚且相当致密。

针对饱和 $CO_2$ 地层水中的 X65 管线钢腐蚀，有研究者将裸露电极和同材质的覆盖垢层（$FeCO_3$、FeS、细沙和黏土混合压实而成）电极形成电偶电极对，开展电化学腐蚀测试。结果表明，在 25℃下裸露电极始终为阳极，被垢层覆盖的电极为阴极。但温度升高至 60℃，随着浸泡时间的延长，阴阳极发生极性反转，初期的垢覆盖电极成为阳极，裸露电极为阴极。分析主要原因是，裸露金属为腐蚀电位更正的阳极，有致密垢层保护的金属为阴极；而 60℃时，金属腐蚀后表面形成的 $FeCO_3$ 膜不致密，且覆盖电极的垢层、缺陷等易发生垢下腐蚀，从而产生反转。

### 三、腐蚀、结垢的关系和主要特点

油气田复杂环境下，结垢和腐蚀往往是两个紧密联系的研究体系，在油套管、集输管线和储罐等内壁，容易形成由盐垢、腐蚀产物、泥沙和一些微生物黏液等组成的沉积物。将二者联系起来共同研究其相互影响作用，有助于制订较全面的防腐、防垢控制方案。

沉积物中的腐蚀产物主要来源有如下 4 种可能：

(1) 细菌腐蚀引起的结垢。一般来说，油井采出液中含有大量硫酸盐还原菌（SRB）、铁细菌（FB）、硫细菌等，这些菌种潜伏在地层水和岩石中，当开采生成的新环境有利于细菌生长时，这些菌种就会大量繁殖。在这些菌种的影响中，以 SRB 腐蚀最具代表性。硫酸盐中的硫酸根常存在于地层水中，通常情况下，地层水中的 SRB 含量较低，这主要是因为地层高温、高压和高矿化度等因素限制了细菌的生长，同时在地层中因缺少有机营养，SRB 很难大量繁殖。随着采出液被提升，由于温度、压力、流速的变化，SRB 生长环境发生了变化，使得 SRB 迅速繁殖，含量急剧升高。在 SRB 作用下，井筒发生严重腐蚀，其腐蚀产物主要为含硫化合物垢类物质（FeS）[63]。

（2）采出液中常溶有少量的 $H_2S$，会离解出 $H^+$、$HS^-$ 和 $S^{2-}$，也能够与 $Fe^{2+}$ 作用生成黑色的硫化亚铁（FeS）；离解出的 $H^+$ 则在钢铁表面使铁发生氢去极化腐蚀。FeS 稳定性较好，与其他垢物结合附着于泵筒和管壁上，使其与管壁之间形成更适合于 SRB 生长的封闭区，进一步加剧井筒垢类的沉积。

当现场发现 FeS 沉积物时，需要结合产出流体中 $H_2S$、SRB、有机硫或单质硫等情况，来判断其形成机理是 $H_2S$ 与碳钢的腐蚀产物，抑或是 $H_2S$、$S^{2-}$ 与地层产出介质中 $Fe^{2+}$ 的化学反应垢产物。此时可通过垢产物的元素分析，并与井筒管柱的元素组成进行比较。例如，J-55 是油套管材常用的一种低碳钢，通过直读光谱仪可检测其由元素含量为 98.46% 的 Fe、1.28% 的 Mn、0.24% 的 C 和 0.02% 的 Si 组成。其中，Fe 与 Mn 的质量比接近 77∶1。现场垢样如含有 Mn，则可以表明腐蚀参与了成垢过程。

（3）溶解氧腐蚀引起的结垢。油层水中少量的溶解氧可引起腐蚀，其腐蚀产物主要为铁锈（$Fe_2O_3$）或针铁矿 [FeO(OH)]，在腐蚀产物内部，FeO(OH) 还可与 $Fe^{2+}$ 结合，生成 $Fe_3O_4$，这些都是沉积的垢物。

（4）$CO_2$ 腐蚀引起的结垢。这类沉积物覆盖金属基体有两方面的作用：一方面，在某些条件下起到特殊保护作用；另一方面，沉积物垢层在流体流速比较低时，易导致严重的垢下腐蚀，即金属表面物质沉积，腐蚀介质的流动及扩散受阻，垢层以下金属发生闭塞原电池腐蚀。腐蚀区域的外表面呈锈瘤状，垢层下的金属部分点蚀坑不断发展，甚至穿孔。

## 四、垢下腐蚀的机理

目前，普遍接受的是闭塞区自催化效应。金属表面上一旦形成垢层，就会形成一个闭塞区，金属阳离子 $Fe^{2+}$、$Fe^{3+}$ 由于难以扩散而在闭塞区内大量积累，造成这个区域内正电荷过剩。为保持电荷平衡，大量 $Cl^-$ 迁入闭塞区，形成金属氯化物，在水解作用下闭塞区酸化，pH 值降低，发生腐蚀。在闭塞区内，Fe 为阳极→$Fe^{2+}$+2e→正电荷过剩→吸引 $Cl^-$，使得闭塞区酸化→再次腐蚀金属基体。如此循环往复，闭塞电池的自催化效应不断腐蚀金属基体。腐蚀垢层阻碍阳极溶液同外界的交换，主要是垢层的微孔隙作为物质迁移通道，迁移的难易程度和离子种类取决于垢层的几何尺寸、致密程度以及离子选择性等多种因素。

氧浓差电池存在时，也会导致垢下腐蚀。垢层下的闭塞区中氧含量很低或为缺氧区，电位相对较低，易成为电化学腐蚀的阳极；未被垢层覆盖区域的电位相对较高，成为阴极。相比而言，自催化效应是导致垢下局部酸化的主要原因，由氧浓差电池导致闭塞区的酸化并不显著。

除以上两种原因外，由沉积物和金属基体的电位差而产生的电偶腐蚀也是垢下腐蚀的可能原因之一。垢层大多为难溶性的无机盐和金属的氧化物，其本身稳定性较高，尤其是在 $CO_2$ 环境中，碳钢表面形成的垢层可以作为阴极相加速金属基体的腐蚀[64]。

### （一）垢下腐蚀的主要特点

垢层下金属的腐蚀行为因酸化自催化作用而加速，其主要特点为：

（1）垢层导热性能较差，其内外因温度差形成温差电池，同时温度升高将会导致该处盐浓度增加，腐蚀过程的电子流动加快。

（2）垢层具有封闭作用，阻滞内、外腐蚀介质的交换，导致溶解性还原物质含量差异，形成浓差电池,并引起 pH 值的变化。

(3) 垢层本身的物理化学性质差异。

溶液中离子沉积或腐蚀产物的沉淀层往往具有离子选择性。朱元良等采用 $Fe_2O_3$、$Fe_3O_4$、$Fe(OH)_3$ 模拟 N80 钢的表面垢层进行实验,发现该垢层对阴离子具有很强的选择性,随着 $Cl^-$ 的逐渐渗入,垢层内部的酸化自催化效果明显,腐蚀加剧。而加入月桂酸根后,垢层的选择性偏向阳离子,腐蚀相对减弱。

垢层的化学成分也会对垢层内外金属的腐蚀行为产生较大的影响。Tang 等研究了铸铁管线内壁在地下水、地表水和盐水混合介质中形成腐蚀垢的特性,结果表明,$\alpha\text{-FeOOH}$、$\beta\text{-FeOOH}$、$Fe_3O_4$、$\gamma\text{-}Fe_2O_3$ 和 $FeCO_3$ 是腐蚀垢的主要成分,随着介质 pH 值降低,金属的腐蚀速率增大。但是将垢层中 $Fe_3O_4$ 含量提高、$Fe_2O_3$ 含量降低时,金属的腐蚀速率减小。同样,垢层晶型差异也会影响金属基体的腐蚀,如 $CaCO_3$ 晶相由相对松软的文石和球霰石向坚硬的方解石转变时,致密垢层对金属基体的保护作用相应增强。

(二) 垢下腐蚀的影响因素

1. 垢层的组成和形态

垢下腐蚀的发生和发展主要受垢层的组成以及形态直接影响。若垢层分布不均或疏松多孔,则会发生很严重的垢下腐蚀;如果垢层有电子导电性,那么它作为阴极,会使得垢下腐蚀加速;具有阴离子选择性的疏松多孔垢层,会使阴离子向闭塞区内不断扩散,导致酸化自催化效应的发生,使垢下腐蚀加剧。

常规 $CaCO_3$ 沉淀物的主要相是菱形体的方解石。当仅有 25mg 的 $Fe_2O_3$ 时,形成的方解石虽然仍是主要相,但是被 $Fe_2O_3$ 的纳米级颗粒所覆盖(图 2-28)。

(a) $CaCO_3$ 晶体　　　　(b) 存在25mg的$Fe_2O_3$时形成的方解石

图 2-28　SEM 照片

2. 介质成分的影响

在含有较高浓度 $Ca^{2+}$、$Mg^{2+}$ 和 $HCO_3^-$、$CO_3^{2-}$ 等易成垢离子的介质中,发生垢下腐蚀的敏感性增强。而某些油井产出物中含有较高浓度的可溶性硫化物 $S^{2-}$,在弱酸性环境下生成 $H_2S$,继而腐蚀管柱和设备产生 FeS 膜层。因为 $Cl^-$ 的半径小,穿透力强,容易穿透腐蚀产物膜以至于渗透到金属基体表面,使腐蚀产物膜下的 $Fe^{3+}$ 水解,产生 $H^+$,增大了金属基体发生电化学腐蚀的倾向。$Cl^-$ 可诱导并促进金属发生如点蚀、缝隙腐蚀等腐蚀行为。

油气田的具体介质变化,可能会引起腐蚀产物的成膜机理和溶解度发生变化。腐蚀产物膜既有可能加剧腐蚀倾向，也有可能减缓腐蚀，实际工况下要具体问题具体分析。

### 3. 流速的影响

流速的影响主要表现在两个方面：一是腐蚀速率；二是腐蚀产物的沉降。流速较慢时，管道所受剪切力减小，水中悬浮物和易成垢离子会聚集在管道表面，逐渐形成垢沉积。通常沉积垢层在流速较高时，不容易生成，甚至在更高的流速下会将沉积垢层冲刷掉，这样就会使垢下腐蚀的发生率大大降低。

### 4. 温度和pH值的影响

溶液的pH值对Fe和垢层的状态会产生影响，pH值与$H^+$浓度相关联，油田采出水的pH值增加，$H^+$浓度就会降低，使得阴极电极电位下降，降低碳钢的腐蚀速率。垢下腐蚀过程中，垢层外部溶液与闭塞区内溶液的pH值差别增大，腐蚀的驱动力增大，促进垢层下腐蚀的发展。

一般来说，温度升高会使腐蚀速率加大，因为温度越高，各电极反应速率越快，从而腐蚀速率也会相应增大。在冷却水系统中，温度升高，越容易形成垢层，垢下腐蚀的发生就会增强。但是对于某些可能会存在温度敏感区域的体系，刚开始时，垢下腐蚀的敏感性会随着温度的升高而变大，但是如果超过了某个临界值(与材料和介质环境有关)，垢下腐蚀的敏感性和腐蚀速率会降低。

## 第四节　油田结垢管理与预测

### 一、结垢管理

Voloshin等提出了油田开发全过程的结垢管理(PSM)[65]，并将结垢预测融入油田结垢管理。他们将结垢管理分为两个主要层次：第一层次主要是评价总结垢量，包括全生产系统的结垢强度预测、结垢指数计算，通过对井筒、地面系统的结垢量预测，评估可能的结垢风险和防垢措施效果；第二层次主要是基于地质和水动力模型的地层长期结垢沉积预测，包括注水过程中，注入水与地层水及注入水同储层矿物的离子交换等作用。为了模拟储层结垢风险，可采用通用的储层模拟软件FrontSim、ECLIPSE，以及具有描述储层、注入水与岩矿作用等功能的GEOCHEM、GIBBS等水文地球化学模型软件，如图2-29所示。

Jordan等提出海上油气井在投资建设阶段的结垢防治管理团队分工和可持续改进的结垢管理闭环流程[66]，如图2-30和图2-31所示。

可根据各油田的实际，进行个性化结垢管理，包括评估系列技术的可靠性、规范技术对策流程及规范防治技术的成本投入。为此，工程方面要提供的支持数据有：(1)地层水和回注水的分析；(2)防垢剂的适应性及效果情况；(3)结垢风险的评估和管理情况；(4)不同水驱程度下储层或垢沉积的水动力模型，以确定地层的混合水结垢、生产井结垢等风险；(5)生产井动态分析，以确定含水程度、累计产水，并预测未来参数变化；(6)选择最优的技术方案；(7)结垢控制的经济评价。

国内油气田与国外对比，在结垢管理的第一层次开展了很多研究工作，但油气工程与开发地质结合的第二层次的研究较少，往往难以深入形成最优方案，管理对优化开发效益和降低成本的指导性作用体现的不充分。

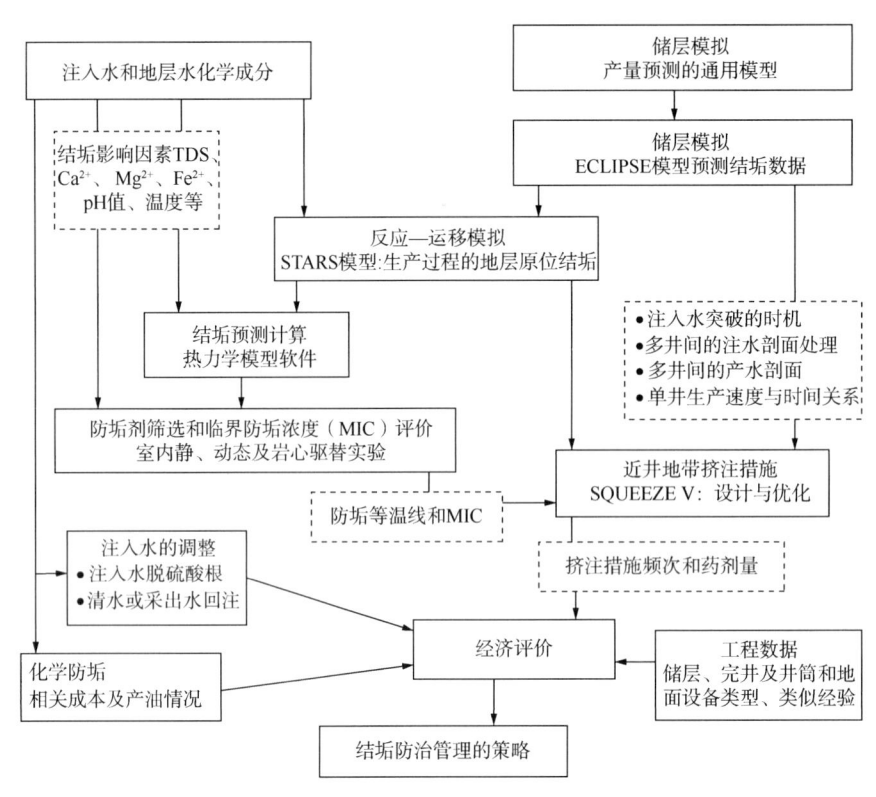

图 2-29 典型的防垢策略流程

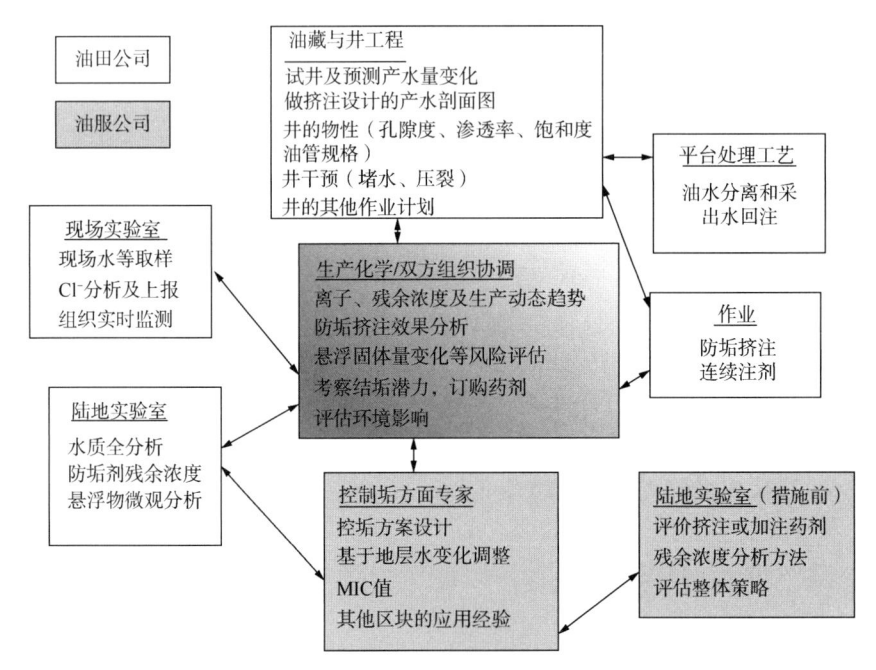

图 2-30 海上油田的结垢防治管理团队分工

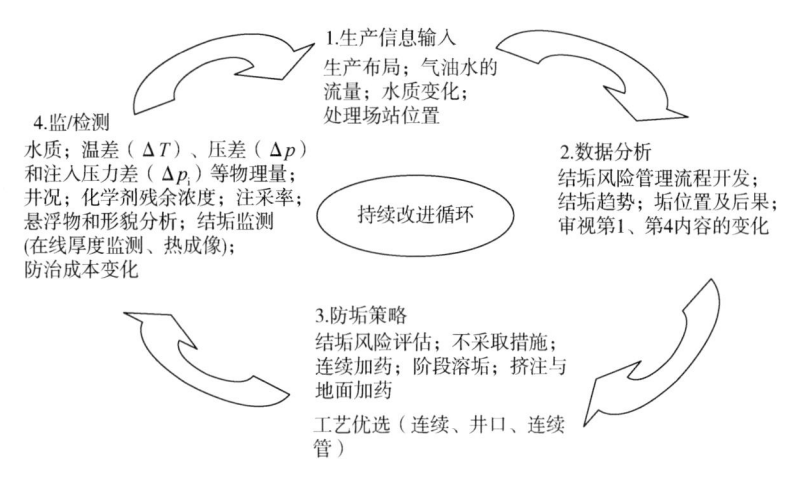

图 2-31　结垢管理持续改进循环图

图 2-32 是 Voloshin 等基于技术有效性和经济性的分析，提出西西伯利亚 Rosneft 油田的不同产量油井在不同含水阶段的防垢技术选择图版。

### （一）注海水开发油井的结垢管理

Jordan 等研究了海上油田注入海水开发时，储层和生产系统的 $BaSO_4$ 成垢变化过程。如注入水突破前或突破初期的结垢量决定了挤注措施时机，当预测低含水期存在高结垢风险时，就应提前采取防垢措施保证效果。

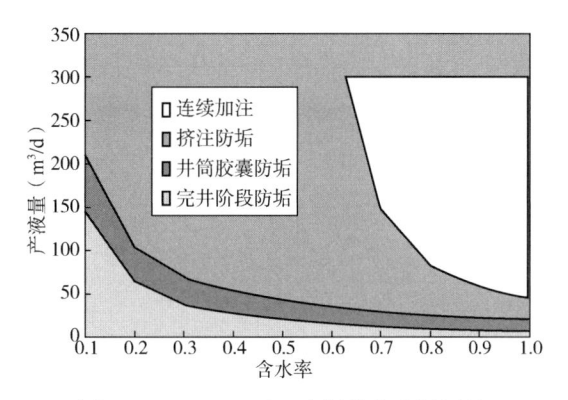

图 2-32　Rosneft 油田防垢技术选择图版

一般地，当产出液中的海水占比为 5%~15% 时，$BaSO_4$ 垢量较少，而此时地层 $CaCO_3$ 垢与 $BaSO_4$ 垢的混合垢总量最大。对于这种混合垢，连续注入防垢剂无效，只能进行储层防垢挤注，并结合井筒的防垢剂连续加注或地面防垢。油井中含水期（注入水占 40%~70%），$BaSO_4$ 过饱和量最大，此时挤注防垢剂的量较大。高含水期（大于 80%）后，$BaSO_4$ 垢量和过饱和度均降低，清防垢措施频次减少（图 2-33）。

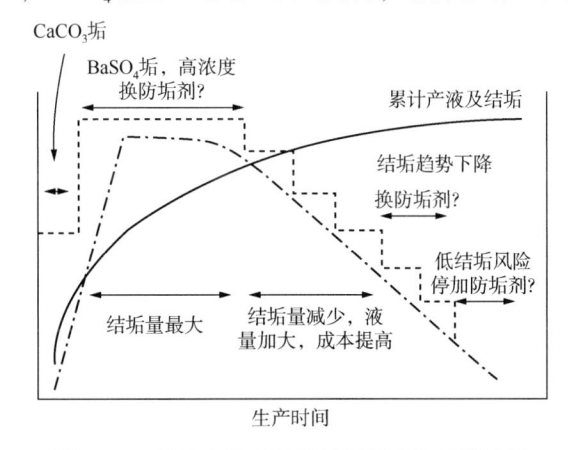

图 2-33　见注入海水过程结垢量变化的趋势图

## (二) 结垢与腐蚀的防治选择策略

为确定每口油井的防腐蚀、防垢对策，Jennifer 等开发了技术决策树。基于产出流体的腐蚀性、结垢趋势和含水量来选择防控工艺。用于巴肯页岩油气区的防腐蚀、防垢时，通过预设的评估流程可更好地发现潜在问题及其位置。根据对措施药剂的室内、现场性能测试，可以选择相应的措施方案。其简要示意如图2-34所示[67-68]。

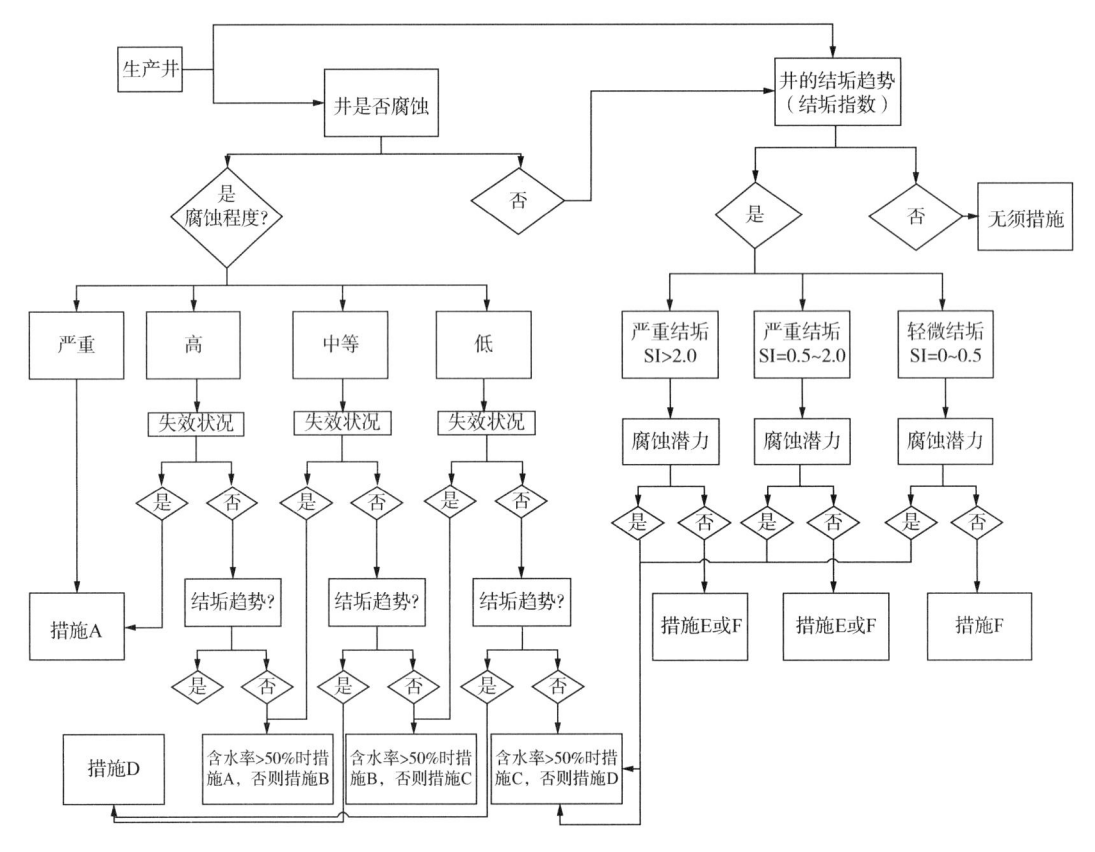

图 2-34 巴肯储层生产井的防腐蚀、防垢技术决策树
A 至 F 为不同防垢措施

## 二、结垢化学模型预测

结垢预测是判断结垢与否和采取对应防治措施的必要手段。根据油田开发经验，如果在新区块开发建设阶段，能根据全生命周期的结垢规律，提前预判和做好防控配套，则可大幅优化设计，避免后期改扩建等调整。一般预测方法是分析 $Ca^{2+}$、$Ba^{2+}$ 和 $HCO_3^-$ 等浓度、温度和 pH 值等结垢影响因素，通过室内实验研究，形成数学模型或软件系统。一般既有饱和度等特定结垢参数的定性判断，也有结垢量的定量计算。

在常见垢 $BaSO_4$、$CaSO_4$、$CaCO_3$ 的预测中，因 $CaCO_3$ 垢受溶液 pH 值等因素的影响比较大，结垢倾向预测研究较多。例如：Davis 和 Stiff 提出用结垢指数(SI)来判断油田水是否有 $CaCO_3$ 垢析出；Ryznar 在 20 世纪 80 年代提出了依托水质情况统计得到的经验公式，其中以稳定指数(RI)判断水的稳定性；Oddo 和 Tomson 提出了饱和指数(IS)，以及翁永基用 pH—

pH₅判别水腐蚀性的模型;20世纪80—90年代,长庆油田勘探开发研究院与山东大学合作,开发了 SDCQPC 模型等。石油行业标准 SY/T 0600—2009《油田水结垢趋势预测》对 $CaCO_3$、$CaSO_4$ 和 $SrSO_4$ 的结垢趋势预测方法、计算过程有相应的描述。SY/T 5329—1994《碎屑岩油藏注入水水质指标及分析方法》对 $BaSO_4$ 结垢趋势预测方法有相应的描述,但 SY/T 5329 的后续修订版中未再提及 $BaSO_4$ 结垢趋势预测内容。

油田高矿化度采出水的结垢预测,往往与实际生产情况有一定偏差,主要原因是:(1)现场生产条件的各个相关因素往往难以准确描述、量化,导致预测模型的输入参数不全面;(2)与析出垢晶相关的结垢动力学过程比较复杂,受各种条件影响变化大;(3)油田注采过程中,注入水或地层水与储层间的岩溶和离子交换等作用复杂,存在不确定性。比如,注入水沿着储层的高渗透通道指进后,注入水与储层的水洗作用等可能获得 $Ca^{2+}$ 和 $HCO_3^-$(或碱度的一些成分),导致 $CaCO_3$ 结垢风险增加。

(一)热力学平衡模型

1. $CaCO_3$ 结垢预测

1)Davis-Stiff 饱和指数法

饱和指数按如下公式计算:

$$SI = pH - K - pCa - pAlK \tag{2-9}$$

$$pAlK = \lg \frac{1}{2[CO_3^{2-}] + [HCO_3^-]} \tag{2-10}$$

$$\mu = \frac{1}{2}(c_1 z_1^2 + c_2 z_2^2 + \cdots + c_i z_i^2) \tag{2-11}$$

式中,SI 为饱和指数;pH 为水样的 pH 值;$K$ 为修正系数,可由其与离子强度的关系图(图 2-35)查得;pCa 为 $Ca^{2+}$ 浓度(mol/L)的负对数;pAlK 为总碱度(mol/L)的负对数;$[CO_3^{2-}]$ 为 $CO_3^{2-}$ 浓度,mol/L;$[HCO_3^-]$ 为 $HCO_3^-$ 浓度,mol/L;$\mu$ 为离子强度。

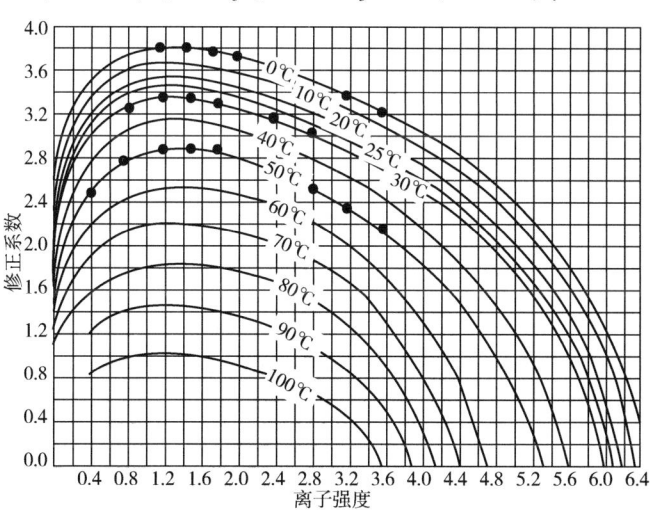

图 2-35 不同温度下修正系数与离子强度的关系

结果判定：SI>0，有结垢趋势；SI=0，临界状态；SI<0，无结垢趋势。

2）Ryznar 稳定指数法

稳定指数按下式计算：

$$SAI = 2(K + pCa + pAlK) - pH \tag{2-12}$$

式中，SAI 为稳定指数。

结果判定：SAI≥6，无结垢趋势；5≤SAI<6，有结垢趋势；SAI<5，结垢趋势严重。

3）Oddo-Tomson 饱和指数法

用侵蚀性 $CO_2$ 测定方法判断 $CaCO_3$ 结垢趋势。

（1）有气相存在时（油气井油层压力小于泡点压力），饱和指数按以下 3 个公式计算：

$$IS = \lg\left\{\frac{[Ca^{2+}][HCO_3^-]^2}{145pY_g^{CO_2}f_g^{CO_2}}\right\} + 5.85 + 15.19 \times 10^{-3} \times (1.8t + 32) -$$

$$1.64 \times 10^{-6} \times (1.8t + 32)^2 - 764.15 \times 10^{-5}p - 3.334\mu^{\frac{1}{2}} + 1.431\mu \tag{2-13}$$

$$f_g^{CO_2} = e^{145p[2.84 \times 10^{-4} - 0.255/(1.8t + 492)]} \tag{2-14}$$

$$Y_g^{CO_2} = Y_t^{CO_2} \times \left[1 + \frac{145pf_g^{CO_2} \times 6.29 \times (5Q_w + 10Q_o) \times 10^{-5}}{35.32Q_g \times 10^{-6} \times (1.8t + 492)}\right] \tag{2-15}$$

式中，IS 为饱和指数；$t$ 为温度，℃；$p$ 为绝对压力，MPa；$[Ca^{2+}]$ 为 $Ca^{2+}$ 浓度，mol/L；$[HCO_3^-]$ 为 $HCO_3^-$ 浓度，mol/L；$\mu$ 为离子强度；$f_g^{CO_2}$ 为 $CH_4$ 和 $CO_2$ 混合气中 $CO_2$ 的逸度系数；$Y_g^{CO_2}$ 为在一定温度、压力条件下，$CO_2$ 在气相中的含量，%；$Y_t^{CO_2}$ 为地面条件下，$CO_2$ 在气、油、水混合体系中的含量，%；$Q_g$ 为在标准温度、压力条件下，每日采出的气体总量，$m^3$；$Q_w$ 为每日采出的水量，$m^3$；$Q_o$ 为每日采出的油量，$m^3$。

（2）无气相存在时（油井油层压力大于泡点压力），饱和指数按如下公式计算：

$$IS = \lg\left\{\frac{[Ca^{2+}][HCO_3^-]^2}{C_{aq}^{CO_2}}\right\} + 3.63 + 8.68 \times 10^{-3} \times (1.8t + 32) +$$

$$8.55 \times 10^{-6} \times (1.8t + 32)^2 - 951.2 \times 10^{-5}p - 3.42\mu^{\frac{1}{2}} + 1.373\mu \tag{2-16}$$

$$C_{aq}^{CO_2} = 7829.3 \times \frac{N_t^{CO_2} \times 10^{-6}}{6.29 \times (Q_w + 3.04Q_o)} \tag{2-17}$$

$$N_t^{CO_2} = Y_t^{CO_2} \times 35.32Q_g \tag{2-18}$$

式中，$C_{aq}^{CO_2}$ 为每日在盐水和油中采出的 $CO_2$ 含量，mol/L；$N_t^{CO_2}$ 为在标准温度、压力条件下每日采出的 $CO_2$ 量，$m^3$。

结果判定：IS>0，有结垢趋势；IS=0，临界状态；IS<0，无结垢趋势。

2. 硫酸钙结垢预测

硫酸钙结垢趋势按下式计算：

$$S = 1000(\sqrt{X^2 + 4K_{sp}} - X) \tag{2-19}$$

式中，$S$ 为 $CaSO_4$ 结垢趋势预测值，mmol/L；$K_{sp}$ 为溶度积常数，可由溶液的离子强度和温度的关系曲线查得；$X$ 为 $Ca^{2+}$ 与 $SO_4^{2-}$ 的浓度差，mol/L。

实测水中 $Ca^{2+}$ 和 $SO_4^{2-}$ 浓度，再计算出水中 $CaSO_4$ 实际含量 $c$（$c$ 取 $Ca^{2+}$ 和 $SO_4^{2-}$ 浓度的最小值），单位为 mmol/L，将 $S$ 与 $c$ 进行比较。

结果判定：$S<c$，有结垢趋势；$S=c$，临界状态；$S>c$，无结垢趋势。

3. $BaSO_4$ 结垢预测

结垢趋势预测可依据 SY 5523—2016《油田水分析方法》测定水中 $Ba^{2+}$ 浓度，按 GB 11064.9—2013《碳酸锂、单水氢氧化锂、氯化锂化学分析方法 第 9 部分：硫酸根量的测定硫酸钡浊度法》或 SY/T 5523—2016 测定水中 $SO_4^{2-}$ 浓度。通过下式计算结垢量：

$$B = \frac{(m+a) - \sqrt{(m+a)^2 - 4ma + 4K_{sp}}}{2} \tag{2-20}$$

$$C_{BaSO_4} = B \times 233.36 \tag{2-21}$$

式中，$B$ 为水质稳定后水中 $BaSO_4$ 的结垢量，mol/L；$m$ 和 $a$ 为初始条件下水中 $Ba^{2+}$ 和 $SO_4^{2-}$ 的浓度，mol/L；$K_{sp}$ 为 $BaSO_4$ 的溶度积；$C_{BaSO_4}$ 为 $BaSO_4$ 的结垢量，g/L。

计算结果中，当 $B>0$ 时，有 $BaSO_4$ 生成，其值越大，结垢越严重，否则无 $BaSO_4$ 生成。

4. Pitzer 方程预测结垢

1923 年，Debye 和 Huckel 提出了著名的电解质溶液理论（简称 D-H 理论）。理论认为低浓度的强电解质可以完全离解，稀溶液的非理想型是由于离子间的静电库仑力造成的。但由于在模型建立过程中假设溶剂是连续体，且认为离子间相互作用完全来自静电力，因此导出的电解质活度系数的计算公式只能应用于极稀溶液。为此，长期以来很多化学工作者先后提出多种计算活度系数的理论公式和经验公式，在实际应用中取得了一定的成功，但这些公式中含有较多物理意义不明确的参数，计算繁杂，且适用的浓度、温度范围窄。

直到 1973 年，在 D-H 理论的基础之上，Pitzer 等提出了可用于较高浓度电解质溶液理论和计算渗透系数与离子活度系数的半经验 Pitzer 方程，并回归出了多种单一电解质水溶液以及一些混合电解质水溶液的参数。Pitzer 将离子看作带电的硬球，考虑了离子之间的长程静电作用能，也考虑了离子之间的短程排斥能。该理论自提出之后，在计算单个和混合电解质溶液热力学性质（如活度系数、过量吉布斯自由能等），探讨温度和压力对溶液热力学性质影响等方面取得了巨大的进展，计算值与实验值的符合程度也相当令人满意。

由于 Pitzer 方程可以处理从极低浓度到高浓度范围内的电解质溶液相关特性，它也可以应用在油田结垢预测领域。利用 Pitzer 方程，可以在广泛的温度、溶液成分范围内计算得到 $CaSO_4$、$BaSO_4$ 及 $SrSO_4$ 等难溶盐的溶解度，并且推导出溶解度的预测模型。在此基础上，还可以建立硫酸盐结垢趋势预测的迭代模型。经过大量实验证明，基于 Pitzer 方程的结垢预测模型是较为准确的。

含有 $n_w$ kg 溶剂以及 $n_i$ 和 $n_j$ mol 的 $i$，$j$ 溶质分子的溶液总过量吉布斯自由能的普遍表达式为：

$$\frac{G^{ex}}{RT} = n_w f(I) + \frac{1}{n_w} \sum_i \sum_j \lambda_{ij}(I) n_i n_j + \frac{1}{n_w^2} \sum_i \sum_j \sum_k \mu_{ijk} n_i n_j n_k \qquad (2\text{-}22)$$

式中，$G^{ex}$ 为过量吉布斯自由能；$f(I)$ 表征长程静电作用项；$\lambda_{ij}(I)$ 为 $i$, $j$ 离子间短程相互作用系数（又称第二维里系数）；$\mu_{ijk}$ 为 $i$, $j$, $k$ 离子之间短程相互作用系数（又称第三维里系数）。

假定 $\lambda_{ij}$ 是溶液离子强度 $I\left(I \triangleq \frac{1}{2} \sum_i m_i Z_i^j, m_i = \frac{n_i}{n_{w0}}\right)$ 的函数，$\mu_{ijk}$ 与 $I$ 无关，由式(2-22)可导出：

$$\ln\gamma_i = \frac{1}{RT}\frac{\partial G^{ex}}{\partial n_i} = \frac{Z_i^2}{2} f' + 2 \sum_j \lambda_{ij} m_j + \frac{Z_i}{2} \sum_{j \cdot k} \lambda'_{j \cdot k} m_j m_k + 3 \sum_{j \cdot k} \lambda'_{i \cdot j \cdot k} m_j m_k \qquad (2\text{-}23)$$

式中，$f' = \dfrac{df}{dI}$；$\lambda'_{ij} = \dfrac{d\lambda_{ij}}{dI}$。

电中性电解质 $M(\nu_M)X(\nu_X)$ 的活度系数 $\gamma_{MX} = (\gamma_M^{\nu_M} \cdot \gamma_X^{\nu_X})^{\frac{1}{\nu}}$，$\nu = \nu_M + \nu_X$，有：

$$\ln\gamma_{MX} = \frac{1}{\nu}(\nu_M \ln\gamma_M + \nu_X \ln\gamma_X) = \frac{|Z_M Z_X|}{2} f' + \frac{2\nu_M}{\nu} \sum_j \lambda_{Mj} m_j + \frac{2\nu_X}{\nu} \sum_j \lambda_{Xj} m_j +$$

$$\frac{|Z_M Z_X|}{2} \sum_{j \cdot k} \lambda'_{j \cdot k} m_j m_k + \frac{3\nu_M}{\nu} \sum_{j \cdot k} \mu_{Mjk} m_j m_k + \frac{3\nu_X}{\nu} \sum_{j \cdot k} \mu_{Xjk} m_j m_k \qquad (2\text{-}24)$$

在单独电解质 $MX$ 溶液中，式(2-24)可进一步简化得：

$$\ln r = \frac{|Z_M Z_X|}{2} f' + \frac{m}{\nu}\begin{bmatrix} 2\nu_M \nu_X (2\lambda_{MX} + I\lambda'_{MX}) + \nu_M^2 (2\lambda_{MM} + I\lambda'_{MM}) + \\ \nu_X^2 (2\lambda_{XX} + I\lambda'_{XX}) \end{bmatrix} +$$

$$\frac{9\nu_M \nu_X}{\nu} m^2 (\nu_M \mu_{MMX} + \nu_X \mu_{MXX}) \qquad (2\text{-}25)$$

式中略去 $\mu_{MMM}$ 和 $\mu_{XXX}$，利用定义：

$$f^\tau = \frac{f'}{2}$$

$$B_{MX}^\tau = 2\lambda_{MX} + I\lambda'_{MX} + \frac{\nu_M}{2\nu_X}(2\lambda_{MM} + I\lambda'_{MM}) + \frac{\nu_X}{2\nu_M}(2\lambda_{XX} + I\lambda'_{XX})$$

$$C_{MX}^\tau = \frac{3}{2} \times \frac{3}{(\nu_M \cdot \nu_X)^{1/2}}(\nu_M \mu_{MMX} + \nu_X \mu_{MXX}) = \frac{3}{2} C_{MX}^\phi$$

则单独电解质溶液的平均活度系数为：

$$\ln\gamma_\pm = |Z_M Z_X| f^\tau + m \frac{2\nu_M \nu_X}{\nu} B_{MX}^\tau + m^2 \frac{2(\nu_M \nu_X)^{3/2}}{\nu} C_{MX}^\tau \qquad (2\text{-}26)$$

式中，$m$ 为单位质量溶液的物质的量浓度，mol/kg。

将函数 $f^\tau$、$B_{MX}^\tau$ 和 $C_{MX}^\tau$ 的优选形式代入式(2-26)得：

$$\ln r_\pm = - |Z_M Z_X| A_\phi \left[ \frac{I^{1/2}}{1+bI^{1/2}} + \frac{2}{b}\ln(1+bI^{1/2}) \right] +$$

$$m\frac{2\nu_M \nu_X}{\nu}\left\{ 2\beta_{MX}^{(0)} + \frac{2\beta_{MX}^{(1)}}{a^2 I}\left[ 1 - \left(1 + \alpha I^{1/2} - \frac{1}{2}\alpha^2 I\right)e^{-\alpha I^{1/2}} \right] \right\} +$$

$$\frac{3}{2}m^2 \left[\frac{2(\nu_M \nu_X)^{3/2}}{\nu}\right] C_{MX}^\phi \tag{2-27}$$

式中 $A_\phi$ 是渗透系数中的 D-H 系数，对于 25℃ 水溶液，经计算为 0.392；$b$ 和 $a$ 为常数 (假定与温度无关)，经拟合优选取 $b=1.2$，$a=2.0$。

式(2-27)中，第一项表达长程静电作用，第二项表达短程硬心效应，第三项表达 3 个离子的相互作用。参数 $\beta_{MX}^{(0)}$ 和 $\beta_{MX}^{(1)}$ 表达离子 $M$ 和 $X$ 间不同类型的短程相互作用以及溶剂引起的间接力的作用，$C_{MX}^\phi$ 是三元相互作用系数。

因此，对于单个电解质溶液，若已知该电解质的特性参数 $\beta_{MX}^{(0)}$、$\beta_{MX}^{(1)}$ 和 $C_{MX}^\phi$，就可以算出它在某一浓度下的离子平均活度系数。

在建立溶解度预测模型的同时，还可以建立预测硫酸盐结垢趋势的交互作用模型。比如，油田地层水中同时存在 $Ba^{2+}$、$Ca^{2+}$ 和 $Sr^{2+}$ 等成垢离子，会与注入海水中的高浓度 $SO_4^{2-}$ 一起沉淀。此时，就需要考虑多种成垢阳离子间的竞争作用，而不是只计算一种阳离子成垢过程中消耗 $SO_4^{2-}$ 的情况。另外，通常在计算 3 种硫酸盐结垢过程时，顺序上先计算最难溶的 $BaSO_4$，再是 $SrSO_4$，最后是溶解度相对高的 $CaSO_4$。但这样会人为忽略了相对易溶的 $CaSO_4$ 结垢对难溶 $BaSO_4$ 垢的影响。为避免这些不足，计算多种硫酸盐同时结垢时，采用迭代法建模。当然这种迭代模型只考虑了硫酸盐垢的热力学溶解度，未考虑动力学或动力学因素的影响。

**（二）动力学反应模型**

化学反应热力学平衡描述了化学反应向平衡方向发生时的平衡条件，但是无法提供任何关于达到平衡需要多长时间的信息，也无法反映过渡态的信息。因此，热力学平衡方法适用于快速反应或反应所需的时间足够长，可以使系统达到平衡的情况。例如，对于 $CO_2$ 的地下埋存，希望得到储层注入 $CO_2$ 后，岩石—流体达到平衡所需的时长。对于非瞬时平衡反应，特别是某些反应速率较慢的化学反应，需要引入时间变量时，就需要建立化学动力学的模型，例如，当硅酸盐矿物与非平衡状态的 $CO_2$ 饱和盐水接触时，矿物开始溶解，改变了盐水的成分，可能促使次生矿物沉淀，还有钾长石 ($KAl_2Si_3O_8$) 与 $CO_2$ 饱和盐水接触，溶解释放出 $Al^{3+}$、$Si^{2+}$ 和 $K^+$ 等使盐水矿化度增加，会过饱和沉淀白云母 [$KAl_2(Si_3AlO_{10})$][69-72]。

在热力学平衡模型中，不允许出现某种矿物的过饱和，而动力学反应模型允许溶液中矿物质相过饱和。化学反应速率取决于矿物质的量、反应速率以及与原始状态和平衡态的距离。

矿物质的溶解和沉淀涉及 4 个主要过程：反应物和产物在矿物质表面之间的扩散，包括键断裂和产生的表面反应，反应物的吸附和产物的解吸。溶解和沉淀的总速率由最慢的那一步骤控制。吸附和解吸反应通常很快，因此有两类速率限制步骤。如果表面反应相对于扩散过程来说速率较快，则该反应是传输控制；反之，则该反应是表面控制。在自然系统中，大多数硅酸盐矿物反应是表面控制。而方解石等许多非硅酸盐矿物，在中性到酸性条件下是传输控制。

几乎所有的反应速率定律都基于过渡态理论，该理论提供了一种推断自然系统中接近平衡条件速率的方法。根据该理论，活化的络合物在反应期间保持过渡态，而后形成反应物。过渡态是自由能最高的不稳定状态。活化的络合物的衰变速率控制反应速率。热力学方法和动力学方法之间的联系是：在平衡状态下，溶解速率和沉淀速率相等。

有两种常用的尺度来量化与平衡的距离：饱和度指数和化学亲和力。饱和比($\Omega$)定义为：

$$\Omega = \frac{Q}{K} \tag{2-28}$$

式中，$Q$ 是离子活度积；$K$ 是平衡常数。

$\lg\Omega$ 称为饱和指数。在平衡时，饱和指数等于零，当反应物过饱和时，饱和指数大于零。化学亲和力($A$)表示为反应物和产物之间的能量差，它与饱和比有关，定义为：

$$A = -\Delta_r G = -RT\ln\Omega \tag{2-29}$$

式中，$\Delta_r G$ 是反应的吉布斯自由能；$R$ 是气体常数；$T$ 是温度，K。

化学亲和力在平衡时等于0，当反应物过饱和时小于1。化学亲和力是偏摩尔性质，而饱和指数是无量纲的。矿物质的溶解速率或沉淀速率可以用以下公式表示：

$$r = Skf(a_i)f(\Delta G) = \text{sgn}(\lg(\Omega))AK\Pi a_i^p |\Omega^M - 1|^n \tag{2-30}$$

式中，$S$ 是矿物的反应表面积；$k$ 是速率常数；$f(\alpha_i)$ 是溶液中单个离子的函数，表示溶液中离子的抑制或催化作用；$f(\Delta G)$ 是溶液自由能的函数；$p$、$M$ 和 $n$ 是经验幂；$a_i$ 是抑制或催化物质的活性。$\text{sgn}(\lg(\Omega))$ 给出表达式的符号：如果流体不饱和，则为负；如果流体相对于矿物过饱和，则为正。

速率常数 $k$ 与温度的关系，可以用阿伦尼乌斯方程表示：

$$k = k_{T_0}\exp\left[-\frac{E_a}{R}\left(\frac{1}{T} - \frac{1}{T_0}\right)\right] \tag{2-31}$$

式中，$k_{T_0}$ 是 $T_0$ 处的速率常数；$E_a$ 是活化能；$T_0$ 是参考温度，K。

**（三）结垢预测软件**

国外常用的结垢预测软件有 Scale Soft Pitzer、Scalechem 等，这里只对典型软件加以介绍。

**1. Scale Soft Pitzer 结垢预测软件**

美国莱斯大学环境工程学院的 Tomson 和 Kan 团队多年来围绕盐水化学结垢及防治开展了大量研究和工程应用[73-76]。他们开发的基于 Excel 的预测结垢软件 Scale Soft Pitzer，可预测 16 种不同类型的矿物（如碳酸盐、硫酸盐、硫化物、氟化钙和硅酸盐等）。该软件基于 Pitzer 方程，可在高温、高压、高总矿化度下，计算活度系数。可对多达 5 种盐水和气体，进行不同比例和条件的混合。

（1）方解石和$BaSO_4$垢的控制模型：基于现场实测，开发了8种常用防垢剂的最低有效浓度预测方程。可根据具体的井和生产条件，预测计算复配型防垢剂最低有效浓度。

（2）水合物抑制剂对结垢的影响：通过测定甲醇和乙二醇对矿物结垢过程的影响，分析热力学水合物抑制剂对重晶石、方解石成核的动力学作用及其对防垢效果的显著影响。

（3）防垢剂的挤注及其作用的分子机理：测试提出了具体溶液环境下，重晶石、方解石防垢剂的挤注防垢机理。通过反应装置改进、实验设计和理论分析，解释防垢剂挤注、返排曲线和最低有效浓度的相互作用关系。

（4）防垢剂的化学性质：测定了膦酸盐防垢剂（NTMP、DTPMP、BHPMP）和聚合物防垢剂（PPCA）等的酸碱常数、金属络合稳定常数、非晶态和晶态溶解度常数。

图2-36是Scale Soft Pitzer软件流程结构图，应用该软件模拟的得克萨斯Hitchcock东北油田Huff井的防垢剂返排曲线。膦酸盐/方解石的反应预测曲线和现场测试之间有比较好的吻合性。可通过增加防垢剂段塞量，以形成更多可溶性有机膦酸盐，来提高挤注措施的有效性。

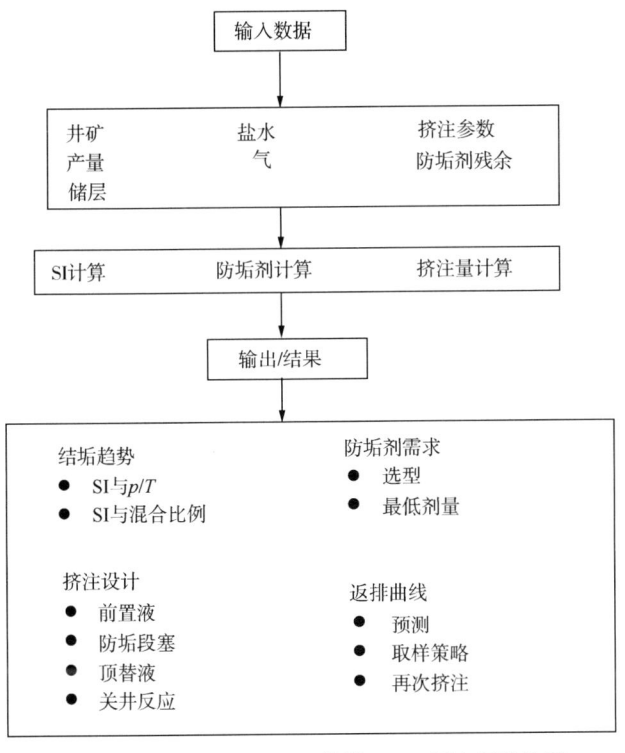

图2-36　Scale Soft Pitzer软件V1.1版流程结构图

2. Scalechem垢化学分析软件

Scalechem软件由OLI公司与壳牌公司共同开发，采用活度系数系列模型，主要用于分析、预测油田生产系统是否结垢、垢型以及结垢量等问题，还能对产出流体中气—液—固的化学反应进行计算，预测注—采—驱过程的$CaCO_3$、$BaSO_4$等沉积垢和NaCl等饱和析出盐。

（1）软件模块。

①水样分析：输入水质数据，软件可自动调和电性、pH值，对水样进行全面的分析。

② 气相、油相分析：分析不同温度、压力下，气相和油相的成分及其含量。
③ 结垢计算：计算水样在不同温度、压力条件下的垢型及最大结垢量。
④ 混合计算：模拟多种水、气和油相混合的情况，计算混合样在不同配比下的结垢类型、结垢量，以解决配伍性问题(图 2-37)。

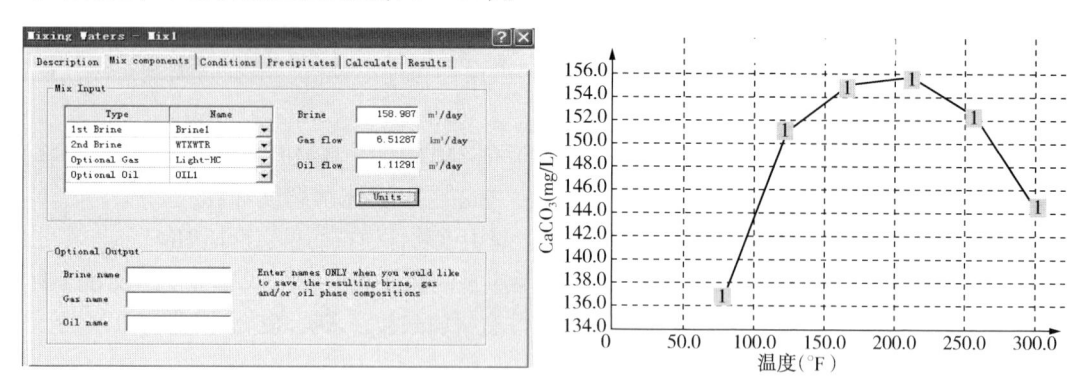

图 2-37　OLI 软件混合计算与预测曲线

⑤ 混合地层水计算：确定地层水的兼容性，优化混合的比例，以防止水在回注时结垢。
⑥ 参数计算：气体组分露点、液相泡点、各种地层水 pH 值、缓冲能力和密度等的计算。

(2) 数据输入与预测方式。
① 数据资料的收集：水温、压力(绝对压力)、液量(含水)、pH 值。气相组分 $N_2$、$CO_2$、$CH_4$、$H_2S$ 的含量和含水量。水样阴、阳离子的分析数据。
② 3 种预测方式：

a. 油田水结垢趋势预测。在软件 Analyses 数据模块，录入水样分析数据($Ca^{2+}$、$Ba^{2+}$、$Mg^{2+}$、$Fe^{2+}$、$Fe^{3+}$、$K^+$、$Na^+$、$CO_3^{2-}$、$HCO_3^-$、$SO_4^{2-}$、$Cl^-$)和气相组分数据($N_2$、$CO_2$、$H_2S$、$CH_4$、$H_2O$)，根据 pH 值、碱度(主要是对结垢直接影响的测定参数)进行离解平衡计算；根据 pH 值、饱和含水、影响结垢的溶解性气体(如 $CO_2$)溶解量进行校正。

将录入数据调入 Scaling Scenarios 结垢分析模块，输入油田水样结垢预测环境的温度、压力、液量数据，进行结垢预测，输出报告。报告包括：结垢产物、结垢量(mg/L)和结垢趋势指数(ST)的数据，以及结垢量和 ST 随温度、压力等因素的变化曲线。

b. 混合水结垢趋势预测。如有两种或两种以上水样依次录入，将录入数据调入 Mixing Waters 混合水结垢分析模块，输入混合水样液量、温度、压力及混合水样的混合比，进行混合水结垢预测，输出报告。报告包括：混合水结垢产物、结垢量(mg/L)和结垢趋势指数(ST)的数据，以及结垢量和 ST 随水样混合比的曲线变化。

c. 模拟全生产流程的油田水结垢预测。将录入数据调入 Scaling Facilities 自定义节点 $i$ ($T$,$p$)计算模块，输入节点的温度、压力、产量(生产井)或输量(管线)，并可以设定多个节点的连续计算，实现全流程结垢模拟预测。节点可以是生产流程中的任意点，例如井底—井筒—井口—处理设备—输送管线—输送终端。输出的报告包括：各节点结垢产物、结垢量(mg/L)和结垢趋势指数(ST)的数据，以及结垢量和 ST 随温度、压力等因素的变化曲线。

### (四）长庆典型区块应用举例

根据 SY/T 0600—2009《油田水结垢趋势预测》中对 $CaCO_3$、$CaSO_4$ 和 $SrSO_4$ 的结垢趋势预测方法，结合 OLI 软件模拟，对长庆姬塬油田某井地层产出液进行结垢预测。

（1）根据表 2-13 水质资料，采用表 2-14 所示方法，在 pH 值为 6.7、温度为 30℃ 和 80℃ 条件下，预测 $CaCO_3$ 结垢趋势，结果见表 2-14。

表 2-13  姬塬油田某井地层水的水质及离子强度

| 离子 | $Na^+$ | $Ca^{2+}$ | $Mg^{2+}$ | $Ba^{2+}$ | $Cl^-$ | $SO_4^{2-}$ | $HCO_3^-$ |
|---|---|---|---|---|---|---|---|
| 含量（mg/L） | 8300 | 9880 | 31 | 155 | 30300 | 41 | 110 |
| 离子强度（$c_i z_i^2$） | 0.36 | 0.988 | 0.005 | 0.004 | 0.885 | 0.002 | 0.002 |
| 总离子强度 $k=1.11$ ||||||||

表 2-14  $CaCO_3$ 结垢趋势预测

| 方法 | 图 2-35 $k$ | Davis-Stiff 饱和指数（SI） | Ryznar 稳定指数（SAI） | Oddo-Tomson 饱和指数（IS） | OLI 软件模拟 |
|---|---|---|---|---|---|
| 30℃ | 3.32 | 0.029（接近临界结垢） | 6.642（无结垢趋势） | -0.570（无结垢趋势） | 22.51mg/L |
| 80℃ | 1.81 | 1.539（有结垢趋势） | 3.662（有结垢趋势） | 0.413（有结垢趋势） | 49.81mg/L |

Oddo-Tomson 饱和指数法：无气相存在，$Y_t^{CO_2}=1\%$，$Q_g=1m^3$，$Q_w=2m^3$，$Q_o=1.5m^3$。

（2）根据表 2-13 水质资料，采用 $CaSO_4$ 结垢预测公式及 OLI 软件模拟，在 pH 值为 6.7、温度为 30℃ 和 80℃ 条件下，预测 $CaSO_4$ 结垢趋势。

查图得：

$$K_{sp}(30℃) = 1.95 \times 10^{-3}；K_{sp}(80℃) = 1.83 \times 10^{-3}$$

$$c = 0.427$$

$S(30℃) = 15.34 > 1.95 \times 10^{-3}$，无结垢趋势；$S(80℃) = 14.42 > 1.83 \times 10^{-3}$，无结垢趋势。

OLI 软件模拟：$CaSO_4$ 结垢量（30℃）=0；$CaSO_4$ 结垢量（80℃）=0。

（3）根据表 2-13 水质资料，采用 $BaSO_4$ 结垢预测公式及 OLI 软件模拟，预测 $BaSO_4$ 结垢趋势。

$m = 0.001131387 mol/L$，$a = 0.000427083 mol/L$，$K_{sp} = 1.1 \times 10^{-10}$，$C_{BaSO_4} = 99.62 mg/L$。

软件模拟：$BaSO_4$ 结垢量（80℃）= 82.15mg/L。

公式和软件对 $BaSO_4$ 结垢预测值与实验值十分吻合，但 $CaCO_3$ 结垢预测值与实验值有较大差别。

对以 $CaCO_3$ 结垢为主的油田，使用 OLI 软件时，还应进一步进行实验验证。结垢量的预测主要基于混合体系的成垢离子含量、室内分析的准确性和全面性。对于油田高温高压状态下的高矿化度水，OLI 软件预测的 $CaCO_3$ 结垢量会因 $CO_2$、$HCO_3^-$ 含量的准确性，可能出现反常。

## 三、水文地球化学模拟预测

水文地球化学模拟是在化学热力学和动力学基础上发展起来的水文地球化学定量研究方法，是水文地质学家和地球化学家研究地质生态、地下水等问题的一种重要手段。模拟时主要有 3 种模型，即溶液化学平衡模型、溶质运移模型和反应溶质运移模型。

溶液化学平衡模型是 20 世纪 70 年代初在化学热力学基础上发展起来，用于模拟天然水溶液体系中的化学平衡。到 80 年代，在 Pitzer 电解质理论的基础上，扩展到地下水化学系统，基于质量、能量及电荷守恒原理和热力学第二定律建立了相关的模型。具体对应于每种元素的化学反应和过程方程有 3 类：（1）与液相离子络合相关的质量平衡方程；（2）与固相表面吸附交换相关的络合物质量作用方程；（3）与固相的溶解或沉淀相关的平衡常数方程。上述方程在一定约束条件下求解构成了地球化学模型。该类模型被用来研究地下水系统中的水—岩相互作用、油田开采过程中储层渗透率变化等。

溶质运移模型是以地下水的对流—弥散方程和水流方程为基础，从流体动力学角度研究化学溶质的浓度变化和迁移问题。

反应溶质运移模型则是在综合了溶液化学平衡模型和溶质运移模型的优缺点后，耦合了化学关系和溶质运移方程及地下水流方程，能反映地下水中溶质运移的物理化学过程，模拟非均质和随时间变化的边界条件的能力。

模型要对描述传输过程的偏微分方程、描述反应动力学的常微分方程和描述质量作用过程及质量守恒的代数方程所组成的三联方程组，进行求解。

应用水文地球化学模拟研究地层深部的结垢时，主要采用溶液化学平衡模型，配合部分溶质运移模型。可深入研究的内容是：对水—含水层相互作用条件下，离子赋存的形式、迁移的特点进行定量或半定量研究；确定地下水化学组分形成，以及在岩矿表面的吸附与解吸附作用；研究油田注入水影响下，地下水中各类物质在时空上的变化。

目前，解释表面吸附作用比较常用的是表面络合模型。应用表面络合模型，界面上的吸附过程可以看成是一种离子络合反应，从而可以与一般的热力学平衡模型统一起来。

但热力学数据库中，缺乏含 $SO_4^{2-}$ 的注入水与高含钡锶的 $CaCl_2$ 地层水作用情况，以及地层岩矿表面反应的平衡常数等情况。在具体工况下，往往需要进一步研究：（1）通过表面络合模型，计算不同离子浓度、pH 值溶液中阳离子与岩石等表面络合反应的平衡常数；(2)利用地层资料和上述平衡常数，通过溶质运移模型与水化学平衡模型的耦合，评价离子含量和交换作用。

### （一）反应溶质运移模型

1. 溶质的对流运移[78-80]

溶质的对流运移是溶质随着流体相流动过程中的运移过程。溶质通量 $J_{adv}$ 可以表示为单位时间内通过多孔介质单位截面积的溶质质量：

$$J_{adv} = \phi v C \tag{2-32}$$

式中，$\phi$ 为多孔介质的孔隙度；$v$ 为孔隙介质中流体的线速度，m/s；$C$ 为溶质浓度，mol/m³。

通过多孔介质的流动用达西定律描述：

$$u = \phi v = -K \cdot \nabla h \tag{2-33}$$

式中，$u$ 为渗流通量，$m^3_{fluid}/(m^2_{medium} \cdot s)$，与水头损失 $\nabla h$(m)的梯度成比例；$K$ 为渗透系数，m/s；$v$ 为平均孔隙水速度或线速度，m/s。

两种速度（$u$ 和 $v$）因孔隙度的不同而不同。这是因为水只在多孔介质的孔隙空间流动，而不是整个多孔介质。

**2. 溶质的分子扩散**

溶质的分子扩散受浓度梯度控制，可以通过菲克定律描述为：

$$J_{diff} = -D_0 \frac{\partial C}{\partial x} \tag{2-34}$$

式中，$J_{diff}$ 为单位面积的扩散质量通量，mol/(m²·s)；$D_0$ 为分子在水中的扩散系数，m²/s；$x$ 为距离，m；$C$ 为溶质浓度，mol/m³。

**3. 溶质的弥散**

弥散描述了由于平均速度的波动而引起的溶质的混合。这是由3个因素引起的：一是微观非均质性，使流体在孔隙中心移动得更快，在水—颗粒界面移动较慢；二是孔隙尺寸的变化，即流体颗粒通过较大孔隙的速度加快；三是路径长度的变化，使一些流体颗粒比其他流体颗粒的路径更长。

（1）机械弥散。机械弥散是流速变化的结果。多孔介质中的机械弥散系数通常被定义为平均流体速度和弥散系数 $\alpha$ 的乘积：

$$D_m = \alpha u \tag{2-35}$$

式中，$u$ 为平均流速，m/s；$\alpha$ 为弥散性，m。

在具有多个方向的系统中，在主流动方向上的纵向弥散系数 $D_L$ 通常高于横穿主流方向上的色散系数 $D_T$。

（2）水力弥散。由扩散和弥散共同导致的溶质扩散，其结果与单纯的扩散相似。使用菲克第一定律来描述弥散过程如下：

$$J_{disp} = -D_h \frac{\partial C}{\partial x} \tag{2-36}$$

式中，$D_h$ 为水动力弥散系数，定义为有效扩散系数 $D_e$ 和机械弥散系数 $D_m$ 之和：

$$D_h = D_e + D_m = \phi^m D_0 + D_m$$

因此，水力弥散包括扩散和机械弥散两个过程。

结合输运过程，可以导出非反应性溶质的质量守恒表达式：

$$\frac{\partial(\phi C)}{\partial t} = -\nabla \cdot (J_{adv} + J_{disp}) \tag{2-37}$$

式中，$\phi$ 为多孔介质孔隙度；$C$ 为溶质浓度；$J_{adv}$ 为溶质的对流通量；$J_{disp}$ 为溶质的弥散通量。

将式(2-32)代入式(2-37)可得到：

$$\frac{\partial(\phi C)}{\partial t} = -\nabla \cdot (\phi v C) + \nabla \cdot (\phi D_h C) \tag{2-38}$$

式中，$v$ 为多孔介质中的线性流体速度，m/s；$D_h$ 为水动力弥散系数，定义为有效扩散系数 $D_e$ 和机械弥散系数 $D_m$ 之和。

式(2-36)是经典的平流—弥散方程(ADE)。对于一维系统，式(2-36)简化为：

$$\frac{\partial(\phi C)}{\partial t} = -\frac{\partial(\phi v C)}{\partial x} \frac{\partial^2(\phi D_h C)}{\partial x^2} \tag{2-39}$$

式中，$t$ 为时间，s。

ADE 可用于均质多孔介质的解析解：

$$C = \frac{C_0}{2}\left[\operatorname{erfc}\left(\frac{L - vt}{2\sqrt{D_h t}}\right) + \exp\left(\frac{vL}{D_h}\right)\operatorname{erfc}\left(\frac{L + vt}{2\sqrt{D_h t}}\right)\right]$$

其初始和边界条件为：$C(x, 0) = 0$，$x \geq 0$；$C(0, t) = 0$，$t \geq 0$；$C(\infty, t) = 0$，$t \geq 0$。

式中，$C_0$ 是示踪剂的注入浓度；$\operatorname{erfc}(B)$ 是互补误差函数：

$$\operatorname{erfc}(B) = 1 - \operatorname{erf}(B) = 1 - \frac{2}{\sqrt{\pi}}\int_0^B e^{-t^2} dt - 1 - \sqrt{1 - \exp\left(\frac{-4B^2}{\pi}\right)}$$

### (二) 地球化学软件

**1. PHREEQC 水化学反应软件**

PHREEQC 是由美国地质调查局(USGS)开发的水文地球化学模拟软件，其第二版(PHREEQC-Ⅱ)与传统的水化学反应模型相比，不仅可以描述局部平衡反应，还可以模拟动态生物化学反应，以及双重介质中多组分溶质的一维对流—扩散过程。对于多溶质溶液，PHREEQC 软件使用了一系列的方程来描述水的活度、离子强度、不同相物质的溶解平衡、溶液电荷平衡、元素组分平衡、吸附剂表面的质量守恒等。根据化学反应过程相关方程组成的方程组，采用改进的牛顿-拉斐逊(Newton-Raphson)方法进行迭代求解。

PHREEQC 软件许可用户将编写的动态反应条件直接嵌套输入文件(或数据库)，还可通过反应速率对时间的积分，来模拟动态反应过程。其局限性是只能用于一维对流—扩散溶质运移的情况，对于复杂的三维环境，地层内水流动和反应溶质运移尚无能为力[81-83]。

Kazemi 等为了适应现场结垢管理中的储层结垢预测需求,将 IPHREEQC 软件(PHREEQC 软件的 Windows 版本)与 UTCHEM 软件(得克萨斯州大学奥斯汀分校研发的化学驱数值模拟软件)结合,研究三维、多相储层中,与结垢相关的反应—传输综合模型。他们分析认为成垢离子活度、温度和压力是影响模型敏感性的重要因素。考虑到注采过程,地层中矿物溶解或沉积对储层孔隙度,乃至渗透率的作用,将 3 种常见的渗透率—孔隙度方程(Carman-Kozeny 修正方程、KC 方程和 Verma-Pruess 方程)引入 UTCHEM-IPHREEQC 模型,定量化地模拟结垢对储层渗透率的影响。但该模型主要模拟小型等厚的简易油藏,不适用于非均质的复杂储层构造[84-85]。

图 2-38 是某碳酸盐储层在五点井网开发模式下,与地层水不配伍的注入水以注入速度 0.1PV/a 注入地层后,该模型模拟的渗透率变化区域图,显示注入井邻近区域不溶沉积物的量最大,并沿注水方向逐步减缓。

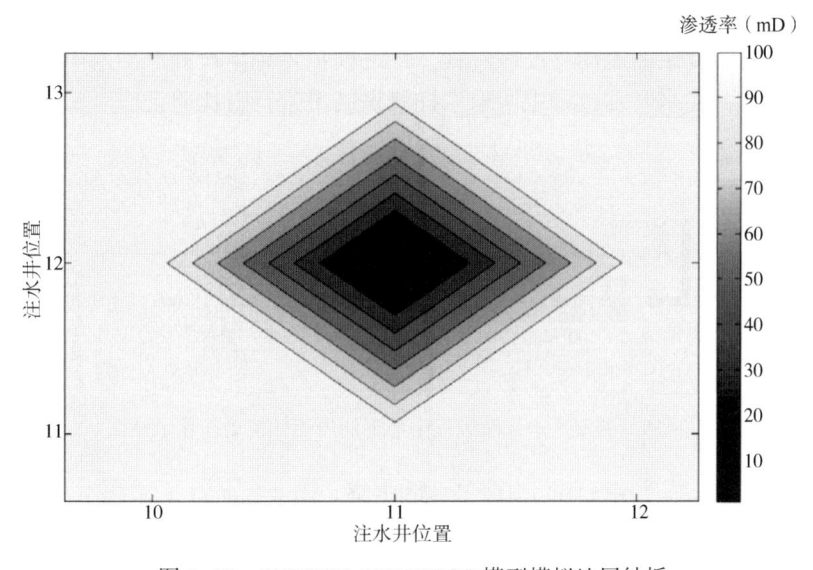

图 2-38 UTCHEM-IPHREEQC 模型模拟地层结垢

Abouie 等为了模拟多相流条件下井筒纵向的垢沉积规律,开发了 IPHREEQC-UTWELL 综合井筒模拟器,讨论了井筒温度、压力、矿化度和 pH 值变化对结垢的影响。发现烃类(含 $CH_4$、$CO_2$ 和 $H_2S$ 等)溶解作用对地球化学模拟计算结果有显著影响,IPHREEQC-UTWELL 综合井筒模拟器计算结果与实际工况结垢比较吻合[86-87]。

2. Solmineq 88 软件

Solmineq 88 是加拿大艾伯塔大学基于 FORTRAN 77 汇编语言开发的水文地球化学模拟软件。该软件由 1973 年的 SOLMNEQ 和不同升级版改进而形成。软件内置有水溶性的 270 多种无机物和 80 多种有机物,以及 214 种矿物的动力学数据库。该软件包括 IA 法和 Pitzer 电解质理论法,可计算各类矿物在温度 0~350℃ 和压力 0~100MPa 范围内的饱和指数,还可选择如沸腾、流体混合、气体分配、矿物沉淀和溶解、离子交换和吸附等传质方式。

在油气储层的结垢研究中,该软件可以模拟地层水与注入水混合后,岩矿的溶解、水溶离子含量变化及沉淀垢的质量分布。从热力学角度,通过计算各矿物实际状态与平衡态的吉布斯自由能差,来确定矿物所处的状态。如果某矿物的活度积大于平衡常数,则表明水溶液中,该矿物在该温度和压力下处于过饱和或具有沉淀趋势;如果活度积小于平衡常数,则处于欠饱和或可能发生溶解作用。

3. 应用实例

Fu 等通过运用 PHREEQC 软件建立了一维反应溶质运移模型,以北海结垢问题最为严重的油田之一 Miller 油田为研究对象开展了研究。建立的模型中,左边第一个网格为注入井,右边第一个网格为生产井,初始条件下,每个网格中的地层水达到化学热力学平衡,尤其是气相中的二氧化碳和溶液中溶解的二氧化碳处于平衡状态。当注入井中开始注入北海海水,注入水和地层中的地层水形成混合带,并不断驱替地层水向生产井运移,同时,由于不配伍性,注入海水和地层水在地层中接触混合后溶液中的原始化学平衡被打破,注入水/地层水/储层岩石之间发生化学反应,最终建立新的化学平衡,如图 2-39 所示。在这个过程中,一系列复杂的沉淀、溶解、离子交换等反应在地层中发生。通过建立的一维反应溶质运移模型能够模拟这一复杂的流动—反应过程,最终模拟得到生产井产出水中各个离子浓度变化趋势,从而和油藏注水开发过程中所取水样测试结果进行对比验证[88-91]。

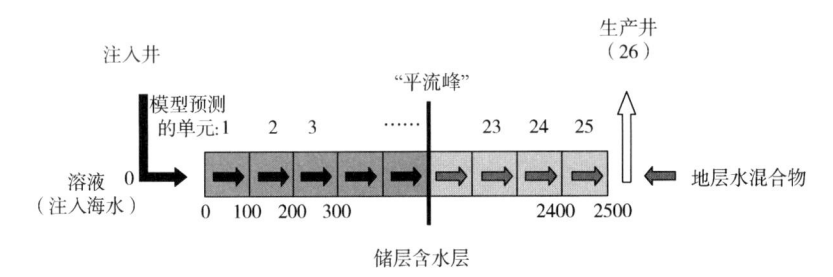

图 2-39 油藏注水开发过程中地下储层流体流动简化示意图

注入的海水突破后,产出水中的钡离子急剧下降,由 4.6mmol/L 下降至小于 0.1 mmol/L,表明出现 $BaSO_4$ 沉淀。注入海水突破前,生产井井底及近井地带出现的 $BaSO_4$ 沉淀量非常少,可以忽略不计,但是海水突破后,生产井井底出现大量 $BaSO_4$ 沉淀,并在 1833 天后达到最大。

一维反应溶质运移模型计算的 $Ca^{2+}$ 浓度和油田现场取得的水样中 $Ca^{2+}$ 浓度测试结果匹配(图 2-40)。储层岩石中的方解石($CaCO_3$ 相)导致产出水中的 $Ca^{2+}$ 浓度增加。因为注入的海水在油藏温度、压力条件下,对于 $CaCO_3$ 是未饱和的,所以随着注入开发,第一个网格中的 $CaCO_3$ 逐渐溶解。与注入井(第一个网格)附近 $CaCO_3$ 的溶解不同,在生产井(最后一个网格)附近出现 $CaCO_3$ 沉淀。$CaCO_3$ 的结垢趋势比 $BaSO_4$、$SrSO_4$ 弱,每 75L 生产水中 $CaCO_3$ 最大结垢量为 37mmol。

## 四、三维油藏数值模拟

随着油藏储层深度的增加,油藏地层水的总矿化度和 $Ca^{2+}$、$Ba^{2+}$ 等成垢离子浓度一般相应增加,但是在衰竭开发阶段,地层没有外来流体进入,原始流体—岩石热力学平衡由于地层压力的变化而被打破,这种情况下结垢以 $CaCO_3$ 为主。当油田进入注水开发阶段后,如果注入水是海水或高含 $SO_4^{2-}$ 的地下水等,则会使得油藏全生产周期的结垢动态规律变得很复

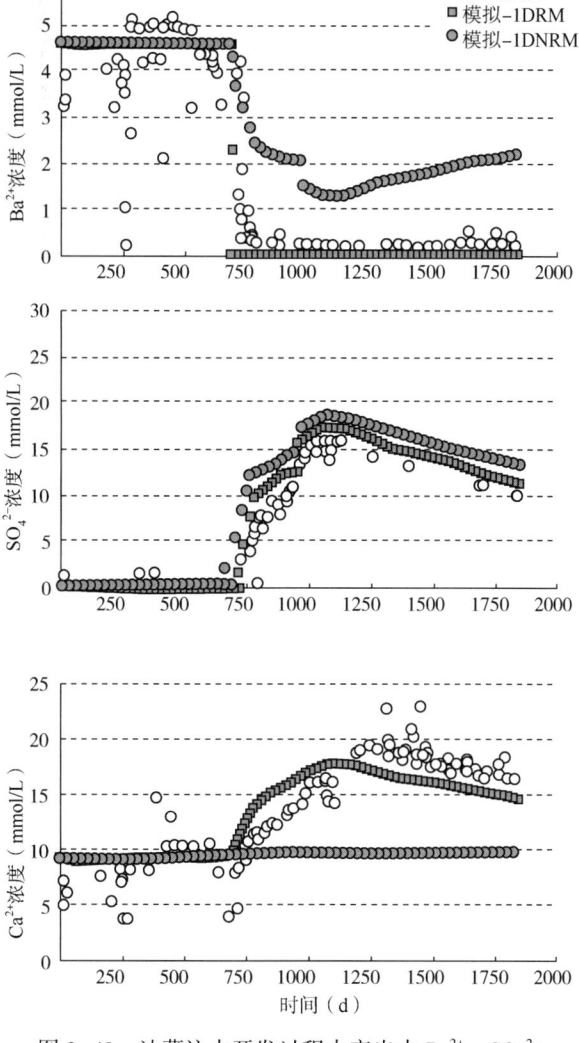

图 2-40 油藏注水开发过程中产出水 $Ba^{2+}$、$SO_4^{2-}$、$Ca^{2+}$ 浓度变化(模型计算和现场测试结果对比)

杂,结垢预测需要考虑多方面因素[92-93]。

油井最初产地层水,随后注入水(海水或高含 $SO_4^{2-}$ 水)突破,产出液中的注入水比例逐渐增加,生产井内和近井带的硫酸盐垢直接或间接影响生产。在生产早期的结垢风险评估过程是:

(1) 预测注水方案相关的关键结垢风险位置;
(2) 评估注水后,储层、生产井的结垢反应特性;
(3) 从储层反应和注采井间的流场特性预测生产井结垢风险。

近 20 年来,随着油气行业技术的进步和发展,油藏工程和采油化学之间的界限逐渐被打破,越来越多的油藏工程师开始关注和重视开发过程中所发生的化学反应对油气田开发效果的影响。同样,越来越多的油田化学工程师开始意识到油气田的开发进程,比如油气水渗流过程，也会直接影响化学反应平衡的预测和判断。

但是仍然受限于当前的技术手段，主要是模型计算时间、稳定性等问题，目前还没有形成一套成熟的能够同时考虑流体—流体、流体—岩石之间化学反应和多孔介质中多相流渗流的数学模型及求解方法，国内外各个高校及知名油公司的研究机构都在开展各种尝试，目前已经形成了几种间接或半直接的模拟方法。

（一）"半经验"预测方法

第一种方法是"半经验"预测，分为两个步骤：

（1）根据以往采出水，预测储层中硫酸盐垢的沉积量。具体做法是，先做3种前提假设：①地层水与储层存在矿物和烃类平衡，地层水 $CaCO_3$ 饱和度（$SR_{CaCO_3}$）为1；②在非混合条件下，各类注入水流过储层时，组分不会改变；③进入井内后的 $SR_{BaSO_4}$ 为1，后续的 $SR_{BaSO_4}$ 值由井内混合液决定。

（2）再根据水相和烃类速率，以及流体从储层到井口的成分、压力和温度等参数变化，使用结垢软件计算各成垢矿物的饱和度和沉淀量[94]。

"半经验"预测的优点是与历史实测数据相结合。但生产过程中，油水各相的组分都会变化，所以必须考虑水相的离子、碱度及 $CO_2$ 溶解情况等对重要结垢节点的影响。

（二）ECLIPSE / STARS 组合建模方法

第二种方法是使用 ECLIPSE / STARS 组合建模方法，进行反应物运移的储层结垢模拟。用 ECLIPSE 模型模拟评估不同比例的注入水、浅层水或浅层水与注入水混合时潜在的结垢量，将其结果输入 STARS 模型，进行三维反应物运移模拟，从而定量化 $BaSO_4$ 垢运移趋势和影响。STARS 模型对于化学反应的模拟计算并没有从热力学平衡和化学动力学的角度出发，而是完全基于人为设定的化学系数，针对 $BaSO_4$、$SrSO_4$ 等过程简单、反应速率快的特点，能够比较近似地反映真实的反应过程，得到了一定程度的验证。图2-41为 Mackay 等采用 ECLIPSE 模型模拟的 Nelson 海上平台对应井的注入海水波及区域。但是对于结垢过程复杂、影响因素众多的 $CaCO_3$、$CaSO_4$ 等，STARS 模型很难对其进行有效的模拟[95-97]。

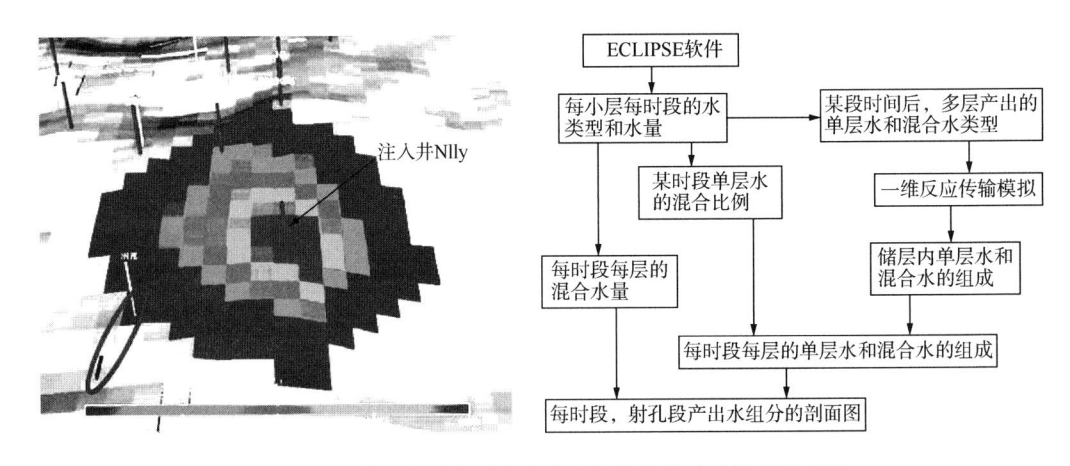

图2-41 油藏注水开发过程中地下储层流体流动简化示意图

ECLIPSE/STARS 方法模拟预测的优点是覆盖整体区块和新老井。但其缺点是预测存在不确定性。比如，ECLIPSE/STARS 方法模拟中数值的离散性会高估储层中的原位混合和结垢沉积量。另外，ECLIPSE 模型中的均一大网格难以准确预测进入油井的流体浓度。此时，如果在近井地带使用更精细的网格，将获得更好的模型数据。同样，ECLIPSE 模型的可靠程度也存在不确定性，如成垢离子含量差异、不同来源的入井流体及注入水地层内指进等问题，可能会造成结垢，使得模型无效。

基于以上原因，在制订油田防垢计划时，应考虑结垢增长的实际潜力低于预测结果。

### （三）GEM 数值模拟软件

GEM 软件作为 CMG 数值模拟软件中开发的组分模拟器，对于多相流多组分化学反应的模拟具有一定的优势。尤其是后期为了模拟二氧化碳埋存过程中的地球化学反应过程，GEM 软件加入了专门的地球化学反应模型，是目前模拟油、气、水在地层渗流过程中化学结垢/溶解反应的比较有效的数值模拟软件。

GEM 是一个全成分的有限差分模拟器，它可以模拟水化学反应、由于沉淀/溶解引起的渗透率变化以及模型温度。该模拟器还包括化学平衡项（$K_{eq}$），其可以是常数[式(2-40)]或多项式方程[式(2-41)]中温度的函数，其中温度以℃为单位。此时的这个简化的热力学模型忽略了压力对平衡的影响常数，在某些储层条件下会产生较大的误差。为了减少这个问题，建模者应根据储层条件调整这些参数。

$$K_{eq} = \text{const} \tag{2-40}$$

$$K_{eq} = a_0 + a_1 T + a_2 T^2 + a_3 T^3 + a_4 T^4 \tag{2-41}$$

式中，$K_{eq}$ 为化学平衡项；const 为常数；$a_0$、$a_1$、$a_2$、$a_3$、$a_4$ 为多项式系数。

GEM 模拟器将所有化学反应分为两类：第一类是水溶液（电解质溶液）中离子间的化学反应，即流体—流体之间的化学反应，相对于矿物溶解/沉淀反应，这类反应速率很快，此时的模拟基于热力学平衡；第二类是岩石（矿物）的溶解或沉淀，即流体—岩石之间的化学反应，这类反应有可能反应速率非常慢，反应的进行程度取决于反应速率的大小，此时的模拟基于化学动力学。

**1. 水溶液反应（仅适用于水相中的离子）**

水溶液中的化学反应基于热力学平衡[式(2-42)、式(2-43)]，可用化学平衡常数来模拟。化学平衡反应的控制方程是：

$$Q_a - K_{eq,a} = 0, \quad a = 1, \cdots, R_{aq} \tag{2-42}$$

$$Q_a = \prod_{k=1}^{n_{aq}} a_k^{v_{k_a}} \tag{2-43}$$

式中，$K_{eq,a}$ 为水反应 $a$ 的化学平衡常数；$a_k$ 为组分 $k$ 的活性；$v_{k_a}$ 为化学计量系数；$Q_a$ 为活性产物。

Kharaka 等以及 Delany 和 Lundeen 提供了 $K_{eq,a}$ 取值表，作为许多水相反应的温度函数。活性 $a_k$ 与摩尔 $m_k$（千克每摩尔 $H_2O$）有关：

$$a_i = \gamma_i m_i, \quad i = 1, \cdots, n_{aq} \tag{2-44}$$

式中，$\gamma_i$ 为活度系数。对于理想溶液，$\gamma_i = 1$，活度等于物质的量浓度。

然而，在大多数情况下，溶液是非理想状态的，离子活度系数的首选模型是 B-dot 模型。

$$\lg \gamma_i = -\frac{A_\gamma z_i^2 \sqrt{I}}{1 + a_i B_\gamma \sqrt{I}} + \dot{B} I \tag{2-45}$$

式中，$A_\gamma$、$B_\gamma$ 为取决于水的温度、密度和介电常数的参数；$z_i$ 为 $i$ 离子的电荷；$a_i$ 为不同离子的尺寸参数；$\dot{B}$ 为 B 点参数；$I$ 为溶液的离子强度。

$$I = \frac{1}{2} \sqrt{m_i z_i^2} \tag{2-46}$$

式中，$z_i$ 为 $i$ 离子的电荷；$m_i$ 为 $i$ 离子的物质的量浓度。

$CO_2(aq)$ 和 $H_2O$ 的活度可以假定为1，这样不会引入较大的误差。

2. 矿物溶解和沉淀反应

矿物溶解和沉淀反应的速率定律为：

$$r_\beta = \hat{A}_\beta k_\beta \left(1 - \frac{Q_\beta}{K_{eq,\beta}}\right), \quad \beta = 1, \cdots, R_{mn} \tag{2-47}$$

式中，$r_\beta$ 为反应速率；$A_\beta$ 为矿物 $\beta$ 的反应表面积；$k_\beta$ 为反应 $\beta$ 的速率常数；$K_{eq,\beta}$ 为反应 $\beta$ 的化学平衡常数；$R_{mn}$ 为矿物与水溶液中组分之间发生反应数量；$Q_\beta$ 为反应 $\beta$ 的活性产物。

活性产物 $Q_\beta$ 类似于水相化学平衡反应的活性产物，即

$$Q_\beta = \prod_{k=1}^{n_{aq}} a_k^{v_{k\beta}} \tag{2-48}$$

式中，$v_{k\beta}$ 为反应 $\beta$ 的化学计量系数；$a_k$ 为活性。

许多矿物的化学平衡常数 $K_{eq,\beta}$ 也可在文献中查找到。

$Q_\beta/K_{eq,\beta}$ 又被称为反应的饱和指数。如果 $Q_\beta/K_{eq,\beta}>1$，则发生矿物溶解；如果 $Q_\beta/K_{eq,\beta}<1$，则发生矿物沉淀。在 GEM 模拟器中，采用的设定是当溶解速率 $r_\beta$ 为负值时，沉淀速率为正值。当 $Q_\beta/K_{eq,\beta}=1$ 时，速率为零。将式（2-47）中的矿物溶解/沉淀速率 $r_\beta$ 乘以相应的化学计量系数，可以得到不同水相组分的生成/消耗速率：

$$r_{k\beta} = v_{k\beta} r_\beta \tag{2-49}$$

反应速率常数 $k_\beta$ 通常在标准温度 $T_0$（通常为25℃）下使用。以下公式用于计算不同温度 $T$ 下的速率常数：

$$k_\beta = k_{0\beta} \exp\left[-\frac{E_{a\beta}}{R}\left(\frac{1}{T} - \frac{1}{T_0}\right)\right] \tag{2-50}$$

式中，$E_{a\beta}$ 为反应 $\beta$ 的活化能，J/mol；$k_{0\beta}$ 为反应 $\beta$ 在 $T_0$ 下的反应速率常数，

mol/(m²·s);$T$ 为反应温度。

反应表面积 $A_\beta$ 是计算反应速率的另一个重要参数。下式可以根据在溶解或沉淀过程中矿物物质的量的变化计算反应表面积：

$$\hat{A}_\beta = \hat{A}_\beta^0 \cdot \frac{N_\beta}{N_\beta^0} \tag{2-51}$$

式中，$A_\beta^0$ 为时间为 0 时的反应表面积；$N_\beta$ 为当前时间单位网格块体积中矿物 $\beta$ 的物质的量，mol；$N_\beta^0$ 为时间为 0 时的单位网格块体积中矿物 $\beta$ 的物质的量，mol。

矿物的溶解和沉淀改变了多孔介质的孔隙体积。孔隙度计算如下：

$$\hat{\phi}^* \equiv \phi^* - \sum_{\beta=1}^{n_m} \left( \frac{N_\beta}{\rho_\beta} - \frac{N_\beta^0}{\rho_\beta} \right) \tag{2-52}$$

$$\phi = \hat{\phi}^* [1 + c_\phi(p - p^*)] \tag{2-53}$$

式中，$\phi$ 为孔隙度；$\phi^*$ 为无矿物沉淀/溶解的参考孔隙度；$\phi^*$ 为矿物沉淀/溶解的参考孔隙度；$N_\beta$ 为当前时刻每体积矿物 $\beta$ 的总物质的量，mol；$N_\beta^0$ 为时间 0 时每体积矿物 $\beta$ 的总物质的量，mol；$\rho_\beta$ 为矿物摩尔密度；$c_\phi$ 为岩石压缩性参数；$p^*$ 为参考压力。

绝对渗透率也随矿物溶解和沉淀而变化。这里采用了 Kozeny-Carman 方程：

$$\frac{K}{K^0} = \left( \frac{\phi}{\phi^0} \right)^3 \left( \frac{1 - \phi^0}{1 - \phi} \right)^2 \tag{2-54}$$

式中，$K^0$ 为初始渗透率；$\phi^0$ 为初始孔隙度。

GEM 模拟目前的一个问题是无法在模型开始计算之前对地层盐水成分进行数值平衡。此外，与此相关的是无法对平衡矿物反应进行建模。因此，GEM 需要输入较多的微观数据，如矿物表面积和反应动力学，而这些数据通常无法获得。但随着版本不断地改进，目前活度系数计算模型已经引入 Pitzer 模型，并引入亨利定律来模拟水相中气体的溶解度，并将 $H_2O$ 汽化成气相。这些改进对于硫酸盐垢、碳酸钙垢或其他与液态烃类泡点相关垢的模拟计算都非常有用。

**（四）具体实例**

Mackay 等应用流动与反应模拟器（CMG/STAR）建立一维、二维剖面非均质模型、二维平面非均质模型、三维油藏模型，既模拟了多相流体（油、水）在多孔介质中的渗流，又模拟了不同流体之间的化学反应。

对于二维剖面非均质模型，如果注入的海水需要很长时间才能驱替完地层中的地层水，那么长时间内都会出现高渗层生产海水，而低渗层生产地层水的情况，井筒内会因大量注入水和地层水的混合，而严重结垢。

类似情况下，注水 1 年后，注入水沿高渗透通道突破；预测生产 15 年后，20% 的产出水仍然来自地层水。如果不考虑地层深部的结垢，生产井的结垢趋势可能会持续 14 年。而考虑注入水突破，且地层深部结垢的 $Ba^{2+}$ 被消耗时，生产井因高浓度 $Ba^{2+}$（大于 10mg/L）产出水而结垢的周期，缩短为只有6年。

三维油藏模型相对更为复杂，需要研究井型、井位、水体大小、反应速率、横向流动等油藏参数及生产因素，模拟判断油藏深部结垢及其对生产的影响。

## 参 考 文 献

[1] Temizel C, Thanon D, Inceisci T, et al. An analysis of scale buildup in seawater injection of waterflooding operations[C]. SPE Latin America and Caribbean Mature Fields Symposium, 2017.

[2] 曹锡章, 宋天佑, 王杏桥. 无机化学[M]. 北京：高等教育出版社, 2000.

[3] 竺际舜. 无机化学[M]. 北京：科学出版社, 2008.

[4] 哈姆斯基 E B. 化学工艺中的结晶[M]. 古涛, 叶铁林译. 北京：化学工业出版社, 1984：335.

[5] 王萍, 李国昌. 结晶学教程[M]. 北京：国防工业出版社, 2006.

[6] 袁渭康, 王静康, 费维扬, 等. 化学工程手册·第2卷[M]. 3版. 北京：化学工业出版社, 2019.

[7] Mullin J W. Crystallization[M]. Fourth Edition. 北京：世界图书出版社, 2001.

[8] 全贞花. 碳酸钙于换热表面结垢与物理抗垢的实验及机理研究[D]. 北京：北京工业大学, 2007.

[9] Moghadasi J, Jamialahmadi M, Müller-Steinhagen H, et al. Scale formation in Iranian oil reservoir and production equipment during water injection[C]. SPE International Symposium on Oilfield Scale, 2003.

[10] Moghadasi J, Jamialahmadi M, Müller-Steinhagen H, et al. Formation damage due to scale formation in porous media resulting from water injection[C]. SPE International Symposium & Exhibition on Formation Damage Control, 2004.

[11] 蔡淑姜. 油田注入水防垢剂评定方法讨论[J]. 油田化学, 1987(3)：74-82.

[12] Lide D R. CRC Handbook of Chemistry and physics[M]. 81st Edition. CRC Press, 2000.

[13] Marinou E, de Boer S, Chen T, et al. A novel delivery method for combined scale dissolver and scale squeeze treatments in non-isolated subsea wells [C]. SPE International Oilfield Scale Conference and Exhibition, 2016.

[14] 艾伦 I R, 威金斯 W D. 白云岩储层：白云岩成因与分布地球化学分析技术[M]. 马锋, 张光亚, 李小地, 等译. 北京：石油工业出版社, 2013.

[15] Nancollas G H, Sawada K. Formation of scales of calcium carbonate polymorphs：The influence of magnesium ion and inhibitors[J]. Journal of Petroleum Technology, 1982, 34(2)：645-652.

[16] Plummer L N, Busenberg E. The solubilities of calcite, aragonite and vaterite in $CO_2$-$H_2O$ solutions between 0 and 90℃, and an evaluation of the aqueous model for the system $CaCO_3$-$CO_2$-$H_2O$[J]. Geochimica et Cosmochimica Acta, 1982, 46(6)：1011-1040.

[17] Moghadasi J, Jamialahmadi M, Müller-Steinhagen H, et al. Formation damage in Iranian oilfield[C]. SPE International Symposium and Exhibition on Formation Damage Control, 2002.

[18] Zhang F, Hinrichsen C J, Kan A T, et al. Calcium sulfate scaling risk and inhibition for a steamflood project [J]. SPE International Oilfield Scale Conference and Exhibition, 2016.

[19] Carlberg B L. Solubility of calcium sulfate in brine[C]. SPE Oilfield Chemistry Symposium, 1973.

[20] 王永青, 彭志刚, 刘志雄. 酸溶快速重量法测定重晶石中硫酸钡含量[J]. 科技创新导报, 2009(4)：19-20.

[21] Yuan M D, Todd A C. Prediction of sulfate scaling tendency in oilfield operations[C]. SPE International Sym-

posium on Oilfield Chemistry, 1989.

[22] Vazquez O, Giannakouras I, Mackay E. Simulation of squeeze treatment/tracer programme designs[C]. SPE International Oilfield Scale Conference and Exhibition, 2018.

[23] Underdown D R, Newhouse D P. Evaluation of calcium carbonate scale inhibitors for Prudhoe Bay[C]. SPE Annual Technical Conference and Exhibition, 1986.

[24] AlArji F M, AlAmri M A. New workflow for scale precipitation in production equipment resulting from formation and injected water incompatibility: field case [C]. SPE Kuwait Oil and Gas Show and Conference, 2013.

[25] Osode P I, Bataweel M A, Alkhaldi M H. Injection water compatibility study and scale prediction analysis for a low-permeability carbonate reservoir development optimization [C]. SPE Kuwait Oil & Gas Show & Conference, 2015.

[26] Wang X, Mackay E J. Simulation study for scale management during shale gas production[C]. SPE International Oilfield Scale Conference and Exhibition, 2018.

[27] Austin A E, Miller J F, Richard N A, et al. Precipitation of calcium sulfate from sea water at high temperatures[J]. Desalination, 1975, 16(3): 331-344.

[28] Liu S T, Nancollas G H. The crystal growth and dissolution of barium sulfate in the presence of additives [J]. Journal of Colloid & Interface Science, 1975, 52(3): 582-592.

[29] Wat R M S, Sorbie K S, Todd A C, et al. Kinetics of $BaSO_4$ crystal growth and effect in formation damage [C]. SPE Formation Damage Control Symposium, 1992.

[30] Li Y H, Crane S D, Coleman J R. A novel approach to predict the co-precipitation of $BaSO_4$ and $SrSO_4$ [C]. SPE Production Operations Symposium, 1995.

[31] Yuan M. Barium sulfate scale inhibition in the deepwater cold temperature environment[C]. International Symposium on Oilfield Scale, 2001.

[32] Athanassopoulos E, Rokidi S, Koutsoukos P G. Barium sulfate crystal growth and inhibition: Implications of molecular structure on scale inhibition[C]. NACE International Corrosion, 2016.

[33] Nancollas G H, Liu S T. Crystal growth and dissolution of barium sulfate[J]. Society of Petroleum Engineers Journal, 1975, 15(6): 509-516.

[34] Yan F, Bhandari N, Zhang F, et al. Scale formation and control under turbulent conditions[C]. SPE International Oilfield Scale Conference and Exhibition, 2016.

[35] Siv Howard, Zhao Anderson, Stuart Parker. Solubility of barium sulfate in formate brines - New insight into solubility levels and reaction mechanisms[C]. SPE International Conference and Exhibition on Formation Damage Control, 2016.

[36] Fan Chunfang, Kan A T, Tomson M B. Barite nucleation and inhibition at 0-200℃, with and without hydrate inhibitors[J]. SPE Journal, 2009, 16(2): 440-450.

[37] Mavredaki E, Neville A, Sorbie K S. Initial stages of barium sulfate formation at surfaces in the presence of inhibitors[J]. Crystal Growth & Design, 2011, 11(11): 4751-4758.

[38] Wylde J J, Williams G D, Carceil F M, et al. A new type of super-adsorption, high-desorption scale squeeze chemistry doubling treatment life on miller wells [C]. SPE International Symposium on Oilfield Scale, 2005.

[39] Mazzolini E I, Luigi Bertero, Truefitt C S. Scale prediction and laboratory evaluation of $BaSO_4$ scale inhibitors

for seawater flood in a high-barium environment[J]. SPE Production Engineering, 1992, 7(2): 186-192.

[40] Mackay E J, Sorbie K S, Vinod M K, et al. Impact of in situ sulphate stripping on scale management in the Gyda field[C]. SPE International Oilfield Scale Symposium, 2006.

[41] Van Khoi Vu, Christian H, Davis R A. Eliminating the need for scale inhibition treatments for Elf exploration Angola's Girassol field[C]. International Symposium on Oilfield Scale, 2000.

[42] 王秋霞, 尚跃强, 刘冬青, 等. 胜利油田硫酸钡锶垢阻垢剂BR的研究[J]. 精细石油化工进展, 2005(6): 10-12.

[43] Nguyen Phuong Tung, Nguyen Thi Phuong Phong, Bui Quang Khanh Long, et al. Scale inhibitors for co-deposited calcium sulfate and calcium carbonate in squeeze process in White Tiger oilfield[C]. SPE International Symposium on Oilfield Scale, 2004.

[44] Koutsoukos P G, Kapetanaki E. Mixed calcium carbonate and calcium sulfate scale[C]. Corrosion 2016, 2016.

[45] Smith A L. Radioactive-scale formation[C]. SPE Offshore Technology Conference, 1985.

[46] Oddo J E, Al-Borno A, Ortiz I, et al. The chemistry prediction and treatment of scale containing naturally occurring radioactive materials (NORM) in Antrim gas fields, Michigan[C]. SPE Production Operations Symposium, 1993.

[47] Ghosh B, Bemani A S, Al-Kitany N A, et al. Managing radioactive scale: strategic approach and success story[C]. SPE International Oilfield Scale Conference, 2008.

[48] 黄晓东, 张晓兰. 天然放射性物质及环境问题[J]. 油气田环境保护, 1995(4): 56-58.

[49] 戴彩丽, 冯德成, 赵福麟. 硫酸钡锶垢放射性研究[J]. 油气田地面工程, 2005, 24(4): 54.

[50] 练章富, 邓昌松, 林铁军, 等. 油气工业中天然放射性物质的安全处理措施[J]. 安全与环境工程, 2012, 19(2): 136-139.

[51] 伍浩松. 核工业的辐射排放影响远小于石油和天然气工业[J]. 国外核新闻, 2004(5): 22-23.

[52] William B, Sorin Z. Technically enhanced naturally occurring radioactive material (TENORM) – How much do We really know? [C]. SPE International Conference on Health, Safety and Environment in Oil and Gas Exploration and Production, 2010.

[53] Liu X, Chen T, Chen P, et al. Understanding the co-deposition of calcium sulphate and barium sulphate and developing environmental acceptable scale inhibitors applied in HTHP wells[C]. SPE International Conference on Oilfield Scale, 2012.

[54] Dennis Denney. Sulfide/calcium carbonate scale coprecipitation[J]. Journal of Petroleum Technology, 2014, 66(9): 164-167.

[55] Okocha C, Sorbie K S. Sulphide scale co-precipitation with calcium carbonate[C]. SPE International Symposium and Exhibition on Formation Damage Control, 2014.

[56] Hebert J, Leasure J, Saldungaray P, et al. Prevention of halite formation and deposition in horizontal wellbores: A multi basin developmental study[C]. SPE Annual Technical Conference and Exhibition, 2016.

[57] Cenegy L M, Mcafee C A, Kalfayan L J. Field study of the physical and chemical factors affecting downhole scale deposition in the North Dakota Bakken formation[J]. SPE Production & Operations, 2013, 28(1): 67-76.

[58] Chen T, Montgomerie H, Chen P, et al. Understanding the mechanisms of halite inhibition and evaluation of halite scale inhibitor by static and dynamic tests[C]. SPE International Symposium on Oilfield

Chemistry,2009.

[59] Wylde J J, Slayer J L. Halite scale formation mechanisms, removal and control: A global overview of mechanical, process, and chemical strategies[C]. SPE International Symposium on Oilfield Chemistry, 2013.

[60] Hartog F A, Jonkers G, Schmidt A P, et al. Lead deposits in Dutch natural gas systems[J]. SPE Production & Facilities, 2002(17): 122.

[61] Lu H P, Penkala J, Brooks J, et al. Novel laboratory and field approaches to control halite and other problematic scales in high salinity brine from the Bakken [C]. SPE Annual Technical Conference and Exhibition, 2015.

[62] Jordan M M, Sjursaether K, Edgerton M C, et al. Inhibition of lead and zinc sulphide scale deposits formed during production from high temperature oil and condensate reservoirs[C]. SPE Asia Pacific Oil and Gas Conference and Exhibition, 2000.

[63] 罗伯特·海德斯巴克. 油气生产中的金属材料腐蚀及控制[M]. 李琼玮, 张振云, 奚运涛, 等译. 北京: 石油工业出版社, 2014.

[64] Wong Jennifer, Moore Sherry. Treating assets in a diverse system: Lessons learned from the Bakken formation [C]. Corrosion 2012, 2012.

[65] Voloshin A, Ragulin V, Nevyadovsky E, et al. Technical and economic strategy of scale management as an important factor of oil prouduction enhancement [C]. SPE Russian Oil and Gas Conference and Exhibition, 2010.

[66] Jordan M M, Hopwood P, O'Brien T M, et al. Integrated field management to allow effective scale control during the water cycle in mature North Sea fields[C]. Corrosion 2006, 2006.

[67] Ramstad K, McCartney R, Aarrestad H D, et al. The Johan Sverdrup field – Origin of sulphate-rich formation water and impact on scale management strategy[C]. SPE International Oilfield Scale Conference and Exhibition, 2016.

[68] Zhang F, Dai Z, Zhang Z, et al. Scaling risk and inhibition prediction of carbonate scale at high temperature [C]. SPE International Conference on Oilfield Chemistry, 2017.

[69] Bhandari N, Kan A T, Zhang F, et al. Mineral precipitation kinetics: Assessing the effect of hydrostatic pressure and its implication on the nucleation mechanism[J]. Crystal Growth & Design, 2016, 16(9): 4846-4854.

[70] Zhang P, Shen D, Ruan G, et al. Mechanistic understanding of calcium – phosphonate solid dissolution and scale inhibitor return behavior in oilfield reservoir: Formation of middle phase[J]. Physical Chemistry chemical Physics, 2016, 18(31): 21458-21468.

[71] Zhang P, Shen D, Kan A T, et al. Synthesis and laboratory testing of a novel calcium-phosphonate reverse micelle nanofluid for oilfield mineral scale control[J]. RSC Advances, 2016, 46(6): 39883-39895.

[72] Bhandari N, Kan A T, Dai Z, et al. Effect of hydrodynamic pressure on mineral precipitation kinetics and scaling risk at HPHT[C]. SPE International Oilfield Scale Conference & Exhibition, 2016.

[73] He S L, Kan A T, Tomson M B. A new interactive software for scale prediction, control, and management [C]. SPE Annual Technical Conference and Exhibition, 1997.

[74] Ruan G, Kan A T, Yan F, et al. Citrate assisted metal phosphonate colloidal scale inhibitors for long-term squeeze treatments[C]. SPE International Oilfield Scale Conference & Exhibition, 2016.

[75] Zhang Z, Liu Y, Dai Z, et al. Impact of Fe(Ⅲ)/Fe(Ⅱ) on scale inhibition[C]. SPE International Oilfield Scale Conference and Exhibition, 2016.

[76] Kan A T, Tomson M B, Scale control in oil and gas industries and new insight into carbonates and sulfates mineral nucleation, precipitation and inhibition[C]. 251st ASC National Meeting, 2016.

[77] Kan A T, Fu G, Al-Thubaiti M, et al. A new approach to inhibitor squeeze design[C]. SPE International Sympposium on Oilfield Chemsitry, 2003.

[78] Mackay E J. Modeling in-situ scale deposition: The impact of reservoir and well geometries and kinetic reaction rates[J]. SPE Production & Facilities, 2003, 18(1): 45-56.

[79] McCartney R, Burgos A, Sorhaug E. Changing the injection water on the Blane field, North Sea: A novel approach to predicting the effect on the produced water $BaSO_4$ scaling risk[C]. SPE International Conference on Oilfield Scale, 2010.

[80] McCartney R, Moldrheim E, Fleming N. Detection and quantification of Utsira formation water in production wells of the Oseberg Sor field and impact on scale management[C]. 21st International Oilfield Chemistry Symposium, 2010.

[81] 毛晓敏, 刘翔, Barry D A. PHREEQC 在地下水溶质反应运移模拟中的应用[J]. 水文地质工程地质, 2004(2): 21-25.

[82] 叶思源, 孙继朝, 姜春永. 水文地球化学研究现状与进展[J]. 地球学报, 2002, 23(5): 477-482.

[83] 丁元芳. 水文地球化学模拟的国内外研究现状[J]. 东北水利水电, 2011, 29(3): 64-66.

[84] 陈宗宇. 水文地球化学模拟研究的现状[J]. 地球科学进展, 1995(3): 278-282.

[85] 王丽, 王金生, 林学钰. 水文地球化学模型研究进展[J]. 水文地质工程地质, 2003(6): 105-109.

[86] 曹玉清, 胡宽瑢, 胡忠毅. 水文地球化学反应-迁移-分异模型[J]. 吉林大学学报(地球科学版), 2000, 30(3): 251-256.

[87] Korrani A K N, Sepehrnoori K, Delshad M. A comprehensive geochemical-based approach to quantify the scale problems[C]. SPE International Symposium and Exhibition on Formation Damage Control, 2014.

[88] 沈照理, 王焰新. 水-岩相互作用研究的回顾与展望[J]. 地球科学, 2002(2): 5-11.

[89] Sorbie K S, Mackay E J. Mixing of injected, connate and aquifer brines in waterflooding and its relevance to oilfield scaling[J]. Journal of Petroleum and Engineering, 2000, 27(1): 85-106.

[90] Fleming N, Ramstad K, Eriksen S H, et al. Development and implementation of a scale-management strategy for Oseberg Sor[J]. SPE Production & Operations, 2007, 22(3): 307-317.

[91] Yuan M D, Todd A C. Prediction of sulfate scaling tendency in oilfield operations[J]. SPE Production Engineering, 1991, 6(1): 63-72.

[92] Ramstad K, McCartney R, Aarrestad H D, et al. The Johan Sverdrup Field: Origin of sulphate-rich formation water and impact on scale management strategy[J]. SPE Production & Operations, 2017, 32(1): 73-85.

[93] Ostvold T, Mackay E J, McCartney R A, et al. Redevelopment of the Froy field: Selection of the injection water[C]. SPE International Conference on Oilfield Scale, 2010.

[94] Dai Z, Kan A T, Shi W, et al. Solubility measurements and predictions of gypsum, anhydrite, and calcite over wide ranges of temperature, pressure, and ionic strength with mixed electrolytes[J]. Rock Mechanics & Rock Engineering, 2017, 50(2): 327-339.

[95] 钱天伟,李书绅,武贵宾. 地下水多组分反应溶质迁移模型的研究进展[J]. 水科学进展, 2002, 13 (1): 116-121.

[96] Stewart J J, Dario M F, Stephen M H, et al. Application of a fully viscosified scale squeeze for improved placement in horizontal wells[C]. SPE International Symposium on Oilfield Scale, 2005.

[97] Hu Y S, Min C. Identification and modeling of geochemical reactions occurring within the sandstone reservoir flooded by seawater[J]. Petroleum Science and Technology, 2016, 34(17-18): 1595-1601.

# 第三章 结垢监测与评价技术

在井筒、地面、管线或设备等表面的垢沉积过程中，垢等物质的沉积和流动流体作用下的剥离往往同时存在。通过结垢监测/检测技术，可以掌握结垢影响因素及记录结垢—时间的动态变化规律，并评估、分析垢防治化学剂及措施的有效性，实现投入产出比的最大化。

结垢监测技术主要有以下4类：

第一类是垢微观形貌分析监测。利用显微镜或扫描电镜、原子力显微镜等对垢质进行形貌分析，结合X射线衍射等成分、晶型及分析化学手段的精确比例分析，来判断和明确垢的组成。

第二类是垢沉积动态监测。在实验室条件下，通过模拟实际动态的流速、流态、水质等工况，测量管壁等设备表面的垢厚、垢重、管壁内外温差和热阻等参数，得出结垢和防垢剂的控制效果。常用测试的参数是：

(1) 垢层厚度。可以用显微镜和测量尺，也可用基于垢层与金属的导电性差异制成的专用测厚仪。这种专用测厚仪由可移动的钢针型测微仪与带电流表的直流电回路组成。随着钢针逐步深入并穿过垢层，电阻值逐渐变小。可依据事先标定的垢层厚度—电流差值关系，通过电流表读数，推算出垢层的厚度。

(2) 重量法。对流动系统内特定规格的管路或试片，随时间推移精确称量其重量的变化，得到结垢动态规律。

(3) 时间推移影像法。主要用于室内机理研究，利用摄像设备定期以慢速模式记录透明管的内表面垢沉积情况，然后以正常速度播放图像。可在短时间内观察垢形成和发展过程，并测量垢层的厚度。

(4) 压差监测方法。主要针对流动介质在毛细管路系统内的附着型垢，这种垢是导致管路压差增加的最主要和直接原因。监测前提是不考虑管路截面的粗糙度变化所引起的摩擦系数/摩阻变化等因素。这种方法既可用于室内结垢防治技术评价，国外研究应用很广泛，也是现场生产单位操作人员对集输系统内结垢判断的最简便方法。对此技术的详细介绍，可见本章第三节。

第三类是流体参数特征的监测。针对成垢阳离子 $Ca^{2+}$、$Mg^{2+}$ 和 $Ba^{2+}/Sr^{2+}$，或 $SO_4^{2-}$、$HCO_3^-$ 的含量变化跟踪测试。

第四类是对流体中形成垢晶的溶解物质含量有关变化进行监测的方法，如电导率、折射率和光散射等物理性质，还有微垢晶引起的浊度变化等方法。

本章主要围绕结垢产物及结垢过程的室内分析方法、国外普遍应用的动态结垢测试方法及油气田常用的现场结垢监测方法3个方面，进行详细介绍。

## 第一节 垢产物及结垢过程的室内分析

本节中提及的监/检测与评价方法,也可用于防垢剂或防垢工艺的有效性评价。

### 一、垢样室内分析

生产系统的垢产物既有宏观肉眼可见的结垢聚集,也有产出水中的悬浮固体物。对易结垢水样在特定时间内的悬浮物,可以采用滤膜过滤法、滤纸过滤法、离心分离法等进行分离。考虑到过滤速度和后续称量恒重的便利性,较常采用滤膜过滤法,操作时参照标准 GB/T 11901《水质悬浮物的测定重量法》,将水样通过孔径为 $0.45\mu m$ 的滤膜,截留的悬浮物与滤膜在 103~105℃烘干至恒重。并可进一步分析有机、无机物及酸溶性、不溶于酸的无机物量。

针对悬浮物样和现场结垢样,主要测定有机物含量和无机物组分(碱溶物、酸溶物及无机垢成分分析)。

#### (一) 有机物含量测定

对垢样先用蒸馏水冲洗除盐,干燥。准确称量干燥的定量滤纸质量并记录 $m_0$,在此滤纸上称取约 1g 垢样 $m_1$。将包裹垢样的滤纸置于索氏提取器中,用甲苯抽提 4h,直至溶剂无色为止。取出后在 80℃烘箱中干燥 6h,放置在干燥器中冷却称量,直至恒重,记录质量 $m_2$。按式(3-1)计算有机物含量 $\eta$:

$$\eta = \frac{m_2 - m_0}{m_1} \times 100\% \tag{3-1}$$

#### (二) 垢样中无机物组分测定

1. 碱溶率测定

将除去有机物并干燥的垢样称取约 1g,移入 50mL 烧杯中,记录质量 $w_1$。在烧杯中加入 20mL 的 20%NaOH 溶液,搅匀,反应 60min 后,用干燥并准确称量的定量滤纸(质量为 $w_2$)过滤,并于 80℃烘箱中干燥 6h,放置在干燥器中冷却,称量直至恒重,记录质量 $w_3$。按式(3-2)计算碱溶率含量 $\omega$。

$$\omega = \frac{w_3 - w_2}{w_1} \times 100\% \tag{3-2}$$

2. 酸溶率测定

准确称取约 1g,将除去有机物并干燥的垢样放于 50mL 烧杯中,记录质量 $y_1$,在烧杯中加入 20%的 1∶1 盐酸溶液 20mL,搅匀,待反应 60min 后,用干燥并准确称量的定量滤纸(质量为 $y_2$)过滤,并于 80℃烘箱中干燥 6h,放置在干燥器中冷却,称量直至恒重,记录质量 $y_3$。按式(3-3)计算酸溶率含量 $\chi$。

$$\chi = \frac{y_3 - y_2}{y_1} \times 100\% \tag{3-3}$$

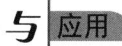

### 3. 无机垢成分分析

利用X射线衍射仪(XRD)进行晶体定性、定量分析。

表3-1为姬塬油田某区块的多个垢样按照上述步骤分析的结果。

表3-1 姬塬油田某区块的垢样分析结果

| 样品 | 有机物(%) | 可溶物(%) 碱溶率 | 可溶物(%) 酸溶率 | X射线衍射分析矿物含量(%) 重晶石 | 锶重晶石 | 滑石 | 方解石 | 镁方解石 | 碳铵石 | 文石 | 叶蜡石 | 菱铁矿 | 四方针铁矿 | 其他 |
|---|---|---|---|---|---|---|---|---|---|---|---|---|---|---|
| C60-16 | 8.98 | 0.81 | 96.30 | 0 | 0 | 0.5 | 98 | 0 | 0 | 0 | 0 | 1.5 | 0 | 0 |
| C58-15 | 2.77 | 1.29 | 96.93 | 0 | 0 | 1 | 0 | 99 | 0 | 0 | 0 | 0 | 0 | 0 |
| C64-20 | 2.61 | 2.31 | 94.98 | 0 | 0 | 0 | 0 | 72 | 0 | 26 | 2 | 0 | 0 | 0 |
| S15撬收球筒 | 18.8 | 1.43 | 2.12 | 0 | 96 | 2 | 0 | 0 | 0 | 0 | 0 | 0 | 0 | 2 |
| J27转收球筒 | 13.9 | 0.00 | 7.82 | 0 | 92 | 2 | 0 | 0 | 6 | 0 | 0 | 0 | 0 | 0 |
| S4撬管进口 | 2.82 | 1.39 | 2.90 | 0 | 99 | 1 | 0 | 0 | 0 | 0 | 0 | 0 | 0 | 0 |
| C55-18撬 | 0.60 | 0.34 | 1.34 | 0 | 99 | 1 | 0 | 0 | 0 | 0 | 0 | 0 | 0 | 0 |
| J20增管线 | 2.17 | 0.59 | 3.80 | 93 | 0 | 1 | 0 | 0 | 0 | 0 | 0 | 0 | 6 | 0 |
| J28转总机关 | 11.3 | 0.00 | 1.43 | 0 | >99 | 0 | 0 | 0 | 0 | 0 | 0 | 0 | 0 | 0 |

## 二、垢样的现场分析方法

现场生产环境下，有条件时可以采用X衍射仪(XRD)、扫描电镜+能谱(SEM)等手段分析垢样。但为了快速观察、判断垢的特性，可以通过若干药剂组合的简化方法来进行定性检测。配套的化学药剂有：(1)苯、二甲苯或汽油等有机溶剂；(2)4%的盐酸及15%的盐酸；(3)$BaCl_2$溶液；(4)清水。

按如下程序分析垢的成分：(1)肉眼观察，拍照；(2)有机溶剂浸洗垢样；(3)粉碎垢样；(4)稀盐酸检测；(5)用$BaCl_2$溶液检测。

具体操作时流程是：(1)肉眼观察垢的颜色和结构、状态。其中，致密而带有碎片光泽的长条结晶体垢，一般是$CaSO_4$。对于深色垢样，用有机溶剂反复浸洗，洗净原油和蜡质后，粉碎的垢样仍呈现乌黑色或深棕色，则其成分中含有FeS或$Fe_2O_3$。(2)用4%的盐酸检测，如垢很容易溶解同时还有气泡冒出，则表示垢中有$CaCO_3$。如果垢样在稀盐酸中不溶，再使用15%的盐酸。(3)如垢样在15%的盐酸中，深色成分逐渐溶解，颜色变浅，并逸出臭鸡蛋味气体($H_2S$)，则深色成分是FeS，不溶的浅色残渣是$BaSO_4$、$SrSO_4$或$CaSO_4$。(4)对于含有不溶浅色残渣的溶液，再加入$BaCl_2$溶液，如溶液变浑浊，生成白色沉淀物，则是$CaSO_4$。此时的其他不溶物则很大概率是$BaSO_4$、$SrSO_4$或$SiO_2$。

## 三、结垢过程的物理指标监测

### （一）电导率测量

可以在成垢阴、阳离子混合沉淀过程之前、期间和之后，配套$Ba^{2+}$等特定离子选择电极进行$Ba^{2+}$等变化值的连续或间歇测试，或使用高灵敏度pH计测量溶液的pH值。同时，溶液中的$Ba^{2+}$等导电离子数量会因结垢而下降并变浑浊，在垢晶沉积到容器表面之前，采用电导率仪可以测试对应的电导率下降变化，其单位为μS/cm。

但采用通用型离子选择电极时，盐水溶液中虽然因$CaCO_3$或$BaSO_4$垢形成导致$Ba^{2+}$、$Ca^{2+}$浓度大幅变化，但溶液中的$Na^+$、$Cl^-$等保持高电导率，会造成严重的测试误差。即使采用特定离子选择电极，Tolaieb等也认为存在以下不足：(1)该方法主要适用于室内理想条件下的水溶液，离子选择电极易受到有机溶剂、固相杂质或气相介质的干扰，不适于含油气的现场溶液环境。(2)可提供混合溶液达到热力学稳定状态的结果，但无法反映出反应动力学的细节过程。(3)不同过饱和度溶液的电导率虽然在短时间内都会剧烈下降，但对应的垢晶沉积初始阶段和严重程度差异可能很大。溶液中残留的成垢离子，如$Ba^{2+}$和$SO_4^{2-}$等仍然可能形成垢，造成测试失真[1-10]。笔者曾开展的相关实验，也发现有类似的严重误差问题。

### （二）浊度法

主要针对混合溶液中，结垢诱导期的垢晶成核会引起浊度变化，之后才会是沉积堵塞等现象。He等为避免毛细管路动态方法可能存在的对防垢剂效果的过高评价，采用浊度计评价静态防垢率，提出了预测防垢率半经验的数据模型。Baugh等为了进行多种防垢剂的预筛选实验，采用紫外可见分光光度法，对混合溶液中加入防垢剂后的浊度变化进行连续测试[11]。

静态浊度实验的局限性在于：(1)浊度计样品皿内如设置加热线圈，难以准确升温。如在玻璃皿外部缠绕加热线圈，又无法提供均一的保温条件。(2)磁力搅拌可能导致混合不均匀。(3)浊度计专用溶液皿的容积限制了更大溶液量。

Yan等设计了测试浊度变化的激光检测方法。通过检测输出光功率为5mW、波长为635nm红色激光的光电流变化，研究$BaSO_4$垢晶成核的动力学。该方法采用具有宽谱波长检测范围的光电检测器，其响应峰值为960nm。通过一组凹透镜和凸透镜来控制光束直径，以提高光子通过率和响应灵敏度(图3-1)。实验中，利用外置水浴和磁力搅拌器分别控制温度和不同介质的混合过程。当激光穿透均一透明溶液、含晶溶液等不同情况时，会输出不同的光电流信号。垢晶散射激光，光电流会明显下降[12]。这种方法对于碳酸盐垢及其他硫酸盐垢都适用。

Zhang等为了研究高温、静态环境下的结垢沉积动力学过程，提出了原理与Yan相似，但可模拟温度、压力的监测系统(图3-2)。系统由油浴加热器、激光源和检测器、耐压玻璃外管和内部玻璃瓶、搅拌转子及数据记录器组成，耐压玻璃管最高耐温175℃、压力

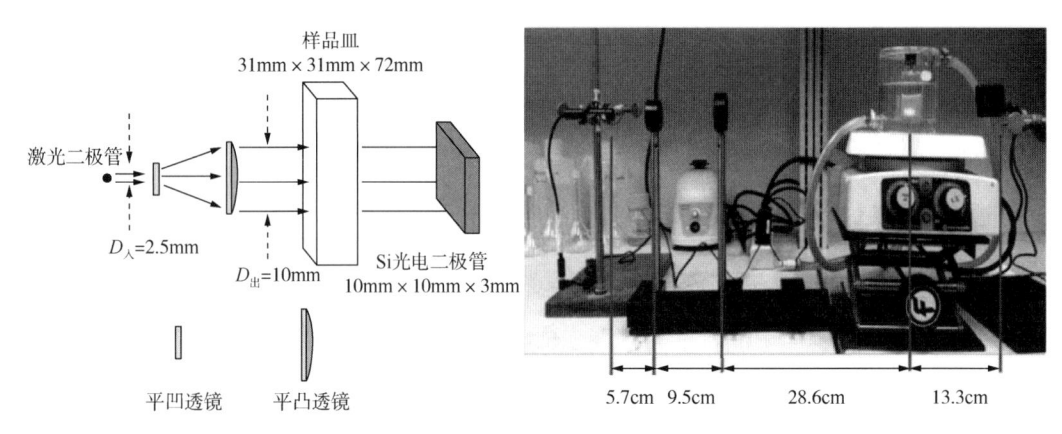

图 3-1　激光检测方法原理及仪器示意图

1.34MPa。实验温度达到预定值时，外管上提，其中的阴离子溶液进入玻璃瓶，并与玻璃瓶内的阳离子溶液混合。激光检测器实时监控激光强度变化，并做数据记录。

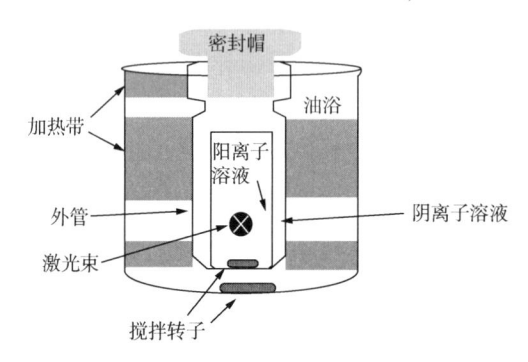

图 3-2　可模拟温度、压力环境的激光检测方法原理图

### （三）光学检测方法

#### 1. 红外吸收系数法

换热器壁面上积聚的生物黏膜，在近红外线照射下，其红外吸收系数会随着附着程度而变化。Barilett 等设计了一种由红外发射器、传感器、脉冲电源以及信号检测、调制、显示电路等部分组成的红外监测器。测试时，红外发射器与主传感器布置在透明（玻璃）环形测试段的相对两侧。

红外发射器产生波长中心为 950nm、频带宽度约为 100nm 的红外辐射光线，一部分通过介质照射到信号通道，另一部分直射照射到另一个检测器作为参比信号，二者在差分放大器中进行比较，其差值输出至显示装置。

这种技术的不足之处主要是：(1) 在有机物分子为主的垢层中，红外吸收测试准确度好，而盐垢因与污染物成分上的差异，实际测试误差大。(2) 需先对污垢厚度与红外吸收系数的关系进行标定，而污垢的成分、致密程度等动态变化，增大了测量的不确定度。(3) 要长时间保持参比信号的恒定，并避免温度影响红外器件的灵敏度。

#### 2. 光纤传感技术

光纤传感技术是 20 世纪 70 年代发展起来的以光纤为载体及媒质感知和传输外界被测量

信号的一种新型传感技术。国外研究报道主要集中在生物黏膜检测的实验研究方面。下面简要介绍两种不同原理的应用研究：

利用光纤反射光强度变化原理，Tamachkiarowa 等的研究中所用测试系统由直径 1mm 的多模光纤、光耦合器、光源（半导体发光二极管）、光探测器和计算机等组成。测试时，将光纤传感器插入待测试水系统中。二极管发射的 580nm 高频谱光经 130Hz 方波调制、透镜耦合进入发射光纤中，在出射端射入水中照亮一定区域，其反向散射光线一部分回到发射光纤，一部分进入与之平行设置的接收光纤，经平行校准透镜到达光探测器，其输出经放大器处理，由计算机实现数据的采集和光纤强度的测量。当浸入水中的光纤前端面上有生物黏膜等逐渐积聚形成时，反射光的强度将相应地有所增加。但传感器对初始阶段生物黏膜的形成灵敏度不够，而且测试结果是在假设微生物粒径恒定不变的情况下获得的。关于系统光学特性、固相平均粒径、浓度等直接影响监测结果的因素尚需进一步展开研究。

基于变折射率光强调制原理，Philip-Chandy 和 Scully 等研究所用的传感器是一根由纤芯和包层两部分组成的多模塑料光纤，并用丙酮/水溶液将光纤剥去长 5cm 的一段包层形成裸芯作为感测元件。随着此段纤芯—包层界面上逐渐形成生物黏膜时，即相当于包层材料厚度逐渐增大，其折射率也将随之变化，导致此感测部位渐逝场损耗不同。这样就建立起了被测生物黏膜和光强之间的联系，也就实现了光强调制。

这种光纤传感器具有较高的灵敏度，折射率分辨率高。但传感器最大可测厚度不超过 1mm，当超过此数量级后，传感器输出将出现饱和现象，对生物黏膜的增长不再敏感。

此外，Beaunier 等还采用光学工具监测的流动系统，以确定电极上产生 $CaCO_3$ 垢的活性位点并定量化，进一步确定垢晶尺寸分布和成核速率。

## 四、垢沉积的电化学方法

因为油田结垢与腐蚀往往共生共存，并相互影响，结垢腐蚀产物层的监测方法有一定的通用性，如腐蚀、结垢的起始阶段，介质交换都作用于金属等材料的表面或液固界面，在研究产物层的厚度、失重和形貌等方面有共性。

垢层监测与腐蚀监测的不同之处：(1)腐蚀主要是向材质基体、内部发展，最终形成老化或破坏；(2)腐蚀研究常用的电化学方法（线性极化、交流阻抗和电化学噪声等）在结垢监测方面研究深度还不够；(3)材质的本体强度、表面硬度和残余应力、受力状态等与腐蚀发生、发展的关系密切，而与结垢动态过程关系较弱。

### （一）电化学阻抗谱监测法

电化学阻抗谱（EIS）技术是研究电池、金属腐蚀的常用技术之一，是利用小幅度交流电压或电流（腐蚀测试中常用 5mV 或 10mV 正弦波）对电极扰动进行电化学测试，根据获得的交流阻抗数据，可以模拟出电极的等效电路，计算相应的电极反应参数。若将交流阻抗的虚数部分—实数部分，按照由低频率到高频率的次序作图，可得虚、实阻抗（分别对应于电极的电容和电阻）随频率变化的曲线，称为电化学阻抗谱。

电化学阻抗谱技术的优点是对被测试体系的干扰小，可提供多角度的界面状态与过程的信息，有利于分析腐蚀、结垢等作用机理（图 3-3）。该技术在垢沉积研究中，国外目前有两个方向：无机矿物垢沉积和微生物黏附沉积，都处于理论或室内研究阶段，还没有进入工业化的现场成熟应用。

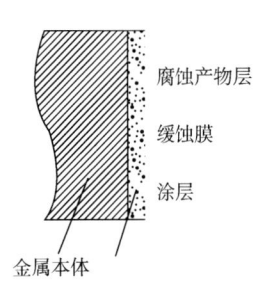

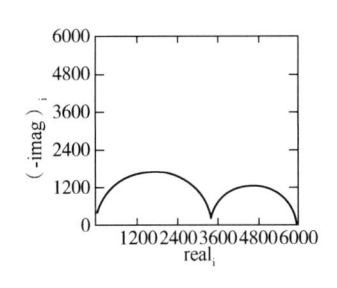

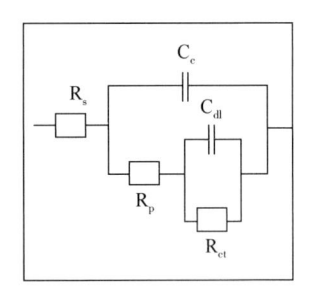

图 3-3　金属表面腐蚀产物层的典型 EIS 分析过程

$R_s$—溶液电阻；$C_c$—界面电容；$C_{dl}$—双电层电容；$R_p$—极化阻抗；$R_{ct}$—电荷转移电阻

如 Heng Li 等提出了实时监测金属表面垢沉积速率的电化学阻抗谱快捷方法。该方法采用三电极的电化学电池系统，其工作电极为金属样，其表面既是垢沉积面，又是金属—盐水界面垢沉积的微传感器。利用电化学阻抗谱测得的界面电容值作为工作表面垢覆盖度的测量指标。结果表明，常相位角元件（CPE）与金属表面垢沉积量有很强的一致性，CPE 值对垢沉积的微量变化极为敏感，而沉积矿物类型的变化（无论碳酸钙、硫酸钙或磷酸钙等）对电容值没有显著影响。

Dheilly 等报道了用电化学阻抗谱技术对半导体氧化铟锡（ITO）板进行细菌黏附的电化学阻抗谱研究。水体中有腐蚀性细菌等微生物时，细菌黏附的电化学阻抗谱有特征变化。比较了假单胞菌（PS）和表皮葡萄球菌（Se）等两种菌株的黏附行为和电荷传输性能。主要研究低频范围内，细菌黏附 2h 前后的阻抗变化实测数据曲线，拟合建立等效电路模型，解析电极—细菌—电解质等两个界面间的电阻和电容特性。发现阻抗的大小随着黏附细胞数目的增加呈指数衰减[13]。还有研究者利用玻璃衬底上的金交叉电极（IDT），设计和制备基于电化学阻抗谱的生物传感器，能够检测 $10^{-12}$ mol/L 级的小鼠单克隆抗体 IgG、肌氨酸和硫化铅等有毒生物/化学物种的阻抗响应[14-16]。

在复合污垢的动态沉积过程监测中，电化学阻抗谱技术的进展应可拓展出更宽广的应用方向。

### （二）旋转圆盘电极法

电极表面结垢会使电极表面的活性面积减小，从而使氧气的阴极还原反应电流下降。而旋转圆盘电极的极限电流和转速的平方根呈线性关系，其斜率代表旋转圆盘电极活性表面积的比例，根据其斜率可以求得金属电极表面垢的覆盖率。通过测定反应前后电流的变化，求得电极表面垢的覆盖率，从而测得防垢剂的防垢率及其在电极上的成膜过程。

Morizot 等采用电化学的动电位极化法，通过三电极系统，测试过饱和溶液体系在不同转速情况下，旋转圆柱电极表面的阴极极化电流与 $BaSO_4$、$CaCO_3$ 结垢量变化、防垢剂效果的关系。但主要适用于室内常压溶液体系，尚未实现现场压力系统的在线结垢测试[17]。

在地面换热器等设备的沉积型污垢监测方面，还有应用比较普遍的温度差、热阻等热学方法和针对膜分离系统的超声脉冲反射法，以及管道不停运状况下监测内壁污垢情况的放射性技术。相关技术可以参见杨善让等编著的《换热设备污垢与对策》等书籍和文献。

## 五、同步辐射研究结垢过程

高能物理研究中，同步辐射光源因其光子能量在大范围内可调，且高亮度、准直性好等一系列优异特性，特别是其在红外、真空紫外和 X 射线波段，相较于常规光源（普通 X 射线、激光、红外光源）有不可比拟的优势。近年来，有研究者利用同步辐射等手段开展的相关探索，对于微观结垢过程、防垢剂作用机理等基础研究有很好的启发作用，这里特别加以介绍。

### （一）同步辐射机理

当高能电子或正电子在磁场中以接近光速运动时，将受到与其运动方向垂直的洛仑兹力的作用而发生偏转，会沿切线方向产生电磁辐射（图3-4）。1947 年 4 月，F. R. Elder 等在美国通用电气实验室的 70MeV 电子同步加速器上首次观察到了电子的电磁辐射，因此称作同步加速器辐射，简称同步辐射，或同步光。

同步辐射最初只是高能物理实验的一个副产品。但因其光谱是连续谱，从远红外到 X 射线波段，同时还具有偏振性、高亮度（常规光源的亿倍，衍射弱的晶体可以得到好的信号）、准直性好（质量差的晶体可以获得高分辨率图谱）、能量可调（可以进行多波长反常衍射实验，解决全新结构的有效方法）等特点，成为继 X 射线和激光后的又一种重要光源。

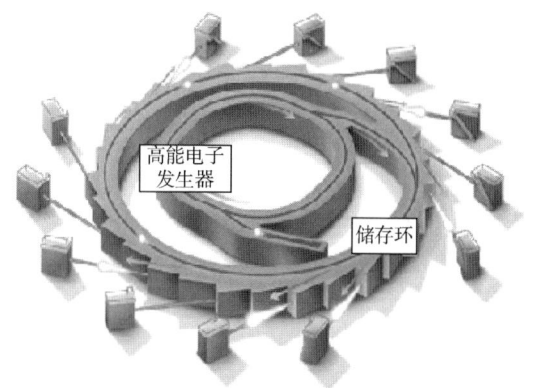

图 3-4　同步辐射光源及其示意图

近 20 年来，同步辐射在物理学、化学、生命科学、医药学、材料科学等领域得到了极为广泛的应用。特别是利用同步辐射光源的高亮度优势，可以针对微量或极小尺寸样品，在原位（高低温、高压、高真空等）条件下，研究化学反应动力学、相变过程或活细胞变化等的实时过程。

### （二）同步辐射与电化学方法结合

Mavredaki 等利用英国国家同步辐射光源，将毛细管动态结垢系统与同步辐射 X 射线衍射（XRD）技术结合，模拟高温高压的混合溶液环境，针对无/有防垢剂 PPCA、二乙烯三胺五亚甲基膦酸盐（DETPMP），原位监测 $BaSO_4$ 垢的微观晶面结构变化和防垢效果。从微观层面发现天青石（$SrSO_4$）与重晶石（$BaSO_4$）在沉淀过程的晶格面生长有同样趋势。因此，对 $BaSO_4$ 有效的防垢剂，对 $SrSO_4$ 也有同样的作用效果。

Ko 等利用澳大利亚的同步加速器粉末衍射光束线，将电化学方法与同步辐射 XRD 方法结合，在含测试溶液的电化学系统中，开展碳钢的腐蚀电化学实验，并同步记录实时的 XRD 图样，实现原位研究防垢剂[氨基三亚甲基膦酸（ATMPA）、聚乙烯亚胺（PEI）]对低碳钢的 $CO_2$ 腐蚀过程影响。特别是精细化分析了表面保护性垢的形成及防垢剂影响保护性垢层的过程[18]。

**1. 实验方法和装置**

装置由一个经典的腐蚀电化学三电极系统、实验溶液、储槽及其顶部放置的 X 射线计数器组成。三电极系统由逐渐缩颈的工作电极、铂辅助电极和 Ag/AgCl 微参比电极组成。工作电极是直径为 1.5mm 的碳钢丝，嵌入环氧树脂中，表面抛光至粗糙度 1μm。X 射线在掠入射时击中碳钢棒的抛光表面(小于1°)。

实验溶液是 0.5mol/L NaCl，用 0.1MPa 的 $CO_2$ 饱和，加热至 80℃±1℃，用 2mol/L NaOH 溶液调节 pH 值至 6.3。根据实验要求，$CO_2$ 分压可以控制在 0.054MPa、1MPa 和 3MPa，溶液体系可加入 0、1mg/L、10mg/L 和 100mg/L 的 ATMPA 或 PEI。

为了防止氧气及其他介质污染溶液，整个实验过程中，装置密封并持续通入 $CO_2$。在恒电流、恒电位和脉冲电流控制(大电流每隔一段时间施加一小段时间，给出与恒电流控制条件下相同的平均电流)的 3 种模式下，通过阳极极化加速腐蚀过程，记录电流或电位。同时，同步辐射 XRD 系统实时监测碳钢样品表面菱铁矿($FeCO_3$ 晶相)的主峰强度随时间的变化规律。此时的峰强度对应于垢层厚度。

2. 实验认识

(1)在外加电流密度为 12.5mA/cm² 的恒电流实验中，在 0 和 1mg/L 的 ATMPA 下，极化电位有先下降后增加的变化过程，表明形成保护性垢，见图 3-5(a)。防垢剂 ATMPA 的系列浓度变化后，菱铁矿峰强度随时间的变化曲线，都呈现出成核阶段(在此期间测量的强度接近于零)，然后是生长阶段(强度增加)的过程，也反映出 ATMPA 的加入对结垢过程有明显的影响[图 3-5(b)]。

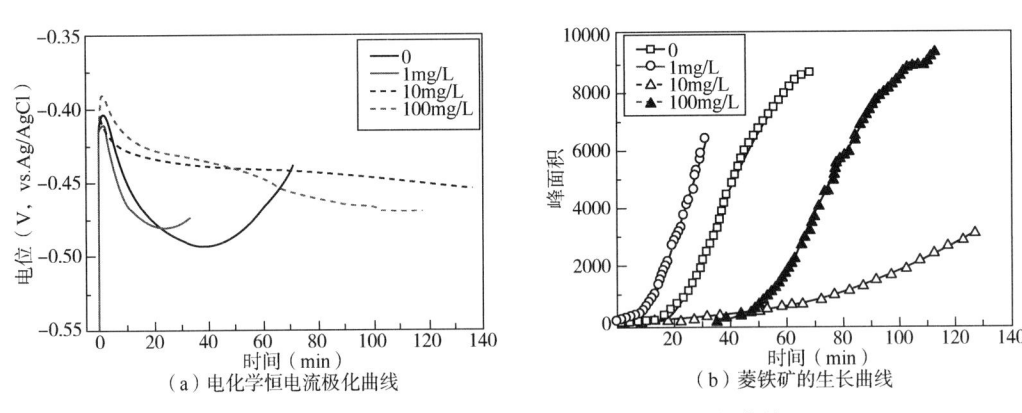

图 3-5 电化学恒电流极化曲线与菱铁矿的生长曲线
80℃、0.1MPa $CO_2$、pH 值 6.3 和 0~100mg/L ATMPA

(2)在电位为 -500mV 的恒电位实验中，当溶液中 ATMPA 为零时，腐蚀电流密度在 80min 左右出现一个明显峰值。此峰之前的电流上升与 $FeCO_3$ 快速沉淀过程中的 pH 值变化有关，而后续的衰减则是由于保护性垢的进一步发展。而当 ATMPA 的浓度为 10mg/L 时，$FeCO_3$ 仅有很低含量，腐蚀电流密度没有随垢量的增加而降低。对于 10mg/L PEI，样品表面未检测到存在 $FeCO_3$，如图 3-6 显示。

(3)溶液中加入不同浓度的防垢剂 ATMPA。在 1mg/L 时，ATMPA 似乎降低了 $FeCO_3$ 成核的临界过饱和度，但并不抑制晶核生成，可能是限制了传质扩散速率；10mg/L 或 100mg/L 时，ATMPA 吸附在 $FeCO_3$ 核上，阻止 $FeCO_3$ 保护垢的形成，同时使溶液稍微呈酸性，短期内会提高腐蚀速率。

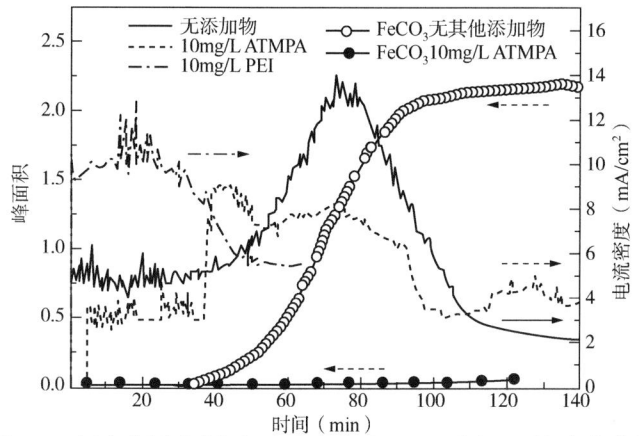

图 3-6　恒电位测试中阳极电流密度及 $FeCO_3$ 强度—时间变化曲线

## 第二节　动态结垢测试方法

油田生产的结垢往往是复杂温度、压力环境下的多因素共同影响的复杂动态过程。这些因素包括流体的物化特性、过饱和度、温度和压力，以及流体的温度梯度/压力梯度、流速和流态、管壁状态和垢晶状态、组成等。对油田注采过程地层岩心、管路系统的动态结垢测试和认识，可以起到从源头上评价结垢对储层渗透率的影响，指导化学防垢剂研究和优选防垢工艺等作用。

### 一、结垢的动态过程和测试要求

无机垢的形成过程可以分为诱导期、成核期及生长期 3 个阶段。

#### （一）关于结垢诱导期

油气产出的不配伍流体在接触、混合过程，溶液中迅速出现不溶微晶粒类的浑浊，地层岩心或清洁的设备管道表面会形成沉积。而多数情况下，井下和地面集输系统与溶液接触一段时间后，固液界面才观察到明显的沉积垢，这段时间通常称作诱导期。

对于结垢诱导期，杨善让等参照传统说法，将其定义为"从溶液达到过饱和的时刻起，到可检测到沉积物的这段时间"。Won Tae Kim 等曾对 $CaCO_3$ 结晶过程的实时显微镜成像研究，将诱导期理解为溶液中有大量微晶核的突然产生。图 3-7 显示了是工业换热器表面的污垢形成过程。虽然随时间变化的污垢热阻有线性速率增长、降速速率增长、幂律型增长和锯齿型增长多种形式，但都有结垢诱导期。

垢的诱导期更进一步的细化分解，又包含生成晶胚、微观成核及晶核的生长等过程。而成核是个随机过程，很难确定诱导期相关参数间的确切关系。

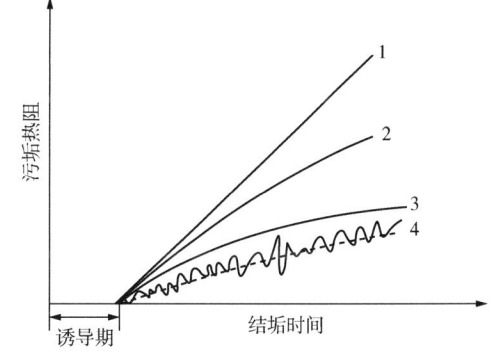

图 3-7　工业换热器的污垢热阻随时间变化形式
1—线性速率增长；2—降速速率增长；
3—幂律型增长；4—锯齿型增长

在油田现场和室内实验的结垢评价过程中,要考虑诱导期/成核期存在着两种微观成核:一种是溶液内部的均相成核,另一种是在管壁或容器壁上发生的异相成核。由于溶液内部均相成核的速率较慢,垢晶体的浓度较小,肉眼很难观察到存在。而管壁上形成的微晶经流体冲刷等作用剥离后,为溶液提供了更多的结晶核心,溶液中的结晶更多地转变为异相成核,成核速率加快,晶粒浓度逐步增大。此时管壁的宏观垢沉积就成为主要问题。

### (二)溶液和管路系统的结垢动态

对于溶液本身,通过检测宏观指标变化(如 $Ca^{2+}$、$Ba^{2+}$ 等的离子选择性电极、溶液浊度和电导率等),也可以反映出溶液不稳定混合阶段的持续时间,以及在对应期间内,溶液系统中垢晶生长—表面沉积的信息[19-22]。

在油田防垢剂的性能评估中,主要考虑其对溶液本体内的垢晶成核和生长两方面的抑制作用。国内石油行业中常用的静态瓶试法也主要考察这两方面,反映出在结垢不稳定阶段微垢晶体形成和聚集的情况。具体实验做法参见标准 SY/T 5673—2020《油田用防垢剂通用技术条件》和 Q/SY 17126—2019《油田水处理用缓蚀阻垢剂技术规范》。而现场生产中,管壁表面的垢沉积带来的实际影响,往往比溶液本体中的宏观沉淀严重得多。此时研究的重点就在于垢沉积过程方面,比如油田流动系统内,管壁表面的异相成核与附着沉积趋势的关系。

20 世纪 80 年代起,国外开始逐步应用毛细管路动态评价装置,主要考虑与静态瓶试法相比,其对应的特点是:(1)毛细管路动态评价时间相对短(管路内有效停留时间一般为若干秒至1min),实验速率较快,而瓶试法一般需要 2~24h;(2)其结构设计可保持测试过程的高温、高压,易于再现不配伍水质的混合过程,避免流体介质中的 $CO_2$ 等溶解性气体逸散损失;(3)可考察防垢剂的分散性或抗聚结性能;(4)可考察不同防垢剂在抑制成核或抑制垢晶生长效应方面的差异;(5)可考察防垢剂作用下垢沉积附着对毛细管壁的影响。有研究发现,个别防垢剂在对溶液本体垢晶均相成核有抑制作用的同时,反而会存在增加金属壁面垢黏附和垢生长速率的副作用。此时,采用抑制管壁表面垢晶附着的针对性措施,而非采取的加药防垢措施,也可以降低药剂加注和配套措施的难度及成本。

## 二、结垢对地层孔隙堵塞的研究

注入水对岩心结垢和伤害影响的评价,通常采用岩心伤害评价系统。其系统组成有溶液罐、高压恒流泵和中间容器、岩心夹持器和人工填砂管/天然岩心、加热系统、温度和压力传感器、数据记录系统等。系统组成和设备外观如图 3-8 和图 3-9 所示。

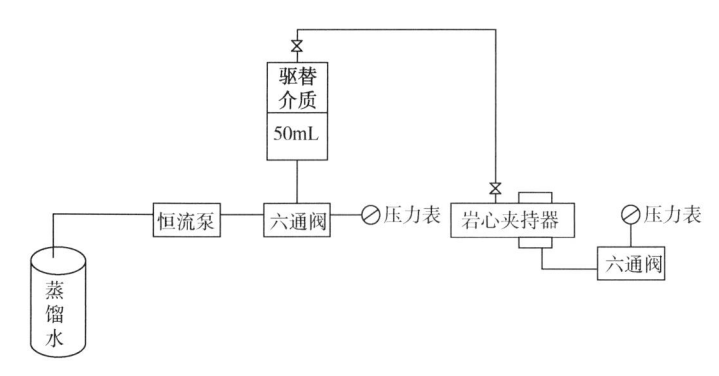

图 3-8 岩心驱替实验示意图　　图 3-9 BH-1 型岩心抽真空加压饱和装置

其中的天然岩心一般为直径2.5cm、长度约6cm规格的岩心柱。人工填砂管通常由特定粒径的玻璃微珠或石英砂等颗粒材料填充，形成固定孔隙率。然后，用液体填充干燥多孔介质的孔隙体积（PV），计算液体体积除以多孔砂芯总体积，得到确定的湿法孔隙度。

（一）实验水质分析

依据SY/T 5523《油田水分析方法》标准，对采出水、地层水进行离子测试，以及注入水与地层水的配伍性分析。对注入水的悬浮固体含量、含油量、粒径中值和腐蚀速率、细菌含量（SRB、TGB、FB）指标进行分析。

（二）注入水对岩心伤害的评价

（1）岩心准备和洗油。

依据SY/T 5336—2006《岩心分析方法》标准，将岩心放入索氏提取器后，交替注入乙醇、甲苯等温和溶剂，通过蒸馏抽提法，清洗除去烃类等极性组分。一般清洗28天。清净的岩心烘干8h至恒重，称重后保存于干燥皿中。

（2）测取岩心的空气渗透率、孔隙度。

（3）岩心抽真空加压饱和。

依据SY/T 5358—2010《储层敏感性流动实验评价方法》标准，将清洗、烘干的岩心样品装在岩心夹持器中，通过岩心抽真空加压饱和装置，抽真空4h。将过滤处理过的地层水或注入水加压20MPa，饱和到岩心中，饱和48h。将饱和好的岩心浸泡在地层水中待用。

（4）模拟油藏条件的温度，进行注入水对岩心渗透率的伤害评价。

① 注入地层水测定岩心基准渗透率$K_0$。

② 对岩心恒压驱替10~30PV的注入水直至渗透率恒定，测量稳定状态下的岩心有效渗透率$K$。

③ 绘制$K/K_0$—PV关系曲线，对比基准液、注入水对岩心渗透率的伤害程度。

④ 数据处理。利用注水前后的有效渗透率$K_0$、$K$，计算其对岩心有效渗透率的伤害率，计算方法如下：

$$\eta_\mathrm{d} = \frac{K_0 - K}{K_0} \times 100\% \tag{3-4}$$

式中，$\eta_\mathrm{d}$为渗透率伤害率；$K_0$为地层水驱替岩心时测定的岩心液相渗透率，mD；$K$为注入水驱替岩心时测定的岩心液相渗透率，mD。

（5）分析注入水驻留时间对岩心伤害率的影响。

注入水样在岩心中的驻留时间分别为0、12h、24h、48h、72h、120h，分析注入水驻留时间对岩心的伤害情况。随着不同类型注入水样驻留时间的延长，水样结垢及黏土矿物膨胀、颗粒运移等原因造成一定的岩心堵塞，岩心伤害率略有增大（图3-10）。但在48h后水样与岩心形成了动态平衡，岩心伤害率不再增加。

同时，对注采出水的岩心进行伤害前后切片、能谱元素分析，评估岩心中次生的垢、黏土膨胀和运移等对地层伤害的程度。

（三）防垢剂挤注工艺中的岩心驱替试验

在地层挤注防垢剂工艺中，需要研究防垢剂在岩心矿物表面的吸附和解吸附特征，以及

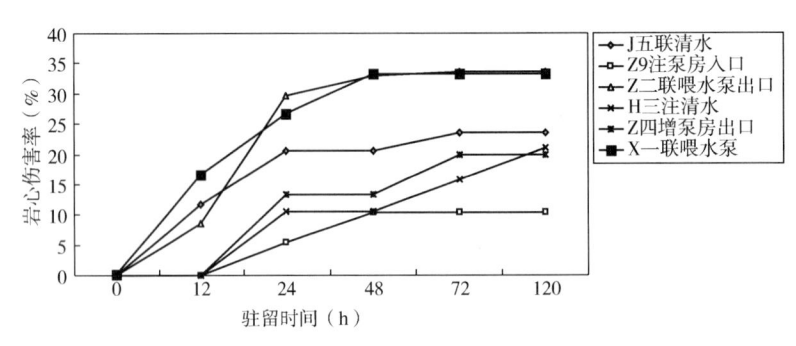

图 3-10　不同离子含量的注入水驻留时间对岩心伤害率的影响

对地层的伤害程度。以下是国外的岩心驱替实验的方法流程：

（1）初始的盐水饱和度。在试验温度下，以 120mL/h 的流速将模拟地层盐水驱替入岩心样品中 2h。分别以 0、30mL/h、60mL/h、90mL/h 和 120mL/h 的流速用盐水浸泡岩心，在正向和反向测量盐水的渗透性。利用达西方程，以岩心压差与流速的曲线斜率来计算渗透率。

（2）液体孔隙体积测量。将掺入 200mg/L 锂示踪剂的模拟地层盐水以 60mL/h 的流速注入岩心，确定在测试温度下岩心样品的清洁孔隙体积。将加示踪剂盐水注入岩心中，并将得到的流出物以每 2mL 等分取样。绘制锂浓度与驱替盐水体积的曲线，以锂浓度达到标准值 1/2 时的注入盐水体积，再减去系统的已知死体积后，确定有效孔隙体积。

（3）油饱和度至残余盐水饱和度。将过滤并脱气的原油注入岩心样品中，并在试验温度下以 120mL/h 流速饱和岩心 2h。分别以 0、30mL/h、60mL/h、90mL/h 和 120mL/h 的流速用油浸泡岩心，来测量正向和反向的油渗透性。利用达西方程计算渗透率。

（4）盐水饱和至残余油饱和度。将模拟的地层盐水以 120mL/h 的流速注入岩心样品中 2h。分别以 0、30mL/h、60mL/h、90mL/h 和 120mL/h 的流速浸泡岩心，在正向和反向测量盐水对残余油的渗透性。利用达西方程，再次计算渗透率。

（5）防垢剂的应用。在锂示踪剂浓度为 200mg/L 的模拟地层盐水中，加入防垢剂，以 60mL/h 流速驱替 10PV 的防垢剂溶液。将温度升至测试温度后，关闭岩心 18h。

（6）后处理原油注入。将原油在储存温度下以 120mL/h 的流速注入岩心 2h。分别以 0、30mL/h、60mL/h、90mL/h 和 120mL/h 的流速充满岩心，在正向和反向测量渗透性。使用达西方程，以岩心上的压差与流速曲线的斜率来计算渗透率。

（7）回流相。模拟盐水以 30mL/h 反向注入，一直持续到防垢剂浓度降至预定的 MIC 值以下。通过电感耦合等离子体发射光谱（ICP-AES）和高效液相色谱（HPLC）分析洗脱的样品。

（8）清理。将测试温度降至 25℃，通过甲醇和甲苯清洁岩心。

**（四）注水引起的孔喉内结垢对地层的伤害**

垢沉淀物降低渗透率的作用机理，是指孔隙内的垢沉积、孔喉的单个微粒和跨孔喉的多个微粒堵塞造成的储层渗透率降低。影响垢沉淀特性的参数，如过饱和度、杂质、温度变化和不配伍水的混合速率，以及垢晶数量和形态等，都不同程度地影响地层伤害程度。

Thronton、Lorenz 及 Crow 在研究 NaOH 和 Fe(OH)$_3$ 胶体颗粒对石英砂孔隙的堵塞时，提

出存在两种堵塞机理：(1)在岩心端面，固体相絮凝/混凝形成滤饼；(2)胶体附着在岩心内部的孔隙表面。

有研究人员测试了北海、中东和 El-Margon 等油田注海水后，因硫酸盐结垢的储层微观影响，发现次生的 $BaSO_4/SrSO_4$ 垢晶尺寸为 15~20μm，通过排列、架桥作用阻塞了砂芯的孔喉。沿着孔喉的表面生长和聚集的垢晶，微观外形像翻开的书卷或玫瑰花结，而在孔喉表面的大量垢晶，也导致岩心渗透率降低。而且 $BaSO_4/SrSO_4$ 过饱和度加倍后，在孔喉内成垢量增加的同时，垢晶形貌也发生变化。

在玻璃砂芯的驱替实验中，也发现次生的 $CaCO_3$ 垢晶的尺寸为 2~10μm，能架桥堵塞直径为 33μm 的孔喉，砂芯的渗透率降低了 95.5%。

Carageorgos 等研究了孔喉内 $BaSO_4$ 垢沉积与地层伤害的数学关系，提出了测定压力的模型系数方法。主要考虑岩心驱替实验过程中，岩心内横向剖面的盐垢沉积量逐步下降，此时流出液的浓度和压差/流速（$\Delta p/u$）变化之间存在等效关系，如图3-11所示。

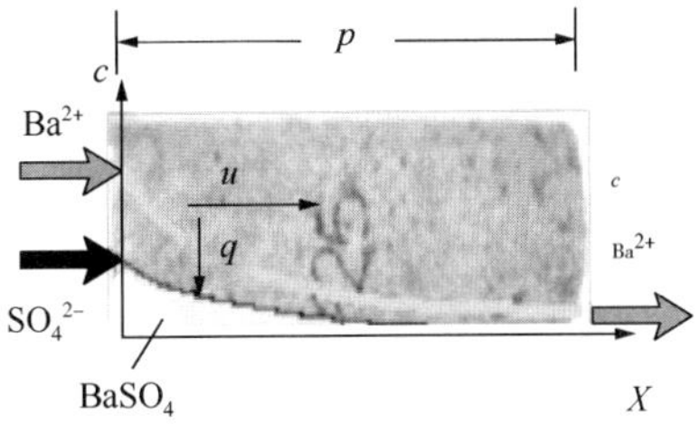

在 Araque Martinez 等及 Delshad 等对多孔介质中反应流动的一维数学模型基础上，对硫酸盐结垢和相应地层伤害的数学模型主要进行如下假设：

（1）成垢离子的成垢反应不可逆，并服从二阶化学反应动力学的活性质量定律。

图 3-11 混合注入海水和地层水的准静态测试岩心和原理图
$c$—浓度；$p$—压力；$u$—流速

（2）硫酸盐是瞬间沉积，忽略了垢晶生长和沉积的动力学过程，并且没有内部运移。

（3）反应速率常数与沉积浓度无关。

（4）系统处于恒温，溶液体积保持不变，且忽略不计分散效应。

注入水和地层水混合后的化学反应流动控制方程，由 $Ba^{2+}$、$SO_4^{2-}$ 和沉积盐的质量平衡方程组成，还包括由于盐沉积导致的渗透伤害的改进达西定律：

$$\phi \frac{\partial c_{Ba}}{\partial t} + u \frac{\partial c_{Ba}}{\partial x} = -\lambda u c_{Ba} c_{SO_4} \tag{3-5}$$

$$\phi \frac{\partial c_{SO_4}}{\partial t} + u \frac{\partial c_{SO_4}}{\partial x} = -\lambda u c_{Ba} c_{SO_4} \tag{3-6}$$

$$\phi \frac{\rho_{BaSO_4}}{M_{BaSO_4}} \frac{\partial \sigma}{\partial t} = \lambda u c_{Ba} c_{SO_4} \tag{3-7}$$

$$u = -\frac{K_o}{\mu(1+\beta\sigma)} \frac{\partial p}{\partial x} \tag{3-8}$$

式(3-5)和式(3-6)的右边含有离子浓度的乘积，其中包含流速 $u$，因为 $BaSO_4$ 反应的反应速率常数与速度成正比。

岩石渗透率随着沉积浓度的增加而减小，渗透率与沉积浓度的关系为：

$$K(\sigma) = \frac{K_o}{1 + \beta\sigma} \tag{3-9}$$

式中，$\beta$ 为地层伤害系数；$\sigma$ 是沉积浓度；$\mu$ 是黏度；$\lambda$ 是动力学系数，$mm^{-1}$。

假定动力学系数与沉积物和压力无关。因此，式(3-5)和式(3-6)与式(3-7)和式(3-8)分开。式(3-5)和式(3-6)的解确定未知的离子浓度，提供给式(3-8)以确定沉积浓度。最后，由式(3-9)确定渗透率变化。

### 三、毛细管路动态结垢评价技术

国外在室内的动态结垢和防垢剂评价中，毛细管路动态评价技术应用最为广泛。NACE等很多文献对该技术的装置和效果有相关对比分析。

毛细管路动态结垢评价装置(图3-12)主要用于评价防垢剂在控制垢形成和沉积方面的效率，又被称为管阻塞设备。装置的组成包括：盛放不同盐水溶液的罐、注入泵(通常2台，阴离子、阳离子溶液各配套1台)、不锈钢或聚合物材质的毛细管、热源和压差检测器、背压调节阀、自控系统、配套测试设备、数据采集和记录设备等。

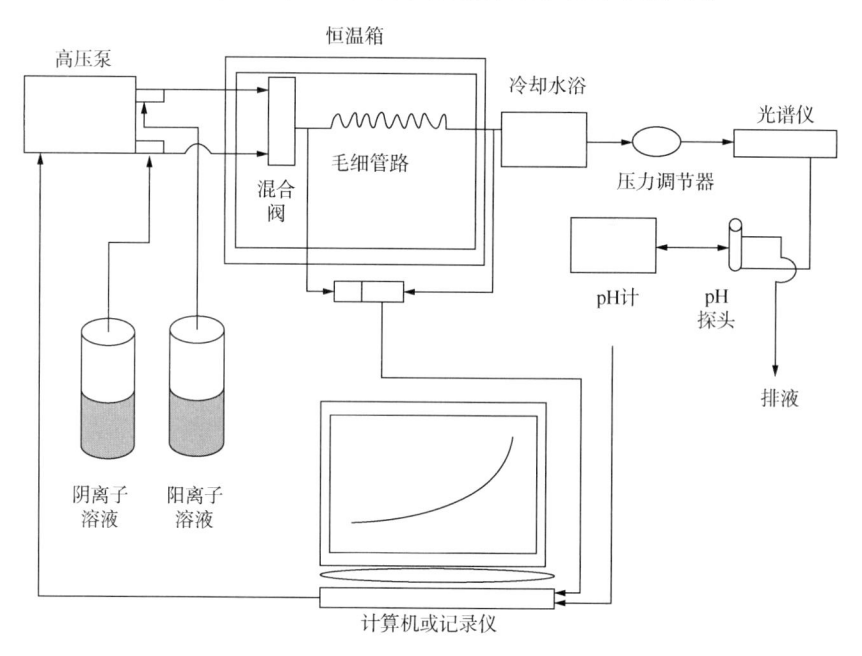

图3-12 毛细管路动态结垢评价装置示意图

自控系统的作用是当毛细管路的压差超过堵塞的预设水平时，系统会自动关闭注入泵。配套测试设备则可根据实验需要，采用高效液相色谱、ICP、离线或在线pH计、分光光度计和过滤器。图3-13所示为Champion公司的毛细管路动态结垢评价装置[2]和长庆油田公司油气工艺研究院的毛细管路动态结垢评价装置。

该装置的核心是毛细管，多数情况下的毛细管路由316不锈钢制成，一般长度为0.05~15m不等，通常约1m。也有采用聚四氟乙烯(PTFE)或聚醚醚酮(PEEK)材质，以减少管壁对实验用化学剂和离子的吸附。毛细管内径范围为0.05~1.7mm，最常见的为1.0mm和

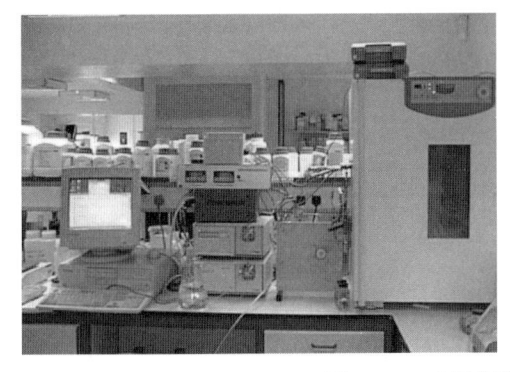

图 3-13 毛细管路动态结垢评价装置

1.1mm。装置中配置有两条单独毛细管路,以分别将含有阴离子(含 $CO_3^{2-}$ 和 $SO_4^{2-}$ 等)和阳离子(含 $Ca^{2+}$、$Ba^{2+}$ 或 $Sr^{2+}$ 等)的溶液输送到混合点,加热盐水到预定温度。在混合点之后,监测毛细管路内的压差($\Delta p$)反映结垢缩径的影响。

(一)毛细管路系统的操作流程

(1)配制实验介质。

实验溶液通常为人工配制的模拟盐水,分别含有结垢阴离子、阳离子溶液[如 $Na_2SO_4$、$Ca(NO_3)_2$ 和 $Na_2CO_3$],以独立容器分别盛放,并尽可能做到随配随用。评价现场条件的结垢潜力时,也可直接使用现场产出液。

评价防垢剂效果时,可将防垢剂加入阴离子溶液中,或使用单独的泵注入混合盐水中。溶液中的防垢剂浓度、注入速度应与实际工况值相当。

在 $CaCO_3$ 结垢实验中需要气密封,以获得可重复的结果。另外,在某些研究中,为了缩短成垢所需时间,可增加过饱和度,把模拟盐水中的结垢离子($Ca^{2+}$、$Ba^{2+}$ 和 $HCO_3^-$)从分析值提高到更高浓度,或是增加盐水的 pH 值,以增加碳酸盐和特定硫化物等弱酸盐的结垢趋势。

(2)两台注入泵将两种不相容的溶液,通过单独管路注入混合点。

(3)加热和增压。根据实际工况,将阴离子、阳离子溶液在混合之前,通过恒温油/水浴或烘箱,加热至指定温度。温度范围一般为-18~150℃。某些情况下,为模拟井筒环境或保持溶解气体的浓度,需要增压。

(4)垢在混合位置或在下游的毛细管路中的某些点处沉积。压力增加表明管壁上沉淀物黏附,开始结垢,并使毛细管缩径。当出现特定的 $\Delta p$ 增加、泵送达到预定量的盐水或达到预定时间周期等 3 种情况时,通常就可终止实验。

(5)在单次测试之后、进行下一个测试前,要清洁、冲洗毛细管路内的沉淀物和残留化学物质。

(二)系统操作中的几个注意事项

1. 毛细管路的清洗

常用的清洗溶剂是 EDTA 钠盐、稀硝酸和水。含 $CaCO_3$ 垢时,4%硝酸和10%甲酸效果较好,不会损坏 304/316 不锈钢管路。对于硫酸盐沉积物,主要用 EDTA 钠盐水溶液。对于新毛细管路，在进行测试前，应采用5%硝酸进行管壁内表面预处理，并用清水冲洗清洁。对于$BaSO_4$垢，也可在每次测试结束时，采用指定溶液（NaOH + EDTA，pH = 10）清洁管路0.5h，然后用蒸馏水清洗2h。

**2. 防垢剂效果的评价对比**

先用空白盐水建立诱导结垢的基线，然后将防垢剂注入混合液中，或将其加入含阴离子的盐水，或同时加入两类离子盐水。当特定浓度下，系统压力没有增加时，就可实现有效防垢，此时的最低浓度值就是临界防垢浓度（MIC）。

该系统主要评估在非常短的停留时间内的成核与防垢机理，适应于评价络合、增溶或吸附型等防垢剂的有效性。而无法在毛细管壁吸附的非黏附性沉淀物，或防沉淀、分散类型的防垢剂，不会导致系统$\Delta p$增加，就不适于用此方法。

**3. 流量的影响**

层流或紊流等不同流型常采用雷诺数（$Re$）来表征。低雷诺数对应层流，高雷诺数对应紊流（图3-14）。毛细管路系统中，流体流量一般为0.2~25mL/min，此时均为层流态，雷诺数为20~757。通常采用的总流量是10mL/min（阴离子和阳离子混合溶液），或两类盐水溶液各5mL/min。有研究者使用0.76mm内径的毛细管路，总流速为10mL/min，40℃时的雷诺数为406，80℃时为757。

流量既影响防垢剂的有效浓度，也影响防垢效果的临界浓度：有研究认为流量为16.5mL/min时的防垢剂有效浓度是低流量（0.2mL/min）时的5倍；某种防垢剂的临界防垢浓度为30mg/L，当对应雷诺数从360上升到1800，防垢效果的保持时间从180min缩减到17min。为了保证最佳防垢效果，该防垢剂的临界防垢浓度必须提高到90mg/L。

Benvie等研究认为油田现场特殊紊流态区域，如井下的电动潜油泵入口、安全阀和井口针阀等处，雷诺数较高（大于4100），甚至是层流态的3~5倍。此时可在毛细管路中增加一个小口径调节阀，实现对紊流状态的模拟[26-32]（图3-15）。

图3-14 管路流态与雷诺数对应图

**4. 测试数据的重现性**

有文献报道，毛细管路法的重复实验误差范围为8%±2%，另一个报告的相对标准偏差约为14%，并且表明这一方法测试的数据重现性较好，足以区分防垢剂性能。如果能考虑阴离子、阳离子溶液的离子平衡，实验结果的重现性还会得到提升。为了提高数据的重现性，有研究者在每次实验前，都将毛细管路预结垢到设定的压差。

**5. 相同浓度时不同防垢剂的失效时间比较**

测试中通常使用失效时间来对防垢剂进行排序。压差—时间曲线通常用于判断每种防垢剂的失效时间。压差—时间曲线如图3-16所示。

图 3-15 安装调节阀的毛细管路

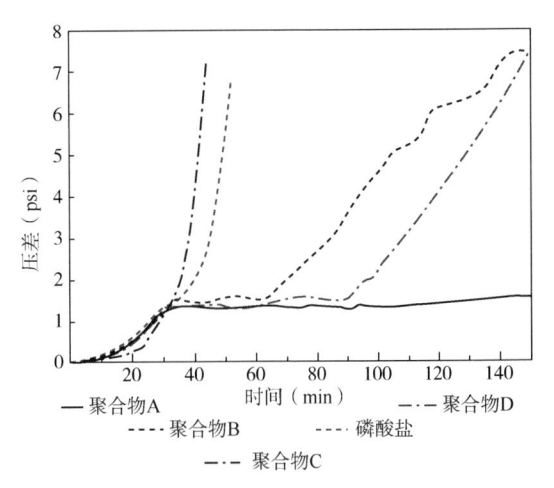

图 3-16 毛细管路动态实验中不同防垢剂的压差—时间曲线

对聚羧酸、膦酸盐、有机膦酸酯、聚丙烯酸、丙烯酸/乙烯基膦酸共聚物等防垢剂进行测试,可以得到不同防垢剂的效果排序。例如,对于 Forties 地层的 90∶10 和 50∶50 的水∶海水,20mg/L 防垢剂浓度和 90℃下,防垢率从高到低排列为:有机膦酸酯、膦酸盐、聚羧酸。不同的测试方法、条件都会对性能排序有影响。

6. 测试达标的判定

结垢堵塞或防垢剂性能评判的标准多是压差($\Delta p$)增加或 $\Delta p$ 增加率的变化。表 3-2 总结了典型标准。

表 3-2 样品达标的判定标准

| 标准 | 定　义 |
| --- | --- |
| $\Delta p$ 增加 | (1) 当达到特定的 $\Delta p$ 时终止测试;<br>(2) 将特定的 $\Delta p$ 响应延迟到空白测试中记录的时间的 2 倍;<br>(3) 在 2h 内 $\Delta p$ 的变化小于 6.9kPa;<br>(4) 根据经验设定 3h 内的 $\Delta p$ 增加小于 6.9kPa |
| $\Delta p$ 增加率 | 相对效率=($\Delta p$ 达到 690kPa 的时间,min / 360min)×100% |
| 预结垢的时间延迟 | (1) 将 $CaCO_3$ 预结垢时间(最多 40min),作为特定防垢剂浓度性能测试的起点。具体预沉淀时间由 pH 降低点确定。<br>(2) 从初始流动 $\Delta p$ 开始变化到增至 690kPa 的时间 |

7. 室内与现场测试结果的比较

虽然有少部分研究者认为实验室动态测试方法存在一定不足,如很难完全模拟复杂的动力学、热力学和动力学场条件,或者现场防垢剂加注会造成井底压力波动、室内配液的介质条件变化,会影响结垢过程;$Ba^{2+}$ 和 $SO_4^{2-}$ 含量很高的特定条件下,室内防垢剂实验很难得到良好效果。但多数研究者的主流认识是毛细管路动态测试方法可有效区分不同防垢剂,总体来看与现场实际效果一致。

8. 机理研究认识

1）动态、静态试验的对比

Graham 等、Fan 等和 Zhang 等的研究认为，毛细管路动态法试验与静态试验相比也有一定的不足：（1）混合盐水在毛细管测试段的停留时间非常短（一般小于10s），可能对开始有微垢晶出现的初始诱导期认识不足。而在一些轻微过饱和的油水井井筒环境下，诱导期往往要数分钟到数小时。（2）动态试验中，主要观测大量垢沉积后的压差变化，无法测定垢晶开始形成的起始时间。（3）对于 $BaSO_4$ 等难溶垢，当溶液体系轻微过饱和时，析出的微垢晶量比较少，可能不会造成毛细管路压差变化。此时毛细管路的测试结果可能失真。（4）毛细管路内壁的黏附性垢，只是沉淀物的一部分。而静态测试的测试量则是包括管壁黏附垢和悬浮垢等的沉淀物总和[24,26,33]。

有研究者针对动态、静态测试因时间跨度不同可能造成的结果差异，进行了系列防垢剂评价试验，见表3-3和表3-4。短时间（2h）内，两种测试方法的符合性较好，此时体现的是防垢剂抑制成核的效率；而长时间（2~22h）的静态测试，则体现了对抑制成核和垢晶生长的综合效率。通过毛细管路预结垢的方法，可以提高防垢剂抑制垢晶生长的评价可靠性。

表3-3　实验盐水介质组成　　　　　　　　　　　单位：mg/L

| 水样 | 总矿化度 | $Na^+$ | $K^+$ | $Ca^{2+}$ | $Mg^{2+}$ | $Ba^{2+}$ | $Sr^{2+}$ | $SO_4^{2-}$ | $HCO_3^-$ |
|---|---|---|---|---|---|---|---|---|---|
| SW（海水） | 10890 | 428 | — | 1368 | 460 | — | 2960 | 300 | — |
| 地层水 A | — | 31275 | 654 | 5038 | 739 | 269 | — | — | 300 |
| 地层水 B | — | 26000 | 288 | 3260 | 733 | 220 | 540 | — | 300 |

表3-4　静态与动态防垢剂评估的比较

| 防垢剂通用类型 | 结垢盐水组成 | 静态防垢效率(%) 2h 2mg/L | 静态防垢效率(%) 2h 4mg/L | 静态防垢效率(%) 2h 8mg/L | 静态防垢效率(%) 22h 2mg/L | 静态防垢效率(%) 22h 4mg/L | 静态防垢效率(%) 22h 8mg/L | 动态测试MIC（mg/L） | 短期2h内静态MIC（mg/L） | 估计22h内静态MIC（mg/L） |
|---|---|---|---|---|---|---|---|---|---|---|
| 六膦酸盐 | 地层水 A：SW =40：60 | 53 | 89 | 88 | 80 | 86 | 88 | 0.7 | 3.0 | 3.0 |
| 六膦酸盐 | 地层水 B：SW =50：50 | — | 90 | 92 | — | 81 | 93 | 2.2 | 2.5 | 2.5 |
| 五膦酸盐 | 地层水 A：SW =40：60 | 11 | 43 | 76 | 8 | 36 | 57 | 6.4 | 8.0 | 9.5 |
| 五膦酸盐 | 地层水 B：SW =50：50 | — | 331 | 87 | — | 22 | 71 | 5.4 | 7.5 | 8.0 |
| 磺酸盐聚合物 | 地层水 A：SW =40：60 | 22 | 40 | 83 | 5 | 10 | 21 | 1.0 | 7.5 | >25 |
| 某三元共聚物 | 地层水 A：SW =40：60 | 16 | 35 | 67 | 11 | 30 | 34 | 2.6 | 8.5 | >20 |
| 聚马来酸聚合物 | 地层水 B：SW =50：50 | — | 40 | 66 | — | 37 | 66 | 3.6 | 9.0 | 9.0 |

当室内技术条件具备时，可以同时采用动态、静态两种方法评估防垢剂效果，相互补充，取得完整的认识。动态、静态方法的各参数对比见表3-5，最为直观的差别是毛细管路动态评价全过程的离子含量和防垢剂浓度不变，而静态测试中，离子含量、防垢剂浓度都会随时间延长而降低。

表3-5 防垢剂筛选试验的比较

| 变化项 | 静态测试（有微晶的垢生长） | 毛细管路动态测试 |
| --- | --- | --- |
| 指标可测量 | 总可溶性 $Ba^{2+}$ | 仅黏附固体 |
| 结垢机理 | $BaSO_4$ 垢晶沉积 | 毛细管内表面沉淀 |
| $Ba^{2+}$、$SO_4^{2-}$、防垢剂 | 测试期间减少 | 不变，持续补充 |
| $Ba^{2+}$、$SO_4^{2-}$、离子强度 | 初期较低 | 初期较高 |
| $Ba^{2+}/SO_4^{2-}$ 值 | 测试期间减少 | 不变 |
| 测试持续时间 | 60min | 可变，最长100min |
| 垢晶生长的表面积 | 相对较大 | 小 |

2）毛细管路中结垢的位置

毛细管路中形成垢的位置一般在入口处，有时会在距前端的200~800mm。有研究者对比同一条件下，预结垢及未预结垢处理的防垢剂加注效果。预结垢的毛细管路生成更多的垢，分布也有所不同。预结垢毛细管路中的垢量从入口延伸最多300~400mm，很少出现在毛细管后端。

3）防垢剂的其他动态评估方法

有文献介绍了将冰岛晶石的单晶体加工成预定形状，并将其安装在丙烯酸树脂的材质中来制成旋转圆盘，然后将该盘用于评估在各种过饱和度和温度下的微晶生长机制[34]。

还有研究人员对比评价了毛细管路动态实验与加速电化学石英晶体微量天平（EQCM）系统的结果，认为两种方法测试确定的MIC值一致性较强。

## 第三节 现场结垢监测方法

### 一、实物管或样品

在量化油田严重结垢管线等设备的结垢速率时，现场的经验做法是以垢堵塞设备或管道的时间为基准，通过肉眼观察和直尺、质量等定量测量。人们习惯用结垢厚度或结垢质量除以时间，计算出平均结垢速率，表示为mm/a、kg/a。图3-17为油井电动潜油泵内结垢图片。

现场生产中，圆管类设备的内壁结垢厚度定量往往不精确。从管内壁到管中心呈放射状收缩，结垢的实际速率应是越来越快。平均结垢速率值往往比实际结垢速率要大。而且同等结垢强度下，与直

图3-17 油井电动潜油泵内结垢

径大的管柱相比，直径小的管柱计算所得结垢速率值更高，偏差也更大。

## 二、井下结垢的工程监测

油气流体从射孔段到井筒内、进入筛管或泵，对应的温度/压力急剧变化，或井下安全阀、气举阀等管串附件的变径处形成紊流，都可能加速垢沉积[35]。而产出水的特征离子、防垢剂浓度和悬浮物含量等分析，很难有效推算井筒内壁结垢的实际分布情况。受井底压力的计算不准确及油管内径大等影响，从油气井生产动态也很难发现井筒结垢，此时只能由通井工具、多臂井径测井或井下泵、阀的结垢失效等来掌握井筒结垢部位。图3-18为长庆油田某气井的MIT+MTT油管内结垢腐蚀检测曲线。

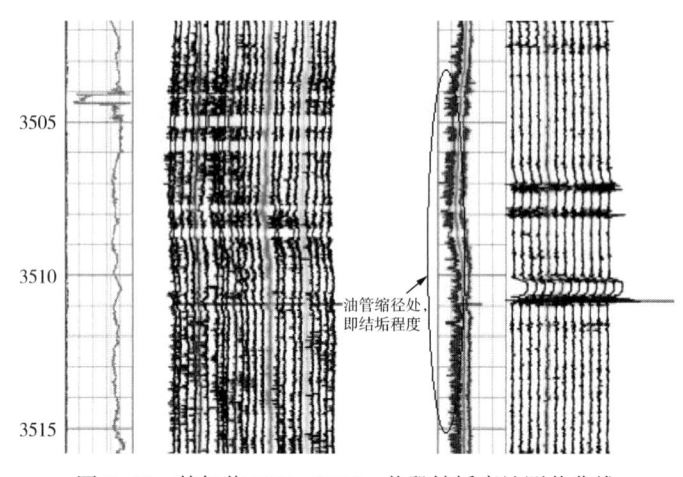

图3-18 某气井3501~3516m井段结垢腐蚀测井曲线

还可以通过自然伽马强度测井，来判断监测井筒内表面的$BaSO_4$/$SrSO_4$垢沉积情况。Anderson等在挪威Heidrun油田研究中，发现油井内由$BaSO_4$和$SrSO_4$以比例3∶1组成的混合垢，其中含有微量的天然放射性物质$RaSO_4$，可以利用组合测井系统中自然伽马仪成像测量其强度。如假定Ra/Ba值恒定，自然伽马成像的强度值就可与沉积垢量建立关系。通过同一口井内的多次时间推移测井，就可对比自然伽马检测器强度读数与相应结垢量的变化[36-37]。

## 三、地面结垢的多孔挂片监测

为了监测流动系统内的结垢量和结垢速率，也有采用多孔挂片的方法。即将试验材质加工成长方形试片，按照孔径从小到大的形式，制作两列分布方向相反的孔。定期取出多孔挂片，根据其表面和孔内垢量来对比结垢情况。挂片材质可以根据环境、试验目的，选择普通碳钢或耐蚀合金。多孔挂片可根据油田地面集输流程，放置在对连续生产影响最小的部位，如收发球筒的提篮内。

姬塬油田地面集输流程中，大量采用一体化增压橇后流程短，且流程改造或防垢检测设备安装难度大。针对此问题，在收球筒提篮中推广挂放结垢挂片，成本很低，又可以直观量化加/不加防垢剂及同种防垢剂不同加注制度的效果评价（图3-19）。

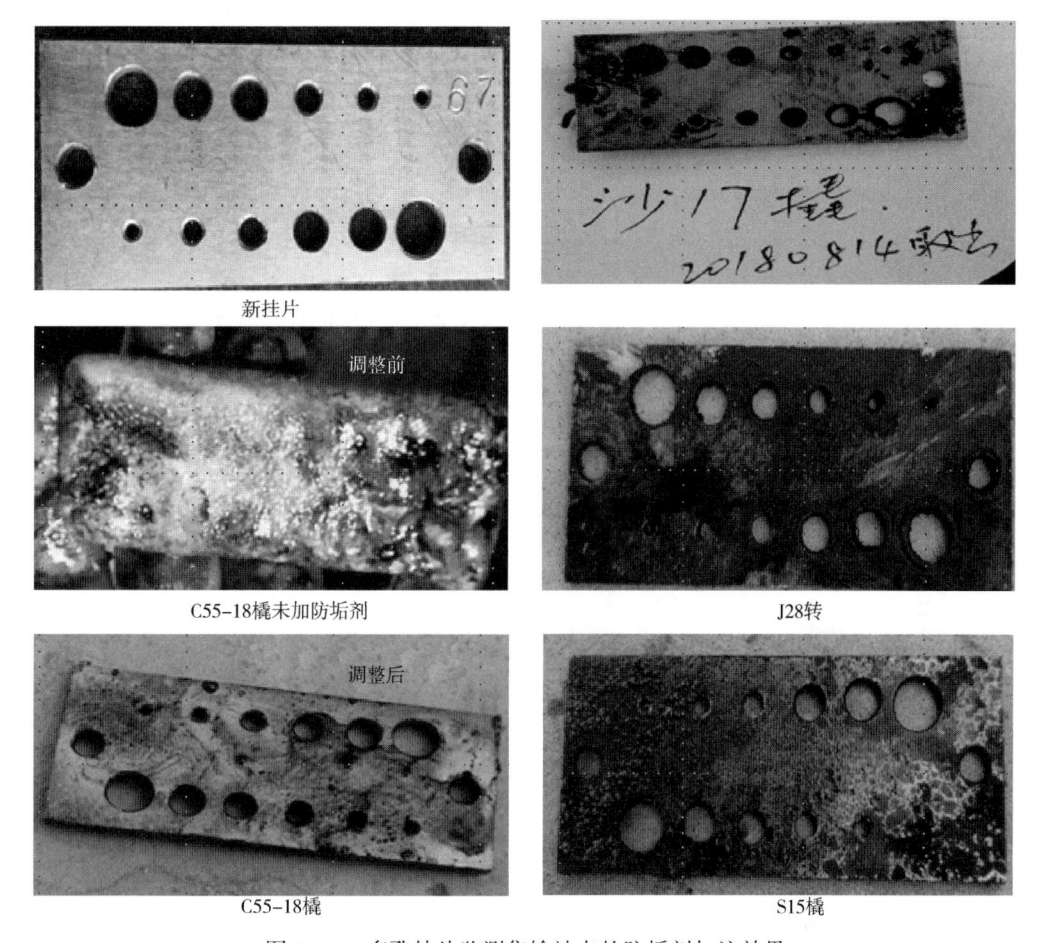

新挂片  
调整前  
C55-18橇未加防垢剂　　　　　　　J28转  
调整后  
C55-18橇　　　　　　　S15橇  

图 3-19　多孔挂片监测集输站点的防垢剂加注效果

## 四、在线仪器监测技术

现场环境下结垢情况的在线监测方法主要是微传感器表面的质量变化。70℃以内的室内结垢监测研究中，可以采用石英晶体微天平（QCM）技术。该技术利用石英晶体的压电效应，通过施加高频电流，将石英晶体传感器表面微质量变化转化为石英晶体振荡电路输出电信号的响应频率变化。QCM 测试灵敏度达到 $ng/cm^2$ 的水平，可以实时测量 $CaCO_3$ 等微粒在微天平传感器与溶液界面间的结垢初始阶段（成核）到生长阶段的变化，进而评估结垢潜力或防垢剂性能。耗散型 QCM 还可以监测能量耗散，进而判断传感器表面产物膜的特性，了解吸附成膜过程中的厚度、膜层质量变化等信息。

在现场监测结垢技术方面，Nalco 公司等发明了类似于 QCM 的厚度切变模式晶体振荡器（TSMR）技术。其原理是有其固定频率的特制石英谐振器，在压电晶片单侧的金属电极表面上，结垢沉积物会使晶体厚度发生剪切变形，从而改变晶片表面的谐振频率。而谐振频率变化与金属电极表面结垢量增加成正比关系，可以根据对应的电位差信号得到特定结垢量。这种技术的特点是快速、原位，防垢剂类型对测试的影响小[38-41]。

TSMR 测试系统由双通道、微处理器和计算机等组成，其中每个通道包含一个电解池、探头和振荡器、加热及搅拌配件。操作时,取待测液体样约 1L,过滤除油和固体杂质后,加热至现场环境温度。根据产出液成分特征,一个通道强化添加 $Ba^{2+}$、$Sr^{2+}$ 或 $SO_4^{2-}$ 溶液,作为参比的另一个通道不添加成垢离子溶液。根据输出频率和阻尼电压的变化,可以计算得到单位面积的垢沉积量,测试灵敏度可以达到 $\mu g/cm^2$。如产出液移入测试系统后,频率快速变化,则表明样品已过饱和结垢,或防垢剂的加注浓度还未达到临界防垢浓度(MIC)。如加入过量的阳离子溶液后,系统才出现快速频率变化,则表明采出液之前处于防垢剂的保护状态。

但该技术第一代产品(图 3-20)需先取采出液样品后,在常压或低压环境进行结垢测试和预测。同时,针对结 $CaCO_3$ 垢的环境,液体样品需要调节 pH 值或通入 $CO_2$。第二代技术(图 3-21)已用于现场环境下测试。

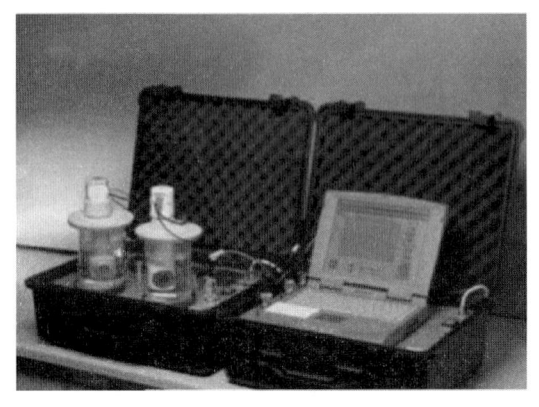

图 3-20　第一代 TSMR　　　　　　图 3-21　第二代现场监测的 TSMR

现场结垢监测还有采用放射性射线对地面管线进行非截断的管内结垢成像方法、根据输送压力变化的压差监测方法等。

## 参 考 文 献

[1] Yuan M D, Jamieson E, Hammonds P. Investigation of scaling and inhibition mechanisms and the influencing factors in static and dynamic inhibition test[C]. Corrosion 1998, 1998.

[2] Zhang F, Dai Z, Yan C, et al. Barite-scaling risk and inhibition at high temperature[C]. SPE International Oilfield Scale Conference and Exhibition, 2014.

[3] Mavredaki E, Neville A, Sorbie K. Assessment of barium sulphate formation and inhibition at surfaces with synchrotron X-ray diffraction (SXRD)[J]. Applied Surface Science, 2011, 257(9): 4264-4271.

[4] 华巍, 黄宇营, 何伟, 等. 同步辐射高分辨 X 射线荧光谱仪及其应用进展[J]. 核技术, 2004, 27(10): 740-743.

[5] 廉根宽, 田茂诚, 冷学礼. 恒热流条件下振动圆管外结垢特性实验[J]. 山东大学学报(工学版), 2012, 42(2): 97-101.

[6] 徐志明, 张仲彬, 孙灵芳, 等. 析晶与颗粒混合污垢的实验研究[J]. 工程热物理学报, 2005(5): 135-137.

[7] Zhang F, Hinrichsen C J, Kan A T, et al. Calcium sulfate scaling risk and inhibition for a steamflood project [J]. SPE Journal, 2016, 22(3): 881-891.

[8] Kim W T, Bai C, Cho Y I. A study of CaCO₃ fouling with a microscopic imaging technique[J]. International Journal of Heat & Mass Transfer, 2002, 45(3): 597-607.

[9] Li H, Dzombak D, Vidic R. Electrochemical impedance spectroscopy (EIS) based characterization of mineral deposition from precipitation reactions[J]. Industrial & Engineering Chemistry Research, 2012, 51(7): 2821-2829.

[10] Tolaieb B, Bingham R, Neville A, et al. Barium sulfate kinetics on steel surfaces at different supersaturation ratios[C]. Corrosion 2013, 2013.

[11] Baugh T D, Lee J, Winters K, et al. A fast and information-rich test method for scale inhibitor performance[C]. Offshore Technology Conference, 2012.

[12] Yan C, Kan A T, Zhang F, et al. Systematic study of barite nucleation and inhibition with various polymeric scale inhibitors by novel laser apparatus[J]. SPE Journal, 2014, 20(3): 642-651.

[13] Dheilly A, Linossier I, Darchen A, et al. Monitoring of microbial adhesion and biofilm growth using electrochemical impedancemetry[J]. Applied Microbiology & Biotechnology, 2008, 79(1): 157-164.

[14] Hatsuki R, Honda A, Kajitani M. Nonlinear electrical impedance spectroscopy of viruses using very high electric fields created by nanogap electrodes[J]. Frontiers in Microbiology, 2015, 6(940): 133-134.

[15] Narakathu B B, Atashbar M Z, Bejcek B J. Pico-mole level detection of toxic bio/chemical species using impedance based electrochemical biosensors[J]. Sensor Letters, 2011, 9(2): 872-875.

[16] David A, Malcolm N. The use of indices of flow variability in assessing the hydrological and instream habitat impacts of upland afforestation and drainage[J]. Journal of Hydrology, 2002, 268(1): 244-258.

[17] Morizot A P, Neville A. Using an electrochemical approach for monitoring kinetics of CaCO₃ and BaSO₄ scale formation and inhibition on metal surfaces[J]. SPE Journal, 2001, 6(2): 220-223.

[18] Monika K, Laycock N J, Bridget Ingham, et al. In-situ synchrotron X-Ray diffraction studies of CO₂ corrosion of carbon steel with scale inhibitors ATMPA and PEI at 80℃[C]. Corrosion 2012, 2012.

[19] Mackay E J, Jordan M M, Torabi F. Predicting brine mixing deep within the reservoir and its impact on scale control in marginal and deepwater developments[J]. SPE Production & Facilities, 2003, 18(3): 210-220.

[20] Mackay E J, Jordan M M. Impact of brine flow and mixing in the reservoir on scale control risk assessment and subsurface treatment options: Case histories[J]. Journal of Energy Resources Technology, 2005, 127(3): 201.

[21] Mojarad R S, Settari A. Multidimensional velocity-based model of formation permeability damage: validation, damage characterization. and field application[C]. SPE Annual Technical Conference and Exhibition, 2005.

[22] Graham G M, McMahon C P. The effect on scale inhibitor performance against Bulk (homogeneous) and surface (heterogeneous) scale nucleation and growthby the addition of film forming corrosion inhibitors[C]. Corrosion 2002, 2002.

[23] Montgomerie H, Chen P, Hagen T H, et al. Development of a new polymer inhibitor chemistry for downhole squeeze applications[C]. SPE International Oilfield Scale Conference, 2008.

[24] Graham G M, Collins I R, Stalker R, et al. The importance of appropriate laboratory procedures for the determination of scale inhibitor performance[C]. SPE International Symposium on Oilfield Scale, 2002.

[25] Carageorgos T, Marotti M, Bedrikovetsky P. A new laboratory method for evaluation of sulfate scaling parameters from pressure measurements[J]. SPE Reservoir Evaluation & Engineering, 2010, 13(3): 438-448.

[26] Fan C, Kan A T, Zhang P, et al. Scale prediction and inhibition for unconventional oil and gas production[C]. SPE International Conference on Oilfield Scale, 2010.

[27] Nabzar L, Chauveteau G, Roque C. A new model for formation damage by particle retention[C]. SPE Forma-

tion Damage Control Symposium, 1996.

[28] Nancollas G H, Liu S T. Crystal growth and dissolution of barium sulfate[J]. Society of Petroleum Engineers Journal, 1975, 15(6): 509-516.

[29] Nielsen A E, Takki-Luukkainen I T, Smith-Kielland I, et al. The kinetics of crystal growth in barium sulfate precipitation. II. Temperature dependence and mechanism[J]. Acta Chemica Scandinavica, 1959, 13: 784-802.

[30] Oddo J E, Tomson M B. Why scale forms and how to predict it[J]. SPE Production & Facilities, 1994, 9(1).

[31] Shutong P, Sharma M M. A model for predicting injectivity decline in water-injection wells[J]. SPE Formation Evaluation, 1997, 12(3): 194-201.

[32] Benvie R, Chen T, Heath S M, et al. New environmentally acceptable chemistry and evaluation methods for scale inhibitor testing under turbulent flow and harsh scaling conditions[C]. SPE International Conference on oilfield.

[33] Zhang F, Bhandari N, Kan A T, et al. Prediction of barite scaling risk and inhibition for oil and gas production at high temperature[C]. SPE International Oilfield Scale Conference and Exhibition, 2014.

[34] Smith J K, Yuan M, Means M, et al. Real-time and in-situ detection of calcium carbonate scale in a west Texas oil field[J]. SPE Production & Facilities, 2004, 19(2): 94-99.

[35] Ramstad K, Rohde H C, Tydal T, et al. Scale squeeze evaluation through improved sample preservation, inhibitor detection and minimum inhibitor concentration monitoring[J]. SPE Production & Operations, 2009, 24(4): 530-542.

[36] Gustavsen O T, Selle O M, Fadnes F H, et al. Inflow-control-device completion in a scaling environment: Findings and experiences obtained during production logging in the Heidrun field[C]. SPE Annual Technical Conference and Exhibition, 2010.

[37] Chen S, Georgi D, Fang S, et al. Optimization of NMR logging acquisition and processing[C]. SPE Annual Technical Conference and Exhibition, 1999.

[38] Neil D, Wintle R, Freiter E, et al. Field experiences with a novel near real time monitor for scale deposition in oilfield systems[C]. Corrosion 2000, 2000.

[39] Vetter O J, Kandarpa V, Schalge A L, et al. Test and evaluation methodology for scale inhibitor evaluations [C]. SPE International Symposium on Oilfield and Geothermal Chemistry, 1987.

[40] Schalge A L, Dormish F L. The evaluation of scale inhibitors for high $BaSO_4$ scaling potential using a new tube/filter blocking apparatus[C]. SPE International Symposium on Oilfield Chemistry, 1989.

[41] Rosa K R S A, Fontes R A, do Rosário F F, et al. Improved protocol for scale inhibitor evaluation: A meaningful step on scale management[C]. Offshore Technology Conference Brasil, 2019.

# 第四章　化学防垢剂研究进展

化学防垢是油田最为常用的抑制结垢的技术，可以在低浓度的经济加量下，实现对地层、井筒和地面流程的高效防垢。近年来，国内外针对油田防垢剂效果的影响因素开展了较多研究，并在油田采出液中的残余浓度测试和评价方法等方面有一定新进展。

近年来，在传统有机膦酸盐、膦酸酯防垢剂应用的基础上，国外为了适应低磷、高矿化度水体系的防垢剂适应性要求，公开资料显示在聚羧酸盐、聚合物防垢剂的研发和评价方面开展了较多工作。另外，国外在油气田新区块开发中，针对结岩盐、硫化物垢等防治的新难题，也有与之相关的许多新型防垢剂的研究。但出于对核心化学剂配方的技术保密考虑，组合型防垢剂配方的详细资料较少。

在防垢机理、影响因素的研究中，为了排除防垢剂复配产品中的成分、性能等不可控因素干扰，并易于为同行接受，国内外研究者仍主要围绕化学结构、特性比较明确的单一组分防垢剂开展评价。

在实际工程应用中，商品防垢剂往往由多种的单一组分防垢剂、表面活性剂等组成，此时防垢剂的质量稳定性、有效加注浓度和防垢效果的评判等，就需要由油气生产企业牵头，形成防垢剂供应商、使用方和第三方检测机构等共同认可的一套技术方案。

本章主要综述了常用的防垢剂及其作用机理，介绍钡锶垢及特种盐垢的防垢技术，分类概括防垢剂的测试评价方法，溶垢剂及评价方法，以便更好地指导防垢剂在油田生产中质控和应用。

## 第一节　常用防垢剂及作用机理

### 一、化学防垢剂的防垢机理

随着结垢预测模型、沉淀过程动力学以及化学剂技术研究的深入，人们对成垢机理、控制和防垢剂机理的认识都有了很大进步。比较一致的认识是，成垢物质与溶液之间存在着动态平衡，防垢剂可以通过在成垢物质上的吸附，来影响垢的生长与溶解之间的平衡[1-4]。目前，对于化学防垢机理的看法虽然尚未统一，但普遍认为有以下几种。

#### （一）增溶机理

溶于水中的带有负电荷的有机或无机防垢剂，可以与水中的 $Ca^{2+}$、$Ba^{2+}$ 等成垢金属离子形成稳定的可溶性螯合物或络合物，从而提高了垢晶析出时的过饱和度，即增大了盐垢的溶解度，抑制了垢沉积。这种防垢机理称为增溶作用（分散作用），意即是成垢物质胶体颗粒成为稳定的分散状态随水流冲走。这一类反应往往不是按化学当量进行的，防垢剂可在用量很低的情况下就能与较多的成垢阳离子螯合。

### （二）吸附机理

防垢剂可以通过两种与吸附有关的机理起防垢作用：一是晶格畸变机理，二是静电排斥机理。

晶格畸变理论认为，无机盐垢形成过程中，其生长顺序是通过带正电荷的部分和带负电荷的部分相互碰撞而结合在一起，形成微晶。微晶按照一定的晶格排列成长，析出形成致密结晶。当溶液中存在羧酸盐等防垢剂时，通过吸附在晶体表面以及掺杂在晶格的点阵当中干扰结晶过程，使晶体发生畸变。这样迫使大晶体的内应力逐渐增大，最终使晶体破裂，从而抑制或部分抑制垢晶继续长大。

应用 SEM 技术观察到聚顺丁烯二酸(又称聚马来酸, PMA)吸附在垢晶表面后，极大地改变了垢晶成核和生长的动力学过程，使垢层晶格发生畸变：1mg/L PMA 可以使晶格发生"膨胀"；4mg/L PMA 可以使晶格发生强烈畸变；8mg/L PMA 可以使垢层大片脱落。

静电排斥机理则是聚羧酸分子链在水溶液中形成众多带有负电荷的羧酸根阴离子，由于负电荷之间的排斥力不断增加，使分子链充分伸展，改变了分子表面电荷密度分布，阻碍了金属盐分子之间的聚结，减缓了垢晶生长速率，达到抑制垢的效果。Collins 等[5]研究认为，聚天冬氨酸和 $Ca^{2+}$ 络合之后会吸附在晶体的带电表面，而后通过 N 原子与垢晶格发生键合，这就有效增加了它的表面活度，从而起到了防垢的效果。

当溶液中的 $CaCO_3$、$CaSO_4$ 微晶被吸附在聚羧酸分子链上时，会形成如图 4-1 所示的扩散双电层，从而减弱了溶液中垢微晶析出或继续生长的倾向。在吸附作用下，低浓度的防垢剂就可以控制成垢物质的沉淀。

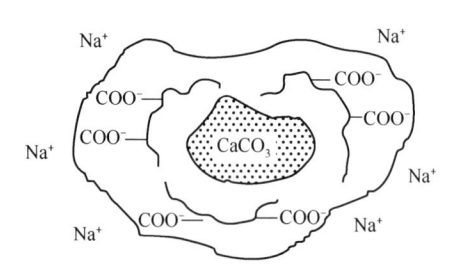

图 4-1 $CaCO_3$ 表面的吸附双电层

### （三）阈值效应

结晶螺旋位错理论认为，微晶表面上存在着有限的活性增长点数。防垢剂分子一旦覆盖了其中的某个活性增长点，将会使其周围的活性增长点都发生一定的位错，这样极少量的防垢剂便可以起到抑制结晶生长的作用。此后，随着防垢剂量的进一步增大，防垢效果并不明显提高。向水溶液中投加 mg/L 级的防垢剂，就可以稳定化学计量比高出许多的阳离子。

### （四）双电层作用机理

该理论认为防垢剂的主要作用是通过富集在晶核生长区域附近的扩散边界层而形成双电层，并对分子簇或成垢离子在金属表面的聚结进行有效地预防。相关研究者还认为，防垢剂与晶核(或垢质分子簇)之间的结合是不稳定的。

### （五）再生—自解脱膜假说

Herbert 等、舒干等研究认为有机磷酸防垢剂的表面活性对金属离子 $Ca^{2+}$、$Mg^{2+}$ 等产生去活化作用等。

## 二、常用防垢剂的基本类型

目前，市售化学防垢剂基本上由以下几种类型衍生而来。

### (一) 缩聚磷酸盐类防垢剂

缩聚磷酸盐类从分子结构上讲，可分为链状缩聚磷酸盐和环状缩聚磷酸盐。链状缩聚磷酸盐由正磷酸缩聚而成，其分子结构如下[结构式中的 $n$ 为聚合度，当 $n=2$ 时，即为三聚磷酸盐($M_5P_3O_{10}$)]：

$$NaO-\overset{\overset{O}{\|}}{\underset{\underset{NaO}{|}}{P}}-[O-\overset{\overset{O}{\|}}{\underset{\underset{ONa}{|}}{P}}]_n-ONa$$

早期含磷洗衣粉为了提高洗净作用，主要添加了三聚磷酸钠等作为助洗剂，此时三聚磷酸钠与 $Ca^{2+}/Mg^{2+}$ 有较强的螯合能力，起到软化硬水作用，同时对有机污物和固体污垢起到乳化和分散、胶溶作用。但三聚磷酸钠对皮肤有强烈的刺激作用，同时含磷污水排放到河湖环境中，会造成藻类等水生植物富营养化、迅速繁殖，氧含量下降，导致鱼虾死亡及水质恶化，最终破坏水域生态系统。作为防垢剂时，这类分子中的 P—O 键属共价键，键能较小，容易发生水解，产生正磷酸盐：

$$Na_5P_3O_{10}+H_2O \longrightarrow NaH_2PO_4+Na_2HPO_4$$

图 4-2 和图 4-3 显示了缩聚磷酸盐水解率与 pH 值、温度的关系曲线，可见缩聚磷酸盐的水解率随 pH 值和温度的升高而增大。

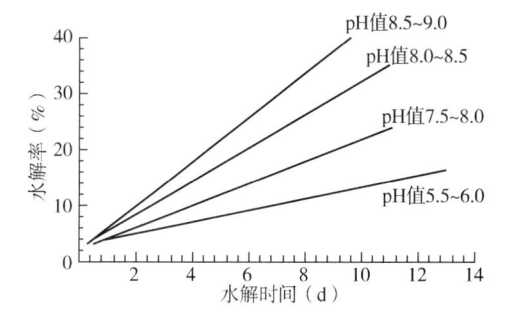

图 4-2 三聚磷酸钠水解率与 pH 值的关系

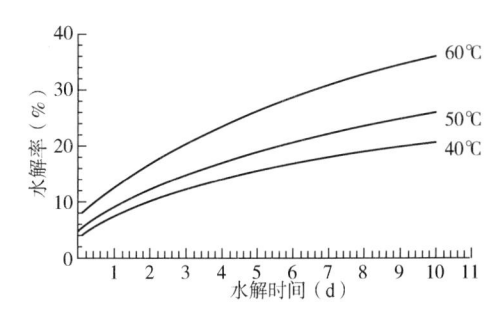

图 4-3 六偏磷酸钠水解率与温度的关系

偏磷酸是环状缩聚磷酸盐，如六偏磷酸盐($M_6P_6O_{18}$)：

### (二) 有机膦酸盐类防垢剂

有机磷酸盐是一种含有一个或多个 C—PO(OH)$_2$ 基团的络合剂，在很多技术研究和工业环境中作为螯合剂和防垢剂。通用的结构式如下：

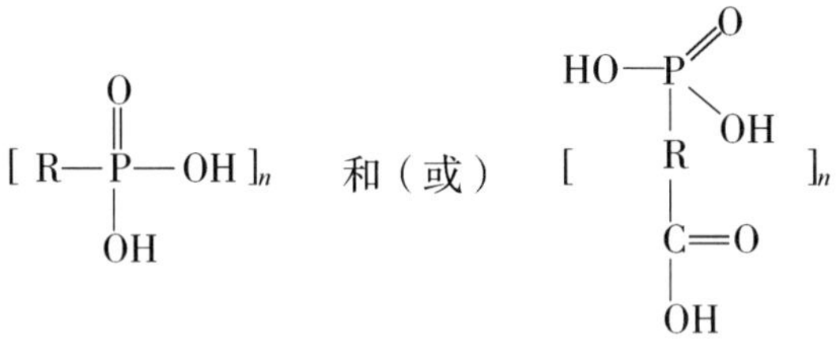

$$[R\!-\!\underset{OH}{\underset{|}{\overset{O}{\overset{\|}{P}}}}\!-\!OH]_n \quad 和（或） \quad [\underset{\underset{OH}{\underset{|}{C=O}}}{\underset{|}{\overset{HO}{\overset{\diagdown}{\underset{\diagup}{P}}}\overset{O}{\underset{}{\diagup}}\overset{}{\diagdown OH}}}]_n$$

R=烷基或芳基；$n=1\sim10$

有机膦酸盐分子中的 P—C 共价键的键能大于缩聚磷酸盐中 P—O 键的键能，因此有机膦酸盐有较好的热稳定性，而且用量较低。

1. 常规有机膦酸盐

常用种类的化学式如下：

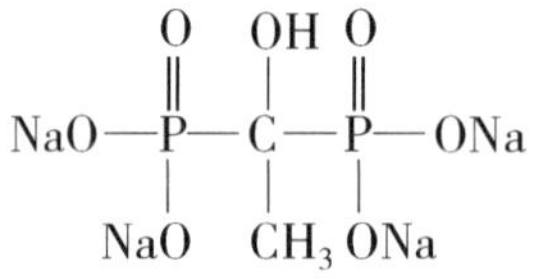

羟基亚乙基二膦酸盐（HEDP）

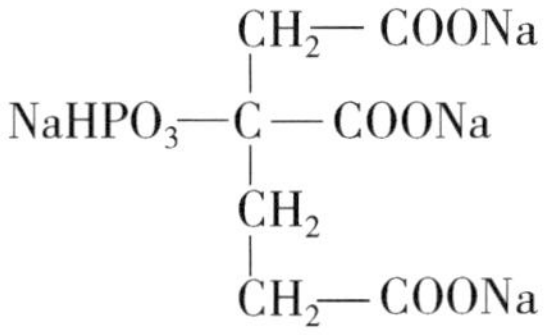

2-膦酸基-1,2,4-三羧酸丁烷（PBTCA）

PBTCA 分子结构上同时有膦酸和羧酸的基团，但含磷量又较 HEDP 低。其复配协同性好，具有良好的耐高温、耐高氯根离子含量的氧化性和对高浊度、高铁的分散性，多应用于循环冷却水系统和油田注水系统的防 $CaCO_3$、$Ca_3(PO_4)_2$ 垢。近年来，我们在油田高矿化度采出水的 $CaCO_3$ 防垢剂体系评价中，也发现使用 PBTCA，或与共聚物复配，有较好的效果。

2. 氨基膦酸盐

氨基膦酸盐在膦酸盐分子中引入氨基，形成的—$NH_2$—C—$PO(OH)_2$ 基团增强了防垢剂分子与金属离子的结合能力。氨基磷酸盐防垢剂主要用于防 $CaCO_3$ 和 $BaSO_4$ 垢。相对于有机膦酸盐的生物降解作用提高 20%，也不会在生物体内累积。常用种类的化学式如下：

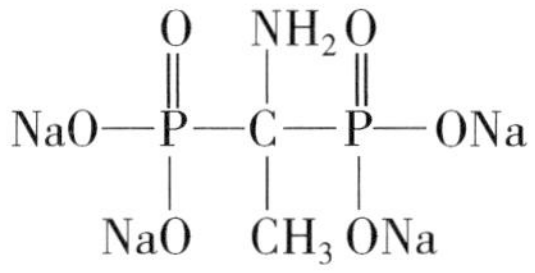

氨基亚乙基二膦酸盐（EDP）

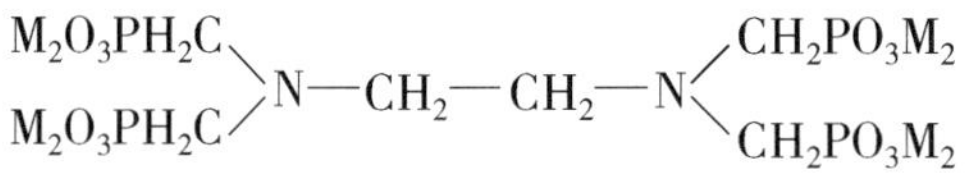

乙二胺四亚甲基膦酸盐（EDTMP）

$$M_2O_3PH_2C-N\begin{matrix}CH_2PO_3M_2\\CH_2PO_3M_2\end{matrix}$$

氨基三亚甲基膦酸盐（ATMP）

$$\begin{matrix}M_2O_3PH_2C\\M_2O_3PH_2C\end{matrix}N+CH_2\overline{)_n}N\begin{matrix}CH_2PO_3M_2\\CH_2PO_3M_2\end{matrix}$$

六亚甲基二胺四亚甲基膦酸盐（HMDTMP）

$$\begin{matrix}H_2O_3P-CH_2\\H_2O_3P-CH_2\end{matrix}N-\overset{CH_3}{\underset{}{CH}}-CH_2+OCH_2-CH_2\overline{)_n}N\begin{matrix}CH_2-PO_3H_2\\CH_2-PO_3H_2\end{matrix}$$

多氨基多醚基亚甲基膦酸（PAPEMP）

六亚甲基二胺四亚甲基膦酸（HDTMP）和五亚甲基二胺膦酸（BHPMP）已被证明具有非常好的防 $CaSO_4$ 垢效果。

PAPEMP 的分子量在 600 左右，分子中引入多个醚键，因而有很高的钙容忍度和分散垢的特性。

氨基膦酸盐由多氨基化合物与甲酸、亚磷酸反应，再用碱中和制成。例如，二乙烯三胺五亚甲基膦酸盐（DETPMP）即是以二乙烯三胺、三氯化磷和甲醛为主要原料合成。在碱性环境下（pH 值为 10~11），其防垢能力是 ATMP、HEDP 的 2~3 倍，使用温度可达 210℃ 以上，可用于防垢循环冷却水和锅炉水系统以及油田高矿化度水系统的硫酸盐、碳酸盐垢。

二乙烯三胺五亚甲基膦酸盐（DETPMP）

DETPMP 的实验室合成过程：向三口烧瓶中加入 33.0g 二乙烯三胺和 13.3g 福尔马林（甲醛含量36%），用滴液漏斗滴加 22.0g 三氯化磷，在 100~105℃ 保温 90min。向三口烧瓶中鼓入空气吹扫 HCl 气体，放出的 HCl 气体用 40% NaOH 吸收。再加 40% NaOH 中和至 pH 值9.5。所得 DETPMP 为棕红色、易溶于水的透明液体。化学反应式为：

$$5PCl_3+15H_2O \longrightarrow 5H_3PO_3+15HCl$$

$$5H_3PO_3+5HCOH+NH(CH_2CH_2NH_2)_2 \longrightarrow H_2PO_3-CH_2N[CH_2CH_2N(CH_2-H_2PO_3)_2]_2$$

将二乙烯三胺换成乙二胺、三乙烯四胺、多乙烯多胺、咪唑啉，用类似方法可分别制得乙二胺四亚甲基膦酸钠、三乙烯四胺六亚甲基膦酸钠、多乙烯多胺多亚甲基膦酸钠、咪唑啉二甲基膦酸钠等系列膦酸盐化合物。

对比各种膦酸盐防垢剂的防垢效果，在相同条件下，随着膦酸盐使用浓度的增大，防垢率相应提高(表4-1)。相比之下,乙二胺四亚甲基膦酸钠(EDTMP)和多乙烯多胺多亚甲基膦酸钠的防垢效果较好。EDTMP是有效含量为28%的碱性水溶液,因其对防钙垢效果较好且成本低廉,在油田用量很大。

表4-1 膦酸盐防垢剂的防垢率

| 有效浓度(mg/L) | 防垢率(%) ||||| 
|---|---|---|---|---|---|
| | 咪唑啉二甲基膦酸钠 | 乙二胺四亚甲基膦酸钠 | 二乙烯三胺五亚甲基膦酸钠 | 二乙烯四胺六亚甲基膦酸钠 | 多乙烯多胺多亚甲基膦酸钠 |
| 1 | 15.6 | 46.8 | 27 | 22.8 | 40.9 |
| 3 | 16.3 | 63.9 | 28.3 | 22.6 | 48.1 |
| 5 | 20.6 | 78.4 | 30.2 | 25.8 | 59.2 |
| 7 | 20.6 | 85.3 | 33 | 27 | 63.1 |
| 9 | 22.2 | 91.9 | 36.9 | 39 | 67.5 |
| 12 | 22.8 | 92.5 | 37.7 | 40.1 | 75.4 |
| 14 | 25 | 93.3 | 83.3 | 83.9 | 86.5 |
| 16 | 27 | 94.4 | 94.4 | 94 | 95.2 |

实验条件:$Ca^{2+}$ 200mg/L;$HCO_3^-$ 500mg/L;pH值8.8,温度75℃,时间10h。

### (三)聚羧酸盐类防垢剂

此类防垢剂具有无磷、非氮结构,是国内外研究最多的绿色环保型防垢剂。比较常用的是聚环氧琥珀酸盐和聚天冬氨酸盐[6-7]。

**1. 聚环氧琥珀酸盐(PESA)**

$$H + O - \underset{HOOC}{\overset{M}{C}} - \underset{COOH}{\overset{M}{C}} \underset{n}{}OH$$

$n=2\sim50$;$M=H^+$、$Na^+$、$NH_4^+$、$K^+$等聚环氧琥珀酸盐(PESA)

PESA分子结构中主要为羧基官能团,每个PESA聚合单体(环氧琥珀酸)中含有两个羧基,所以每个PESA分子中含有$2n$个羧基,它们是PESA的基本防垢官能团。羧基可以与水中的$Ca^{2+}$、$Mg^{2+}$和$Fe^{3+}$等螯合,增加这些离子在水中的允许浓度。其次,在垢生成过程中,羧基可吸附在垢晶表面而发生晶格畸变,并通过羧基对水中的沉淀物产生分散作用,能使沉淀物悬浮而不容易沉积。

**2. 聚天冬氨酸盐(PASP)**

$m>n$,$M=Na^+$、$H^+$、$K^+$、$NH_4^+$

PASP 分子结构中同时具有—CO—NH—键和—COO—键。—CO—NH—键上 N、O 所带的孤对电子具有吸附聚集作用，可以吸附聚集微垢晶，使微晶体带有相同的电荷，阻碍垢晶生长。另外，PASP 中的酸性羧基(—COOH)、碱性亚氨基(—NH—)都可提供配位电子，与 $Ca^{2+}$、$Mg^{2+}$ 等金属离子形成稳定的五元环或六元环、立体结构的双环或多环络合物。这种络合物均匀分散于水中或混入垢中，导致晶体结构变形，干扰晶格的正常生长。

(四) 聚合物类防垢剂

聚合物类防垢剂由多种单体聚合反应构成[8]，发展历程是在含磷聚合物基础上，从最初只含羧酸基团，到含有羧酸基、膦基，乃至同时存在羧基、膦基、磺酸基等官能团。此类防垢剂可以与成垢离子通过络合反应形成稳定的络合物，防止难溶垢沉淀。同时多个官能团间存在协同效应，且有较好的热稳定性。聚合物类与有机膦酸盐类防垢剂都具有抑制垢晶成核、晶体生长的双重机理。有研究者认为有机膦酸盐防垢剂在抑制垢晶成核方面更显著，聚合物防垢剂在抑制晶体生长和分散已经形成的结垢物方面更有效。

1. 常规聚合物类防垢剂

常见的常规聚合物类防垢剂有：

$$\begin{array}{c} \text{COOM} \\ | \\ \text{{\Large\{}}CH_2-C{\Large\}}_n \\ | \\ CH_2COOM \end{array}$$

聚羧甲基丙烯酸盐(PIA)

$$\begin{array}{c} {\Large\{}CH_2-CH{\Large\}}_n \\ | \\ SO_3M \end{array}$$

聚乙烯磺酸盐

$$\begin{array}{c} {\Large\{}CH_2-CH{\Large\}}_n \\ | \\ COOM \end{array}$$

聚丙烯酸盐(PAA)

$$\begin{array}{c} {\Large\{}CH_2-CH{\Large\}}_n \\ | \\ CH_2SO_3M \end{array}$$

聚丙烯磺酸盐(PPS)

$$\begin{array}{c} {\Large\{}CH-CH{\Large\}}_n \\ | \quad\;\; | \\ COOM\;COOM \end{array}$$

聚顺丁烯二酸(PMA)

$$\begin{array}{c} {\Large\{}CH-CH{\Large\}}_n CH_2COOM \\ |\quad\;\; | \\ COOM\;CON \\ \quad\quad\;\; | \\ \quad\quad\;\; CH_2COOM \end{array}$$

聚顺丁烯二酸与二羧甲基胺的酰胺化产物

$$\begin{array}{c}-\!\!\!-\!\!\![CH_2\!-\!CH]_n\!-\![CH_2\!-\!CH]_m\!-\!\!\!-\\ \quad\quad | \quad\quad\quad\quad | \\ \quad\quad CONH_3 \quad\quad\; COOM\end{array}$$

丙烯酰胺与丙烯酸盐共聚物（AM-AA）

$$\begin{array}{c}-\!\!\!-\!\!\!\![CH_2\!-\!CH]_n\!-\![CH_2\!-\!CH]_m\!-\![CH_2\!-\!CH]_p\!-\!\!\!-\\ \quad | \quad\quad\quad | \quad\quad | \quad\quad\quad | \\ \quad COOM \quad COOM\; COOM \quad\quad CONH \\ \quad\quad\quad\quad\quad\quad\quad\quad\quad\quad\quad\quad\quad\quad\;\; | \\ \quad\quad\quad\quad\quad\quad\quad\quad\quad\quad\quad\quad\quad\; CH_3\!-\!CH\!-\!CH_2SO_3M\end{array}$$

丙烯酸盐与丙烯酸甲酯共聚物

$$\begin{array}{c}-\!\!\!-\!\!\!\![CH\!-\!CH]_n\!-\![CH_2\!-\!CH]_m\!-\!\!\!-\\ \quad | \quad\;\; | \quad\quad\quad\quad\; \| \\ \quad COOM\; COOM \quad\quad O\!-\!C\!-\!CH_3 \\ \quad\quad\quad\quad\quad\quad\quad\quad\quad\quad\quad\; \| \\ \quad\quad\quad\quad\quad\quad\quad\quad\quad\quad\quad\; O\end{array}$$

顺丁烯二酸盐与乙酸烯酯共聚物（MA-VAC）

此类防垢剂中，在油田用量较大的有聚丙烯酸（PAA）、聚顺丁烯二酸（又称聚马来酸，PMA）、聚甲基丙烯酸（PMAA）及其共聚物。

与 PMA 对比，聚丙烯酸（PAA）分子中不含影响环境富营养化的磷、氮元素，防垢效果相对也比较好，但是该类防垢剂的生物降解性差，长期使用会造成环境中富集。与 PAA 相比，PMA 由丁烯二酸经水溶液聚合而来，引发剂可以采用过氧化苯甲酰或过氧化氢，聚合温度为 110~280℃，其分子量为 400~1000。由于聚顺丁烯二酸分子链中每个碳原子上都有一个羧基，羧基负电荷之间相互排斥作用使分子链伸展，增大了分子链与水中成垢离子的络合机会。而聚丙烯酸分子中是每隔一个碳原子才有一个羧基，所以聚顺丁烯二酸的防垢性能优于聚丙烯酸。

市售 PMA 防垢剂为有效含量 50% 的强酸性液体，如果用碱将其中和，会很快形成固体而难以操作。为此在现场应用中，一般都将聚马来酸稀释后，直接添加到注入水或其他处理液中（表 4-2）。

表 4-2　部分聚合物防垢剂性能对比

| 防垢剂 | 分子量 | 防垢率（%） | 防垢剂 | 分子量 | 防垢率（%） | 防垢剂 | 分子量 | 防垢率（%） |
|---|---|---|---|---|---|---|---|---|
| 3mg/L PAA | 5000 | 71 | 3mg/L PMAA | 5000 | 68 | 3mg/L HPMA | 5000 | 98 |
|  | 10000 | 61 |  | 10000 | 62 |  | 10000 | 85 |
|  | 20000 | 52 |  |  |  |  |  |  |

**2. 多元共聚物类防垢剂**

多元共聚物常见的种类有含磷丙烯酸/丙烯酸羟丙酯二元共聚物，或含羟基、磺酸基、磷酸基和一种非离子基团的三元共聚物，或水相膦基马来酸—丙烯酸共聚物等。

当聚合物分子中同时有膦酰基和羧基时，兼具有机膦酸和羧酸聚合物的分散性能好、与其他药剂配伍性能好等优点。同时，有机膦酸酯在结构上具有稳定的 P—C 键，在不同的 pH 值和高温下有优良的稳定性，200℃热老化后倾向于降解，导致防垢率显著降低。有机膦酸酯通过与 $Ca^{2+}$ 等多价金属离子反应，来抑制 $Ca_3(PO_4)_2$、$CaSO_4$ 垢沉淀。同时有机膦酸酯阳离子产物在金属表面上形成保护性非导电层，将金属与游离水隔开，并防止氧等氧化性物质扩散到金属表面,从而防止腐蚀。与有机膦酸盐相比,有机膦酸酯在高硬度、酸性环境等苛刻条件下效果更好。

近年来,为提高防垢剂的效率和多功能性,国内外许多学者专家对含磷聚合物防垢剂进行了较为系统的研究,合成了一系列带膦基的聚合物防垢剂,并对其防垢性能及应用进行了评价(表4-3)。

**表4-3 国内外聚合物防垢剂的部分研究进展汇总**

| 防垢剂类型 | 主 要 原 料 | 防 垢 性 能 | 研究者 |
|---|---|---|---|
| 二元共聚物 | 烯烃基氨甲基膦酸、丙烯酸(AA) | — | Porz 等 |
| 三元共聚物 | 烯烃基氨甲基膦酸、丙烯酸、马来酸酐(MA) | — | |
| 含有多个官能团的烯丙胺聚合物及其含氧衍生物 | MA、HPA、含膦酸羧酸(PCA) | — | Betz 公司 |
| 三元共聚物 | 亚乙烯基、二膦酸、AA | — | Albright & Wilson 公司 |
| 二元共聚物 | AA、MA 和次磷酸钠 | 配伍性好,防垢效果优于 HEDP | 何焕杰 |
| 二元共聚物 | 异丙烯膦酸、AA | 防 $CaCO_3$ 垢性能优良 | 赵彦生 |
| 三元共聚物 | 异丙烯膦酸、AA、AM | 防 $CaSO_4$ 垢性能优良 | |
| 四元防垢分散剂 | AA、MA、SAS、次磷酸钠 | 加量为 8mg/L 时,防 $CaCO_3$ 垢率 92.4%,防 $Ca_3(PO_4)_2$ 垢率 86.7%,阻锌盐垢率 62.7% | 于兵川 |
| 膦酰基羧酸(POCA) | 亚磷酸、丙烯酸(AA)、2-丙烯酰氨基-2-甲基丙磺酸(AMPS) | 加量为 15mg/L 时,防 $CaCO_3$ 垢率大于 90%。性能优于 HEDP、HPMA、AMPS | 周林涛等 |
| 含磷水解聚马来酸酐聚合物 | MA、次膦酸钠、水 | 加量为 0.5mg/L 时,防垢率大于 97% | 梅超群 |
| 共聚物 | AA、AM、复合不饱和磺酸(HSA)、次磷酸钠 | 对 $BaSO_4$ 垢性能良好。性能优于 HEDP、HPAA、DTPMA | 黄青松等 |

**3. 磺酸基聚合物防垢剂**

该类聚合物一般是含磺酸基团的单体与其他单体共聚得到。合成含磺酸基团的聚合物主要单体有乙烯磺酸、苯乙烯磺酸(SS)、甲基丙烯酸磺酸、异戊二烯磺酸(MBSN)、2-羟基-3-烯丙基丙磺酸(HAPS)、2-丙烯酰氨基-2-甲基丙磺酸(AMPS)等,其中 AMPS 是应用最广泛的一种单体。

磺酸类聚合物防垢剂的稳定性和抗温能力较强,抗盐性好。Gruener[9] 和 Graham 等[10-12] 发现,聚乙烯基磺酸盐(PVS)和磺酸聚丙烯酸共聚物(VS-Co)防垢剂在 200℃ 下的热稳定性较好,且在高矿化度盐水中的相容性很好,此时性能受溶液 pH 值的控制。

国外一些知名化学剂生产公司先后合成了许多性能优良的含有磺酸基团的聚合物防垢剂。例如:美国 Calgon 公司研制的 AA-AMPS 共聚物防垢剂;Nalco 公司研制的 AA-乙烯磺酸、AA-丙烯磺酸共聚物;Chemed 公司研制的 AA-苯乙烯磺酸(SS)共聚物防垢剂。此外,Betz Laboratories 公司、Robo & Haas 公司、Dearborn 公司、B. F. Goodrich 公司、Dow 公司等以不同的含磺酸基单体为原料共聚合成了许多防垢性能良好的聚合物防垢剂,如马来酸(MA)-苯乙烯磺酸(SS)共聚物、羟烷基丙烯酸(HAA)-SS 共聚物、AA-甲基丙烯酸磺酸共聚物等。

我国从 20 世纪 90 年代初起,也合成了一系列的磺酸类羧酸盐聚合物。麻金海等用 4 种不同单体合成了 MA-烯丙基磺酸钠-次亚磷酸钠-AA 四元共聚物(BR-01),并对 BR-01 的合成工艺参数进行了优化,评价了对 $BaSO_4$ 的防垢能力。

吴运娟等[13]在氧化还原类引发剂的催化作用下,合成了衣康酸-丙烯磺酸钠共聚物防垢剂,使用分子链转移剂异丙醇调节聚合物分子量。对共聚物的防垢性能进行了测试。

王鉴等[14]以马来酸酐(MA)、丙烯酸(AA)、2-丙烯酰氨基-2-甲基丙磺酸为单体,$H_2O_2$-$NaH_2PO_2$ 为引发剂,水为溶剂,在催化剂存在下合成 MA-AA-AMPS 三元共聚物防垢剂。实验评价结果表明,该防垢剂具有优良的防垢性能,最高可耐 100℃ 高温。在 pH 值为 10 时,仍能保持其良好的性能。使用剂量低,加量为 5mg/L 时,对 $CaCO_3$ 垢的防垢率达到 94.0%。

刘京等[15]以马来酸酐(MA)、丙烯酸(AA)、烯丙基磺酸钠(SAS)为原料,过硫酸铵为引发剂,合成了 MA-SAS-AA 水溶性聚合物防垢剂。评价结果表明,该共聚物防垢剂对 $CaCO_3$ 垢的防垢率可达 93% 以上,防垢性能优良。

全红平等[16]以马来酸酐(MA)、丙烯酸甲酯(MAC)和苯乙烯磺酸(SS)为单体,制得三元共聚防垢剂 FGJ-2。评价实验表明,用量浓度为 20mg/L、pH 值为 8 时,对 $BaSO_4$ 的防垢率达 95% 以上。

刘立新等[17]对于大庆油田三元复合驱产生的硅垢问题,实验合成了 2,3-环氧丙磺酸钠-丙烯酰胺共聚物。评价结果表明,该磺酸类聚合物对硅垢的防垢效果比较理想,但对钙、镁垢的防垢效果比较差,可以考虑引入羧基和膦基等基团,以增强聚合物的螯合、增溶能力。

除上述外,羧酸盐、磺酸盐以及硫酸酯盐还兼具表面活性剂功能。

$$R\!-\!O\!+\!CH_2CH_2O\!+\!_n CH_2CH_2SO_3M$$

聚氧乙烯烷基醇醚磺酸盐

$$R\!-\!O\!+\!CH_2CH_2O\!+\!_n CH_2COOM$$

聚氧乙烯烷基醇醚羧酸盐

$$R\!-\!\!\!\bigcirc\!\!\!-\!O\!+\!CH_2CH_2O\!+\!_n CH_2CH_2SO_3M$$

聚氧乙烯烷基苯酚醚磺酸盐

$$R\!-\!\!\!\bigcirc\!\!\!-\!O\!+\!CH_2CH_2O\!+\!_n CH_2COOM$$

聚氧乙烯烷基苯酚醚羧酸盐

以上各式中,$R=C_{12}—C_{18}$;$n=2\sim 10$;$M=Na^+$、$K^+$、$NH_4^+$。

**4. 羧基修饰碳量子点防垢剂**

量子点(Quantum Dots)是外观似球形或类球形的低维半导体材料,由有限数目的原子构成,在 3 个维度上的尺寸不大于其对应半导体材料的激子玻尔半径的 2 倍,均在 100nm 以内，量子限域效应非常明显（内部电子在各个方向的运动均受到限制）。碳量子点（Carbon Quantum Dots，CQDs）是一种新型的零维碳纳米材料。其粒径小，通常为1~10nm，从而具有独特的光学、生物学和电子转移特性。碳量子点溶液与金属量子点或半导体量子点相比，具有水溶性、稳定性好、低毒性、生物相容性好、原料来源广、易于表面功能化等优点。碳量子点在生物医学成像技术、环境监测、化学分析、催化剂制备等许多领域都有较好的应用前景。

自从2004年碳量子点被首次发现以来，人们开发出了许多合成方法，大体上可以分为自上而下法（top-down）和自下而上法（bottom-up）两大类。自上而下法是指将颗粒尺寸大的石墨、石墨烯、碳纳米管、炭黑等通过物理或化学方法切割成纳米级粒径的碳量子点，例如电弧放电法、激光消融法、电化学氧化法和水热法等。自下而上法是指将小分子通过裂解、团聚等一系列化学反应得到粒径更大的碳量子点。

近几年，关于碳量子点作为油田化学剂的研究取得了一定进展，Chen等[18-19]成功制备了CQDs缓蚀剂，并应用于碳钢和铝合金防腐。但是将CQDs应用在防垢剂方面的研究报道并不多。比较有代表性的是郝建[20-21]等进行的羧基修饰碳量子点新型防垢剂（CCQDs）的研制。他们以柠檬酸为原料通过高温分解再聚合的方法，合成了CCQDs防垢剂，按照GB/T 16632《水处理剂阻垢性能的测定 碳酸钙沉积法》，对热解不同时间的CCQDs进行静态防垢效果测试，发现相同浓度情况下，热解时间最长的CCQDs防垢效果最佳。该研究还评价了温度、pH值、$Ca^{2+}$浓度等因素对CCQDs防垢效果的影响，发现在中低温且偏碱性的环境下防垢效果最佳。推测防垢机理是其表面的羧酸基团与$Ca^{2+}$螯合，起到增溶作用；同时，CCQDs被吸附在$CaSO_4$微晶表面，增加了微粒间的排斥力。另外，极小尺寸CCQDs的快速布朗运动，加剧了$CaSO_4$晶体的破坏和生长异常，导致晶格畸变。其防垢机理如图4-4所示。

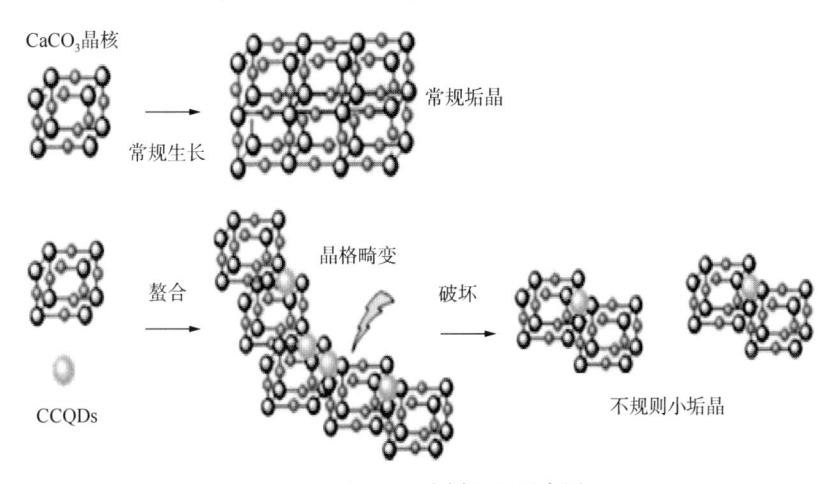

图4-4 CCQDs防垢机理示意图

CQDs作为油田防垢剂的适用性，还应从两个方面进行思考：

（1）CQDs作为金属离子探针与$Ca^{2+}$等阳离子的作用。关于CQDs作为金属离子探针的研究更为成熟，通过在表面引入特定的官能团（—COOH、—OH、—NH$_2$、—SH$_3$）或者能与金属离子特异性识别的分子来实现荧光强度的改变，从而对离子高效灵敏地检测[22]。Song等[23]合成了一种N掺杂碳量子点（N-CQDs），并探究其对$Ni^{2+}$、$Mg^{2+}$、$Co^{2+}$、$Ag^+$、$Mn^{2+}$、$Fe^{3+}$等常见金属阳离子的作用。结果表明，N-CQDs对$Fe^{3+}$具有专一响应性，能够与$Fe^{3+}$进行快速螯合，从而使得荧光急剧减弱。Lin 等[24]通过在 CQDs 表面修饰钙调蛋白，使得其对 $Ca^{2+}$ 具有灵敏的选择性，检测限达到 $5\mu mol/L$，远低于 $[K_{sp(CaCO_3)}]^{1/2}$。Xia 等[25]通过在 CQDs 表面进行巯基乙胺和氨基功能化修饰（FCQDs），使得 FCQDs 对 $Ca^{2+}$ 产生快速响应且能作为生物载体进入细胞内。上述研究发现，CQDs 作为金属离子探针检测 $Ca^{2+}$ 等阳离子前提是与 $Ca^{2+}$ 发生快速特异反应，从而产生可检测的光信号，这与防垢剂在增溶机理上的作用保持一致，即防垢剂和阳离子进行快速螯合，增大盐垢的溶解度。从这点来看，当修饰过的 CQDs 进入溶液与 $Ca^{2+}$ 螯合或特异结合后，一方面能引起荧光衰退提供检测信号，另一方面也能防止 $Ca^{2+}$ 与其他阴离子结合而沉淀，也为防垢剂的检测引入了荧光测试等方法，实现更为精准的防垢计算和检测。

（2）CQDs 作为吸附剂与阳离子的作用。以纳米碳材料为基础的吸附剂已广泛地应用于环境污染物治理[26]。CQDs 作为吸附剂的原理是通过与阳离子发生作用，既可以是化学反应成键，也可以是物理静电吸附等，再结合自身的高比表面积和表面能，使其在溶液中大量带电，从而保持自身的分散稳定，从而实现对蛋白质和金属离子的吸附和去除。Fu 等[27]采用微波法合成了一种 N 掺杂的 CQDs（N-CQDs），其可以通过表面的含 O、N 官能团与 $Hg^{2+}$ 等重金属离子结合，最高吸附量达到 $3.33g/g$，是常规活性炭吸附值的 1280 倍。Yang 等[28]通过将 CQDs 和 $SiO_2$ 复合，再进行金属硫蛋白修饰，对 $Cd^{2+}$ 等的吸附清除率可达到 99%。

目前防垢剂的作用机理中，无论是晶格畸变还是静电排斥，都需要防垢剂对成垢的阳离子或阴离子进行吸附作用，再通过电荷斥力或分子包裹等手段实现防垢。这一点与 CQDs 作为吸附剂的原理一致。当修饰过的 CQDs 进入溶液后首先对金属离子产生吸附效应，再利用自身的富集电荷对溶液中的同电性离子进行排斥，起到抑制垢生成的作用。

综合上述两方面认识，从纳米材料的理念拓展防垢剂的研究是极有前景的，但是在油田应用仍然存在以下问题：

（1）CQDs 对特定阳离子的吸附针对性需要提高。油田系统产出水成分复杂，离子含量高，如果 CQDs 吸附易受其他离子干扰，则防垢剂添加量高，浪费大。

（2）目前，CQDs 的工业化生产比较困难且耗能高，需要探索新的生产方法和技术。

（3）CQDs 防垢剂应用后的处理问题。CQDs 属于动力学稳定，但热力学状态不稳定的亚稳态体系。应避免在油田复杂环境下可能的絮凝物沉淀和堵塞。

## 三、防垢剂的影响因素

防垢剂在油田生产中有 3 种使用方法：（1）将防垢剂作为注入水的添加成分，从注水井注入深部储层；（2）将防垢剂作为油井措施液的添加成分，从采油井注入近井地层；（3）将防垢剂直接投加到采油井筒中或地面集输系统中。

针对上述使用，对油田防垢剂的技术性能提出了以下基本要求[29-32]：防垢剂在低浓度下应有可靠的防垢能力、控制地层黏土运移和铁离子沉淀的能力；应与储层岩矿、流体及其他化学剂等配伍；挤注用防垢剂在高温高压条件下长期稳定，并且在地层岩石中吸附量较大，解吸附速率适中。

### （一）影响防垢剂效果的因素

#### 1. 温度对防垢剂的影响

关于防垢剂在地层温度下的稳定性问题[33-36]，正如以上所述，缩聚磷酸盐的热稳定性较差,如三聚磷酸钠和六偏磷酸钠等,在50℃就可能发生部分水解,水解产生的磷酸根离子与地层水中的钙、镁离子容易生成磷酸盐沉淀。有机膦酸盐类,可耐受200℃高温;而聚合物类,如聚马来酸盐(PMA)、聚丙烯酸盐(PAA)等也可在90~120℃使用。

2. $Ca^{2+}$、$Fe^{2+}$对防垢剂的影响

高浓度$Ca^{2+}$的相容性问题:油田地层水中的高浓度$Ca^{2+}$很容易与含羧酸聚合物发生反应,形成钙凝胶。有机膦的分子量小、官能团少,在高$Ca^{2+}$含量的水质中,容易形成不溶于水的有机膦酸钙沉淀。而在1atm❶、25℃时,磷酸钙的溶解度为0.02g/L,属于难溶盐。

$Fe^{2+}$等非成垢离子对防垢剂的负效应(拮抗效应)影响[37]:在油田生产中,天然地层水中、钻完井和增产液等工作液中或井筒管柱、地面系统的金属腐蚀,都可能产生$Fe^{2+}$和$Fe^{3+}$。

很多研究的普遍认识是$Fe^{2+}$对$CaCO_3$防垢剂的负效应影响显著。例如,Graham等发现,使用二亚乙基三胺五亚甲基膦酸(DETPMA)和膦羧酸(PCA)等常见膦酸盐防垢剂控制$CaCO_3$垢时,如测试溶液中添加10mg/L的$Fe^{2+}$,对应的防垢剂最低有效浓度比不含$Fe^{2+}$时,要增大100倍以上。

Wang等[38]和Peng等[39]针对加拿大巴肯储层的结垢问题,研究发现在典型巴肯地层水、90℃和pH值为7的条件下,$Fe^{2+}$使得有机膦酸盐防垢剂的防垢率平均下降15%(图4-5)。相同环境条件下,毛细管路动态法[40]测得的防垢剂最低有效浓度在没有$Fe^{2+}$时,为15mg/L;而有$Fe^{2+}$时,此值提高到17~18mg/L。生产现场的加注浓度试验也得到同样的结论。

Graham等[41]和Shen等[42]的很多研究都认为,上述结果的原因是$FeCO_3$垢对常规防垢剂的额外消耗。而Zhang等研究认为,$Fe^{2+}$的负效应是由于其和防垢剂能直接螯合沉淀,使防垢剂脱离溶液而失效,而$Fe^{3+}$的负效应,则主要是由于水解形成的$Fe(OH)_3$吸附防垢剂,阻碍了防垢剂效果的发挥。

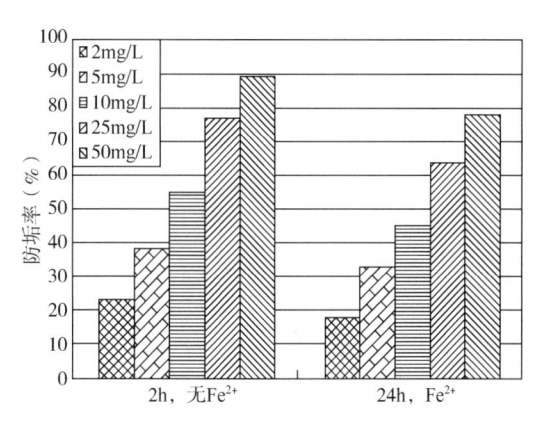

图4-5 巴肯地层水环境下$Fe^{2+}$对有机膦酸盐防垢剂的静态效果测试

为削减$Fe^{2+}$的负效应,可增大防垢剂加量或选择相应的改性有机膦酸盐防垢剂产品。削减$Fe^{3+}$的负效应,则可采用EDTA或柠檬酸,EDTA可直接螯合$Fe^{3+}$,而柠檬酸可在$Fe(OH)_3$表面优先吸附,发挥防垢剂作用。

高$Ca^{2+}$、$Fe^{2+}$共存时的影响:研究认为,当地层水中的溶解$Fe^{2+}$、$Ca^{2+}$含量高时,因$FeCO_3$、$CaCO_3$两种垢共存造成垢晶种子效应和形变,机制可能更加复杂,防垢难度显著加大。例如,巴肯油田油井产出的水矿化度约350g/L,其中$Ca^{2+}$为10000~25000mg/L,$Fe^{2+}$为50~300mg/L。此时$CaCO_3$和$FeCO_3$是主要的潜在垢,防垢剂就应优选有较高$Fe^{2+}$、$Ca^{2+}$

---

❶ 1atm=101325Pa。

容忍度的产品。

**3. $Al^{3+}$对防垢剂的影响**

采出水系统和循环水冷却系统中,因常使用铝系絮凝剂,对于流程中防垢剂的性能也会有影响。王印忠等研究了海水循环冷却系统中,$Al^{3+}$对含磺酸基防垢剂性能的影响。铝系絮凝剂(聚合氯化铝和硫酸铝)溶于水,产生多种$Al^{3+}$羟基配合物,对防垢剂性能整体为抑制作用。但随着絮凝剂加量和总铝残余浓度的增加,防垢性能先趋好后变差。分析原因是$Al^{3+}$替代$Ca^{2+}$、$Mg^{2+}$,与防垢剂发生螯合反应和阈值效应所致。

**4. $Fe_2O_3$对防垢剂的影响**

$Fe_2O_3$等腐蚀产物对不同类型防垢剂也有很大影响(表4-4、图4-6)。表4-5为2mg/L有机膦酸酯和有无$Fe_2O_3$时的防垢结果。在相同的实验条件下,所有防垢剂的防垢率都不同程度降低,降低幅度一般为40%~60%,HPA有近60%的损失。防垢率降低反映了$CaCO_3$过饱和溶液中,有机膦酸酯吸附在$Fe_2O_3$颗粒上,有效浓度耗尽。

**表4-4 $Fe_2O_3$对PAPEMP(3mg/L)性能的影响**

| 项目 | 无$Fe_2O_3$ | 50mg $Fe_2O_3$ | | | |
|---|---|---|---|---|---|
| 时间(min) | | 0 | 0.5 | 1 | 3 |
| 防垢率(%) | 76 | 55 | 50 | 45 | 42 |

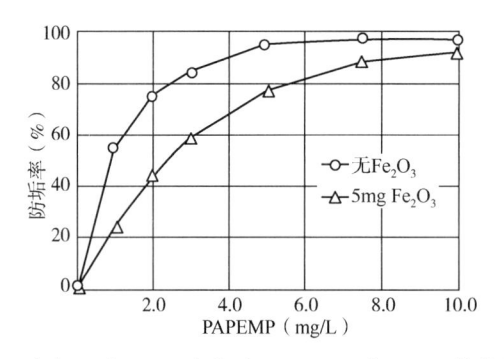

图4-6 在有、无$Fe_2O_3$存在时PAPEMP对$CaCO_3$的抑制作用

**表4-5 $Fe_2O_3$对不同类型防垢剂(2mg/L)性能的影响**

| 防垢剂 | 防垢率(%) | | | | |
|---|---|---|---|---|---|
| | HDPE | AMP | PBTC | HPA | PAPEMP |
| 无$Fe_2O_3$ | 97 | 97 | 97 | 48 | 75 |
| 50mg $Fe_2O_3$ | 58 | 50 | 55 | 20 | 45 |

扫描电镜和XRD方法研究发现,多氨基多醚基亚甲基膦酸(PAPEMP)、$Fe_2O_3$颗粒对$CaCO_3$微观晶形的影响较强,具体是:(1)PAPEMP对$CaCO_3$的防垢性能与分子结构有很强的关系;(2)仅单独存在$Fe_2O_3$时,其纳米颗粒覆盖方解石相;(3)少量(25~100mg)的$Fe_2O_3$锈蚀颗粒会大幅降低有机膦酸酯的防垢性能(图4-7)。通过提高防垢剂浓度可以克服这种负面影响。

(a) 1mg/L PAPEMP　　　　　(b) 25mg Fe₂O₃　　　　　(b) 1mg/L PAPEMP和25mg Fe₂O₃

图 4-7　不同情况下 $CaCO_3$ 晶体的 SEM 照片

## 第二节　钡锶垢防垢剂及配方

### 一、防垢剂类型及组成

钡锶防垢剂要实现高防垢率往往难度较大，现场产品既可以是单一组分的合成化学剂，也可以是常用防垢剂筛选出多种防垢剂等的复配产品。大多数防垢剂厂家将此类防垢剂的配方组成作为重要商业秘密，所以关于钡锶防垢剂配方具体组成的公开文献较少。以下是一种用于防 $BaSO_4$ 垢的挤注防垢剂，具体为含丙烯酸基团和季铵盐基团的改性聚合物防垢剂，其专利中的典型分子结构如下：

$$\left[\begin{array}{c}CH-CH_2\\|\\R_1\end{array}\right]_m\left[\begin{array}{c}CH-CH\\|\quad|\\R_2\ R_3\end{array}\right]_n\left[\text{季铵基}\right]_k$$

其中 $R_1$、$R_2$、$R_3$ 是不同的防垢功能基团，引入带正电荷的季铵盐基团是为了提高防垢剂在负电性储层表面的吸附能力，有助于延长防垢剂挤注的有效期。特别注意控制有机铵盐单体的正电荷量，以实现可吸附/可解吸附，避免吸附不可逆[43]。

### 二、钡锶防垢剂效果的影响因素

Mavredaki 等研究 $BaSO_4$ 垢的动力学过程，认为 $BaSO_4$ 的成垢过程是本体溶液和表面沉积同时发生，即使防垢剂抑制本体溶液的垢晶生长时，表面的垢晶生长还在继续。

钡锶防垢剂的防垢效果受温度、pH 值等多种因素的影响，这些因素既影响防垢剂分子的解离程度，又影响 $BaSO_4$ 的饱和比。防垢剂分子先解离，再与金属离子(如 $Ca^{2+}$、$Ba^{2+}$ 和 $Sr^{2+}$)形成不同亲和力的配合物。亲和力通过配体—金属结合常数(或稳定性常数)的大小来量化。例如，DETPMP 对 $Mg^{2+}$ 的亲和力略大于对 $Ca^{2+}$ 的亲和力，防垢剂会被 $Mg^{2+}$"毒害"。

#### (一) pH 值

在低 pH 值水平下，聚膦酸盐防垢剂会转化为相应的膦酸，而失去作用。与此相关的 DETPMP 分子(或任何膦酸)就不具备防垢能力。

#### (二) $BaSO_4$ 过饱和度及二价阳离子

Shaw 等[44-45]研究了海上油田随着注入海水/地层水混合比的改变，对应改变的：(1) $BaSO_4$

过饱和度和沉淀物质量；(2)混合盐水 $Ca^{2+}$ 与 $Mg^{2+}$ 的物质的量比；(3)盐水混合物中的离子强度等，对有机膦酸盐防垢效果的影响。

随着盐水的 $BaSO_4$ 过饱和度增加，防垢剂的最低有效浓度也相应提高。

根据其防垢效果/MIC 行为，将聚膦酸盐防垢剂分为两类：1 型(如 DETPMP 和 OMTHP)在低矿化度盐水中表现较好，MIC 水平主要受混合盐水的 $BaSO_4$ 过饱和度控制，对 $Ca^{2+}/Mg^{2+}$ 不太敏感；2 型(如 HMTPMP 和 HMDP)在高矿化度盐水中防垢效果较好，受盐水 $Ca^{2+}/Mg^{2+}$ 和 SR 的影响较大。防垢实验都在 95℃、pH≈5.5 的油田模拟产出水环境下进行。

油田地层水中 $Ca^{2+}$ 和 $Mg^{2+}$ 的浓度往往差别很大，全球约 300 个油田的地层水中对应的 $Ca^{2+}$、$Mg^{2+}$ 含量如图 4-8 所示。$Ca^{2+}$ 有助于提高聚膦酸盐对 $BaSO_4$ 的防垢效果，而 $Mg^{2+}$ 则倾向于降低防垢效果。

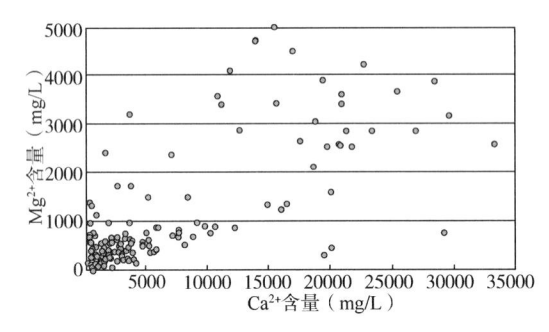

图 4-8　全球约 300 个油田原始地层水中的 $Ca^{2+}$、$Mg^{2+}$ 情况

注入海水/地层水混合比与 $BaSO_4$ 沉淀量的关系如图 4-9 所示。尽管在注入海水/地层水=10/90 左右时，$BaSO_4$ 的过饱和度相对较低，但出现了 $BaSO_4$ 的最大结垢量。此时采用聚膦酸盐防控 $BaSO_4$ 垢的相对效果最好，而在更高的混合比或过饱和度下，其防垢效果反而会减弱。

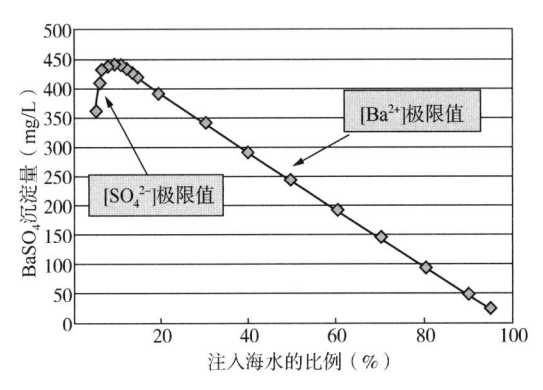

图 4-9　不同注入海水/地层水时最大 $BaSO_4$ 成垢量

95℃，pH 值为 5.5，使用 MultiScale 软件预测

## 第三节　特种垢的化学防垢剂

近年来，除了常见的硫酸盐、碳酸盐垢以外，国外油田开发中陆续出现的岩盐垢和硫化物垢等问题，也引起了人们的关注和研究。

## 一、复杂岩盐的抑制剂

研究者普遍认为岩盐防治研究的难度大于常规垢防治,主要是因为室内或现场生产环境中,岩盐沉积的稳定重现难度大,给抑制剂等控制措施的效果评价带来很大困难。

### (一) 岩盐沉积的分析方法

目前,还没有业界公认的岩盐沉积测试和控制的标准方法,Haiping Lu 等[46]对岩盐沉积的实验室测试系列方法进行了分析,认为主要分为以下几类:

(1) 通过在较高温度下冷却饱和溶液,产生过饱和溶液。

传统的静态瓶试法通常要将热饱和盐水溶液进行冷却,这就带来了随时间推移和温度变化所引起的偏差。另外,实验室内很难实现重复蒸发。

(2) 与在水中的 $CaCl_2$、$MgCl_2$ 等氯化物盐混合,强制沉淀 NaCl(包括 $CaCl_2$、$MgCl_2$、LiCl 等)。

(3) 将甲醇和饱和岩盐的盐水混合,沉淀 NaCl。

(4) 动力学浊度测试。该方法主要的作用是分析测试条件下岩盐抑制剂对结岩盐的动力学和机理的影响,筛选评价其性能。其优点是岩盐的沉淀量不会显著影响浊度测量,可提供比其他测试方法更可靠和可重现的结果,还可以快速提供结垢的信息。

动力学浊度测试的实验方法:采用紫外-可见分光光度计,测量特定波长下样品溶液的吸光度变化,研究沉积的动力学过程。实验温度一般为 4~95℃。

测试程序是:每组石英比色皿样品池中都配套有磁力搅拌。先将比色皿放入样品架中,加入 3mL 蒸馏水以建立浊度的基线。然后,向比色皿中依次加入阴离子盐水和不同浓度的抑制剂盐水,最后加入阳离子盐水。每 2min 读取一次分光光度计结果,连续测试 2h 以上。这种测试有两个基本功能。

(1) 动力学过程影响:通过观察不同抑制剂作用下吸光度随时间的变化关系,确定结垢动力学的反应速率,可有效区分不同抑制剂。此时浊度测试对应的特征波长是 350nm。吸光度变化越快,成垢速度越快。

(2) 温度影响:通过吸光度随温度的变化来确定成垢的温度。可以固定的幅度来升高或降低溶液体系的温度,模拟井下流体在产出过程的温度下降或通过地面加热炉时的温度升高等生产过程,从而影响结垢趋势。此时浊度分析对应的特征波长为 260nm。

### (二) 岩盐抑制剂及评价方法

岩盐抑制剂有多聚糖电解质、次氮基三乙酰胺(NTAA)、铁氰化钾和萘磺酸盐等。但其整体防垢效果受到以下主要问题的限制:

(1) 抑制剂加注浓度高,现场最低有效浓度往往高达 200~1000mg/L。

(2) 高矿化度盐水(TDS>200g/L)中,高岩盐含量会同时加剧碳酸盐和硫酸盐的混合结垢。例如,巴肯地区高矿化度盐水的结垢成分中,既有 NaCl,还包括 $CaCO_3$、$CaSO_4$ 及 $BaSO_4$/$SrSO_4$。

(3) 盐水中存在 $Ca^{2+}$、$Fe^{2+}$ 等阳离子时,常见的岩盐抑制剂,如次氮基三乙酰胺或亚铁氰化钾[$K_3Fe(CN)_6$]等往往失去防垢效果,还可能引起反应产物的二次沉淀等问题。

20 世纪 70 年代起,许多研究人员围绕卤化物抑制剂的化学性能开展研究工作。这些抑制剂在性能评价时，往往需要结合现场具体条件、操作流程进行细化。常规的岩盐抑制剂评价方法有如下3种。

（1）采用3种不同的NaCl溶液进行对比：接近饱和的溶液，含有杂质离子或不相容介质的接近饱和的溶液（如含$CaCl_2$的NaCl溶液，$CaCl_2$可在无须高温的情况下使NaCl过饱和），以及添加抑制剂的接近饱和的溶液。

（2）静态瓶试法：评价浓度为100mg/L、200mg/L时岩盐抑制剂的效果（图4-10）。在室温和85℃下，混合物溶液中加入200mg/L的聚合物盐抑制剂后，就可测得较高的可溶盐浓度。

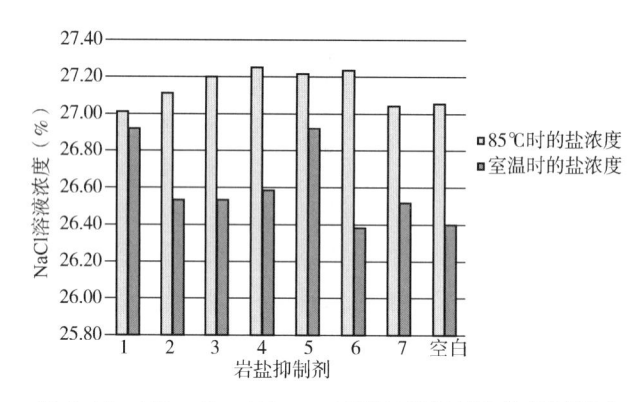

图4-10　100mg/L、200mg/L下岩盐抑制剂的静态瓶测试

（3）淡水试验：将最大质量的NaCl溶解在100mL蒸馏水中，并在特定温度下连续增加抑制剂浓度（10mg/L、50mg/L、100mg/L、500mg/L和1000mg/L），评价岩盐抑制效果。

为进一步延长抑制剂的有效期，也有将其制成包覆岩盐抑制剂的支撑剂，混合到常规支撑剂中，在压裂阶段挤入储层。后期与产出液接触可以实现延时释放。

## 二、铅、锌硫化物垢的防垢剂研究

ZnS垢的测试和防治研究中，因为涉及含$H_2S$条件相关的安全环保问题和防护要求，增大了研究难度[47-48]。Kaplan介绍了此类防垢剂的实验室筛选方法，并且用现场测试数据证实了这些产品的有效性。

Emmons和Chestnut结合现场试验，认为有机膦酸盐防垢剂虽然能够有效地控制碳酸盐/硫酸盐垢，但不能有效控制ZnS、PbS垢的沉积，而采用聚合物类防垢剂，能有效控制ZnS垢。其优势是一方面除去了产出液中稳定油水界面的$ZnSO_4$垢晶等微粒，有利于油水分离；另一方面，聚合物防垢剂的表面活性特点还会起到降低油水界面张力的作用。但试验中要注意，溶液中高浓度的$Fe^{2+}$（250mg/L）对聚合物类防垢剂的防垢效果有副作用。

# 第四节　防垢剂的评价方法研究

在不同工业生产环境中，应用防垢剂时，都需要从防垢剂产品、加注后的混合溶液、生产工艺参数对性能的变化影响和限制性要求等方面，进行对应的评价方法研究。防垢剂的活性物质检测评价，可以帮助油田用户从源头上掌握到货产品质量；产出液中防垢剂残余浓度的检测,是评估加注效果、调整加注工艺、优化加量和控制成本的重要保障;防垢剂的实际防垢性能和综合工艺性能评价,则有利于药剂整体效果发挥,掌握不同工艺参数变化后的动态影响。

本节将结合国外标准、同行的经验做法等,梳理防垢剂检测评价的主要实施流程。需要注意的是,其中所引用的技术标准都是相对定量的测试方法,应用时要充分考虑到采出水矿化度和组分、温度以及检测人员的操作等可能带来的不确定性误差。

## 一、防垢剂的有效浓度检测技术

主要从防垢剂产品的活性物质和产出液中防垢剂残余浓度两个方面的检测技术进展进行梳理分析。

### (一) 防垢剂产品的活性物质检测

常规水处理用防垢剂的单剂产品,如聚偏磷酸钠、有机膦酸盐、多元醇膦酸酯和磺酸类共聚物、聚环氧琥珀酸(盐)等,都有相应的国家标准或化工行业标准,规定了活性物质含量、密度、黏度和pH值等物理化学指标[49-50]。

1. 聚膦酸盐和有机磷酸盐等防垢剂

对于此类产品,首先要鉴别其中是否含有正磷酸、偏磷酸等基团,然后采用对应的活性组分测定方法。

(1) 聚偏磷酸钠测定总磷酸盐含量:将试样溶液加硝酸溶液,加热水解为正磷酸盐,加入喹钼柠酮溶液后生成磷钼酸喹啉溶液,过滤、洗涤、干燥、称量。

(2) 羟基亚乙基二膦酸(HEDP)或其二钠盐、多氨基多醚基亚甲基膦酸(PAPEMP)测定活性组分含量:将试样溶液加入硫酸和分解剂加热水解,转变为正磷酸。加入喹钼柠酮溶液后,生成磷钼酸喹啉沉淀,过滤、洗涤、干燥、称量,计算总磷含量。减去正磷酸、亚磷酸相当的磷含量后,计算出活性成分。

(3) 氨基三亚甲基膦酸(ATMP、固体)、乙二胺四亚甲基膦酸钠(EDTMPS)、乙二胺四亚甲基膦酸五钠(EDTMP·5Na)测定活性组分:将试样溶液在pH≈10的介质中,有机膦酸与铜离子形成稳定的配合物,以紫脲酸铵作指示剂,用硫酸铜标准滴定溶液滴定。

(4) 氨基三亚甲基膦酸钠盐(ATMP·4Na/5Na)、二亚乙基三胺五亚甲基膦酸钠(DTPMP·3Na/7Na)测定活性组分:向试样溶液中加入盐酸,使其转化为ATMP或DTPMPA。离解出的氢离子与碱中的氢氧根离子反应。电位滴定过程中产生两个突跃点,根据两个突跃点所消耗的标准溶液体积计算出活性组分含量。

(5) 多元醇磷酸酯测定磷酸酯及无机磷酸含量:向试样溶液中加入NaOH溶液中和,然后连续滴定。滴定过程中产生两个突跃点(化学计量点),用自动记录仪绘制滴定曲线。然后加入$CaCl_2$进行转换,继续滴定,至第三个突跃点即第三化学计量点。由3个化学计量点所消耗的碱液量分别计算出磷酸酯和无机磷酸的含量。

2. 部分不含磷的防垢剂

对于此类产品,首先采用红外光谱仪或核磁共振仪鉴别产品中是否含有对应的活性基团,然后进行有效含量分析。

(1) 聚天冬氨酸盐(PASP):采用红外光谱仪鉴别产品。测定固体含量时,在120℃±

2℃下，将约 0.7g 试样在电热干燥箱中烘干 4h 至恒重，通过烘干前后的质量变化得到结果。

（2）聚环氧琥珀酸盐（PESA）、丙烯酸-2-甲基-2-丙烯酰氨基丙磺酸类共聚物：采用核磁共振仪鉴别产品，根据碳原子在 $^{13}C$ 核磁共振谱图上的特定化学位移进行判断。测定固体含量时，在 120℃±2℃下，将约 0.7g 试样在电热干燥箱中烘干 4h 至恒重，通过烘干前后的质量变化得到结果。

### （二）油田采出液中的防垢剂残余浓度检测方法

工业锅炉用水、循环冷却水或油田生产的低矿化度水系统中，对溶液中防垢剂浓度的检测，方法原理与防垢剂产品的活性物质检测基本一致。主要根据水中总磷量的化学显色分析方法控制加药浓度。即先将聚磷酸盐和有机磷整体加酸水解，转化为正磷酸盐，再通过磷钼酸盐/抗坏血酸显色反应生成磷钼蓝，通过分光光度仪比色法分析、定量。国外称这种分析方法为 wet chemical phospho-molybdenum technique 或 wet chemical，对应的国家标准是 GB/T 6913—2008《锅炉用水和冷却水分析方法 磷酸盐的测定》等。

而油田产出液中，准确的残余浓度数据是客观、真实地反映实际防垢效果和精确防控的基础。但含防垢剂溶液的高矿化度、机械杂质和悬浮物及特定的低防垢剂浓度（小于20mg/L后）等，给防垢剂残余浓度的测试带来了很大挑战，需要通过复杂的前处理、低浓度防垢剂的富集等方式，以便后续的准确分析。

另外，油井挤注或井筒加注的防垢剂种类较多，有机膦酸盐或含磷的防垢剂室内或现场检测易于实现，而无磷的含羧基、磺酸基防垢剂需要配套 ICP、HPLC 等大型分析设备，现场残余浓度检测难度较大[51-56]。

#### 1. 检测的干扰和前处理

针对油田室内实验模拟水和现场采出液两种介质，要充分考虑以下因素的影响：各类防垢措施后，长期连续产出液中的防垢剂 MIC 值一般很低，对浓度分析手段的精度要求高；高矿化度采出液环境下，化学显色反应等的干扰因素多，如氯化物干扰[阳离子显色剂中的季铵盐成分与采出液中的高含量 $Cl^-$ 等阴离子反应（离子含量最多为 55000mg/L），立即形成浑浊沉淀，从而影响分光度的测量，使其测量值偏大]。溶液中过量的 $BaSO_4/SrSO_4$ 等沉淀导致的浑浊，也会严重干扰显色反应。现场采出液中可能含有的 $S^{2-}$ 及硫化物，会使钼酸盐显色剂产生强烈的蓝色。还有采出液中的原油、柴油等可溶性有机物及破乳剂、杀菌剂等井筒化学剂带来的干扰；其他悬浮物质造成的干扰。对不同水质，要具体分析可能的干扰物，并采取对应预处理或防干扰措施。

1）样品处理

生产的水的样品处理程序通常用分液漏斗分离油和水，或分析滤纸过滤水样中的悬浮物等，然后收集水样，用注射器、移液管等将测定混合物转移到试瓶中。应避免将水样与显色剂的混合物倒入试瓶，否则产生的微气泡会造成吸光度小幅增加（绝对偏差约 0.2），影响分光光度仪的测试结果。

2）$C_{18}$ 柱的除盐和防垢剂富集

采用 Sep-Pak $C_{18}$ 柱。$C_{18}$ 柱是含有十八烷基硅烷[$Si(CH_3)_2C_{18}H_{37}$]键合相填料的一次性吸附柱。原理是 $C_{18}$ 柱会吸附水溶液中的中性/含氢键物质，但不吸附具有干扰性的盐离子。对于水溶液中易离解的羧酸盐等防垢剂，可将溶液 pH 值降低到 1.5~2，使防垢剂保持未解离状态。

处理高含盐或采出水溶液前，先用水溶性有机溶剂（如甲醇）预润湿 $C_{18}$ 柱，再用蒸馏水冲洗。从 $C_{18}$ 柱的长端注入采出水溶液，防垢剂先吸附在填料上，与盐分离，然后用柠檬酸盐缓冲液或氢氧化钠等洗脱液，从 $C_{18}$ 柱的短端将防垢剂洗脱出来，进入后续的化学显色或仪器分析(图 4-11)。

3）典型前处理过程

用防垢剂、蒸馏水配制防垢剂活性成分含量为 1000mg/L 的原液。

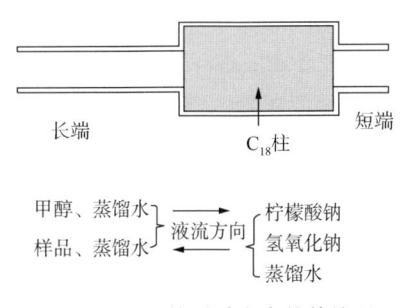

图 4-11　$C_{18}$ 柱对采出水的前处理

用采出水或注入水等将原液配制成浓度为 0~10mg/L 的 50mL 防垢剂标准溶液。

滴加 10% 的盐酸，调整标准溶液的 pH 为 1.5~2.0。

用 5mL 甲醇从 SEP-Pak $C_{18}$ 柱的长端注入，然后缓慢注入 10mL 蒸馏水，丢弃排出的溶液。

用 60mL 注射器和注射器泵将防垢剂溶液从 $C_{18}$ 柱长端注入。然后，注射器吸取 10mL 蒸馏水，清洗 $C_{18}$ 柱。丢弃两次收集的排出液。

将 $C_{18}$ 柱换向，从短端接 10mL 注射器。用注射器泵将 10mL 的 5% 柠檬酸钠溶液（解吸附剂）注入 $C_{18}$ 柱，缓慢洗脱防垢剂，洗脱液收集在 50mL 容量瓶中。再用注射器泵将相同注射器内的 10mL 蒸馏水注入 $C_{18}$ 柱，收集洗脱液在同一容量瓶中，后续进行显色分析或仪器分析。

此外，还可采用凝胶渗透色谱法将含磷聚合物与油气井产出液中的其他组分分离。

2. 化学显色分析法

基本原理是将水样中的磷酸盐、磷酸酯等转化为正磷酸盐，与显色剂（钒钼酸铵、Hyamine 1622 等）反应生成鲜艳颜色的配合物。特征颜色的强度（吸光度）与磷浓度成正比，然后进行分光光度法测定[57-59]。对应的检测波长值可以根据显色剂、分光光度仪检测范围进行选取。

1）钒钼酸显色法

对酸性介质水样中的正磷酸盐与钒钼酸反应，生成黄色的磷钒钼酸配合物，然后进行分光光度法测定，一般采用 20mm 比色皿时的检测波长是 420nm，详见 GB/T 6913—2008《锅炉用水和冷却水分析方法　磷酸盐的测定》。

2）钼酸蓝显色法

与钒钼酸显色法相比更适合于现场操作，主要方法是磷酸盐、磷酸酯等与过硫酸钾反应形成正磷酸盐，加入 PhosVer 3 试剂反应形成蓝色配合物。一般采用 20mm 比色皿时的检测波长是 650nm。

对于高浓度的残余浓度，使用高浓度标样，如 10mg/L、25mg/L、50mg/L 和 100mg/L，并且使用较小的标样体积。对于低残留浓度，使用 0、1mg/L、2mg/L、5mg/L、10mg/L 和 15mg/L 规格的标样浓度。

标准曲线的绘制：量取 10.0mL 标准样品，加入容量瓶中。向瓶中加入 11mL 蒸馏水，添加 2.0mL 5.25mol/L 硫酸溶液。向瓶子中加入一个过硫酸钾试剂粉枕包的药剂和磷酸酯反应。盖紧盖子，摇晃混匀，然后放到沸水浴中加热30min，取出并冷却到室温。

继续向瓶子中添加2.0mL 5.0mol/L NaOH溶液。盖紧盖子，并摇晃使其混合。向瓶子中添加1个PhosVer 3磷酸盐指示剂粉枕包的药剂，盖紧盖子，摇晃使其混合，静置2min使其形成蓝色溶液，然后转移到比色皿中，在650nm波长下测量其吸光度，制作校准曲线。

未知浓度样品的分析：量取0.5mL样品，加入容量瓶中。向瓶子中加入20.5mL去离子水、2.0mL 5.25mol/L硫酸溶液、1个过硫酸钾试剂包的粉末和磷酸酯反应，摇匀，将瓶子放到沸水浴中加热30min。将瓶子从水浴中取出并冷却到室温。向瓶子中添加2.0mL 5.0mol/L NaOH溶液。盖紧盖子，并摇晃使其混合。注意：如果盐水中含有较高浓度的钙离子，瓶底可能会有$CaSO_4$析出，此时移取15mL的清液到干净的瓶子中。向瓶子中添加1个PhosVer 3磷酸盐指示剂粉枕包的药剂，盖紧盖子，摇晃使其混合，静置2min使其形成蓝色溶液，然后转移到比色皿中，在650nm波长下测量其吸光度。

3) Hyamine 1622显色法

Hyamine 1622(苯扎氯胺)(图4-12)是一种季铵盐阳离子溶液，可与磷酸盐反应显色。一般采用20mm比色皿时的检测波长为650nm。

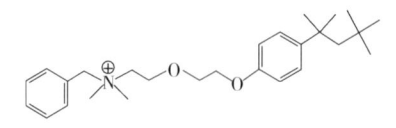

图4-12 Hyamine 1622的化学结构式

(1) 标准Hyamine 1622方法。

在适当的盐水中，用0、1mg/L、2mg/L、5mg/L、8mg/L、10mg/L、12mg/L、15mg/L、20mg/L和25mg/L的标准制备校准曲线。测试时，进行现场水样的必要前处理，并收集过滤液。将防垢剂过滤液稀释至0~25mg/L浓度。将25mL稀释液倒入长度约25cm透析管，透析管应提前用半透膜密封底端。将透析管悬吊在蒸馏水容器中，并且保持稀释液面高度与蒸馏水高度相同，进行膜分离(通常在10L蒸馏水中最多放入10只透析管)。通过磁力搅拌器搅拌蒸馏水超过1h，以分散透析出的电解质。取出透析管，将内容物倒入量筒中，用少量蒸馏水冲洗。加入5mL的10%柠檬酸钠溶液(总体积50mL)。将溶液稀释至50mL。用移液管将25mL溶液移入玻璃烧杯；加入浓度为5000mg/L的Hyamine 1622试剂5mL；搅拌40min后，将部分溶液倒入2cm比色皿中，用分光光度计测量500nm处的吸光度。对照先前的标准曲线，确定溶液中防垢剂的浓度。

(2) 修订的Hyamine 1622方法。

在适当的盐水中使用0~100mg/L的标准防垢剂制备校准曲线。将防垢剂溶液稀释至浓度为0~100mg/L。用移液管将1mL稀释液移入烧杯，加0.2mL 10%柠檬酸钠溶液。用蒸馏水补足8mL。加入0.4mL 5000mg/L的Hyamine 1622水溶液并摇匀。40min后，将部分溶液移入2cm比色皿中，用分光光度计测量500nm处的吸光度。对照先前的标准曲线，确定溶液中防垢剂的浓度。

标准Hyamine 1622方法相对操作比较复杂，并且测定中多次操作处理、样品稀释比例高和前处理或透析管上的防垢剂吸附损失等，带来较大误差。与之相比，修订的Hyamine 1622方法所需待测样品的量更少，提高了防垢剂的可检出浓度区间，检测限更低，样品预处理更简单，分析所需时间更短，并且试验的准确性和重现性水平显著提高。

不同地层水的磺酸共聚物防垢剂低浓度(1mg/L、5mg/L和0~100mg/L)溶液中，标准的Hyamine 1622方法多次平行测试分析，相对标准偏差为12%，测试值与实际浓度间的误差超过10%；修订的Hyamine 1622方法的相对标准偏差小于6%，误差不大于8%，其重现性和准确性都更优。而在防垢剂高浓度(50~1000mg/L)的同样水质环境下，修订的 Hyamine 1622 方法实测值的变化范围在 2%以内，也低于标准 Hyamine 1622 方法测试结果的误差(超过 10%)。

4) 氯化频哪氰醇显色分析方法

聚乙烯磺酸盐或含有乙烯基磺酸盐基团的共聚合物类防垢剂，如 PFC、PVS、VS-CO、SPPCA 等，因为磺酸基团的离子性质，$C_{18}$ 柱法无法完全将防垢剂与盐水电解质成分分离，Marathon 公司和 Baker Performance Chemicals 公司等提出了针对性的氯化频哪氰醇/分光光度法分析方法。氯化频哪氰醇(图 4-13)是一种喹啉季铵盐阳离子溶液。

具体流程：用蒸馏水或地层水、防垢剂原液，稀释配制 20mL 的防垢剂标准浓度溶液 [0、1mg/L、2mg/L、5mg/L、8mg/L、10mg/L、15mg/L、20mg/L 和 30mg/L(活性)]，用于确定校准曲线的注入海水(NSSW)、地层水(FW)等。

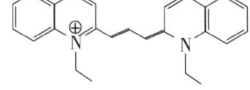

图 4-13 氯化频哪氰醇的化学结构式

将 1mL 标准防垢剂溶液加入 20mL 新制备的氯化频哪氰醇溶液中，静置 2min 后，采用 20mm 比色皿时的检测波长是 485nm。绘制归一化校准曲线。

对未知样品，检测其吸光度值，通过校准曲线，确定防垢剂溶液的浓度。

5) 需要特别注意的影响因素

Hyamine 1622、氯化频哪氰醇等显色溶液会随着时间的推移而分层，实验前应采用新配制的溶液。每次检测前，应彻底清洁比色皿，以防残留显色剂干扰正常读数。应对每个样本至少进行 3 次单独的检测。

3. ICP 检测方法

针对膦酸盐和含磷聚合物类防垢剂中磷元素含量，非常低(低于 mg/L 水平)时，可采用定量灵敏度更高的电感耦合等离子体发射光谱法—质谱法(ICP-MS)。还有电感耦合等离子体发射光谱法(ICP-AES)(表 4-6)。一般检测时的特征波长为 177.440nm。

表 4-6 不同类型防垢剂适应方法

| 检测方法 | 防垢剂类型 | 备 注 |
| --- | --- | --- |
| 钼蓝法 | 膦酸盐 | (1) 在模拟盐水分析中非常准确。<br>(2) 现场水样分析需要前处理。<br>(3) 校准需要现场水样。<br>(4) 背景干扰可能导致检测结果偏高，硫化物干扰可能导致结果不准确 |
| | 聚羧酸盐 | (1) 在模拟盐水分析中非常精确。<br>(2) 在特定的现场水样分析精度较差。<br>(3) 膦酸盐干扰 |
| ICP | 膦酸盐/聚羧酸盐 | 准确检测各种盐水 |
| Hyamine | 聚羧酸盐/聚丙烯酸酯 | (1) 准确检测各种盐水。<br>(2) 污染严重的盐水误差较大 |
| | 乙烯磺酸盐/聚丙烯酸酯 | (1) 准确检测许多盐水。<br>(2) 分离防垢剂的必要预处理 |

续表

| 检测方法 | 防垢剂类型 | 备注 |
|---|---|---|
| 氯化频哪氰醇/分光光度法 | 乙烯磺酸盐/聚丙烯酸酯 | (1) 低盐度水中的检测。<br>(2) 分离防垢剂的预处理有助于检测高盐度水。<br>(3) 背景非常多变，校准和重复分析必不可少 |

ICP 检测的缺点是：(1)仪器成本高；(2)无法准确测定不含磷的磺酸聚丙烯酸共聚物(VS-Co)、聚乙烯磺酸盐(PVS)等防垢剂；(3)ICP 检测的是含防垢剂样品中的总磷，没有分子结构信息，无法区分特定聚合物防垢剂中的有机磷和无机磷，或地层中的天然磷、其他化学来源的磷。例如，向同一口井的地层挤注防垢剂时，井筒也连续加注防垢剂，在两种防垢剂体系都含有膦酸盐活性成分的特殊情况下，ICP-AES/MS 方法就无法定量区分具体的防垢剂，并且低含磷的聚合物可能因检测结果乘以放大倍数，给最终数据造成很大误差。

此时可采用电喷雾离子化质谱法(ESI-MS)，通过其离子化过程中的"软"离解，保持膦酸盐的分子结构，根据不同防垢剂的具体质荷比($m/z$)选择性地检测。但要特别注意防止油气井产出水中的氯化物对低浓度磷酸盐检测的严重干扰，其可能的原因是：(1)卤水中高浓度的氯化物显著抑制膦酸盐的离子化；(2)含氯离子的化合物可能与膦酸盐具有相同的质荷比。

**4. HPLC 等其他方法**

ICP 检测磷的精度可达到 1mg/L 以下，高效液相色谱 HPLC 精度可达到 2~3mg/L，配套质谱检测手段后精度可以达到 1mg/L 以下。HPLC 技术的优点是适于硫酸盐、碳酸盐结垢条件下对多种防垢剂进行检测，不受干扰。可能会影响探测器基线的高 $SO_4^{2-}$、$Cl^-$ 高盐度干扰，可以通过稀释样品解决。

Zhang 等[60]针对溶液中的混合膦酸盐防垢剂区分问题，通过模拟实验对比了反相高效液相色谱—质谱法(HPLC-MS)、亲水相互作用液相色谱—质谱法(HILIC-MS)和离子色谱—质谱法(IC-MS)3 种方法，以检测区分 NaCl 水溶液中的两种不同膦酸盐防垢剂。同时，他们发现 IC-MS 方法能够比较好地解决氯化物的干扰问题。

Todd 等针对聚合物防垢剂开展了高效液相色谱检测研究[61]。具体方法是：采用凝胶渗透色谱柱分离出现场水样中的含磷基团，然后用高效液相色谱配套电子测量检测器，采用乙腈和水配制的缓冲液为流动相。流速梯度，注入量 200μL。加热炉温：室温。试剂：水 18mΩ，产生原位(图 4-14)。

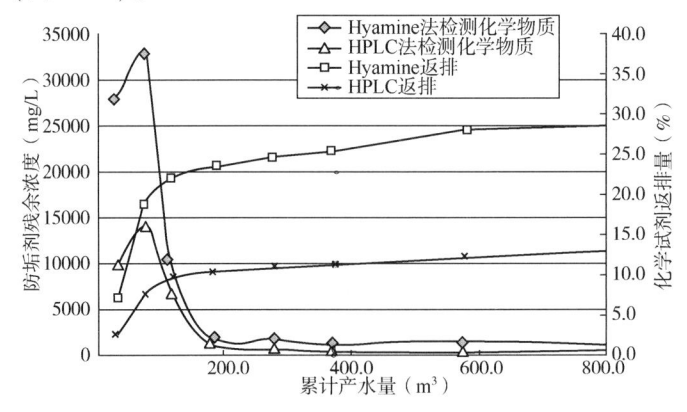

图 4-14 挤注作业后的初始返排液中防垢剂含量检测

**5. 提高聚合物防垢剂可检测性的方法**

针对许多聚合物防垢剂由于地层吸附水平较低，需增加挤注措施次数，且聚合物类的检测难度大的问题，将含磷物质引入聚合物分子结构。一方面，磷提高了防垢效果和吸附能力，延长了挤注寿命；另一方面，改善了防垢剂的可检测性，能够通过 ICP 进行分析。例如，与多元羧酸相比，膦基聚羧酸(PPCA)性能有较大改进，但是由于磷水平低，需要通过经典聚合物方法进行检测。

为提高聚合物防垢剂的可检测性，将聚合物防垢剂与乙烯基膦酸(VPA)等反应，在聚合物主链结构上接枝含膦基团封端[62]。同时，改善了防垢剂的可检测性，能够通过 ICP 进行分析。例如，与多元羧酸相比，膦基聚羧酸(PPCA)性能有较大改进，但是由于磷水平低，需要通过经典聚合物方法进行检测。尽管这些防垢剂具有优异的抑垢性能，并且在挤注期内的检出限较高，但使用 VPA 后，对应防垢剂的价格昂贵。

针对现场采出液中不同类型防垢剂的残余浓度在线检测，Heath 等近些年探索了荧光法、时间分辨荧光(TRF)法、表面增强纳米技术等新型定量检测技术[63-66]，显示出较高精度的最低检出浓度，很有前瞻性，预期会有广阔的应用前景。

## 二、防垢剂的防垢性能评价方法

国内针对循环冷却水系统的防垢剂性能评价开展的研究比较多，如王风云等探讨了低矿化度水体系的碳酸盐防垢剂性能评定方法中应关注的问题。在碳酸钙防垢剂性能评价等方面，有 GB/T 16632—2019《水处理剂阻垢性能的测定 碳酸钙沉积法》等系列标准。

油气田环境下的防垢剂性能评价，主要有评价静态防垢性能的静态瓶试法和模拟工况环境的毛细管路系统动态评价方法。静态瓶试法是最传统、常用的方法，实验流程要求多且时间较长(2~24h)。动态评价方法实验便捷，操作较为简单，但对仪器设备要求较高[67-69]。有条件的研究者通常在防垢剂机理研究和效果评价时，利用两种方法的各自优点，结合起来应用。

**（一）防垢性能的静态评价**

**1. NACE 关于 $CaSO_4$ 及 $CaCO_3$ 防垢剂的标准**

NACE TM 0374—2015《石油和天然气生产系统溶液中 $CaSO_4$ 及 $CaCO_3$ 防垢剂的室内实验方法》标准通过实验室静态筛选测试，评价 $CaSO_4$ 和 $CaCO_3$ 的防垢剂性能，并对不同防垢剂进行排序。该标准未考虑现场生产环境下的温度、压力及流体流态、垢动态分散等因素对垢沉积的影响。

1) $CaSO_4$ 沉淀实验

(1) 用蒸馏水或去离子水配制含阳离子、阴离子的盐水。

含 $Ca^{2+}$ 盐水：7.50g/L NaCl 和 11.10g/L $CaCl_2 \cdot 2H_2O$，$Ca^{2+}$ 含量为 3027mg/L。含 $SO_4^{2-}$ 盐水：7.50g/L NaCl 和 10.66g/L $Na_2SO_4$，$SO_4^{2-}$ 含量为 7207mg/L。

(2) 制备 1% 和 0.1% 的防垢剂稀释液。

1% 稀释液适用于防垢剂浓度大于 10mg/L 的实验。0.1% 的稀释液适用于防垢剂浓度小于 10mg/L 的实验。

(3) 用 1% 或 0.1% 稀释液将所需量的防垢剂移入试瓶中。然后，向试瓶中加入 50mL 含 $SO_4^{2-}$ 盐水并充分摇匀、分散。

（4）向试瓶中加入 50mL 含 $Ca^{2+}$ 盐水，立即盖上试瓶并摇匀。

（5）按照前述步骤，准备对照组的无防垢剂混合盐水试瓶和 $Ca^{2+}$ 盐水试瓶。

（6）将所有试瓶置于 71℃±1℃ 的烘箱或恒温水浴中，恒温 24h。然后取出试瓶，在 2h 内冷却至 25℃±5℃。

（7）移取 1mL 试瓶内上清液，测定 $Ca^{2+}$ 浓度。

2）$CaCO_3$ 沉淀实验

准备试瓶，注意：测试溶液上方的蒸气空间量将影响测试结果。为了最大限度地提高测试结果的有效性和可重复性，选择容积比平均测试容量大 5% 以上的试瓶。

制备含 $Ca^{2+}$ 盐水：33.0g/L NaCl，12.15g/L $CaCl_2 \cdot 2H_2O$ 和 3.68g/L $MgCl_2 \cdot 6H_2O$，$Ca^{2+}$ 含量为 3312mg/L。

制备含 $HCO_3^-$ 盐水：33.0g/L NaCl 和 7.36g/L $NaHCO_3$，$HCO_3^-$ 含量为 5346mg/L。

用蒸馏水制备 1% 和 0.1% 的防垢剂稀释液，将所需量的防垢剂移入每个试瓶中。

溶液混合前，通过插在容器底部的多孔玻璃管通入 $CO_2$ 气体形成鼓泡，使盐水饱和。对应 125mL 溶液的通入 $CO_2$ 时长应大于 15min。

将 50mL 含碳酸氢盐的盐水移入防垢剂试瓶中，并充分混合、分散，然后加入 50mL 含 $Ca^{2+}$ 盐水。

立即盖上试瓶并混匀盐水和防垢剂。试瓶必须盖紧以避免 $CO_2$ 流失。注意：当 $CO_2$ 饱和的测试盐水接近并达到测试温度时，试瓶内会有压力。

按照前述步骤，准备对照组的无防垢剂混合盐水试瓶和 $Ca^{2+}$ 盐水试瓶。

将所有试瓶置于 71℃±1℃ 的强制通风烘箱或恒温水浴中，恒温 24h。然后取出试瓶，在 2h 内冷却至 25℃±5℃。

移取试瓶内 1mL 上清液到合适容器中，测定 $Ca^{2+}$ 浓度。

防垢率 $x$ 计算如下：

$$x = \frac{C_a - C_b}{C_c - C_b} \times 100\%$$

式中，$C_a$ 为沉淀后，经处理的样品中的 $Ca^{2+}$ 浓度；$C_b$ 为沉淀后，无防垢剂的空白溶液中 $Ca^{2+}$ 浓度；$C_c$ 为沉淀前，无防垢剂的空白溶液中 $Ca^{2+}$ 浓度。

3）上述两个测试中需要注意的部分

（1）采用清洁、无尘的约 125mL 具密封塞玻璃瓶。建议所有测试都进行平行实验。

（2）指定试剂完全溶解后，可能会残留极少量的不溶物质。为了保持结果的一致性，溶液应通过 0.45μm 过滤器过滤，以除去极少量的不溶物。

（3）各步骤中，应通过 ASTM D511《水中钙镁离子的标准测试方法》、ASTM D1126《水硬度的标准实验方法》、APHA《水和废水检测标准方法》或其他可接受的测试方法，按规定程序测定 $Ca^{2+}$ 浓度。注意：重复测试样品的 $Ca^{2+}$ 浓度值偏差，通常在 2% 或 5% 以内。

2. NACE 关于 $BaSO_4/SrSO_4$ 防垢剂的标准

NACE 针对石油和天然气生产溶液环境的 $BaSO_4$ 或 $SrSO_4$ 防垢剂，制定了 NACE TM 0371《油田现场用 $BaSO_4/SrSO_4$ 防垢剂的室内筛选实验方法》。

1）实验设备和溶液配制

实验设备：恒温水浴或强制通风的烘箱、分析天平；具塞的磨口玻璃锥形瓶，容量为 100~125mL；装有可重复提供 50mL 测试溶液的分配器的烧瓶；带 0.45μm 醋酸纤维素膜过滤器的过滤器组件；pH 计。实验溶液：缓冲溶液、未过滤盐水、防垢剂溶液及蒸馏水。

实验溶液的制备有 3 种方式：(1) 选择适于实验的复合盐水，并确定所有离子的浓度。(2) 复合实验盐水，可以是生成 $BaSO_4$ 或 $SrSO_4$ 的过饱和盐水，或在对应的混合比中，两种不相容的盐水。(3) 3 种盐水组分 A、B 和 C。盐水 A 应包含 $Ba^{2+}$、$Sr^{2+}$ 等所有多价阳离子，盐水 B 包含对应比例的阴离子，如 $SO_4^{2-}$。盐水 C 用于补充 $Na^+$、$Cl^-$ 等剩余离子，以保证最终混合盐水的离子平衡。还应有足够的缓冲溶液，以混合到盐水 A 中，使 A+B、A+C 的复合盐水溶液达到实验温度下的 pH 值。实验时，将各种盐水分别转移到烧瓶内，放入烘箱或恒温水浴中，升温至测试温度。

2) 实验程序

(1) 将 50mL 的组分盐水放入标记的测试瓶中。将盐水 C 对应的测试瓶标记为"控制"，盐水 B 标记为不含防垢剂的"空白"。

(2) 防垢剂加注到盐水 B 的测试瓶内。有效加量的范围应足够宽，以区分防垢剂的加量不足（结垢沉淀）和过量（无沉淀）。

(3) 将测试瓶置于烘箱或恒温水浴中，达到与现场环境对应的测试温度。

(4) 当盐水达到实验温度时，将盐水 A 分别与盐水 B 或盐水 C 混合。紧固测试瓶瓶盖，上下振荡 10 次，立即将测试瓶放入恒温中。烘箱稳定在测试温度并启动计时($t=0$)。实验时间应为 1~24h。可准备一定数量的平行样品，以在不同测试时段进行重复比对测试。

指定的测试持续时间结束时，依次取出每个测试瓶，并立即取盐水进行可溶性阳离子（$Ba^{2+}$、$Sr^{2+}$ 等）等的分析。测试时间尽可能地短，如有必要应对样品进行稳定处理。

空白分析可建立无防垢剂时的 $Ba^{2+}/Sr^{2+}$ 含量，以明确最高防垢率（100% 防垢）时的 $Ba^{2+}/Sr^{2+}$ 含量。

3) 测试结果的计算和报告

针对防垢剂每个对应浓度，得到对应的 $BaSO_4$、$SrSO_4$ 防垢率或可溶性 $Ba^{2+}$ 或 $Sr^{2+}$（$M^{2+}$）的保留率：

$$BaSO_4 \text{ 或 } SrSO_4 \text{ 防垢率} = \frac{C(t) - C_b(t)}{C_0(t) - C_b(t)} \times 100\%$$

$$Ba^{2+} \text{ 或 } Sr^{2+} \text{ 保留率} = \frac{C(t)}{C_0(t)} \times 100\%$$

式中，$C(t)$ 为不同时间 $t$ 时测试样品的 $Ba^{2+}$ 或 $Sr^{2+}$ 浓度，mg/L；$C_0(t)$ 为时间 $t=0$ 时控制样品的 $Ba^{2+}$ 或 $Sr^{2+}$ 浓度，mg/L；$C_b(t)$ 为不同时间 $t$ 时空白溶液（无防垢剂）的 $Ba^{2+}$ 或 $Sr^{2+}$ 浓度，mg/L。

4) 特别注意事项

(1) 应采用 0.45μm 醋酸纤维素膜过滤器过滤每个组分盐水。

(2) 部分中和的 1mol 乙酸、甲酸或咪唑可用于将复合实验盐水 pH 值调节至期望值，如[乙酸]=[乙酸根]在 pH 值 4.8，甲酸=[甲酸盐]在 pH 值 3.8，[咪唑]=[咪唑·HCl]在 pH 值 7。如果与复合测试盐水相容，则可以使用其他缓冲剂或 pH 值调节剂。

(3) 一些特定防垢剂可能与高浓度盐水或特定阳离子不相容，此时反应生成的沉积物可

能被误认为是 $BaSO_4/SrSO_4$，并会从溶液中除去防垢剂。实验时可以通过处理盐水 A 和盐水 C 的理论不可结垢混合物，来研究防垢剂与盐水不相容性，评估防垢剂的最高使用浓度。

测试结果报告必须包括测试变量、复合测试盐水组成、测试温度、pH 值、缓冲系统和缓冲液添加量、测试持续时间和 $M^{2+}$ 分析的具体方法的信息。

现场条件，如流速、瞬态组成、温度和压力变化、垢黏附和固体分散等会显著影响结垢和防垢剂评价结果，应根据实际情况选择合适的参数。

（4）应选择良好密封能力的容器，并及时释放瓶内压力。

3. 国内油田 $BaSO_4$ 垢防垢剂性能评定方法

1）石油行业标准 SY/T 5673—2020《油田用防垢剂通用技术条件》

（1）试样溶液的制备。

① $BaCl_2$ 溶液：$C_{NaCl} = 18.75g/L$、$C_{BaCl_2 \cdot 2H_2O} = 1.65g/L$

② $Na_2SO_4$ 溶液：$C_{NaCl} = 18.75g/L$、$C_{Na_2SO_4} = 2.00g/L$

③ 防垢剂溶液：$C_{防垢剂} = 5000mg/L$

（2）实验步骤。

① 用量筒量取 130mL 蒸馏水于 250mL 容量瓶中，加入 $BaCl_2$ 溶液 50mL 和防垢剂溶液 5mL，静置 10min，再使用移液管加入 $Na_2SO_4$ 溶液 50mL，加蒸馏水稀释至刻度，盖上瓶塞，上下颠倒几次，混匀。

② 将上述溶液倒入 250mL 磨口锥形瓶中，盖紧瓶塞，称取其总质量后，再放入 70℃±1℃ 恒温烘箱中，恒温 0.5h 待温度平衡后打开瓶塞放气，然后盖紧瓶塞。在 70℃±1℃ 恒温烘箱中恒温 16h，同时进行不加防垢剂溶液的空白实验。

③ 在 70℃±1℃ 恒温烘箱中恒温 16h 后，将各磨口锥形瓶取出静置至室温，对冷却至室温的锥形瓶称取其总质量，与上述②步骤中称取的总质量做比较，如质量损失大于 0.5g，则应向瓶中加入蒸馏水弥补恒温期间的水分损失。

④ 将微孔过滤膜在 45~50℃ 的蒸馏水中浸泡 1h，取出后自然干燥，再装入塑料过滤器中。将装好微孔过滤膜的塑料过滤器的一端接在塑料注射器上，另一端接上一段聚四氟乙烯管，从磨口锥形瓶中抽吸滤液约 40mL，将该滤液加入 50mL 烧杯中，再用移液管移取 25mL 于干净锥形瓶中。对每个磨口锥形瓶做相同操作。

⑤ 用原子吸收分光光度法或滴定法测定 $BaCl_2$ 溶液及各滤液中的钡离子浓度。

⑥ 计算 $BaSO_4$ 垢防垢率。

$BaSO_4$ 垢防垢剂的防垢率按下式计算：

$$E = \frac{M_2 - M_1}{M_3 - M_1} \times 100\%$$

式中，$E$ 为 $BaSO_4$ 垢防垢率，%；$M_2$ 为恒温后加防垢剂的混合液中钡离子浓度，mg/L；$M_1$ 为恒温后空白混合溶液中钡离子浓度，mg/L；$M_3$ 为制备的 $BaCl_2$ 溶液中钡离子浓度的 1/5，mg/L。

2）中国石油企业标准 Q/SY 126—2014《油田水处理用缓蚀阻垢剂技术规范》

（1）试样溶液的制备。

① $BaCl_2$ 溶液：称取 5.00g $BaCl_2 \cdot 2H_2O$，用蒸馏水溶解后稀释至 1000mL 容量瓶中，

配制成 BaCl₂ 溶液，Ba²⁺ 含量为 2.80mg/mL。

② Na₂SO₄ 溶液：称取 3.04g Na₂SO₄，用蒸馏水溶解后稀释至 1000mL 容量瓶中，配制成 Na₂SO₄ 溶液，SO₄²⁻ 含量为 2.06mg/mL。

化学防垢剂溶液：$C_{防垢剂}=1.00$mg/L。

（2）实验步骤。

① 取 200mL 蒸馏水于 250mL 容量瓶中，加入 5mL BaCl₂·2H₂O 溶液，加入 15mL 防垢剂溶液（防垢剂浓度为 60mg/L），再逐滴加入 5.00mL Na₂SO₄ 溶液，加蒸馏水稀释至刻度，放入 50℃恒温水浴中静置 24h。

② 同时进行不加防垢剂实验，其余步骤相同，作为空白 1。

③ 同时进行不加 Na₂SO₄ 溶液和防垢剂实验，其余步骤相同，作为空白 2。

④ 用移液管取 25mL 清液于锥形瓶中，其中空白 1 取 50.0mL，空白 2 取 5.0mL，其他容量瓶取 25.0~50.0mL，加入 5.0mL 氨性缓冲溶液，将溶液的 pH 值调整为 9~11，然后加入 2.0mL 的 0.01mol/L EDTA－二钠镁溶液，再加入铬黑 T 指示剂试液 1~2 滴，用 0.0025mol/L EDTA 标准溶液滴定，溶液颜色由粉红色突变为纯蓝色即为终点。

（3）防垢率计算。

BaSO₄ 垢防垢剂的防垢率 $x_1$ 计算如下：

$$x_1 = \frac{Ba^{2+}_{加样}-Ba^{2+}_{空白1}}{Ba^{2+}_{空白2}-Ba^{2+}_{空白1}}\times 100\% = \frac{V_{加样}-V_{空白1}}{V_{空白2}-V_{空白1}}\times 100\%$$

式中，$Ba^{2+}_{加样}$ 为加防垢剂后溶液中 Ba²⁺ 浓度，mg/L；$V_{加样}$ 为加防垢剂后滴定溶液中 Ba²⁺ 浓度消耗 EDTA 标准溶液的体积，mL；$Ba^{2+}_{空白1}$ 为空白 1 溶液中 Ba²⁺ 浓度，mg/L；$V_{空白1}$ 为滴定空白 1 溶液中 Ba²⁺ 浓度消耗 EDTA 标准溶液的体积，mL；$Ba^{2+}_{空白2}$ 为空白 2 溶液中 Ba²⁺ 浓度，mg/L；$V_{空白2}$ 为滴定空白 2 溶液中 Ba²⁺ 浓度消耗 EDTA 标准溶液的体积，mL。

3）特定工况的 BaSO₄ 防垢率测定方法

国内针对不同厂家的 BaSO₄ 防垢剂进行评价时，参考标准 SY/T 5673—2020 和 Q/SY 126—2014 往往出现测定的防垢率很高（大于 95%），而实际应用效果差的问题。这时应特别注意考虑油田的特定应用工况，因为注采水质的成垢离子含量远超过行业标准的配液水平，应贴近实际配液并参考 Q/SY 126—2014 标准，采用化学显色滴定方法，测定 BaSO₄ 防垢率。对比了 3 种评价方法的配液指标和相近防垢剂浓度下，两种 BaSO₄ 防垢剂的防垢率，应该看到同种防垢剂的防垢率绝对值和不同防垢剂的相对值都有很大差异，见表 4-7 和表 4-8。

**表 4-7　BaSO₄ 防垢剂不同评价方法主要指标对比**

| 评价方法 | 原配液中离子浓度 | 混合液中实际离子浓度 | 防垢剂浓度 |
| --- | --- | --- | --- |
| SY/T 5673—1993《油田用防垢剂性能评价方法》 | Ba²⁺ 浓度 371mg/L，SO₄²⁻ 浓度 541mg/L | Ba²⁺ 浓度 185mg/L，SO₄²⁻ 浓度 270mg/L | 最大 20mg/L |
| Q/SY 126—2014《油田水处理用缓蚀阻垢剂技术规范》 | Ba²⁺ 浓度 2800mg/L，SO₄²⁻ 浓度 2060mg/L | Ba²⁺ 浓度 56mg/L，SO₄²⁻ 浓度 41.2mg/L | 60mg/L |
| 高 Ba²⁺ 采出水的防垢剂性能评价 | Ba²⁺ 浓度 7000mg/L，SO₄²⁻ 浓度 4900mg/L | Ba²⁺ 浓度 280mg/L，SO₄²⁻ 浓度 156mg/L | 60mg/L |

表 4-8 两种不同方法评价 BaSO₄ 防垢剂防垢率对比

| 检测方法 | 防垢剂编号 | EDTA 标准溶液浓度(mol/L) | 待测取夜量(mL) | EDTA 标准溶液消耗体积(mL) | 防垢率(%) |
|---|---|---|---|---|---|
| Q/SY 126—2014 | ZG-1 | 0.005 | 50 | 3.92 | 98.18 |
|  | ZG-5 | 0.005 | 50 | 3.95 | 98.94 |
| 高 $Ba^{2+}$ 采出水的防垢剂评价 | ZG-1 | 0.005 | 25 | 2.40 | 22.50 |
|  | ZG-5 | 0.005 | 25 | 3.8 | 36.81 |

### (二) 防垢性能的动态评价

动态评价是防垢性能评价的重要环节之一，特别是当防垢剂应用于温度高于100℃、压力较高的环境时，具体实验方法见第三章第二节。Bazin 等利用动态毛细管路系统对 6 种防垢剂进行了防垢性能评价，研究了毛细管内径、流量和温度、药剂浓度变化次序等因素对评价结果的影响。在60℃、相同溶液条件下，有机膦酸盐和聚合物类的 BaSO₄ 防垢剂在最低有效浓度、有效防垢时间等方面，均显示出了不同的特性，如图 4-15 所示（注：毛细管内径为 0.25mm；管路长 7.5m；流量为 30mL/h）。

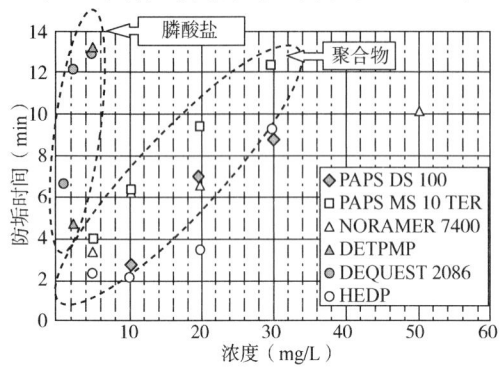

图 4-15 不同 BaSO₄ 防垢剂的防垢性能对比

## 三、防垢剂的工艺性能评价

### (一) 投加浓度的阈值效应

在相同的温度和水质条件下，随着防垢剂投加浓度不断增加，防垢率逐渐升高。通常情况下，防垢剂有一个最佳浓度，低于或高于该浓度时防垢效果均会降低，这种效应就称为阈值效应[70-71]。表 4-9 为聚环氧琥珀酸盐（PESA）商品防垢剂对 BaSO₄、SrSO₄ 的防垢效果，PESA 具有明显的阈值效应，这是因为对于过饱和溶液，溶液中有大量的 BaSO₄、SrSO₄ 微垢晶存在，在加入少量的 PESA 后，微垢晶吸附防垢剂，使界面能增大。按照吉布斯-汤姆森理论，晶体临界半径也增大，就可将大量的 $Ba^{2+}$、$Sr^{2+}$、$Ca^{2+}$ 稳定在水体中。但是，当防垢剂用量大到一定程度时，反倒会出现防垢率下降的现象。实际应用通过优选最佳浓度，可避免过高浓度带来的浪费和成本增加问题。

表 4-9 PESA 的防垢率

| 垢型 | 不同使用浓度时的防垢率(%) ||||||
|---|---|---|---|---|---|---|
|  | 0 | 10mg/L | 20mg/L | 40mg/L | 60mg/L | 80mg/L |
| BaSO₄ | 0 | 13.48 | 72.80 | 73.56 | 75.14 | 70.14 |
| SrSO₄ | 0 | 73.26 | 90.54 | 89.46 | 84.37 | 67.67 |

注：$Ba^{2+}$ 浓度为517mg/L，$Sr^{2+}$ 浓度为1143.5mg/L，温度为70℃。

### (二) 防垢剂间的协同效应

油田防垢剂产品一般是数种不同类型的防垢剂复配，以发挥它们的协同效应，提高防垢率。表4-10是模拟长庆油田采出水条件下，对不同防垢剂防垢率的测定结果，可见复配后的防垢率有明显提高。

表4-10 复配型防垢剂协同效应的实验结果

| 垢型 | 防垢剂 | 不同使用浓度时的防垢率(%) | | | | | | |
|---|---|---|---|---|---|---|---|---|
| | | 1mg/L | 2mg/L | 3mg/L | 4mg/L | 5mg/L | 6mg/L | 7mg/L |
| CaCO$_3$ | HEDP | 84 | 92 | 89 | 89 | 92 | — | — |
| | ATMP | 87 | 89 | 80 | 87 | 79 | | |
| | HPMA | | 84 | 83 | 89 | 76 | | |
| | EDTMPS | 74 | 78 | 76 | 87 | 76 | | |
| | HEDP+PAA | | | 98 | 100 | 92 | | |
| CaSO$_4$ | EDTMPS | | 19 | 27 | 41 | 84 | | |
| | HPMA | | 8 | 17 | 20 | | | |
| | EDTMPS+HPMA | | | | 78 | 85 | 83 | 95 |
| | HEDP+PAA | | | 75 | 73 | 87 | | 91 |

（三）耐钙性测试

配制高含$Ca^{2+}$（浓度为1000~20000mg/L）的地层水，然后将多个水样分别调节pH值至3、4、5和6，加入特定浓度的防垢剂。记录24h内溶液外观变化和是否沉淀。以5%体积比的DETPMP为例，在$Ca^{2+}$浓度大于8000mg/L后，立即出现沉淀，或在$Ca^{2+}$浓度范围内静置24h后出现沉淀（表4-11）。

表4-11 DETPMP加量5%时耐钙性测试结果

| pH值 | 加入$Ca^{2+}$ | 外观 | | | | | |
|---|---|---|---|---|---|---|---|
| | | 0 | 0.5h | 1h | 2h | 4h | 24h |
| 3 | 地层水 | 清 | 清 | 清 | 清 | 清 | 沉淀 |
| | 1000mg/L | 清 | 清 | 清 | 清 | 清 | 沉淀 |
| | 2000mg/L | 清 | 清 | 清 | 清 | 清 | 沉淀 |
| | 4000mg/L | 清 | 清 | 清 | 清 | 清 | 沉淀 |
| | 5000mg/L | 清 | 清 | 清 | 清 | 清 | 沉淀 |
| | 8000mg/L | 沉淀 | 沉淀 | 沉淀 | 沉淀 | 沉淀 | 沉淀 |
| | 10000mg/L | 沉淀 | 沉淀 | 沉淀 | 沉淀 | 沉淀 | 沉淀 |
| | 20000mg/L | 沉淀 | 沉淀 | 沉淀 | 沉淀 | 沉淀 | 沉淀 |
| 4 | 地层水 | 清 | 清 | 清 | 清 | 清 | 沉淀 |
| | 1000mg/L | 清 | 清 | 清 | 清 | 清 | 沉淀 |
| | 2000mg/L | 清 | 清 | 清 | 清 | 清 | 沉淀 |
| | 4000mg/L | 清 | 清 | 清 | 清 | 清 | 沉淀 |
| | 5000mg/L | 清 | 清 | 清 | 清 | 清 | 沉淀 |
| | 8000mg/L | 沉淀 | 沉淀 | 沉淀 | 沉淀 | 沉淀 | 沉淀 |
| | 10000mg/L | 沉淀 | 沉淀 | 沉淀 | 沉淀 | 沉淀 | 沉淀 |
| | 20000mg/L | 沉淀 | 沉淀 | 沉淀 | 沉淀 | 沉淀 | 沉淀 |

续表

| pH 值 | 加入 Ca²⁺ | 外观 | | | | | |
|---|---|---|---|---|---|---|---|
| | | 0 | 0.5h | 1h | 2h | 4h | 24h |
| 5 | 地层水 | 清 | 清 | 清 | 清 | 清 | 沉淀 |
| | 1000mg/L | 清 | 清 | 清 | 清 | 清 | 沉淀 |
| | 2000mg/L | 清 | 清 | 清 | 清 | 清 | 沉淀 |
| | 4000mg/L | 清 | 清 | 清 | 清 | 清 | 沉淀 |
| | 5000mg/L | 清 | 清 | 清 | 清 | 清 | 沉淀 |
| | 8000mg/L | 沉淀 | 沉淀 | 沉淀 | 沉淀 | 沉淀 | 沉淀 |
| | 10000mg/L | 沉淀 | 沉淀 | 沉淀 | 沉淀 | 沉淀 | 沉淀 |
| | 20000mg/L | 沉淀 | 沉淀 | 沉淀 | 沉淀 | 沉淀 | 沉淀 |
| 6 | 地层水 | 清 | 清 | 清 | 清 | 清 | 沉淀 |
| | 1000mg/L | 清 | 清 | 清 | 清 | 清 | 沉淀 |
| | 2000mg/L | 清 | 清 | 清 | 清 | 清 | 沉淀 |
| | 4000mg/L | 清 | 清 | 清 | 清 | 清 | 沉淀 |
| | 5000mg/L | 清 | 清 | 清 | 清 | 清 | 沉淀 |
| | 8000mg/L | 沉淀 | 沉淀 | 沉淀 | 沉淀 | 沉淀 | 沉淀 |
| | 10000mg/L | 沉淀 | 沉淀 | 沉淀 | 沉淀 | 沉淀 | 沉淀 |
| | 20000mg/L | 沉淀 | 沉淀 | 沉淀 | 沉淀 | 沉淀 | 沉淀 |

(四) 热老化稳定性测试

热老化稳定性测试需要根据井筒连续加注的防垢剂或挤注作业用防垢剂等具体应用，在特定温度下，通过静态瓶试法或动态毛细管路法评价防垢率随时间的变化。Wang 等从防垢剂活性组分的结构特征变化着手，通过核磁共振技术（NMR）对加热前后的防垢剂进行活性组分的核磁共振波谱分析，以一阶速率方程和阿伦尼乌斯方程为基础，建立了防垢剂热降解—时间的动力学模型。例如，对于挤注作业用防垢剂，为保证其在地层内吸附和返排的长期稳定性，需要在地层最高温度下，热老化 7 天并对比热老化前后的防垢剂性能。Lu 等采用类似于钻井液热滚子炉老化的方法，对井底温度 200℃下的防垢剂进行了 0~96h 的热老化性能测试[72]。

(五) 配伍性评价

针对防垢剂与油田常用化学剂的配伍问题。早在 20 世纪 80 年代，国外研究的结论是酸性环境中（pH 值在 4 附近），多数防垢剂的防垢率几乎为零。因此，在油水井常规酸化处理时，酸液中不应直接添加防垢剂。

另外，油水井、地面水处理系统等生产环节，经常出现防垢剂、缓蚀剂或杀菌剂等水处理剂先后加注在流程中混合的情况。应按现场使用的质量比混合这些药剂，考察配伍性；同时，测定防垢剂与其他类型水处理剂在混合后的防垢、缓蚀、杀菌等性能指标，以确定防垢剂对这些水处理剂性能的影响。防垢性能测定方法可参考前文；缓蚀性能测定方法，可按照 SY/T 5273—2014《油田采出水用缓蚀剂性能指标及评价方法》的规定进行；杀菌性能测定方法,可按照SY/T 5757—2010《油田注入水杀菌剂通过技术条件》的规定进行。

若各水处理剂对防垢剂的防垢性能无减弱,混合后无沉淀、无分层、无气体产生,则认为防垢剂与其他水处理剂配伍性好。

### (六) 环保性要求

防垢剂产品中应不含有腐蚀性、毒性成分,并随产品提供材料安全数据表(MSDS)。在海上油气田使用的防垢剂产品,其环保性要求往往更高,国外的一些国家或地区组织对海上环境使用的防垢剂在生物可降解性、生物残留及毒性等方面有相应的限定。例如,《东北大西洋海洋环境保护公约》(OSPAR)要求海上油气平台环境应用的化学品强制注册,对采用的化学品要进行化学危害评估和风险管理(CHARM)模型排序,见表4-12。

表4-12 防垢剂环境影响测试

| 防垢剂 | 生物降解性(OECD 306,28天)(%) | 生物毒性(mg/L) ||| 生物体内积聚 $\lg P_{ow}$ |
| --- | --- | --- | --- | --- | --- |
| | | 藻类 $LC_{50}$(中肋骨条藻) | 甲壳类(纺锤水蚤) | 鱼类 $LC_{50}$(比目鱼幼鱼、大菱鲆) | |
| DETPMP | <20 | — | — | — | — |
| 磺酸聚合物 | 20~60 | >600 | >600 | >600 | — |
| 封端聚合物 | 20~60 | >600 | >600 | >600 | — |
| 含氨基的乙酸共聚物 | >60 | >600 | >600 | >600 | <0 |
| 含氨基改性丙烯酸酯共聚物 | >60 | >600 | >600 | >600 | <0 |

注:OECD 306为经济合作和发展组织对化学品在海水中生物降解的测试方法。

### (七) 特殊工艺的综合性能评价

1. 挤注防垢工艺的防垢剂性能

挤注入地层的防垢剂主要是通过吸附机理起作用。既要避免防垢剂溶液挤入地层后,可能引起的黏土膨胀和微粒运移,又要确保防垢剂在地层岩石表面有较大的吸附量和较小的解吸附速率,以实现地层中的较长有效期。

有时为了增大防垢剂对油层岩石表面的润湿性,在防垢剂中可复配表面活性剂,以降低防垢剂溶液与储层岩石间的界面张力。更为详细内容可以参见第五章第三节。

2. 环空连续注入工艺的防垢剂性能

在高温高压油气井,配套采用井筒环空毛细管进行防垢剂等化学剂连续注入时,实际应用中曾出现防垢剂因水相溶剂挥发造成主剂沉积,地层水中 $CaCl_2$ 等盐结晶堵塞,以及高气油比、低含水油井的防垢剂黏结等导致毛细管堵塞的问题。此时,对防垢剂在井温条件下的流动性、黏度等指标变化等综合性能,要特别加以评价。例如,需评价:(1)防垢剂与乙二醇(天然气的水合物抑制剂或脱水剂)、二甲苯(清蜡剂)等的配伍性;(2)高温下,防垢剂的静态、动态黏性变化测试。当井筒注入各类化学剂时,会遇到快速流动的高温烃类气体,因溶剂与主剂的蒸气压差异大,溶剂可能优先分离,导致主剂浓缩增黏,黏堵井下毛细管的注入阀;(3)当发生局部堵塞时,黏性物质在地层水、乙二醇等中的再溶解性测试。

在天然气生产、集输和净化处理等过程中,气井采出水、凝析油等与防垢剂混合后,可能导致乳化、分层,或影响乙二醇(MEG)等水合物抑制剂、脱硫脱碳工艺中甲基二乙醇胺(MEDA)等的稳定性,都需要具体评价分析(图4-16)。

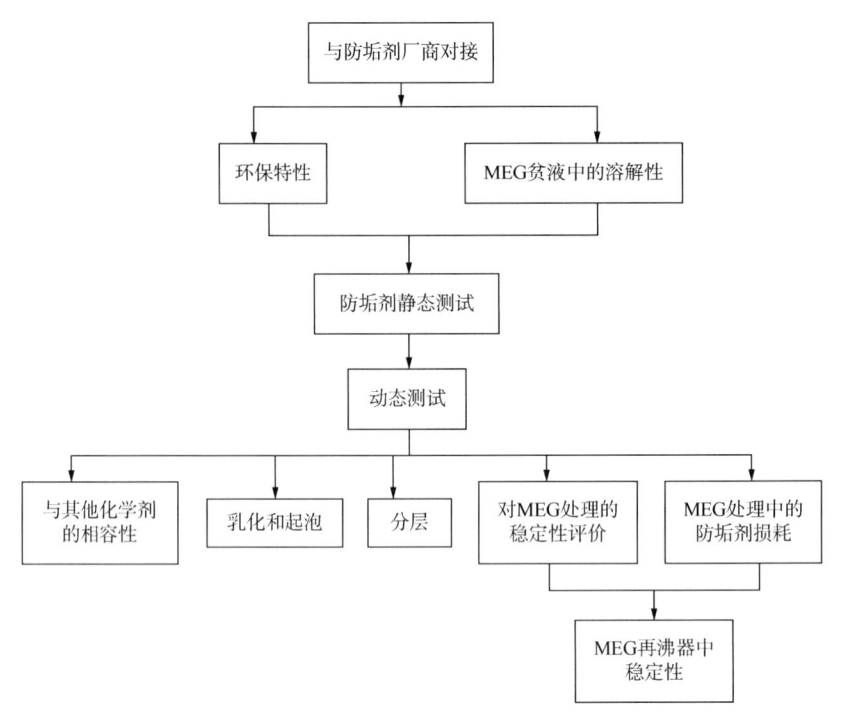

图 4-16　天然气集输和处理流程中的防垢剂性能评价

# 第五节　溶垢剂及其评价方法研究

油田生产中，高性能防垢剂即使通过连续加注，也往往无法完全避免结垢生成。这些结垢情况包括：

(1) 采出水、注入水等的分析和变化预判不准确，因注入、地层水不配伍引起的储层深部结垢，开发多层系的油井因注入水突破时间不一，只要井筒内有不配伍水即会结垢，无法准确预测结垢时机。

(2) 由于同一储层的非均质性，或不同储层间的压力差或注采绕流等原因，油水井井口加注防垢剂后，无法到达或分布到理想位置。

(3) 某些井筒或地面结垢趋势非常低，与持续或定期加注防垢剂相比，不定期的溶垢或清垢措施更经济。

## 一、酸溶性垢的化学除垢剂

对于碳酸盐、硫化物垢和铁沉积物等油田垢，最简单、有效的处理方法是根据结垢部位进行地层或地面系统的处理作业。一般选用酸性强、反应速率快的盐酸(5%~15%)、磷酸和氨基磺酸，也可选用酸性较弱的低分子羧酸(甲酸、乙酸、丙酸等)或混合有机酸。

盐酸等具有强腐蚀性，可能引起金属管柱或设备的腐蚀、氯化物开裂，以及反应过程中次生硫化氢的安全问题。要特别重视选择缓蚀剂体系，适用于盐酸环境的缓蚀剂有无机类化合物(砷、碘化物)胺及其衍生物、烷基吡啶及其衍生物和炔醇类化合物等。还要添加甲醛、硫脲和联氨、异抗坏血酸等铁离子稳定剂，以及铵盐类和季铵盐类表面活性剂、非离子表面活性剂等乏酸助排剂，以减少酸不溶物。

此外，油田垢中一般夹杂着原油、沥青、蜡等有机质，降低垢表面的亲水性及其与水溶性除垢剂间的有效浸润，减弱或抵消除垢效果。此时要选择适用于酸性条件、有洗油作用的表面活性剂。常用的有胺盐型、季铵盐型、吡啶盐型表面活性剂和含氟化合物。在酸性条件下，具有良好降低界面张力作用的含氟化合物有：

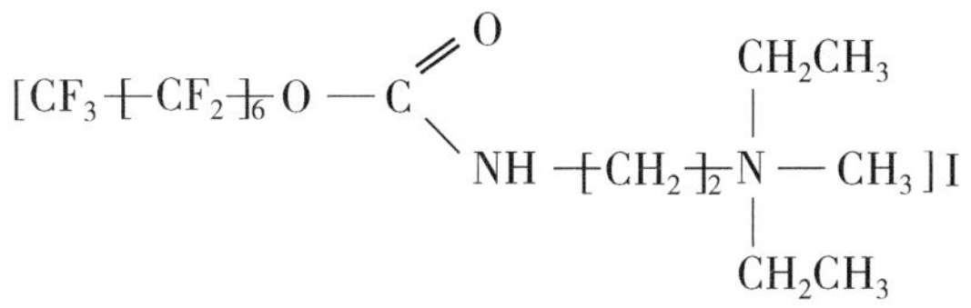

$$[CF_3\!+\!CF_2\!+\!_6 O-\underset{\underset{NH+CH_2+_2N-CH_3]I}{\overset{CH_2CH_3}{|}}}{\overset{O}{\|}}C$$

全氟聚氧丙烯庚醇醚全氟丙酰氨基-1,2-亚乙基甲基二乙基碘化铵

$$[F-\overset{O}{\overset{\|}{C}}-(CF_2)_7-NH+CH_2+_2\underset{\underset{CH_2CH_3}{|}}{\overset{CH_2CH_3}{|}}N-CH_3]I$$

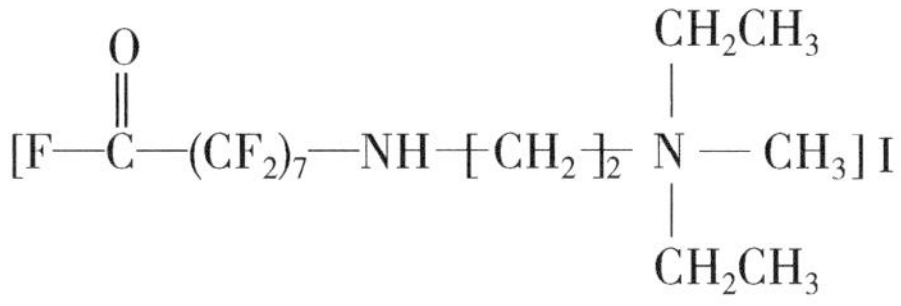

全氟辛酰氨基-1,2-亚乙基甲基二乙基碘化铵

用强酸性处理剂清除地层孔隙内的堵塞物和垢时应特别谨慎。因为强酸可能破坏地层岩石基质的孔隙结构，使存在于岩石中的流体通道变形或堵塞。另外，尽管在酸液中添加了铁离子稳定剂或黏土稳定剂，但仍难避免二次沉淀或二次运移现象，因而仍存在地层伤害的风险。为此，常规的地层酸化半径一般很小，而且都在限定的短时间内完成，作业完成后需尽快返排出地层的乏酸。

对于井筒内硫化物垢，通常用机械钻磨清除。化学除垢存在一定风险，如酸洗(15%~30%盐酸)过程会产生$H_2S$，引发氢脆和氯化物应力开裂之外，还有高温酸腐蚀。还有可能在溶垢反应后，随pH值升高出现酸渣沉淀，也可能形成单质硫。

使用混合有机酸虽然能降低腐蚀和氢脆风险，但它们与硫化物垢的反应速率慢，接触时间需要很长。盐酸、混合有机酸(甲酸和乙酸)对ZnS的溶解速率如图4-17所示。低温情况下，用盐酸酸洗是最有效的化学去除方法。

## 二、难溶垢处理剂

地层孔隙中存在硫酸盐垢、硅垢等，常规的酸处理作业从酸液针对性到处理半径深度，都无法完全清除。需要针对具体情况研究分析。

### （一）硅垢溶垢剂

作为油田的一种难溶垢，通常可采用氢氟酸将其溶解。氢氟酸对于砂岩中的石英、黏土以及碳酸盐都有溶蚀能力，但一般使用土酸(氢氟酸和盐酸的质量分数分别占3%~8%和10%~15%)。土酸中的氢氟酸可以溶蚀盐垢中的碳酸盐和硅酸盐。

（1）可以溶蚀盐垢中的碳酸盐成分：

$$2HF+CaCO_3 \longrightarrow CaF_2+CO_2+H_2O$$

反应生成的$CaF_2$只有在强酸条件下才处于溶解状态，土酸中盐酸的作用正是为了维持

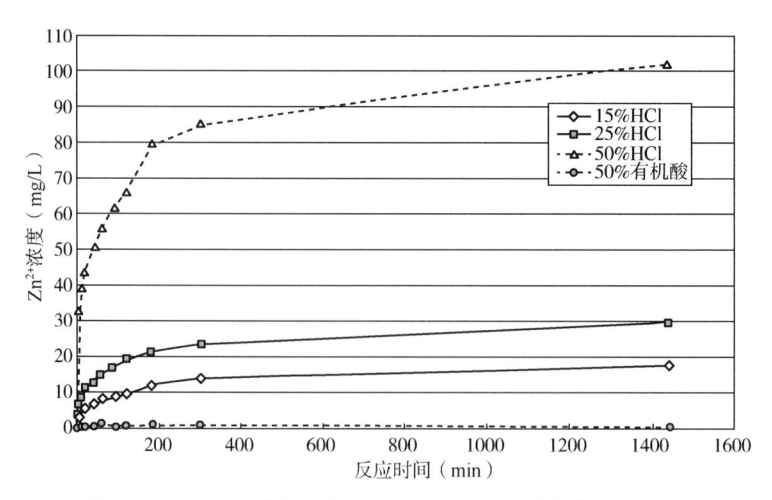

图 4-17　ZnS 溶垢剂性能对比实验(20℃、垢粒直径 1mm)

反应体系的低 pH 值状态。

（2）可以溶蚀盐垢中的硅酸盐成分：

$$6HF+SiO_2 \longrightarrow H_2SiF_6+2H_2O$$

生成的 $H_2SiF_6$ 可进一步与体系中存在的 $Ca^{2+}$、$Na^+$、$K^+$、$NH_4^+$ 等结合，生成的 $CaSiF_6$ 和 $(NH_4)_2SiF_6$ 易溶于水，但生成的 $Na_2SiF_6$ 和 $K_2SiF_6$ 则不溶于水。因此，用土酸处理井筒中或地面集输系统中的硅垢时，应当预先用清水替换含有高浓度 $Na^+$、$K^+$ 的地层水。但对于地层岩石孔隙中的硅垢，一旦在岩石孔隙中形成，就很难用化学方法清除。

（二）硫酸盐垢溶垢剂

对于油田硫酸盐难溶垢，溶垢方法主要有如下两种：

（1）强碱液加盐酸的转化法。例如，对于石膏沉积物，通用的溶液体系有 20%～25% NaOH 溶液、15%HCl 加 3%～4%NaCl 水溶液(使用时最好加热至 70℃)或氯化铵和碳酸钠的水溶液等。这些溶液体系的目的是将石膏转化为松散的 $Ca(OH)_2$ 悬浮液或易溶于水的 $CaCl_2$。当管道、井筒内的沉积物较多时，应周期性地注入溶垢药剂或设计作业流程，进行连续循环。对于油井管柱、近井地带同时存在的石膏沉积物，可以先用 20%～25%NaOH 溶液处理，再进行一次盐酸处理，除去孔隙通道可能残存的 $Ca(OH)_2$ 堵塞物，只留下易溶于水的 $CaCl_2$。为避免射孔段的沉积物残存影响，还可以在化学处理后再进行重复射孔。

（2）使用螯合型除垢剂的溶垢处理方法，处理效率比方法（1）更高效。

20 世纪 70 年代后，随着氨基多羧酸盐螯合剂的成本降低，氨基多羧酸盐在油田垢防治中得以规模应用。氨基多羧酸盐由多氨基化合物与氯乙酸在碱性条件下反应生成，常用的氨基多羧酸盐防垢剂有：

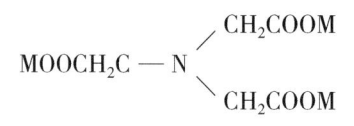

$$MOOCH_2C-N \begin{cases} CH_2COOM \\ CH_2COOM \end{cases}$$

次氮基三乙酸盐（NTA）

$$\text{MOOCH}_2\text{C} \diagdown \text{N}-\text{CH}_2-\text{CH}_2-\text{N} \diagup \text{CH}_2\text{COOM}$$
$$\text{MOOCH}_2\text{C} \diagup \qquad\qquad\qquad \diagdown \text{CH}_2\text{COOM}$$

乙二胺四乙酸盐（EDTA）

$$\text{MOOCH}_2\text{C}+\text{N}-\text{CH}_2-\text{CH}_2\frac{}{\ \ }_2\text{N}\diagup^{\text{CH}_2\text{COOM}}_{\text{CH}_2\text{COOM}}$$

二乙烯三胺五乙酸盐（DTPA）

$$\text{MOOCH}_2\text{C}+\text{N}-\text{CH}_2-\text{CH}_2\frac{}{\ \ }_3\text{N}\diagup^{\text{CH}_2\text{COOM}}_{\text{CH}_2\text{COOM}}$$

三乙烯四胺六乙酸盐（TTHA）

1. 溶垢剂主剂

目前应用最广泛的氨羧络合剂是 EDTA-2Na（不含结晶水的乙二胺四乙酸二钠，白色粉末）和 DTPA-5K（含有40%二乙烯三胺五乙酸钾的碱性液态产品）。它们的分子中都有较强螯合能力的氨氮基（—NH—）和羧氧基（—COO—），所以被称为氨羧络合剂。由于其分子中含有多个配位点，当它们与带有空电子轨道的金属离子相遇时，就可以形成多个配位键，并得到 1∶1 螯合比的稳定螯合物。

根据有机结构理论，含五元或六元环结构的分子化学稳定性较好。EDTA 螯合物中有 3 个五元环，因此这类螯合物一般都有优良的热稳定性和抗其他化学剂影响的性能。

EDTA的配位体

EDTA-Ca中的五元环结构

与 EDTA 的螯合物稳定常数 $\lg K_{稳}$(7.86)相比，DTPA 的 $\lg K_{稳}$(8.87)增大了 1.01。DTPA 对 $BaSO_4$ 的溶垢能力提高到 EDTA 的近 3 倍。表 4-13 为 EDTA 和 DTPA 对各种盐垢的理论溶解率。

表 4-13  难溶盐垢在不同浓度络合剂溶液中的溶垢率

| 难溶盐垢 | 络合剂 | $\lg K_{稳}$ | 溶垢率(%) | | | | |
|---|---|---|---|---|---|---|---|
| | | | 0.1mol/L | 0.5mol/L | 1.0mol/L | 1.5mol/L | 2.0mol/L |
| $CaSO_4$ | EDTA | 5.65 | 100 | 100 | 100 | 100 | 100 |
| $CaCO_3$ | | 2.15 | 100 | 100 | 100 | 100 | 100 |
| $SrSO_4$ | | 4.14 | 100 | 100 | 100 | 100 | 100 |
| $BaSO_4$ | | -2.10 | 25.5 | 11.86 | 8.54 | 7.03 | 6.12 |
| $BaSO_4$ | DTPA | -1.09 | 58.3 | 33.04 | 24.77 | 20.75 | 18.26 |

为提高 EDTA 的溶垢能力，人们尝试了多种改变分子结构的方法。

(1) 将 EDTA 分子中乙二胺基团改变成环己烷二胺基团，得到环己烷二胺四乙酸(DCTA)，它同金属离子形成的螯合物稳定常数(除 $Ba^{2+}$ 以外)，比 EDTA 的大两个数量级。

(2) EDTA 分子中的四乙酸基团碳链加长，得到的乙二胺四丙酸(EDTP)的螯合物稳定常数反而比 EDTA 螯合物降低很多。

(3) EDTA 分子中的乙酸基团部分被羟乙基取代，得到的羟乙基乙二胺三乙酸(HEDTA)或双羟乙基乙二胺二乙酸(HEDDA)，在碱性介质中可以生成比 EDTA 更为稳定的螯合物。这些改进型的络合物因工艺复杂，产品成本高，在油田并未有工业性应用。其他的 $BaSO_4$ 垢氨羧络合剂还有 1,2-二氨基环己烷四乙酸、三亚乙基三胺四乙酸或三亚乙基四胺六乙酸以及冠醚等。

由于垢结晶形态、成分等因素对溶垢量的综合影响，络合剂对油田垢的实际溶解情况要比理论计算复杂得多。因此，在除垢剂配方体系中，除主络合剂外，还应酌情配套采用表面活性剂、分散剂、pH 值调节剂等协同增效成分。

**2. 配套的表面活性剂**

表面活性剂应能适应络合型除垢剂造成的碱性或中性环境，同时，考虑与储层岩石的作用，还需有抑制黏土矿物微粒运移的功能。最好选用既具有降低界面张力作用，又具有稳定黏土作用的阳离子型表面活性剂。主要有下列两类：

(1) 阳离子聚合物型表面活性剂。通过化学吸附机理，稳定黏土。具有耐高温、耐酸、耐盐、耐冲刷和吸附能力强等特点。例如，$N,N$-二甲基二烯丙甲基氯化铵与二氧化硫反应，生成的 $N,N$-二甲基二烯丙基氯化铵-二氧化硫共聚物是应用较为广泛的黏土稳定剂：

该共聚物的防止黏土膨胀性能与环境的pH值有关。表4-14给出其作用于人造岩心（由方解石和蒙皂石制成）防膨效果的实验数据。该人造岩心在蒸馏水中的膨胀量为0.55mm。与之相比，该黏土稳定剂在不同pH值都具有较明显的防膨性能。

表4-14　$N,N$-二甲基二烯丙基氯化铵-二氧化硫共聚物的防膨性能

| pH值 | 2.05 | 2.4 | 3 | 4 | 5 | 7 | 8.6 | 11 | 11.5 |
|---|---|---|---|---|---|---|---|---|---|
| 膨胀量(mm) | 0.34 | 0.35 | 0.35 | 0.37 | 0.38 | 0.4 | 0.41 | 0.42 | 0.44 |

此外，聚2-羟基-1,3-亚丙基氯化铵、聚2-羟基-1,3-亚丙基二甲基氯化铵、羟甲基化聚丙烯酰胺与三乙醇胺盐酸盐的反应产物以及丙烯酰胺与丙烯酸-1,2-亚乙酯基三甲基氯化铵共聚物等也都具有很好的黏土防膨性能。它们的化学结构如下：

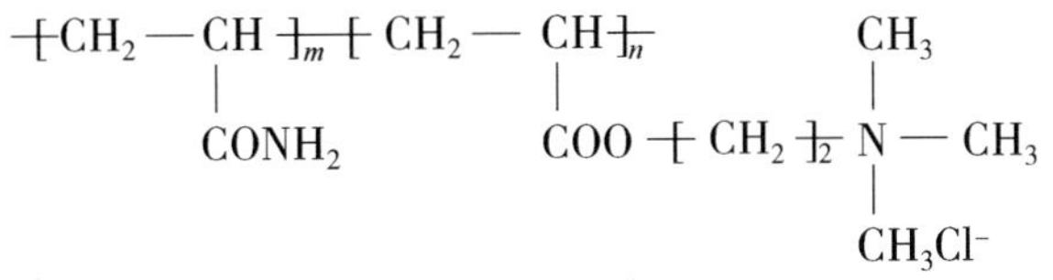

丙烯酰胺与丙烯酸-1,2-亚乙酯基三甲基氯化铵共聚物

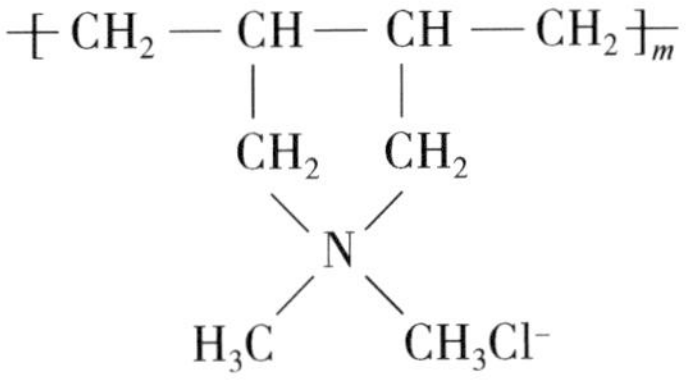

聚二烯丙二甲基氯化铵

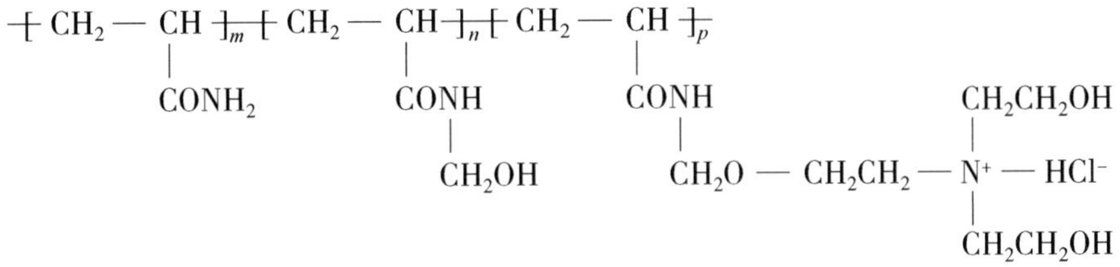

羟甲基聚丙烯酰胺与三乙醇胺盐酸盐反应产物

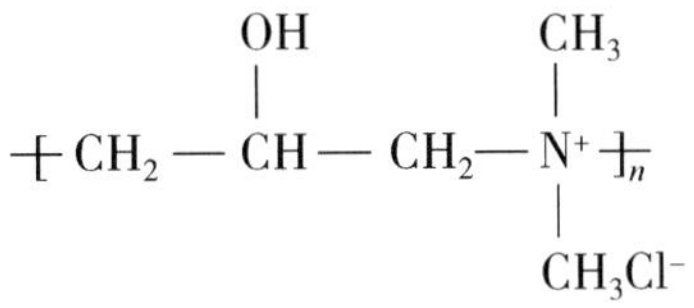

聚2-羟基-1,3-亚丙基二甲基氯化铵

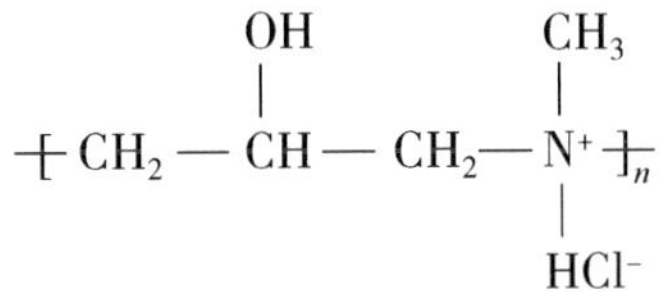

聚2-羟基-1,3-亚丙基氯化铵

（2）有机阳离子型表面活性剂。它是目前广泛用作黏土稳定剂的表面活性剂，例如十二烷基苄基二甲基氯化铵（DDBC）、十八烷基三甲基氯化铵（OTC）等。

$$\left[ C_{12}H_{25} - \underset{\underset{CH_3}{|}}{\overset{\overset{CH_3}{|}}{N}} - CH_2 - \bigcirc \right] Cl$$

十二烷基苄基二甲基氯化铵

$$\left[ CH_{18}H_{37} - \underset{\underset{CH_3}{|}}{\overset{\overset{CH_3}{|}}{N}} - CH_2 \right] Cl$$

十八烷基三甲基氯化铵

（3）其他协同增效剂。

络合型除垢剂适用于环境 pH 值为 4~12，配方中的各种成分对金属的腐蚀作用较小，一般无须添加缓蚀体系。

Williams、Jordan 等先后开展使用前置液处理，提升溶垢剂性能的研究，表明：采用互溶剂不仅可除去覆盖在垢沉积物表面的烃类，而且对沉积在岩心/砂岩中的碳酸盐和硫酸盐垢有增强溶解作用[73-76]。

在油田注水时，为了消除在注入水中和地层水中普遍存在的铁离子对地层孔隙的堵塞作用，络合型除垢剂基本配方中还需加入能够与铁离子形成稳定络合物的铁离子稳定剂。例如，柠檬酸盐在中性或弱碱性介质中，可以用作络合型除垢体系中的铁离子稳定剂。此外，当 pH 值大于 10 时，三乙醇胺与铁离子的 $\lg K_{稳}$ 值高（41.2），是实验室络合滴定中常用的铁离子掩蔽剂。

与主络合剂有协同效应的特殊化学剂，例如在以 DTPA 为主剂的 $BaSO_4$ 除垢剂配方中，还可添加钾盐转化剂和甲酸盐催化剂。转化剂的作用是将 $BaSO_4$ 转化为酸溶性钡盐，催化剂的作用是加大成垢阳离子从固体表面的扩散速度。

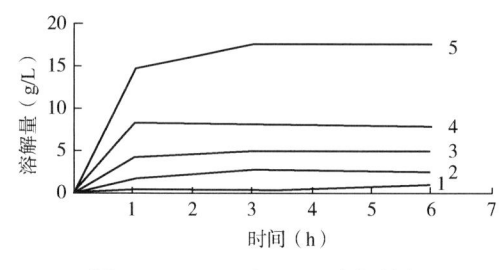

图 4-18 60℃时 $BaSO_4$ 溶解量与钾盐浓度的关系

1—0.2mol/L $K^+$；2—0.3mol/L $K^+$；
3—0.4mol/L $K^+$；4—0.5mol/L $K^+$；
5—0.6mol/L $K^+$

在沸水中，$BaSO_4$ 的溶解度为 4mg/L，而在同一温度下，$BaSO_4$ 在高浓度钾盐中的溶解度可以增加到 65mg/L。折算出钾盐溶液中可供 DTPA 络合的 $Ba^{2+}$ 浓度 45mg/L，是单独沸水中的 19 倍。图 4-18 显示了 60℃时 $BaSO_4$ 溶解量与钾盐浓度的关系，表明溶解量与钾盐浓度正相关。

除钾盐外，再加入甲酸盐可起到催化剂作用，进一步提高 $BaSO_4$ 的溶解量。图 4-19 和图 4-20 为不同除垢剂配方对 $BaSO_4$ 溶解效果的试验曲线，试验温度为 60℃，所用 DTPA 浓度为 0.5mol/L。温度对上述配方溶解 $BaSO_4$ 的效果显示，对 $BaSO_4$ 的溶解温度不应低于60℃。

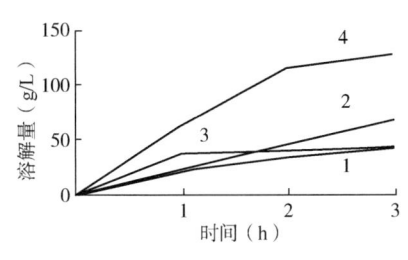

图 4-19　协同作用药剂的贡献
1—DTPA；2—DTPA+COOH⁻；3—DTPA+K⁺；4—DTPA+NH₄⁺

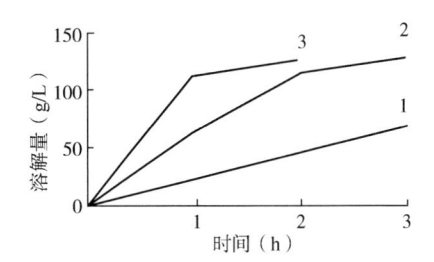

图 4-20　温度对溶解 $BaSO_4$ 的影响
1—30℃；2—60℃；3—80℃

以钾盐为转化剂、以甲酸盐为催化剂的 DTPA 除垢剂配方可以在措施作业的特定时间内，清除井筒中厚 1~10mm 的 $BaSO_4$。商业硫酸盐垢溶垢剂体系在实践中，对混合硫酸盐垢的溶垢取得了成功。

3. 混合硫酸盐垢的溶垢影响因素

为提高对硫酸盐垢的溶解总量和溶解速率，还需要考虑影响溶垢量的各相关因素，包括温度、接触时间、溶液的 pH 值、溶垢体系中的稀释剂和互溶剂以及垢的粒度。

(1) 互溶剂对溶出性能的影响。

在油井地层的挤注处理中，可以在不同段塞添加互溶剂。在前置液中的互溶剂可除去烃类沉积物，改变地层的润湿性，增强后续防垢剂的吸附量。溶垢剂主段塞中的互溶剂则用以提高对碳酸盐和硫酸盐垢的溶解程度。常见的配方是在 2%KCl 中添加 10%醚类溶剂。

(2) 溶垢剂配液用水的组成影响。

陆地或海上溶垢作业，可能用到的配液用水有地面清水、2%KCl 及海水、脱除硫酸根的海水。有研究者开展的实验发现，海水、脱硫酸海水配制的硫酸盐溶垢剂，与其他配液水相比，溶垢性能显著降低(图 4-21)。

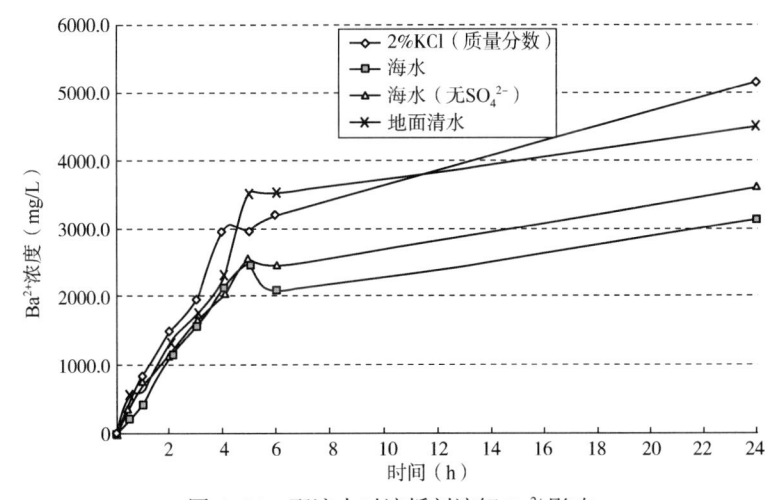

图 4-21　配液水对溶垢剂溶解 $Ba^{2+}$ 影响

对比 4 种溶垢剂的总可溶性 $Ba^{2+}$ 量和总垢溶解量，用地面清水制备的溶垢剂中仅有少量二价阳离子，不会与螯合剂竞争 $Ba^{2+}$，溶垢性能良好。而海水中 $SO_4^{2-}$ 会形成较多 $BaSO_4$，$Ca^{2+}$、$Mg^{2+}$ 与螯合剂稳定络合，导致海水溶垢剂对重晶石的溶解性能最差。脱硫酸根的海水制成的溶垢剂由于 $Ca^{2+}$、$Mg^{2+}$ 与溶垢剂的螯合作用，性能次之。效果排序是：KCl 盐水>地面清水>脱硫酸根海水>海水。另外，这几种溶垢剂与硫酸盐垢的反应趋势相同：在最开始的 6h，溶垢效率快速上升；8~24h 则溶垢速率逐步减缓（图 4-22）。

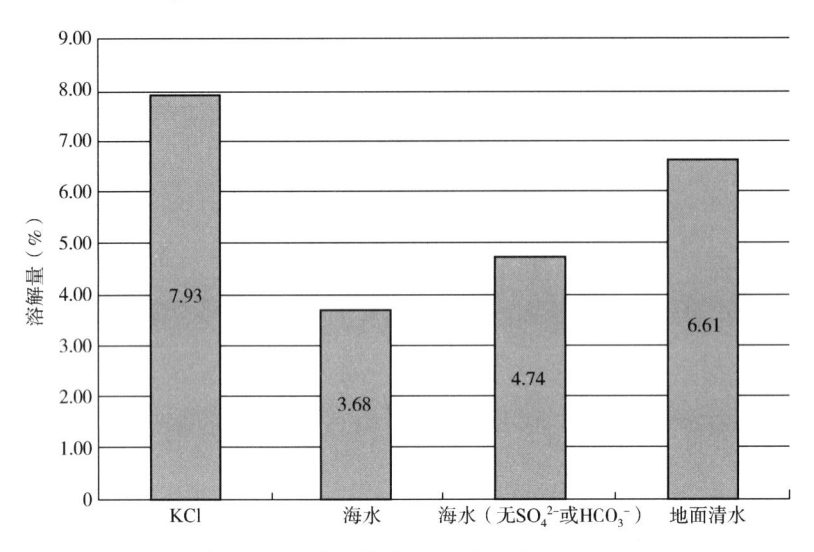

图 4-22 溶垢剂对 $BaSO_4$ 溶解量（24h）

（3）温度、接触时间和溶液的 pH 值。

pH 值调节剂将溶垢剂 pH 值调节至 8、10 和 12.5，来研究 pH 值对溶解速率和溶解总温度的影响。在 20℃ 和 75℃ 下，标准溶垢剂配方的 pH 值为 11.85，进行静态测试。图 4-23 和图 4-24 显示了溶解 $BaSO_4$ 能力的动态变化。认识有：

① 低温（20℃）时，溶解垢片缓慢；低于 75℃ 时，去除垢量与溶液 pH 值无关。

② 在较高温度下，不同流体的溶解速率都加快；而反应接触 6h 后，溶垢速率都会呈减慢趋势。实施溶垢措施时，应特别注意措施井内结垢部位的液位、腐蚀产物等影响溶垢效果的因素。

③ 不同温度下，pH 值大于 10 流体比 pH 值小于 10 流体有更高的溶解速率。

络合剂（如 EDTA 和 DTPA）对于溶液中 $H^+$ 的亲和力，比对碱土金属离子的更强。但是，在 pH 值为 11~12 的碱性条件，溶垢剂被去质子化，会对金属离子（$Ca^{2+}$、$Ba^{2+}$）产生更强的亲和力。当 pH 值大于 11 时，DTPA 和 $Ba^{2+}$ 反应的稳定常数 $lgK_{稳}$ 为 8.6；当 pH 值为 4 时为 3.3。稳定常数越大，络合离子能力越强。因此，在 pH 值 11.85 和 12.5 时下观察到更高的溶解速率。

但仅仅增加 pH 值，可能不足以实现显著的溶解，比如在 pH 值为 8、75℃ 条件下，比 pH 值为 12.5、20℃ 的溶垢效果更优。

（4）比表面积、温度和接触时间。

评价不同温度下，溶垢剂对碎片和粉状 $BaSO_4$ 的溶垢作用。在 24h 内，粉状 $BaSO_4$ 的比表面积较大，其溶解速率和总溶解量较高（图 4-25、表 4-15）。因此，对于油田现场结垢物应掌握实际碎垢片的比表面积,以指导溶垢作业。

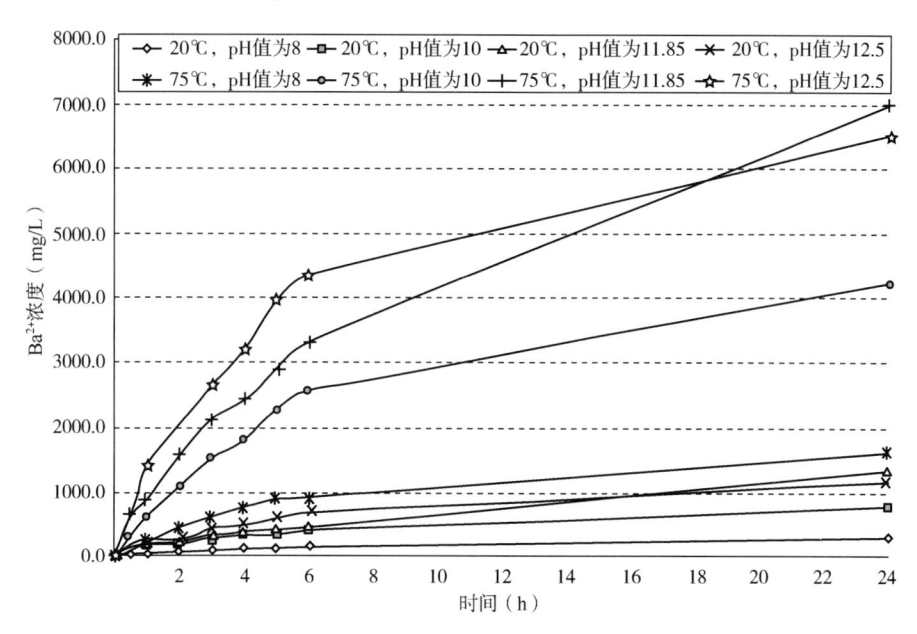

图 4-23　pH 值、溶液温度、接触时间对 $BaSO_4$ 溶解量的影响

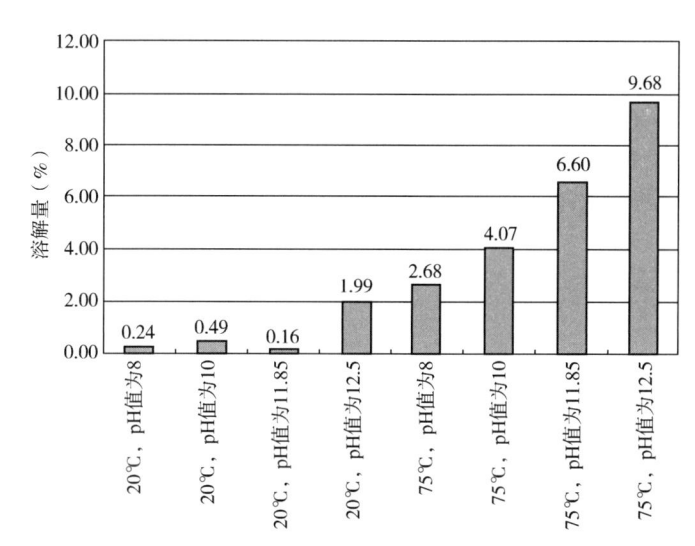

图 4-24　pH 值、流体温度对 24h 后 $BaSO_4$ 溶解量的影响

表 4-15　比表面积、溶液温度对 24h 后 $BaSO_4$ 溶解量的影响

| 温度(℃) | 垢样形态 | $BaSO_4$ 溶解量(%) |
| --- | --- | --- |
| 20 | 粉末 | 2.88 |
|  | 碎片 | 0.16(为粉末溶解量的5.56%) |
| 40 | 粉末 | 13.57 |
|  | 碎片 | 6.60(相对于粉末的溶解比例48.6%) |

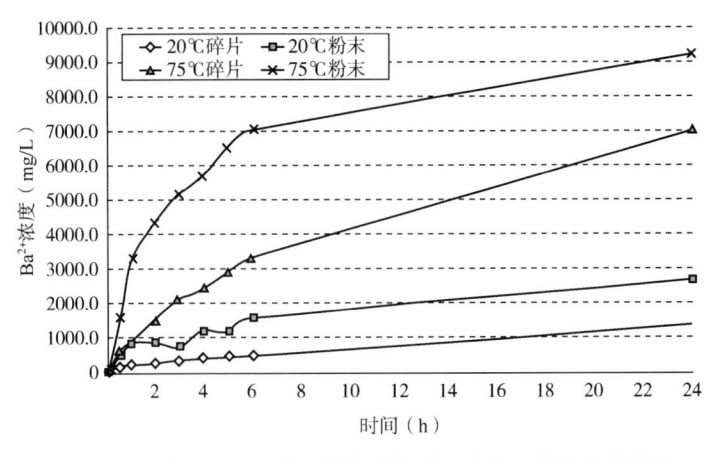

图 4-25 比表面积、温度和接触时间对溶液中 $Ba^{2+}$ 浓度的影响

## 三、溶垢剂评价方法的进展

很多生产情况下,单独使用防垢剂不足以控制因垢沉积导致的产量下降。这些情况包括:(1)水分析等生产相关数据不全,结垢预测不准确;(2)因储层非均质性、压力情况变化,加注或挤注防垢剂不能到达井内理想的设计部位;(3)井筒内的结垢趋势低,防垢措施不经济,而定期除垢更经济。此时就要进行溶垢作业,多年来国内外也广泛应用了油水井的化学溶垢,一般先将溶垢剂挤入储层进行溶垢,完全返排后再开展防垢挤注处理作业[77-79]。

具体作业效果的评价如图 4-26 所示:油井地层结垢导致产量下降,单纯的防垢挤注措施不能直接增加产量($B-A$)。先挤注溶垢剂(酸化或碱性螯合剂)增加产量,再由挤注防垢进一步维持,可显著提升后期生产效益($C+B-A$)。

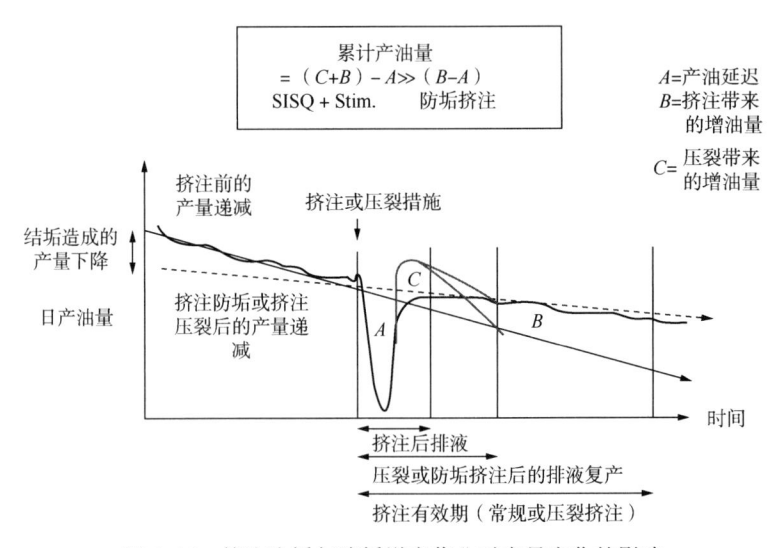

图 4-26 挤注防垢与溶垢增产作业对产量变化的影响

### (一)静态溶垢的方法及评价程序

(1)将特定浓度的 100mL 溶垢剂置于烘箱中,以所需温度加热 1h。

（2）将溶垢剂加入含有 10g 现场垢碎片的具塞瓶中，剧烈振荡。混合试样瓶置于烘箱内，开始计时并保持恒温。

（3）在 $t=30\mathrm{min}$ 时，摇动并上下振荡样品瓶 10 次。

（4）在 $t=1\mathrm{h}$ 时，使用移液管移取混合试样中 1mL 上清液，并转入含有 9mL 稳定溶液的试管中。注意避免抽出试样中的颗粒物。

稳定溶液的配制方法：1%体积比聚乙烯磺酸（PVS）防垢剂，或 0.3%体积比 KCl 溶液。其中，1%PVS 溶液可有效地稳定样品，并防止取样后的特定离子再沉淀。

（5）取样后，摇动、颠倒并上下振荡样品瓶 10 次，继续放入恒温烘箱。

（6）在 $t=2\mathrm{h}$、4h、6h、8h 和 24h 重复步骤（4）。对于 24h 的操作，应提前 1h 摇动并上下振荡测试瓶，最后再移取上清液样。

通过 ICP 等方法分析各个混合上清液样中的 $Ba^{2+}$、$Sr^{2+}$ 和 $Ca^{2+}$，根据其含量和停留时间的关系函数，对比不同溶垢剂的有效性。同时，还可以此来优化溶垢剂的最佳浸泡时间。

溶垢量计算：将反应 24h 后剩余的垢，通过 $0.45\mu m$ 滤膜过滤。洗涤垢残留物，以 100℃干燥。冷却后称重，并干燥直至恒重，得到溶垢量如下：

$$溶垢量=\frac{初始质量-最终质量}{垢初始质量}\times100\%$$

如果应用到地层中，还需要使用储层岩心，评估溶垢剂性能的影响和可能的二次地层伤害。

**（二）影响静态溶垢效果的因素**

影响溶垢剂溶垢量的因素包括垢粒度、测试温度、溶液体系 pH 值和配方中的稀释剂、互溶剂等。

（1）现场垢样与形态：应优先选择现场实际垢样，而不应是化学纯试剂。其原因是：①任何现场垢都不可能是硫酸盐等纯矿物；②溶解过程主要受表面反应控制，而垢的纯化学粉末会有非常高的比表面积，会使实验得到虚高的溶垢量；③与同等体积量的块状纯 $BaSO_4$ 相比，没有混合其他垢型的现场垢块有更多的内部天然微孔隙。现场垢样与溶垢剂的溶解反应更稳定。

（2）垢样的前处理：现场样垢破碎成小块，挑拣弃用变色的部分后，使用玛瑙研钵将小块垢磨成碎片。筛分、收集尺寸为 1~2mm 的垢片。然后用蒸馏水冲洗碎片，清除碎屑表面上的灰尘。之后，将垢样品在 105℃下干燥过夜、恒重。

（3）测试温度：温度对溶解量的影响很显著，升高温度会提高溶解速率和增大最终溶垢量。应与现场环境或工艺要求的温度保持一致。

（4）溶液 pH 值：混合溶垢剂与任何会降低 pH 值的化学物质（酸）的混合物会显著影响溶垢剂性能，建议螯合溶垢剂的 pH 值高于 11。

（5）溶垢作业时需要关注的其他因素：

① 现场配液的盐水组分对溶垢剂性能有很大影响。高硫酸根的浅层水或海水不应作为硫酸盐溶垢剂的配液用水。

② 水润湿表面对溶垢剂性能至关重要，油井或管线的溶垢剂溶液中可使用互溶剂以达到这种效果。

③ 硫酸盐溶垢剂溶液（35%）6~8h/次的反复浸泡，比单次 24h 浸泡时间的使用效率更高。

④ 垢和溶垢剂体系间的接触时间至关重要，因此应评估井内液位及其相对于垢沉积物的位置，以判断化学溶垢的可行性。

⑤ 比表面积显著影响溶解速率和最终溶解质量。

⑥ 室内实验采用 10g 固体：100mL 溶垢剂作为固液比例进行溶解测试，不能反映现场情况下的固液比。

### （三）管线内结垢量与溶垢剂体积的关系

室内测试中，多数采用 1g 垢产物加入 10mL 溶垢剂[即垢：溶垢剂（质量体积比）= 1：10]的模式，来筛选和对比溶垢剂的溶解能力。但现场应用中的疑问是：（1）垢：溶垢剂（质量体积比）为 1：10 是否真实反映了结垢管道的实际？（2）在某些现场案例中，室内测试性能良好的溶垢剂，为什么现场溶解量非常少？

#### 1. 现场垢情况

Jordan 等对 11 个结垢的生产管道/油管样品进行分析，如图 4-27 至图 4-37 所示。计算每种情况下，1m 长管段的垢和流体（溶垢剂）体积比，见表 4-16。

图 4-27　中东陆上管汇

图 4-28　北海油田井下油管

图 4-29　北非采油管汇

图 4-30　西非海底管线

图 4-31　美国陆上管线

图 4-32　北海井下油管

图 4-33　美国陆上管线

图 4-34　北海井下油管

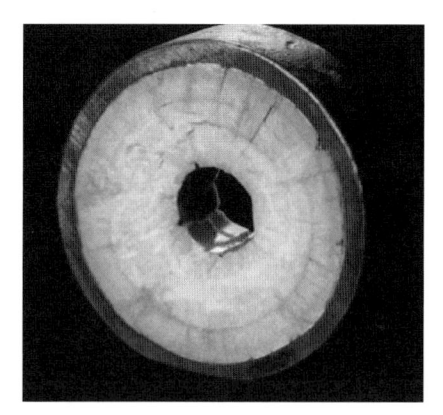

图 4-35　北海陆上管线

图 4-36　中东海底生产油管

图 4-37　亚太地区海上油田集输管线

表 4-16　不同情况下固体垢与溶垢剂的体积比

| 图号 | 固体(垢)占比(%) | 液体(溶垢剂)占比(%) | 垢：溶垢剂 |
| --- | --- | --- | --- |
| 图 4-27 | 33 | 67 | 1：2 |
| 图 4-28 | 98 | 2 | 50：1 |

续表

| 图号 | 固体(垢)占比(%) | 液体(溶垢剂)占比(%) | 垢：溶垢剂 |
|---|---|---|---|
| 图4-29 | 93 | 7 | 10：1 |
| 图4-30 | 21 | 79 | 1：2 |
| 图4-31 | 64 | 36 | 2：1 |
| 图4-32 | 87 | 13 | 7：1 |
| 图4-33 | 27 | 73 | 1：3 |
| 图4-34 | 43 | 57 | 1：1 |
| 图4-35 | 92 | 8 | 10：1 |
| 图4-36 | 59 | 41 | 1：1 |
| 图4-37 | 99 | 1 | 100：1 |

2. 室内与现场溶垢效果差异

对管道内溶垢剂比例的初始评估是化学溶垢成功的必要条件。生产管道中存在的体积比和固液比的理念将对溶垢剂性能给出更客观的评估。

在固定的溶垢剂溶液和温度下，假定垢：溶垢剂(质量体积比)以4个不同比例(1：1、1：4、10：1和1：10)进行评价。使用$BaSO_4$的密度为4.50g/cm³，将垢：溶垢剂(质量体积比)转换为垢：溶垢剂(体积比)，见表4-17。其中，室内实验的常用比例从质量体积比1：10达到了体积比1：45。现场结垢管段在静态浸泡情况下，很难达到该比例。

表4-17 实验室评价时的质量体积比转化为实际条件的体积比

| 垢：溶垢剂 | |
|---|---|
| 质量体积比(室内) | 体积比(现场管段) |
| 1：1 | 1：4.5 |
| 1：4 | 1：18 |
| 1：10 | 1：45(常规溶垢实验评价用此值) |
| 10：1 | 1：0.5 |

实验室评估的性能并比较预期会发生的结果，如图4-27至图4-37所示。虽然典型的室内实验时，质量体积比1：10(体积比1：45)在24h反应期内溶垢效果好，但现场管线内的结垢实际比例呈现倒置现象，通常为质量体积比1：1(体积比1：4.5)，所以溶垢效果表现不佳。

重量法测定$BaSO_4$溶解百分比的结果与上述机理一致，溶解$BaSO_4$ 7.93%、3.62%、1.13%和0.13%，质量体积比分别为1：10、1：4、1：1和10：1(图4-38、表4-17)。现场情况质量体积比10：1时的溶垢量为0.13%，仅为质量体积比1：10时溶垢量的1.6%，溶解$BaSO_4$垢量远低于理论预期。其中的垢沉积物(图4-31)等通常是硫酸盐垢的混合物，而不是纯$BaSO_4$，因此现场垢的溶垢剂实际效果可能更低于理论室内值。为了提高溶垢效率，特别需要重复浸泡以对这类沉积垢产生显著作用。

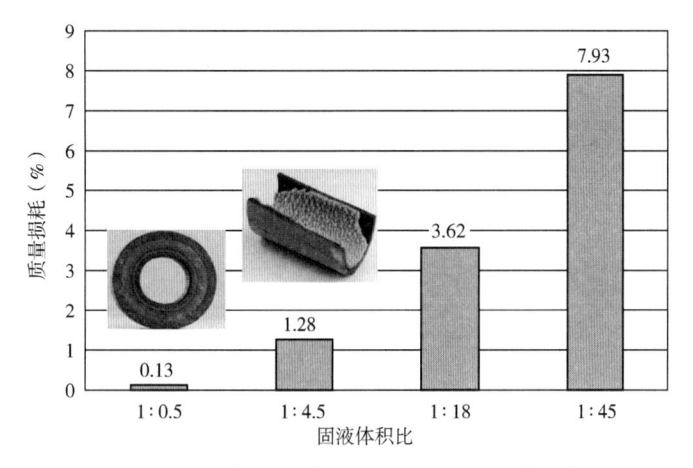

图 4-38　不同固液体积比时 24h 后的溶垢比例

## 参　考　文　献

[1] Dynamic scale inhibitor evaluation apparatus and procedure in oil and gas production：NACE 31105—2005[S]. NACE International Publication，2005.

[2] Moghadasi J，Jamialahmadi M，Müller Steinhagen H，et al. Scale formation in oil reservoir and production equipment during water injection[C]. International Symposium on Oilfield Scale，2003.

[3] Oddo J E，Sloan K M，Tomson M B. Inhibition of $CaCO_3$ precipitation from brine solutions：A new flow system for high-temperature and pressure studies[J]. Journal of Petroleum Technology，1982，34(10)：2409-2412.

[4] Aly A Hamouda. Insight into sulfate in high-salinity producers and selection of scale inhibitor[J]. SPE Production Engineering，1990，5(5)：448-454.

[5] Collins I R. Surface electrical properties of barium sulfate modified by adsorption of poly α，β aspartic acid[J]. Journal of Colloid & Interface Science，1999，212(2)：535-544.

[6] 王印忠，徐旭，焦春联，等. 聚环氧琥珀酸阻垢机理的研究进展[J]. 工业用水与废水，2016(3)：1-5.

[7] 要亚坤. 绿色水质稳定剂用于电厂循环冷却水处理的实验研究[D]. 北京：华北电力大学，2011.

[8] Wilson D. Influence of molecular weight on selection and applicatian of polymeric scale inhibitors[C]. Corrosion 1994，1994.

[9] Gruener H. Downhole scale control in a high temperature and high calcium environment[C]. NIF 7th Int. Symposium on Oilfield Chemicals，1996.

[10] Graham G M，Jordan M M，Graham G C. Implication of high-pressure/high-temperature reservoir conditions on selection and application of conventional scale inhibitors：Thermal-stability studies[J]. Natural Hazards，1997，122(6)：113-121.

[11] Graham G M，Dyer S J，Shone P. Potential application of amine methylene phosphonate-based inhibitor species in HP/HT environments for improved carbonate scale inhibitor performance[J]. SPE Production & Facilities，2002，17(4)：212-220.

[12] Sorbie K S，Graham G M，Johnson M M. How scale inhibitors work and how this affects test methodology [C]. Solving Oilfield Scaling Conference，1997.

[13] 吴运娟，郭茹辉，张彦河. 衣康酸-丙烯磺酸钠共聚物的合成[J]. 工业水处理，2007，27(11)：26-27.

[14] 王鉴, 宁媛媛. MA/AA/AMPS 三元共聚物阻垢分散剂的合成与性能评价[J]. 天然气化工, 2009, 34(5): 21-23.

[15] 刘京, 吴均, 徐建华, 等. MA-SAS-AA 阻垢剂研制[J]. 精细石油化工进展, 2009, 10(7): 40-44.

[16] 全红平, 段文猛, 张太亮, 等. 硫酸钡防垢剂 FGJ-2 的合成与性能评价[J]. 天然气勘探与开发, 2011(3): 63-66.

[17] 刘立新, 才华, 张伟东, 等. 2,3-环氧丙磺酸钠/丙烯酰胺共聚物合成及阻垢研究[J]. 工业用水与废水, 2010, 41(2): 61-64.

[18] Cen H, Zhang X, Zhao L, et al. Carbon dots as effective corrosion inhibitor for 5052 aluminium alloy in 0.1 M HCl solution [J]. Corrosion Science, 2019, 161: 108197.

[19] Cen H, Chen Z, Guo X. N, S co-doped carbon dots as effective corrosion inhibitor for carbon steel in $CO_2$-saturated 3.5% NaCl solution [J]. Journal of the Taiwan Institute of Chemical Engineers, 2019, 99: 224-238.

[20] 郝建. 碳量子点羧基修饰碳量子点新型阻垢剂的研制及其性能研究[D]. 天津: 天津科技大学, 2017.

[21] Hao J, Li L, Zhao W, et al. Synthesis and application of CCQDs as a novel type of environmentally friendly scale inhibitor [J]. ACS Applied Materials Interfaces, 2019, 11(9): 9277-9282.

[22] 唐荣. 荧光碳量子点的制备及其在金属离子检测中的应用 [D] 大连: 大连理工大学, 2015.

[23] Song Y, Zhu C, Song J, et al. Drug-derived bright and color-tunable N-doped carbon dots for cell imaging and sensitive detection of Fe(3+) in living cells [J]. ACS Applied Materials Interfaces, 2017, 9(8): 7399-7405.

[24] Lin Y, Zheng Y, Guo Y, et al. Peptide-functionalized carbon dots for sensitive and selective $Ca^{2+}$ detection [J]. Sensors and Actuators B: Chemical, 2018, 273: 1654-1659.

[25] Xia J, Yu Y, Liao Q, et al. Synthesis and application of intercellular $Ca^{2+}$-sensitive fluorescent probe based on quantum dots [J]. Journal of Inorganic Biochemistry, 2013, 118: 39-47.

[26] Sitko R, Turek E, Zawisza B, et al. Adsorption of divalent metal ions from aqueous solutions using graphene oxide [J]. Dalton Trans, 2013, 42(16): 5682-5689.

[27] Fu C C, Hsieh C T, Juang R S, et al. Highly efficient carbon quantum dot suspensions and membranes for sensitive/selective detection and adsorption/recovery of mercury ions from aqueous solutions [J]. Journal of the Taiwan Institute of Chemical Engineers, 2019, 100: 127-136.

[28] Yang T, Li Y K, Chen M L, et al. Supported carbon dots decorated with metallothionein for selective cadmium adsorption and removal [J]. Chinese Chemical Letters, 2015, 26(12): 1496-1501.

[29] 蒋守红, 徐杰武. 有机膦酸阻碳酸钙垢性能研究[J]. 化学世界, 2013, 54(5): 273-275.

[30] 张贵才. 油田污水防垢与缓蚀技术研究[D]. 成都: 西南石油学院, 2005.

[31] 张贵才, 葛际江, 孙铭勤. 从防垢剂对碳酸钙晶形分布影响的角度研究防垢机理[J]. 中国科学(B辑), 2006(5): 433-438.

[32] 张贵才, 葛际江, 何小娟, 等. 化学剂防碳酸钙垢的机理研究进展[J]. 西安石油大学学报(自然科学版), 2005(5): 71-74.

[33] 袁红霞, 肖盛兰. 膦酸钙、膦酸氢钙与膦酸二氢钙溶解度变化的研究[J]. 四川师范学院学报(自然科学版), 2001(4): 87-89.

[34] Zhang Z, Liu Y, Dai Z, et al. Impact of Fe(Ⅲ)/Fe(Ⅱ) scale inhibition [C]. International Oilfield Scale Conference & Exhibition, 2016.

[35] 王印忠, 张连强, 李雪, 等. 铝系絮凝剂残留对 SW203 海水阻垢剂性能的影响[J]. 工业用水与废水, 2014, 45(2): 57-61.

[36] 张瑞年, 李海金, 毛贵琳, 等. 石油开采中结盐的预测与防治[M]. 北京: 石油工业出版社, 1992.

[37] Atwi M A, Solares J R, Amorocho R, et al. Evolution of coiled tubing matrix stimulation for carbonate gas wells in Saudi Arabia[C]. SPE Middle East Oil and Gas Show and Conference, 2011.

[38] Wang S, Mcmahon J, Wylde J, et al. Scale inhibitor solutions for high temperature wells in a steam drive reservoir[C]. NACE International Corrosion Conference, 2010.

[39] Peng Y, Yue Z, Ozuruigbo C, et al. Carbonate scale control under high level of dissolved iron and calcium in the Bakken formation[C]. SPE International Symposium on Oilfield Chemistry, 2015.

[40] Vetter O J, Kandarpa V, Schalge A L, et al. Test and evaluation methodology for scale inhibitor evaluations [C]. SPE International Symposium on Oilfield Chemistry, 1987.

[41] Graham G M, Stalker R, Mcintosh R. The impact of dissolved iron on the performance of scale inhibitors under carbonate scaling conditions [C]. International Symposium on Oilfield Chemistry, 2003.

[42] Shen D, Shcolnik D, Steiner W H, et al. Evaluation of scale inhibitors in Marcellus waters containing high levels of dissolved iron[C]. SPE International Symposium on Oilfield Chemistry, 2012.

[43] Wat R M S, Sorbie K S, Todd A C, et al. Kinetics of $BaSO_4$ crystal growth and effect in formation damage [C]. SPE Formation Damage Control Symposium, 1992.

[44] Shaw S S. Investigation into the mechanisms of formation and prevention of barium sulphate oilfield scale[D]. Edinburgh, Scotland: Heriot-Watt University, 2012.

[45] Shaw S, Sorbie K, Stuart B L S. The effects of barium sulphate saturation ratio, calcium and magnesium on the inhibition efficiency: I phosphonate scale inhibitors[J]. SPE Production & Operations, 2010, 27(3): 306-317.

[46] Lu H, Penkala J, Brooks J. Novel laboratory and field approaches to control halite and other problematic scales in high salinity brine from the Bakken[J]. SPE Annual Technical Conference and Exhibition, 2015.

[47] Wylde J J, Williams G D M, Careil F, et al. A new type of super-adsorption. high-desorption scale squeeze chemistry: Doubling treatment life on miller wells[C]. SPE International Symposium on Oilfield Scale, 2005.

[48] Jordan M M, Sjursaether K M C. Inhibition of lead and zinc sulphide scale deposits formed during production from high temperature oil and condensate reservoirs [C]. Asia Pacific Oil and Gas Conference and Exhibition, 2000.

[49] 全国化学标准化技术委员会水处理分会, 中国石油和化学工业联合会. 水处理剂与工业水质分析标准汇编 产品卷(2010-2018)[M]. 北京: 中国标准出版社, 2018.

[50] 穆剑. 油田化学剂及检测技术论文集[G]. 北京: 石油工业出版社, 2007.

[51] Bazin B, Kohler N, Zaitoun A. Some insights into the tube blocking test method to evaluate the efficiency of mineral scale inhibitors[C]. SPE Technical Conference & Exhibition, 2005.

[52] Anderson C E, Ross G, Graham G M. Automated instrumental analysis of residual polymeric scale inhibitor species[C]. 12th International Symposium on Oil Field Chemicals, 2001.

[53] Chilcott N P, Phillips D A, Sanders M G, et al. The development and application of an accurate assay technique for sulphonated polyacrylate co-polymer oilfield scale inhibitors[C]. SPE International Symposium on Oilfield Scale, 2000.

[54] Graham G M. Complete chemical analysis of produced water by modern inductively coupled plasma spectroscopy(ICP)[C]. The 7th International Symposium on Oil Field Chemicals, 1996.

[55] Thompson A, Burnett K. Development and validation of a novel method for quantification of polymeric scale inhibitors and a comparison of obtained data with current commercial techniques[C]. Chemistry in the Oil Industry X, Manchester, United Kingdom: RSC, 2007.

[56] Graham G M, Sorbie K S, Boak L S, et al. Development and application of accurate detection and assay techniques for oilfield scale inhibitors in produced water samples[C]. SPE International Symposium on Oilfield

Chemistry, 1995.

[57] Graham G M, Sorbie K S, Boak L S. Development and accurate assay techniques for poly vinyl sulphonate (PVS) and sulphonated copolymer(VS-Co) oilfield scale inhibitor[C]. The 6th International Symposium on Oil Field Chemicals, 1995.

[58] Thompson A, Andresen A T, Juliussen B, et al. Individual analysis of mixed polymeric scale inhibitors in co-mingled subsea and deepwater environments by mass spectrometry[C]. Corrosion 2012, 2012.

[59] Benvie R, Chen T, Heath S M, et al. New environmentally acceptable chemistry and evaluation methods for scale inhibitor testing under turbulent flow and harsh scaling conditions[C]. SPE International Conference on Oilfield Scale, 2012.

[60] Zhang Y, Daniels J K, Hardy-Fidoe J, et al. Scale inhibitor residual analysis: Twenty-first century approach [C]. SPE International Oilfield Scale Conference and Exhibition, 2014.

[61] Todd M J, Wylde J J, Strachan C J, et al. Phosphorus functionalised polymeric scale inhibitors, further developments and field deployment[C]. SPE International Conference on Oilfield Scale, 2012.

[62] Wylde J J, Williams G D M, Carceil F, et al. A new type of super-adsorption, high-desorption scale squeeze chemistry doubling treatment life on miller wells[C]. SPE International Symposium on Oilfield Scale, 2005.

[63] Heath S, Gjøsund N, Dugué D. Strategies for squeezing co-mingled wells in the same flow line in sub-sea and deepwater environments-Guidelines for scale inhibitor selection and effective treatment strategies and design [C]. SPE International Conference on Oilfield Chemistry, 2019.

[64] Heath S, Toivonen S, Vuori V, et al. Application of advanced fluorescence detection technology to improve scale management in both conventional and sub-sea fields[C]. SPE International Conference on Oilfield Chemistry, 2019.

[65] Heath S, Green S, Badawy A, et al. On-site analysis of scale squeeze inhibitors in remote environments using fluorescence and time resolved fluorescence[C]. SPE International Oilfield Scale Conference and Exhibition, 2020.

[66] Murugesan S, Ahoor D, Souza L, et al. Next generation on-site scale inhibitor analysis-surface enhanced nanotechnology detection[C]. SPE International Oilfield Scale Conference and Exhibition, 2020.

[67] Wilson D. Barium sulphate scale inhibitor evaluation using a tube-blocking test[C]. Norwegian Society of Chartered Engineers Oilfeld Chemicals Symposium, 1991.

[68] Ferguson R J. A kinetic model for calcium carbonate deposition[J]. Materials Performance, 1984, 23(11): 25-34.

[69] Kohler N, Courbin G, Broseta D, et al. Fast MIC determination for carbonate scales by electrochemical methods[C]. SPE International Symposium on Oilfield Chemistry, 2002.

[70] 潘爱芳, 马润勇, 杨彦柳. 油田注水开发防垢现状及新技术研究[M]. 北京: 石油工业出版社, 2009.

[71] 付美龙. 油田化学原理[M]. 北京: 石油工业出版社, 2015.

[72] Lu H, Mccabe B, Brooks J, et al. A novel phosphonate scale inhibitor for scale control in ultra high temperature environments[C]. SPE International Conference on Oilfield Chemistry, 2019.

[73] Williams G D, Collins I R, Wade S R. Enhancing mineral scale dissolution in the near-wellbore region[J]. SPE Annual Technical Conference and Exhibition, 1999.

[74] Jordan M M, Ajayi E O, Archibald M. New insights on the impact of surface area to fluid volume as it relates to sulphate dissolver performance[J]. SPE International Conference on Oilfield Scale, 2012.

[75] Jordan M M, Graham G M, Sorbie K S, et al. Scale dissolver application: Production enhancement and formation-damage potential[J]. SPE Production & Facilities, 2000, 15(4): 288-295.

[76] Collins I R, Stewart N J, Wade S R, et al. Extending scale squeeze lifetimes using a chemical additive: From the laboratory to the field[C]. SPE Solving Oilfield Scaling Conference, 1997.

[77] Collins I R, Cowie L G, Nicol M, et al. Field application of a scale inhibitor squeeze enhancing additive[J]. SPE Production & Facilities, 1999, 14(1): 21-29.

[78] Lakatos I J, Lakatos-Szabo J, Toth J, et al. Improvement of placement efficiency of $BaSO_4$ and $SrSO_4$ dissolvers using organic alkalis as pH controlling agents[J]. European Formation Damage Conference, 2007.

[79] Marinou E, Sarah de Boer, Chen T, et al. A novel delivery method for combined scale dissolver and scale squeeze treatments in non-isolated subsea wells[C]. SPE International Oilfield Scale Conference & Exhibition, 2016.

# 第五章  油水井防垢工艺进展

以油田开发的一个注采完整过程分析为例，结垢全过程有：(1)在注入之前的混合水质结垢，例如，作为注入水水源的陆上油田地表水与浅层清水混合、采出水与清水混合，或海上油田注入海水和采出水的混合回注。(2)注水井的近井地带结垢。注入水与储层内地层水混合后的不配伍结垢，或注采水温度、压力变化导致的结垢。(3)地层深部结垢。由于注入水置换地层水，或由于不同小层的层内水沿不同流径汇集后的结垢。(4)生产井的近井地带，注入水和地层水汇聚结垢。可能同时存在挤注处理半径之内和超出挤注处理半径的两种结垢情况。(5)油井井筒结垢。直/定向井打开多个层系、水平井的不同完井段或多分支井的不同分支段、存在边底水储层的低部位底水上窜，或多层系不同类型采出液等都有可能在井筒内混合。(6)地面系统结垢。陆上油田的集油管道或海上油田的水下管汇中，若干口井的不同类型产出液混合结垢，或不同类型产出液在集油点或增压点混合后，引起管线和设备内结垢。

本章主要围绕注入水的前端处理技术、压裂阶段的固体防垢及生产阶段的地层深部防垢工艺、日常防垢剂加注和新工艺试验等方面，介绍近年来国内外开展的新研究、新认识和试验应用情况。

## 第一节  注入水的前端处理防垢技术

注水开发过程中，首先考虑储层与外来注入水的敏感性，评价注水过程的水敏、盐敏和速敏等问题引起的储层伤害，明确注入水的临界盐度、流速，同时尽可能选择与地层水配伍的注入水源，避免不配伍结垢。陆上油田常见的注入水前端清防垢工艺有：随注入水加注化学防垢剂，以及注水井井筒结垢后采用化学溶垢解堵或机械钻磨除垢等方式。

海上油田开发中，往往采用海水作为注入水，与地层水的天然不配伍会导致严重的地层、井筒结垢，且化学溶垢困难，这时需要特别考虑对注入水水质的处理等工艺。

### 一、注入水的脱硫酸根技术

**(一) 技术原理及工艺流程**

国外在海上油田的开发中，采用纳滤膜系统脱硫酸根技术可以将注入海水的 $SO_4^{2-}$ 浓度降低到 20~80mg/L，虽然不能完全消除硫酸盐垢，但降低了与地层水混合液中的硫酸根离子总量，从而降低了硫酸盐过饱和度和垢总量[1-3]。这样可将生产过程的产出液含水 5%~15% 时的最大结垢期，显著推迟到含水 70%~90% 阶段才会出现最大结垢量。但该技术不会降低储层中高矿化度地层水碳酸盐垢的结垢倾向。

纳滤是一种介于反渗透和超滤之间的膜过程,其孔径范围在纳米级。膜表面带有一定的电荷,对单价盐具有相当大的通透性,而对二价阴离子及多价盐有较强的选择性和很高的截留率,对阴离子截留率由小到大的排序为:$NO_3^- < Cl^- < OH^- < SO_4^{2-} < CO_3^{2-}$。通过在注水站安装纳滤脱硫酸根装置,在操作压力为 0.5~1.5MPa 范围内,可利用纳滤膜减少注入水中 $SO_4^{2-}$ 含量,改善注水水质,防止与地层水中的钡锶离子结垢。

纳滤装置主要由预处理单元(粗滤+超滤)、纳滤单元和后处理单元(化学清洗系统及辅助加药系统组成)三部分组成(图 5-1、图 5-2)。

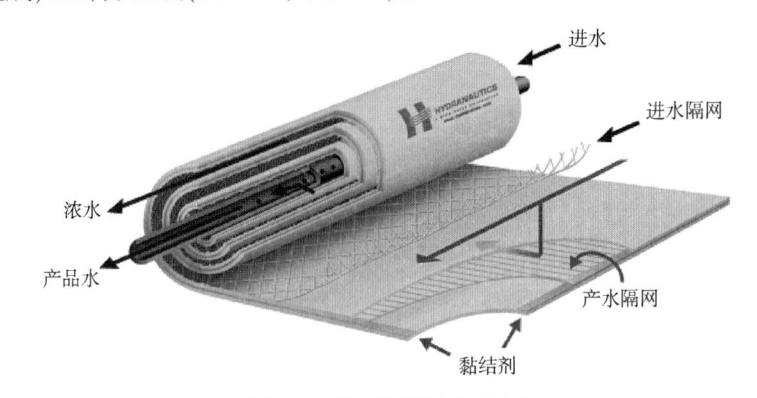

图 5-1 纳滤膜结构示意图

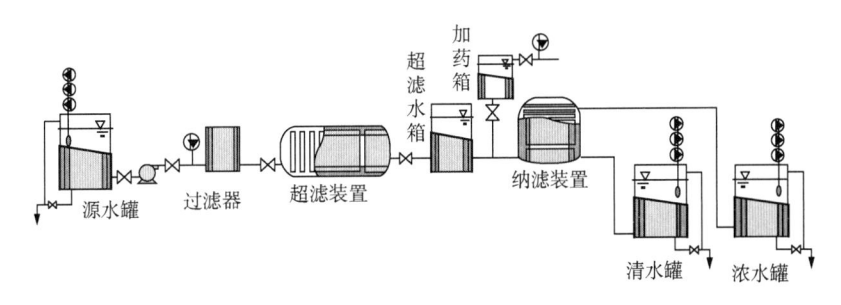

图 5-2 注入水纳滤工艺常规流程图

**(二)技术适用特点**

(1)流体配伍性:注入水中 $SO_4^{2-}$ 和地层水 $Ba^{2+}/Sr^{2+}$ 含量高,两种水质严重不配伍,存在结垢趋势。

(2)浓水处理:同区块或相邻区块有与浓水水型匹配的回注层位,或海上油田可排放至海水中。

(3)油井的挤注防垢或加注防垢剂等效果有限,再次结垢时间短且成本较高时,此技术更有经济性的优势。

**(三)现场应用情况**

英国北海油田的南 Brae 海上油田与 Forties 油田、T-Block 区块类似,地层水中高 $Ba^{2+}$ 含量(800mg/L)、高 $CO_2$ 分压和低 pH 值(4~4.5)。为了控制注入海水($SO_4^{2-}$ 含量 2650mg/L)与

地层水混合后的严重 $BaSO_4$ 垢,采用改性反渗透膜选择性脱除 $SO_4^{2-}$,$SO_4^{2-}$ 含量达到 100mg/L 以下[4-5]。

长庆油田纳滤脱硫酸根技术试验及效果:姬塬油田注入水富含 $SO_4^{2-}$,地层水高含 $Ba^{2+}/Sr^{2+}$,注入水与地层水严重不配伍,导致地层、井筒、地面集输系统结垢严重。

为了解决钡锶垢结垢难题,开展了注入水纳滤脱硫酸根技术研究。自 2009 年开始,在姬塬油田投运 9 套纳滤水处理装置,通过注入水纳滤脱 $SO_4^{2-}$ 技术攻关、先导试验和扩大应用,至 2019 年初,已累计处理水量 $916.6×10^4m^3$。具体见表 5-1。

表 5-1 纳滤脱硫酸根设备运行统计

| 注水站 | 投运时间 | 对应区块 | 设计规模 ($m^3/d$) | 实际处理量 ($m^3/d$) | 浓水产量 ($m^3/d$) | 浓水产出率 (%) |
|---|---|---|---|---|---|---|
| H3 注 | 2014 年 8 月 | L228 | 2000 | 570 | 135 | 15 |
| J11 注 | 2014 年 6 月 | G83 | 3000 | 1800 | 216 | 12 |
| J12 注 | 2015 年 3 月 | G271 | 3000 | 2360 | 208 | 8.8 |
| J9 注 | 2016 年 5 月 | G83 | 3000 | 2500 | 360 | 15 |
| J5 联 | 2012 年 4 月 | H3 | 2000 | 1600 | 400 | 25 |
| J4 注 | 2016 年 6 月 | L1 | 4500 | 4017 | 318 | 7.9 |
| H12 增 | 2008 年 9 月 | H154 | 300 | 220 | 55 | 25 |
| J9 联 | 2014 年 1 月 | C97 | 2000 | 300 | 60 | 20 |
| J20 注 | 2016 年 8 月 | H39 | 2000 | 1400 | 210 | 15 |

注入水经过纳滤处理后,$SO_4^{2-}$ 成垢离子浓度减少 85%~97%。

**1. 钡锶垢理论防垢率**

注入水纳滤前后与地层水配伍实验表明,纳滤后结垢量显著减少,钡锶垢防垢率平均达到 72% 以上(表 5-2)。

表 5-2 J*联注入水、纳滤水与 C8 地层水配伍性试验(60℃)

| 注入水/C8 地层水(体积比) | 1/9 | 2/8 | 3/7 | 4/6 | 5/5 | 6/4 | 7/3 | 8/2 | 9/1 |
|---|---|---|---|---|---|---|---|---|---|
| Ba(Sr)SO$_4$(mg/L) | 639.7 | 1278 | 1915 | 1618 | 2226 | 2125.2 | 1211.8 | 806.6 | 402.6 |
| 纳滤水/C8 地层水(体积比) | 1/9 | 2/8 | 3/7 | 4/6 | 5/5 | 6/4 | 7/3 | 8/2 | 9/1 |
| 结垢总量(mg/L) | 181.7 | 351 | 566.8 | 443.3 | 594.4 | 548.3 | 353.8 | 216.3 | 103.9 |
| 防垢率(%) | 71.6 | 72.5 | 70.4 | 72.6 | 73.3 | 74.2 | 70.8 | 73.2 | 74.2 |

**2. 典型注水站的生产情况**

以 9 套装置中连续正常运行的 3 套典型装置为例,进行运行效果分析。

(1) 3 个站点的区块压力变化:在 J11 注、J9 注对应的 G83 区纳滤水的注水井有 163 口,覆盖全区块注水井数的 83.3%,剔除降压增注、化学调剖、高压欠注等影响,分析注水井生产数据,发现纳滤装置投运后,整体压力上升趋势变缓(图 5-3)。

J9 注、J11 注分站点对比分别管辖的注水井,对应注入压力上升速率都在纳滤投运后呈现变缓趋势;J11 注 52 口可对比注水井压力上升速率由 0.92MPa/a 下降到 0.21MPa/a;J9 注 62 口可对比注水井的注入压力先呈小幅下降后小幅上升现象,上升速率由 0.95MPa/a 下降到 0.1MPa/a，降幅明显（图 5-4）。

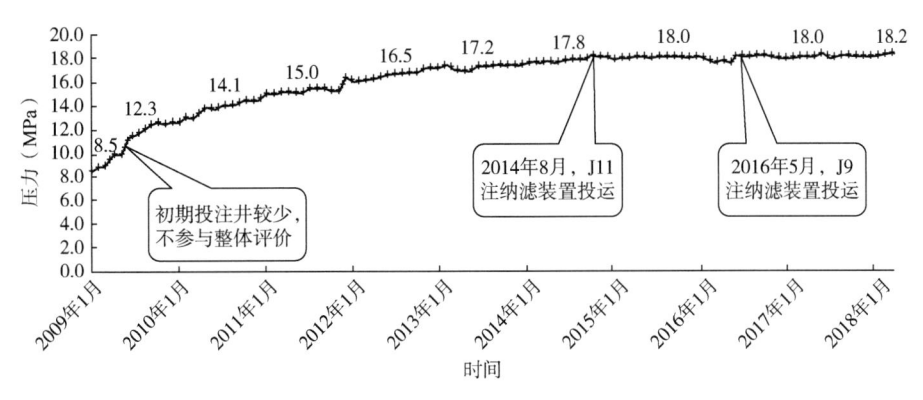

图 5-3　G83 区注入压力变化趋势（剔除影响因素）

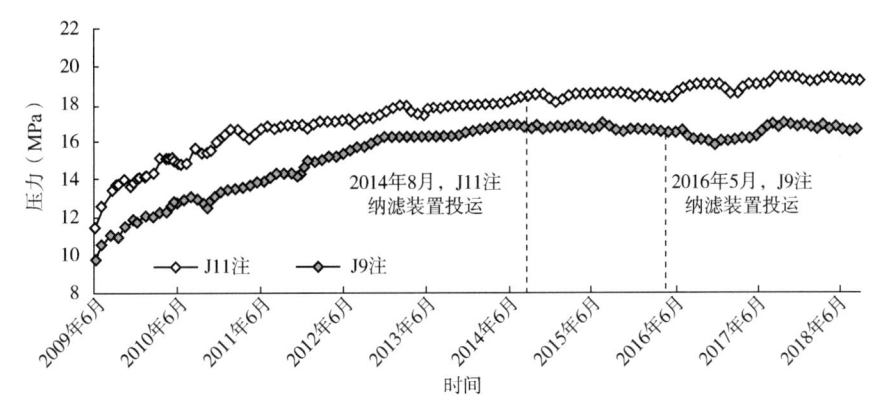

图 5-4　J11 注、J9 注注水井压力变化趋势图

纳滤装置投运后，J9 注、J11 注的对应注水井压力变化曲线（剔除影响因素后）均呈现注水压力上升速率明显下降现象，且长期保持稳定，说明脱除大部分 $SO_4^{2-}$ 的纳滤水起到延缓注入水与地层水反应结垢作用。

同样在 J12 注对应 G271 区，剔除酸化增注、化学调剖和高压欠注等对注入压力的影响，发现纳滤装置投运后，覆盖的纳滤水的注水井有 38 口，整体注入压力上升趋势变缓（图 5-5）。

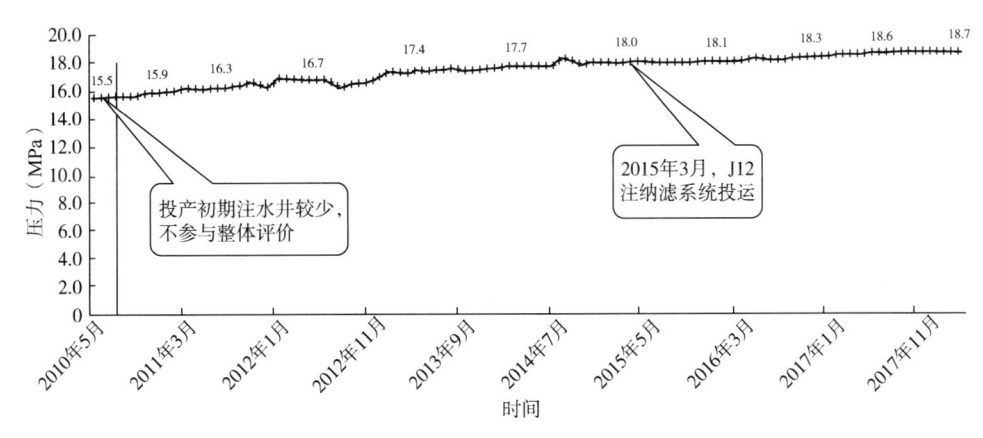

图 5-5　G271 区注入压力变化趋势图

同区块的纳滤与非纳滤注水井注水压力对比：J12 注 2015 年 3 月纳滤装置投运，J23 注未安装纳滤装置。两个注水站各对应 19 口井，可对比井的注水资料，J12 注压力上升速率由投运前的 1.16MPa/a 逐步下降至 0.6MPa/a、0.36MPa/a 和 0.1MPa/a；J23 注压力上升速率较平稳，由投运前的 0.5MPa/a 上升至 1.1MPa/a，再逐步下降至 0.3MPa/a、0.2MPa/a。通过对比，纳滤水对 G271 区注入压力上升趋势影响不明显（图 5-6）。

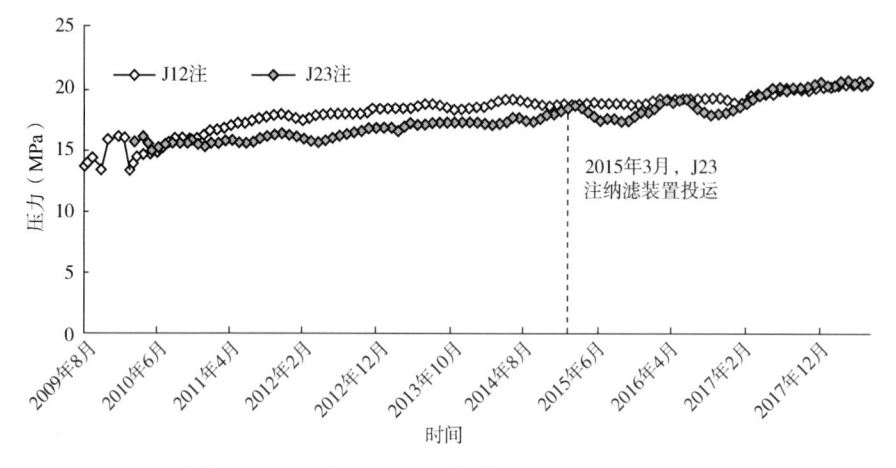

图 5-6　J12 注、J23 注注水井压力变化对比趋势图

（2）吸水剖面变化：统计 2014—2018 年，纳滤区吸水剖面可对比井（扣除措施井），发现 3 个站的 38 口注水井吸水厚度增加 0.21m，均匀吸水比例增加 6%，见表 5-3。

表 5-3　纳滤安装前后可对比井吸水剖面对比

| 油藏 | 井数（口） | 安装前 吸水厚度（m） | 安装前 均匀吸水比例（%） | 安装后 吸水厚度（m） | 安装后 均匀吸水比例（%） |
|---|---|---|---|---|---|
| G83（J9 注） | 16 | 14.08 | 50.0 | 12.48 | 50.0 |
| G83（J11 注） | 11 | 14.24 | 54.5 | 15.05 | 63.6 |
| G271（J12 注） | 11 | 9.33 | 36.4 | 10.75 | 45.4 |
| 合计 | 38 | 12.55 | 47.0 | 12.76 | 53.0 |

（3）注水井、采油井结垢变化：对比 G83 区注水井垢样，纳滤投运后的硫酸盐含量低于纳滤前，说明注入水水质的改善降低了硫酸盐的结垢量（表 5-4）。

表 5-4　G83 区纳滤注水井垢样成分对比

| 井号 | 投运 | 水溶性盐（%） | 碳酸盐、硫化物及铁氧化物（%） | 硅质（%） | 硫酸盐（%） | 酸不溶物（%） |
|---|---|---|---|---|---|---|
| L48-18 | 投运前 | — | 72.2 | 23.5 | 4.3 | — |
| L48-14 | 投运前 | 8.35 | 43.2 | 41.56 | 1 | 6.4 |
| L38-24 | 投运前 | 10.5 | 26.02 | 54.85 | 0 | 8.63 |
| L50-12 | 投运后 | — | 81.3 | 17.3 | 0 | 1.4 |
| L58-14 | 投运后 | 4.81 | 44.52 | 50.23 | 0 | 0.44 |
| L52-12 | 投运后 | 5.29 | 28.75 | 65.43 | 0.53 | 0 |

同一注水区块的 J9 注纳滤装置投运后,高含水油井的多轮次垢样分析,其中的硫酸盐含量下降至设备投运前的 1/40~1/30。硫酸盐结垢量明显下降,表明注入水水质的改善也降低了油井井筒垢量(表5-5)。

**表 5-5　J9 注高含水油井的纳滤前后垢成分对比**

| 井号 | 分析时间 | 含水率(%) | 矿化度(mg/L) | 垢样硫酸盐含量(%) |
| --- | --- | --- | --- | --- |
| L53-3 | 2014 年 2 月 | 35.5 | 72540 | 43.2 |
| L64-15 | 2015 年 6 月 | 54.5 | 64935 | 35.8 |
| L70-11 |  | 50.8 | 24570 | 1.5 |
| L47-15 | 2017 年 7 月 | 44.7 | 45850 | 1 |
| L59-1 |  | 42.6 | 33455 | 1 |

注:油井产出水中的初始矿化度为 100000~120000mg/L。

### (四)技术经济性评价

3 套装置的投入费用包括:纳滤装置费用 2700 万元(每套 900 万元,含设备制造、配套水电、场房及土建工程等费用)。按照设备使用寿命 15 年计算,折算年设备耗损 180 万元;3 套纳滤装置的维护费用为 200 万元(不包括更换膜费用)。

节约的成本费用则包括降低措施费、化学药剂和结垢管柱更换费用等。其中,纳滤装置投运后,区域内的增注措施井数下降明显,新增欠注井数由 15 口下降到 5 口,有效缓解区域结垢欠注问题。按照年新增欠注井数减少 10 口测算,单井增注费用 20 万元,年增注措施费用减少 200 万元。

节省化学药剂投加费用:装置投运后,J9 注、J11 注、J12 注停止投加 $BaSO_4$ 防垢剂(此时仍有可能存在碳酸盐垢),按照防垢剂单价 1.7 万元/t、加药浓度 50mg/L 计算,年节省化学药剂投加费用 157.75 万元。

检串、管柱更换费用减少:通过注水井、高含水油井结垢情况分析,管柱结垢情况明显好转。2015—2017 年检串井次虽无明显变化,但结垢比例从 71.4% 下降到 61.1%,管柱更换数量由 2016 年 $5.9×10^4 m$ 下降至 $4.4×10^4 m$,计算管柱费用节约 85 万元。按照结垢所占更换管柱的 1/2 折算,因结垢节约费用 42.5 万元。

经济效益分析:年利润=产生效益-投入费用=增注措施费用减少+节省化学药剂投加费用+检串、管柱更换费用减少-年设备耗损费-维护费用=200 万元+157.75 万元+42.5 万元-180 万元-200 万元=20.25 万元。

目前,限制纳滤脱硫酸根技术应用的因素主要有两方面:

(1)浓水的处置和利用。纳滤运行中同步产生高 $SO_4^{2-}$ 浓水,目前注入水处理过程会产生 10%~15% 的浓水,在海上平台可以将浓水排入海水中,而陆上油田的浓水只能无效回注,造成水资源的浪费。为了将高 $SO_4^{2-}$ 浓水完全利用,可采用"反渗透+树脂软化+高压平板膜+冷冻结晶"等浓水浓缩和 $Na_2SO_4$ 固体化工艺,但测算浓水的处理费用大于 5.5 元/$m^3$,综合处理成本过高,是陆上油田限制推广的最大难点,还需要开发纳滤装置和浓水利用的其他潜在功能。

(2)运行维护费用高。纳滤膜组件一般使用 3 年就需整体更换 1 次(2000$m^3$/d 装置需 90

万元左右），日常维护的膜专用防垢剂和清洗剂等费用每年需 30 多万元。纳滤系统的适应区块、配套技术规范和系统的模块化设计等方面还需深化提高。

从整体看，纳滤技术从注水源头上减少了 $SO_4^{2-}$ 成垢离子含量，可控制注入水、地层水不配伍导致的硫酸钡锶垢量，技术原理适用于姬塬类型的油田。

长期注入纳滤水后，对应注水井的压力上升趋势得到控制，且一定程度上改善了油藏吸水剖面，起到增加吸水厚度和改善剖面形态作用；为控制地层水可能存在的 $CaCO_3$ 垢和后期高含水阶段的 $BaSO_4$ 垢，可配合投加 $CaCO_3$ 防垢剂或清垢剂，以长期稳定注水压力。

现场生产反馈发现，受效注水井、油井井筒中的结垢量显著降低，垢产物直观地容易除去，但对少量高压欠注井的增注或措施有效期延长方面未见到明确对应关系。纳滤水的注入，对于控制储层深部难溶垢有理论上可证明的作用，但在低渗透/特低渗透储层的垢堵塞机理和纳滤水效果评价方面，还需深入跟踪和探究。

## 二、注入水的纳米级固体防垢微粒技术

为了有效控制储层和近井地带的结垢，探索注入水的防垢剂加注和长效作用新模式，2001—2006 年，BP 和 Nalco 公司合作试验了注入水中加入防垢微粒的方法。主要目的是随着深海开发的进展，深水区海上平台面积有限，井口作业的难度加大，在浅海区域平台应用的注入水加防垢剂、海水纳滤脱硫酸根工艺和防垢剂挤注作业、清垢工艺等都成本过高。通过开发可控释放的纳米级（直径 200~300nm）固体防垢微粒，微粒完全分散在注入水中，随注水井注入储层，并到达生产井的水驱前缘。在近井地带可控地释放防垢剂，从而保护生产井的近井眼和管柱，避免了工序较为复杂的防垢剂挤注处理。原理如图 5-7 所示。

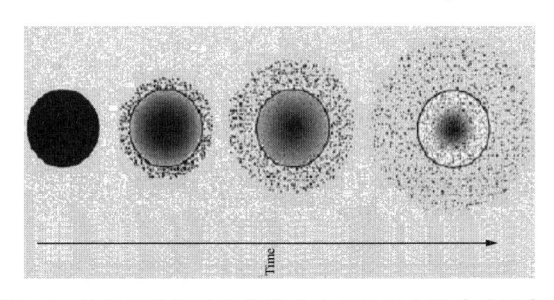

图 5-7 纳米级防垢微粒随注入水在地层内释放的示意图

对于该技术可能存在的问题进行了分析和试验。

### （一）注入水加注常规防垢剂存在一定程度的迟滞效应

注入水中的防垢剂会在储层矿物中吸附，防垢剂前缘总是滞后于注水前缘。特别是未经压裂改造过的砂岩储层中，这种问题更为突出。另外，采油井方向的注入水一旦突破后，防垢剂的作用效果也会变差。

为验证防垢剂相对于注入水的迟滞程度，进行了模拟高渗透储层（渗透率为 180mD，孔隙度为 40%）的填砂管（长度 50in）水驱实验。116℃下，注入水为海水和地层水的 5∶5 混合液，在前置液段塞中加入 100mg/L 锂示踪剂，主段塞加入 350mg/L 聚乙烯磺酸盐（PVS）防垢剂。注入水成分和注入返排曲线见表 5-6、图 5-8。图 5-8 显示驱替过程中锂示踪剂段塞与含防垢剂段塞的有效浓度变化趋势一致。锂示踪剂更快通过填砂管，而防垢剂段塞必须在

1.1PV 的高注水量时，才能达到 35mg/L 的临界防垢浓度，并且高浓度的防垢剂量也不能明显改变迟滞效应。

表 5-6　防垢剂扩散波及所用盐水　　　　　　　　　　　单位：mg/L

| 离子 | Na$^+$ | K$^+$ | Ca$^{2+}$ | Mg$^{2+}$ | Ba$^{2+}$ | Sr$^{2+}$ | SO$_4^{2-}$ | Cl$^-$ | HCO$_3^-$ |
|---|---|---|---|---|---|---|---|---|---|
| 浓度 | 11034 | 210 | 250 | 70 | 220 | 45 | 0 | 17350 | 1100 |

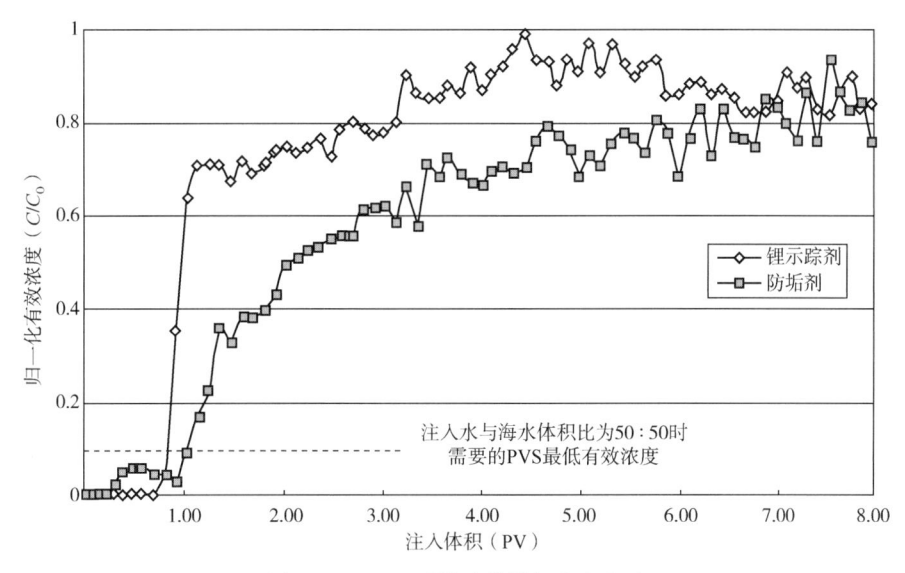

图 5-8　116℃时填砂管模拟水驱实验

0.3PV 时，PVS 异常高值是低浓度检测的错误示值，并非 PVS 指进突破

### (二) 防垢微粒的尺寸

针对地层岩心等多孔介质中微粒运移及其地层伤害评价的研究文献较多，主要集中在注入水或地层水中的悬浮物、胶体运移等影响。悬浮物对地层孔隙结构的伤害主要是由于微粒在岩心表面的沉积、架桥，形成滤饼及其在孔喉内部的堵塞，因伤害的大小与孔喉有效尺寸与微粒尺寸的比值、微粒浓度和注入速度等参数直接相关。一般认为微粒尺寸：(1) 微粒大于 1/3 的孔喉直径时，微粒将在岩心端面形成外滤饼；(2) 微粒为 1/3~1/7 的孔喉直径时 (低流速则为 1/3~1/14)，微粒侵入地层并形成内部堵塞；(3) 微粒小于 1/7 (或 1/14) 的孔喉直径时，微粒将穿过孔喉而不造成任何损害。防垢微粒工艺的关键参数是负载防垢剂微粒的粒径控制。

对于典型的孔喉大小分布，例如平均孔喉直径为 35μm 的地层，直径小于 2.5μm 的颗粒理论上能够顺利穿过。考虑到多孔介质的孔径是一个分布范围，实践中可接受的颗粒尺寸约为孔喉直径的 1/10(200~300nm)。此时，还需要评价地层孔喉对相应固相微粒的最大可接受浓度。

### (三) 防垢微粒的制备

试验产品选定的合成路线是聚合物防垢剂与醇基产物通过酯化反应形成凝胶体，真空干燥 1h，研磨成直径为 2~3μm 的微粒。也可以将凝胶体通过湿法研磨，制成直径 0.1~1μm 的亚微米级微粒。最后用合适的分散剂将微粒分散在液相载体中，微粒在注水过程中释放防垢剂。

**（四）注入防垢微粒技术的局限性**

注入防垢微粒技术主要在储层伤害和成本等方面，存在一定不足：

（1）长填砂管的岩心流动实验中，注入 3PV 后，在流出物中检测到防垢微粒，其中约 50% 的防垢微粒基本滞留在填砂管端面或分布在填砂管内。模拟储层的渗透率降低了 45%（从 180mD 降低到 100mD）。在中、低渗透油藏应尽量避免采用此类纳米级微粒，以防止储层伤害。

（2）防垢微粒本身在水相中的稳定性需要研究。

（3）经济分析表明，其成本与脱硫酸根技术相近，在陆上或浅海油田应用时的成本较高，应用有一定难度。

# 第二节　压裂阶段的固体防垢技术

油气井投产后，常见的防垢工艺是针对地层的挤注溶垢/防垢、针对井筒的井口连续或间歇加注防垢剂（详细介绍见第四章第二节和第三节），但多段压裂的长水平井或海上油气井，开展挤注作业的工艺难度大，成本较高。为了延长油气井低含水阶段的防垢有效期，减少后期生产中的井筒清防垢作业及措施成本，20 世纪 90 年代起，基于新井压裂改造阶段向储层大量注入液体和支撑剂的时机，人们开始了新井压裂超前防垢和长效防垢探索和试验[6]。2000 年以后，随着北美致密油气开发带来的井数大幅增加，井口药剂加注和地层挤注防垢的管理难度加大等需求变化，压裂工艺、油田化学等专业的研究人员结合，试验推广了压裂阶段的压裂液加入防垢剂、包覆防垢剂的陶粒及固体防垢颗粒等新技术。特别是压裂阶段的固体防垢颗粒技术从 2005—2017 年已应用超过 2.5 万口井，以贝克休斯公司为主（前期由 BJ 公司研究，后 BJ 公司被贝克休斯公司收购）的报道，反映该技术的成熟应用取得了较好效果[7]。其中，单井的防垢有效期最长超过 5 年，或有效防垢期内，单井最高的累计产水量超过 $32\times10^4 m^3$。耐温能力方面，固体防垢颗粒与锆交联压裂液可在温度 176℃ 以内相容，应用于井筒防 $CaSO_4$ 垢的温度更可高达 204℃。

## 一、压裂技术原理及工艺特点

压裂作业是勘探开发中油藏增产的重要工程环节之一，是中、低渗透储层油气井获得工业产能的关键。具体的压裂改造是指利用水力传压的作用，使油气层形成裂缝的增产方法。其主要流程一般是在地面用高压泵，将具有一定黏度的压裂液体和支撑剂，以大于油层所能吸收的能力注入地层，当井筒压力逐渐增高到大于地层破裂压力时，会在地层内形成多条水平或垂直的裂缝，并随着液体注入而不断延伸和扩展。当作业完成，去除井筒额外压力后，支撑剂可以有效保证压裂形成的裂缝处于开放状态，有利于提高油气产量[8]。

**（一）水力压裂的主要作用**

油气井在钻完井、生产过程中，会产生不同程度的近井地带伤害，并会降低井的产量。这些伤害包括钻井过程的伤害，也可能由于井自然生产过程的储层压降造成的含水饱和度变化、地层微粒运移或结垢。通过水力压裂可建立高导流通道深入储层、穿过伤害区，沟通井筒与未伤害地层，起到有效增加产量的作用。

另外，在油藏管理方面，水力压裂形成的纵向和垂向裂缝，为改变油藏流动提供了有力的手段。例如，在致密砂岩储层中造长缝，可以减少开发井数，还可以通过间接的垂向压裂实现储层有效动用。

### (二) 压裂液

压裂液的主要功能是造缝并沿张开的裂缝输送支撑剂，此时液体体系的黏度控制至关重要。65%以上的压裂施工采用以瓜尔胶或其改性衍生物为主的水基压裂液体系。2000年以后，随着北美页岩油气的规模开发，为适应水平井的体积压裂模式，还出现了丙烯酰胺类的非交联型(滑溜水)压裂液体系。国内在页岩油气的开发中，此类压裂液体系也得到了大量应用，如长庆油田研发的EM30、EM50新型压裂液体系等应用已超过1000口井。

#### 1. 水基交联压裂液

此类压裂液由改性瓜尔胶、添加剂、水等化学物质组成。压裂作业完成后，要使用破胶剂并控制液体滤失，尽可能达到降低地层伤害、调整pH值、控制细菌影响或改善高温条件下的稳定性等目的。

压裂液体系组成从功能方面分类，通常包括增黏剂、交联剂、破胶剂、降滤失剂、杀菌剂、黏土稳定剂、pH值调节剂及助排剂等(表5-7)。例如，交联瓜尔胶压裂液通常包含增黏剂和交联剂。通常用作增黏剂的是瓜尔胶、瓜尔胶衍生物和纤维素衍生物。这些增黏剂在pH值3.5~10.5范围内，与含硼、锆、铝等无机或有机交联剂发生交联，在高温下表现出良好的流变性和携砂性，起到携带压裂支撑剂的作用。

表5-7 压裂液常用组分及化学组成

| 压裂液构成 | 化 学 组 分 |
| --- | --- |
| 增黏(稠化)剂 | 瓜尔胶及其改性衍生物、黄胞胶、香豆胶、田菁胶、合成聚合物等 |
| 减阻剂 | 改性聚丙烯酰胺、聚烷基苯乙烯等 |
| 交联剂 | 硼砂、有机硼、有机锆、乙二醛、三氯化锆、偏铝酸钠等 |
| 黏土稳定剂 | 阳离子季铵盐、聚胺、有机硅、氯化钾等 |
| 助排剂 | 氟碳表面活性剂、非离子/阳离子表面活性剂等 |
| 杀菌剂 | 氧化剂、阳离子表面活性剂等 |
| pH值调节剂 | 碳酸钠、氢氧化钠等 |
| 破胶剂 | 氧化剂、酸、生物酶等 |

#### 2. 非交联型压裂液的组成

非交联型压裂液对减阻性要求较高，对其中的稠化剂性能、防膨性、返排性能等有特别要求。例如，中国石油西南油气田非交联缔合压裂液、长庆油田滑溜水压裂液，其主要为部分水解聚丙烯酰胺或其衍生物与阴/非离子表面活性剂组成。

压裂液中使用的各种添加剂需慎重筛选，以确保其化学组分和特性不会影响其他添加剂的作用。

### (三) 泵注程序

压裂液按照泵注程序分为前置液、携砂液及顶替液。常规的压裂优化设计应该是：前置液全部滤失进地层，泵注结束时支撑剂到达裂缝端部，形成充满支撑剂的裂缝，获得相对均匀的支撑宽度和足够的导流能力，降低生产过程中的压降。根据不同的储层条件，可选择不同的改造方式，优化不同的压裂液泵注程序。

**（四）支撑剂**

为了保持裂缝处于张开的状态，随着压裂液注入，还会伴注一定比例的高强度固体颗粒做支撑剂来支撑裂缝，以便在停泵和压裂液滤失后，形成一条从地层深部到井筒的导流通道。选择适宜的支撑剂类型和在裂缝内铺置适宜浓度的支撑剂，是保证水力压裂工艺成功的另一关键因素。支撑剂主要有石英砂和陶粒两大类，评价的主要指标有支撑剂的强度、球度及支撑裂缝导流能力等。

## 二、压裂过程防垢实践与认识

当压裂配液水和地层水间不配伍时，垢会在深部地层中沉积。另外，压裂液在作业过程中与微裂缝内的岩石矿物反应，使溶解性矿物含量增加，改变了水化学特性。这些溶解矿物可能导致无机垢的过饱和度升高和或离子不配伍，增大了矿物沉积。

因此，对于需要水力压裂增产，并且预期生产阶段伴有相关结垢问题的新井，可在压裂液体系或支撑剂体系内添加不同形式的防垢剂，将防垢剂尽可能深地放置到储层内，以控制压裂、生产阶段结垢所带来的产量下降。同时可以大幅减少后期防垢剂挤注的次数，有利于保证油井生产的连续性。

国外公司主要从压裂液和支撑剂两个方面进行化学防垢产品研究，开展过商业化应用的工艺有4类：（1）在压裂前置液阶段注入液体防垢剂，通过防垢剂的地层滞留，实现缓慢释放；（2）压裂作业中，与压裂液混注的液体防垢剂；（3）随压裂支撑剂混注浸渍防垢剂的陶粒；（4）与压裂支撑剂混合的专用高强度防垢颗粒。后两种工艺需与常规支撑剂的携砂液混合注入，在压裂过程中不溶解，后期随储层流体产出，逐步释放药剂[9]。

**（一）前置液阶段注入防垢剂**

压裂阶段在前置液中加入防垢剂，是最为便捷和成本最低的方式。但压裂造缝过程中，在近井眼裂缝区域压差最大，含有防垢剂的前置液沿支撑裂缝延伸距离非常有限，可能在近井区域地层中形成滤失剖面，完全漏失殆尽，导致在整个裂缝中，防垢剂进入地层深度较浅及有效防垢周期较短，铺置效果差及防垢失效。

现场生产也反映出，此工艺在初期产出液中的防垢剂浓度高，有效期相对较短，多为3个月~1年。

**（二）压裂液中混注防垢剂**

将液体防垢剂复配到压裂液中，可以实现地层中超过裂缝全长的初始防垢保护。但实际研究中发现存在两个问题：防垢剂与压裂液体系的相容性及防垢的有效周期。

常规的瓜尔胶交联剂对多数防垢剂非常敏感。二者间的强相互作用会导致压裂冻胶黏度变低，导致输送支撑剂能力变差，压裂施工压力异常。Vetter等研究发现，即使只添加很少量的聚丙烯酸酯防垢剂（2~5mg/L），也能在几秒内完全使冻胶破胶。Jonathan等也测试了锆交联压裂液加入丙烯酸共聚物、有机膦酸盐和膦酸酯类防垢剂后的流变性变化，发现两类物质间的相容性很差。这类防垢剂会干扰$ZrO_2$等交联剂，并在一定浓度下使冻胶立刻破胶[10]。常用防垢剂中仅磺化共聚物和聚天冬氨酸均聚物能够保持冻胶性能稳定（表5-8）。

表 5-8 锆交联压裂瓜尔胶在加入防垢剂后的黏度变化

| 防垢剂类型 | 加注浓度 (mg/L) | 黏度(mPa·s) 常压，21℃，100s⁻¹ 30min | 120min | 6.89MPa，93℃，100s⁻¹ 30min | 120min |
|---|---|---|---|---|---|
| 空白 |  | 425 | 280 | 340 | 185 |
| 聚马来酸共聚物 | 20 | 350 | 250 | 270 | 135 |
|  | 200 | 150 | 140 | 120 | 95 |
|  | 1000 | 35 | 15 | 20 | <5 |
| 磺化共聚物 | 20 | 380 | 260 | 310 | 155 |
|  | 200 | 370 | 245 | 300 | 160 |
|  | 1000 | 380 | 260 | 320 | 150 |
| 聚天冬氨酸 | 20 | 410 | 255 | 320 | 145 |
|  | 200 | 300 | 150 | 275 | 125 |
|  | 1000 | 275 | 140 | 225 | 95 |
| 丙烯酸共聚物 | 20 | 270 | 200 | 185 | 120 |
|  | 200 | 30 | <5 | <5 | <5 |
|  | 1000 | <5 | <5 | <5 | <5 |
| 二乙烯三胺膦酸盐 | 20 | 20 | <5 | <5 | <5 |
|  | 200 | <5 | <5 | 15 | <5 |
|  | 1000 | <5 | <5 | <5 | <5 |
| 有机膦酸酯 | 20 | <5 | <5 | <5 | <5 |
|  | 200 | <5 | <5 | <5 | <5 |
|  | 1000 | 20 | <5 | 10 | <5 |

传统的防垢性能检测与评价均不考虑井下环境的压裂液体系。另外，防垢剂和压裂液体系多为多种化学剂的复配产品，二者间的化学和物理不相容性评价缺乏通用方法。典型做法是先筛选配伍性好的防垢剂，如高温井况下，使用热稳定性和与交联压裂液配伍性更好的聚合物防垢剂；其次，特别考虑施工阶段，压裂液的其他组分（如聚合物增稠剂和破胶剂）及泵送、关井、温度和压力、破胶和返排等条件变化对防垢剂效果的影响；如两种体系存在相互影响，则要考虑适当增加交联剂或防垢剂的加量。

**1. 压裂液组分对防垢剂的影响评价**

配制含防垢剂的压裂液，模拟评价老化等对防垢性能的影响。具体的实验评价过程为：(1)在压裂液基液（未添加交联剂的压裂液）中加入防垢剂；(2)搅拌和充分溶解溶胀；(3)加入破胶剂和交联剂等；(4)观察交联冻胶，确认黏度的变化；(5)在模拟储层温度环境中，将样品老化至少16h；(6)用10μm滤膜过滤样品，以除去所有固体；(7)在标准的 NACE 碳酸钙实验溶液（NACE TM 0374—2007）中，加入适当滤液来评价防垢率。

Jonathan 等实验发现同样是达到防垢率90%的水平，当没有压裂液时，有机膦酸酯和聚合物基防垢剂的临界防垢浓度（MIC）分别约5mg/L和20mg/L。当在硼酸交联冻胶（FFA）和锆酸盐交联冻胶（FFB）两种不同压裂液体系中老化后，两种防垢剂的性能都表现出一定程度的下降。此时的 MIC 都提高到 35~45mg/L，如图 5-9 所示。而且与硼酸盐体系相比，锆酸盐交联体系对防垢剂的降解程度略低。

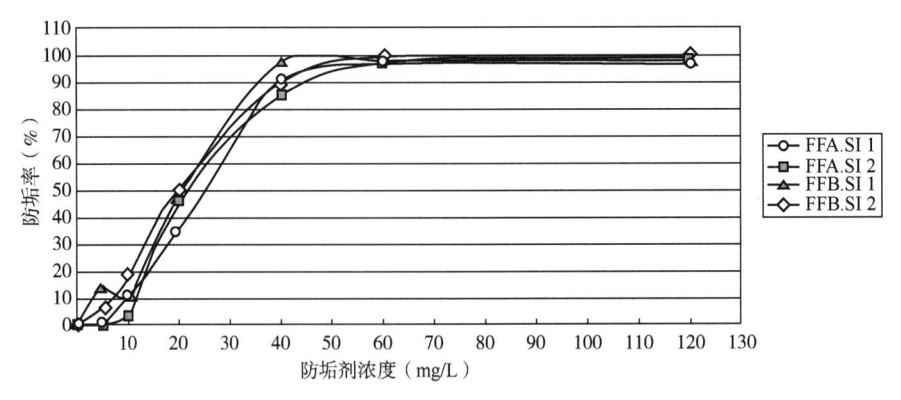

图 5-9　压裂液老化后的防垢研究
SI1—有机膦酸酯防垢剂；SI2—聚合物基无磷防垢剂

**2. 非交联压裂液和防垢剂的相容性测试**

在页岩油气的水力压裂过程中，滑溜水（或减阻剂）压裂液体系可以大幅降低油管摩阻压力和实现大排量泵注。减阻剂通常是阴离子型的丙烯酰胺类共聚物。当防垢剂选择不当时，会对压裂减阻剂产生副作用，增加压裂水功率和添加剂总成本，如图 5-10 所示。另外，防垢剂与压裂液体系中的减阻剂、调节剂等不相容，还可能形成沉淀。

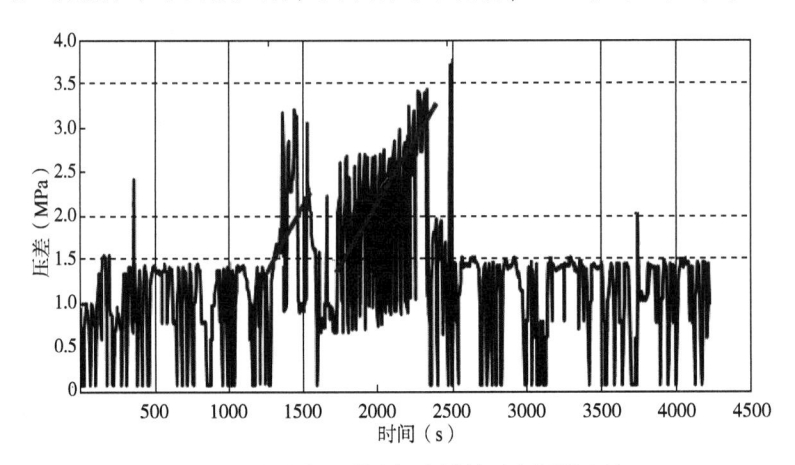

图 5-10　滑溜水压裂液与防垢剂不配伍影响施工

Ozuruigbo 等[11]报道了 5 种防垢剂与 2 种减阻剂配伍试验，发现静态试验和毛细管动态评价试验中，在添加阴离子和阳离子两种类型减阻剂后，防垢效果截然相反。与不添加减阻剂的情况相比，基于 ICP 的静态试验表明，添加减阻剂后的防垢剂 MIC 显著增加，而动态试验中减阻剂的对应减阻率也降低。这可能是由于减阻剂对固体沉淀物的分散作用或是改变毛细管壁的流体剪切应力。此时应进一步开展岩心驱替试验，评估固体沉淀物对地层伤害的实际影响。

Vetter 等、Martins 等在配制压裂液过程中，先在压裂用水中加入 650mg/L 的聚膦酸盐防垢剂,再添加其他流体组分。在阿拉斯加的普拉德霍湾,75 口油井的水力压裂液中添加液体防垢剂,跟踪发现所有井的防垢剂残余浓度达到要求,且有效期超过 1 年。Miller 等和 Cowan 等在 1999—2000 年也报道,油气井压裂液中添加防垢剂后,防垢效果较好。Maschio 等在 2007 年报道了在水力压裂液中添加液体防垢剂,3 个月内的防垢效果明显。Cheremisov 等在 2008 年报道,在俄罗斯西伯利亚地区首次应用压裂防垢工艺的两口井的压裂液中添加液体防垢剂。在高产水井中,防垢剂达到有效浓度的有效期为 3 个月。与同类井的产量快速下降相比,试验井的初始产液量与产油量提高了 3 倍,在 3 个月的监测期内防垢效果稳定。同时,试验井的开井时率有效提高,后期措施成本降低了 4 倍,证实了该试验的成功。针对北达科他州巴肯油田油井的严重结垢问题,Cenegy 等 2011 年报道,试验了压裂液添加防垢剂,也取得了一定效果[12]。

另外,考虑到页岩气压裂和生产阶段,气井产出液的中可能含有的大量厌氧菌或好氧菌及氧等造成的严重腐蚀、结垢问题,Szymczak 等[13]探讨了在压裂液中加入除氧剂、防垢剂和缓蚀剂等的可行性,但未进行现场试验(图 5-11)。

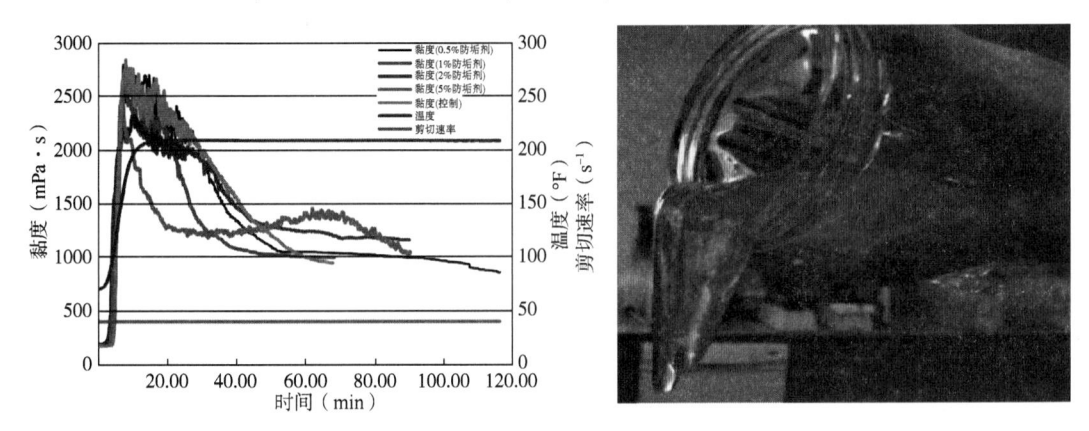

图 5-11 含防垢剂的交联瓜尔胶压裂液外观和流变性测试

**3. 浸渍防垢剂支撑剂(SIIP)的工艺**

将防垢剂嵌入多孔陶粒支撑剂内,可以确保整个支撑剂裂缝中的防垢剂分布,并且其与压裂液体系的反应活性非常低。此外,可有效避免返排初期支撑剂返出导致的防垢剂消耗,且直到地层水"突破"后,处于"休眠状态"的 SIIP 才会发挥作用,实现防垢剂的长期有效释放。

1) SIIP 的制备

对陶粒支撑剂进行真空浸渍和旋转干燥,浸渍流体含有高活性防垢剂和配套组分。配套组分的目的是改善与压裂流体的相容性以及降低成品含水量(低于 0.2%),以保障产品的长期储存和现场使用。

SIIP 外观为规则球形,扫描 SIIP 颗粒横截面的 SEM 图像,可见材料的多孔特性,能量色散 X 射线光谱仪(SEM/EDAX)分析,含磷的防垢剂已经渗透遍及整个颗粒,有效地贮存了防垢剂(图 5-12)。

2) SIIP 加量的优化

影响单井用量的主要因素为产水量、防垢剂理论释放浓度。对于新井的产水量,可参照

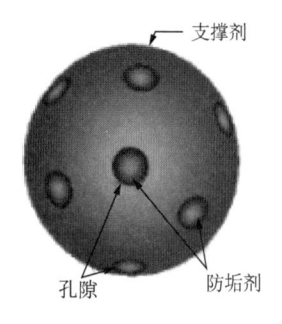

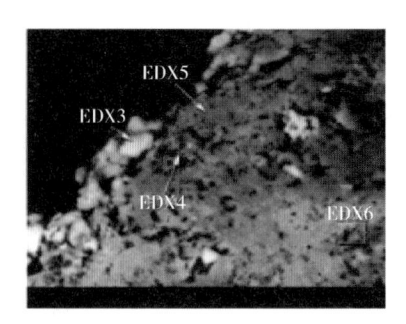

图 5-12　20~40 目 HSP SIIP 的外观形貌

探井或邻井的产量数据来估算产水量。用同一地层的采出水或配液水分析来预测结垢量。

在提高 SIIP 颗粒中防垢剂负载率的同时,测试闭合压力下的支撑剂导流能力。测试认为,SIIP 颗粒含量占支撑剂总量 2% 时,防垢支撑剂对导流能力没有任何副作用,此负载量理论上可达到 5 年有效防垢期的设计要求。

3) SIIP 常规性能评价

对 SIIP 进行的主要物性和导流能力相关性能测试项目,与常规的石英砂或陶粒性能测试指标相同(表 5-9)。

表 5-9　SIIP 常规性能测试指标

| 常 规 物 性 | 导流能力相关性能 |
| --- | --- |
| (1)支撑剂的强度;<br>(2)支撑剂的粒径和粒径分布;<br>(3)支撑剂的圆度和球度;<br>(4)支撑剂的密度;<br>(5)支撑剂最大浊度 | (1)支撑剂的组分;<br>(2)支撑剂的物理性能;<br>(3)支撑剂充填层的渗透率;<br>(4)裂缝闭合后对压裂液浓度影响;<br>(5)破碎后的细粉在地层裂缝中的运移;<br>(6)支撑剂长期破碎性能 |

4) 特定性能要求与测试

(1) 抗压测试。

支撑剂抗压性是评估给定闭合应力下的支撑剂破碎情况,避免因支撑剂破碎充填裂缝高度的损失而导致的导流能力降低。

将经过筛分的 40g 样品(支撑剂和防垢剂颗粒的混合物)放置在 ISO/API 破碎装置的破碎室内,顺时针方向使活塞旋转 180°。然后将样品放置在压力机上,在 1min 内施加特定的压力,保持 2min,然后释放。随后对样品进行再筛分,通过最小指定筛子落下的材料都被认为是细粉。固体防垢支撑剂的强度要确保在井底高闭合压力(大于 80MPa)下仍能够起效[8]。

(2) 对压裂液的流变性影响。

利用流变仪,模拟井底温度,在分别有、无防垢剂的情况下,评价压裂液的流变性。

(3) 静态和动态释放测试。

在 1L 水中混合所需量的固体防垢剂,加热至模拟地层温度,保持 1h 后,收集 20mL 上清液。待上清液冷却至室温后,经 0.45μm 滤膜过滤,用 ICP 分析流出物中的磷含量,以确定防垢剂浓度。

在长度×内径为35cm×φ1.08cm的不锈钢柱内,紧密填充20~40目的55g支撑剂,其中含有质量20%的SIIP,向柱中注入蒸馏水充满孔隙。采用高压注液泵将$CO_2$饱和的盐水以2mL/min的速度注入柱中,定期收集柱中的流出物并利用ICP分析磷含量。

5) SIIP现场试验实例

Fitzgerald等在2008年报道了水力压裂中添加两种不同防垢支撑颗粒的试验情况。产品的数据表明,当累计产水量为9200m³时,防垢剂的残余浓度仍接近3mg/L的MIC。其中,产品2的试验井对应日产水量4.8~159m³不等,防垢剂残余浓度达到2~3mg/L范围时,累计产水量接近16000m³。

Norris等报道了在英国的1口井和北海的挪威油井中加入SIIP。首次试验的有效期为55天,第二次的有效防垢期达到累计产水量5238m³。同时浸渍防垢剂的支撑剂在整个裂缝中可均匀分布,与压裂液的相容性较好。

BP Valhall挪威区块:一口直井的碳酸盐岩储层渗透率为6mD,在压裂投产后的第一年内就出现表皮系数正向增大。在含水率为20%阶段生产7个月,地层流体对油井储层产生伤害之前,结垢影响已将生产指数(PI)从0.8降至0.3。PI的下降还可能是支撑剂嵌入粘连、脱气降低油相的相对渗透率等其他原因[14]。

在井筒清洁作业后,为避免再次结垢对压裂裂缝的影响,开展了挤注防垢剂作业,但在非常短的生产期后,井筒充满产出液且无法举升生产。

第二次水力压裂作业中,选择包裹支撑剂可在生产期间逐步释放出防垢剂,绕流过正值表层并恢复到完井阶段的整体负表皮系数。其中,SIIP用量按照3600m³产出水配套6mg/L浓度防垢剂计算,压裂设计中,总共8100m³的SIIP可以实现以生产速率41m³/d条件下防垢保护2.9年。

在端部脱砂设计中,压裂液排量为4.77m³/min,伴注177.4t的12~20目石英砂和16~20目低密度树脂陶粒,使支撑剂浓度从240kg/m³增加至1680kg/m³。在160~240kg/m³阶段,连续注入SIIP并计量,以实现将SIIP覆盖裂缝长度的80%以上,防止最后阶段注入导致的裂缝内SIIP过早返出。也可根据需要灵活调整泵注程序。根据实际压裂几何形态的软件模拟显示,在压裂支撑剂从井筒到地层的总半缝长53m中,防垢剂置放的前端距离达到46m处。

防垢剂返排曲线(图5-13)表明,在井放喷的初始阶段,返排出的压裂液将溶解携带出中等至高浓度的聚合物防垢剂。而大部分压裂液返出后,防垢剂将以高于所需MIC的浓度逐步产出,起到防止结$BaSO_4$垢并保持裂缝导流能力的作用。通过对防垢剂返排量的计量表明,前期返排出包覆防垢剂总量的约4.5%,剩余的SIIP仍保留了绝大部分的防垢剂,确保了后续生产防垢,并维持压裂后性能。

4. 高强度防垢颗粒

为了增强防垢剂的有效负载率和支撑剂注入时的灵活加注,贝克休斯等公司开展了专用的高强度防垢颗粒的设计和应用。

1) 高强度防垢颗粒的制备

Gupta等描述此类防垢剂颗粒的基材是具有高比表面积的高强度颗粒。通过溶胶—凝胶化学法制备高强度基材,再通过醇铝水解和煅烧形成颗粒,然后在高温下烧结,以制备具有所需强度和比表面积的基材。再将高含量活性组分的防垢剂(为提高有效负载率,防垢剂有

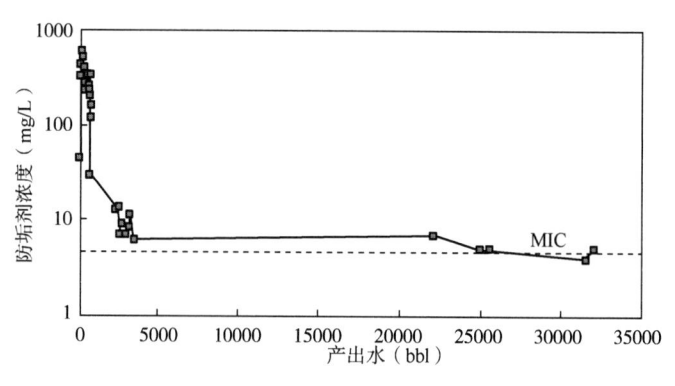

图 5-13　Valhall 油井的防垢剂返排曲线

效含量为 100%)与高强度基材混合,确保防垢剂在固体基质表面完全吸附。对固体防垢颗粒进行表面化学改性,控制防垢剂的初期释放,避免对交联压裂液的副作用[15]。

2) 性能测试

(1) 配伍性测试。

防垢剂颗粒应与传统的硼酸盐压裂液、滑溜水压裂液体系均相容。具体评价方法是在交联压裂液中添加特定比例的防垢颗粒,测试添加前/后的特定地层温度下的黏度变化,反映压裂液的流变特性。

(2) API 抗压测试。

使用 20~40 目支撑剂砂和固体防垢剂进行 API 破碎试验(表 5-10)。当负载小于 4% 时,防垢剂应对支撑剂导流层的完整性无显著影响。

表 5-10　20~40 目陶粒混合防垢支撑剂的 API 破碎试验

| 防垢支撑剂含量(%) | 压强(psi) | 防垢剂质量(g) | 40 目陶粒质量(g) | 破碎率(%) |
| --- | --- | --- | --- | --- |
| 0 | 1000 | 0 | 0.03 | 0.08 |
| 2 | 1000 | 0.8 | 0.1 | 0.25 |
| 4 | 1000 | 1.6 | 0.1 | 0.25 |
| 0 | 4000 | 0 | 0.31 | 0.8 |
| 2 | 4000 | 0.8 | 0.55 | 1.4 |
| 4 | 4000 | 1.6 | 0.89 | 2.3 |

(3) 导流能力测试。

使用 20~40 目标准轻质陶粒,混合质量不同比例的高强度防垢颗粒,进行支撑剂充填层的导流能力测试,以此确定在不影响基质渗透率或最小导流能力影响下高强度防垢颗粒的最大有效加量。

根据 API RP 61《短期支撑剂导流能力的推荐评价实验》,在地层应力和温度条件下,实验压力为 95.74Pa,标准 API 导流测试配有俄亥俄州砂岩晶片以模拟地层,将测试支撑剂置于密封的砂岩晶片之间,然后使流体流过导流室,保持达西流动。50h 后的渗透率和导流能力数据显示,添加 2% 的高强度防垢颗粒对支撑剂充填层没有副作用(图 5-14)。

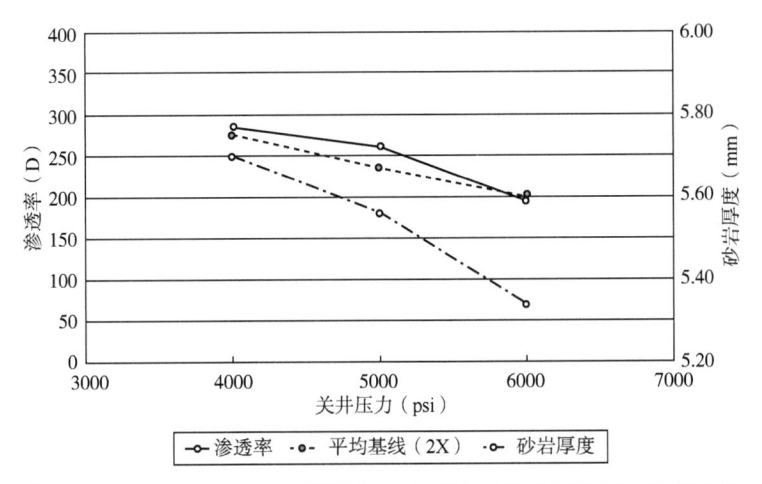

图 5-14　121℃和 95.74Pa 下混合 2%防垢剂的陶粒铺砂层渗透率变化

3）现场试验

美国弗吉尼亚州的浅煤层气井（小于 650m）射孔段长且跨多个产层，常规挤注防垢技术在此类井应用难度大。在两口气井（A 和 B）的多段压裂中，共试验应用了 68t 高强度防垢颗粒（粒径为 20～40 目）。

为对比同等井况下固体与液体防垢剂的作用有效期，在试验井 A 先挤注防垢剂，再进行固体防垢支撑剂试验，试验中的支撑剂掺混了 0.9%～1.0%的防垢颗粒。在产量稳定的相同前提下，液体防垢剂挤注后，很快就出现高浓度（是 10mg/L 最低有效浓度的 10～800 倍）的释放，药剂浪费较多。而固体防垢支撑剂挤入地层后，防垢剂的残余浓度一直保持在 30～60mg/L，并且保持平缓变化的长期稳定释放趋势。

长期跟踪 A、B 井的固体防垢支撑剂释放浓度，措施 1 年后的残余浓度都显著下降：A 井有两个样品连续处于 1.2～1.8mg/L；而 B 井下降至 1.5mg/L 后，后续取样的有效浓度又波动提高到 10.8mg/L[16]。

Brown 等在美国加利福尼亚州 7 口生产情况相似的井中开展了防垢颗粒的压裂试验（防垢颗粒加量分别为 45.32kg、90.64kg、203.94kg、450.32kg、679.8kg、906.4kg、929.06kg 和 1133kg），并连续监测了投产后的累计产出水量和产出水中的防垢剂浓度[25]。对于压裂防垢颗粒加量为 90.64kg 的试验井，以平均产水量为 29.4m³/d 生产，防垢剂消耗 80%时的对应有效寿命为 4 年。整体上，7 口井的防垢颗粒加量增加，防垢有效期也显著提高。通过现场试验、室内模拟实验等对模型的修正和验证，得到了不同防垢剂加量条件下，消耗量 80%时所对应的产出水量变化曲线，以及防垢剂加量与有效防垢期的关系曲线，如图 5-15 和图 5-16 所示。从技术影响因素方面看，压裂裂缝的缝高、缝宽和段间距、地层温度和地层水水质等多种参数对防垢有效寿命都有影响，但 Brown 等未做进一步研究。

在压裂过程中，还可以随支撑剂伴注高强度防垢、防蜡等多功能颗粒，如防蜡或沥青抑制剂功能的高强度颗粒。Smith、Szymczak 和 GupTa 等试验了以 20/40 目陶粒为基材制备的高强度防蜡颗粒，较压裂阶段伴注液体防蜡剂的防蜡效果提升很多。DeBenedictis 等在新井压裂或老井重复压裂中的支撑剂中，掺混注入了可长效释放的防蜡颗粒。研究认为与压裂阶段注入油溶水分散型防蜡剂的常规工艺相比[17]，防蜡颗粒通过在储层基质中的吸附，防蜡

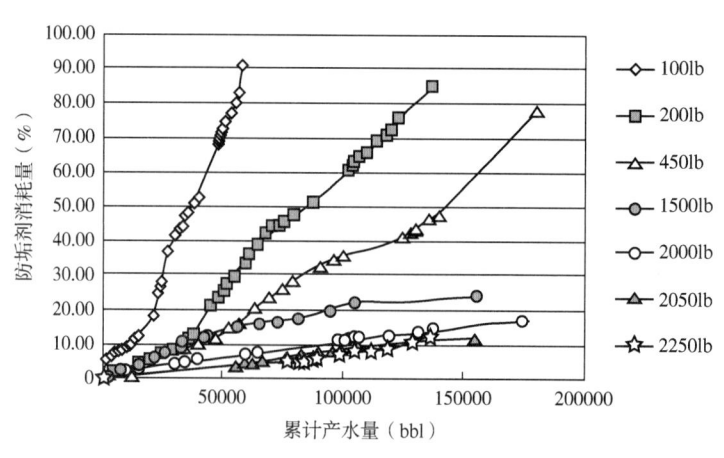

图 5-15 累计产水量与防垢剂消耗量关系

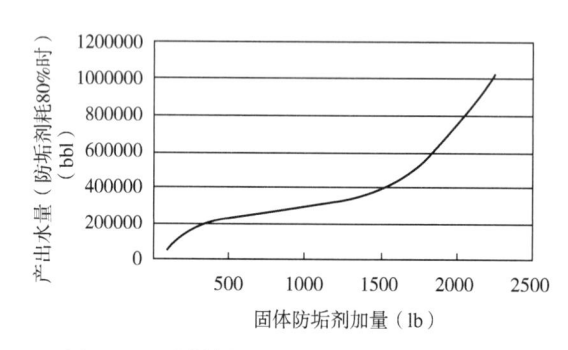

图 5-16 防垢剂量与有效防垢期的关系曲线

有效期提高了 25%~200%。Wornstaff 等在加拿大南萨斯喀彻温的新井压裂中,应用防蜡颗粒可以避免投产首年的产量大幅下降。试验后,同比提高产量 40%。表 5-11 为国外两种商品牌号的防垢、防蜡颗粒产品的物理性能[18-19]。

表 5-11 两种产品物理性能

| 产 品 名 称 | ParaSorb | FlowSure |
|---|---|---|
| 外观 | 灰白色,球形颗粒 | SI-503 灰白色,碎颗粒;<br>PI-400 灰黑色,碎颗粒 |
| 最高使用温度<br>(℃) | 204(ParaSorb 5000)<br>148(ParaSorb 5005) | 204(SI-503)<br>124(PI-400) |
| 密度(15.6℃)(g/cm³) | 2.4~2.7 | 1.7~1.9(SI-503)<br>2.1~3.2(PI-400) |
| 表观密度<br>(g/cm³) | 1.44~1.76(ParaSorb 5000)<br>1.52~1.84(ParaSorb 5005) | 0.45~0.53(SI-503)<br>0.56~0.65(PI-400) |

**5. 压裂防垢凝胶微球**

针对前面提到的浸渍防垢剂的多孔支撑剂及高强度防垢颗粒,在实践中仍存在高压下的抗破碎能力及防垢剂有效负载率有限,并且防垢颗粒在支撑剂中的掺混比例高于 2%后,高浓度的防垢剂释放可能破坏交联压裂液的流变性。这些因素都限制了防垢剂总注入量，特别是在低加砂规模的常规压裂中，颗粒防垢剂的总加量和吸附量相对低，并进一步缩短有效防垢期。

Mukhopadhyay 提出压裂防垢的凝胶微球技术，主要是利用聚合物水凝胶可生物降解的多孔和黏弹性特点，通过化学改性和交联，达到一定的强度和抗压性能。再将微溶的防垢微球嵌入凝胶中，制成特定尺寸的防垢凝胶球。凝胶基质中微球的防垢剂负载量可以达到 60%，远高于前面提到的技术。在相容性研究中，防垢凝胶球在支撑剂中的最大加量达到 7%，也不会影响压裂液基液、交联液的流变性。释放率方面，凝胶球中防垢剂的释放取决于温度和产出水的离子含量。随着温度的升高而释放显著增加，不同类型盐水溶液静态浸泡 72h 后，2% 和 5% $CaCl_2$ 中的防垢剂释放速度明显较 2% NaCl 的慢[20]。

压裂作业中，防垢凝胶球与压裂液、支撑剂一起沿着人工裂缝铺置，对导流能力无显著损害。后期生产中逐步释放。类似的凝胶体系还可以嵌入油溶性的防沥青质/防蜡剂、黏度调节剂，或示踪剂、pH 值调节剂等，根据需要延迟释放或及时激活，起到多种功能作用。

在填砂管的动态释放测试方面，将 30~50 目支撑剂和 5% 防垢凝胶球混合填充入填砂管，测试 3~6 周。单纯防垢微球以 1% 的总支撑剂量伴注时，理论有效防垢寿命可达 1 年，而防垢凝胶球对应的有效防垢寿命至少延长了 3 倍。

支撑剂的导流能力和渗透率变化方面，混合 30~50 目陶粒和总质量比为 7% 的防垢剂微球，在 65.6℃、56MPa 的闭合应力下，50h 的导流试验未观察到防垢微球的明显变形或破碎，如图 5-17 所示。岩心流动实验中，在使用常规破胶剂浓度 0.023% 的液体段塞中，渗透率恢复率可以达到 80%。

## 三、技术展望

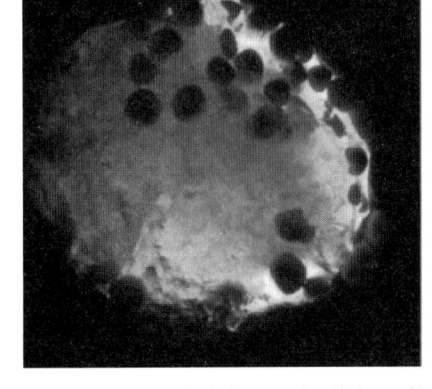

图 5-17　防垢凝胶球微观照片（放大 20 倍）

从压裂改造防垢的 5 种技术对比看，除第 5 种压裂防垢凝胶微球仅停留在室内研发和评价阶段，未见现场应用。其余第 1~4 种技术都开展了一定规模的工业化应用。第 1 和第 2 种技术相对工艺简单，施工成本低，但是需对防垢剂开展系统的评价，返排浓度不易控制，影响了长期防垢效果；第 3 和第 4 种技术的长效性好，但是对防垢剂固体化工艺要求高。有研究者认为，在北美鹰滩油田开展的类似试验，可以缓解地层和井眼附近可能成垢，同时还可以控制地面系统结垢[21]。

从成本方面对比，现有的固体防垢支撑剂等成本较高，可应用的固体防垢剂的体积仅受经济、与压裂液的相容性以及对支撑剂导流能力等因素的影响限制。推广时可考虑结合高产井、长水平段改造实施。因为长水平段水平井的大规模改造，注采水不配伍大量结垢，造成产量下降和井筒冲砂洗井等问题。如错过了压裂改造注入的防垢机会，可能给后期生产防垢方面带来很大难题。

为了优化压裂工艺和化学防垢工艺，还应做好压裂前评估、裂缝与生产化学剂结合的设计软件模拟、压裂中施工控制和压裂后测试评价等工作。同时，国外以新井为主，国内可以根据油井实际情况，在老井重复压裂和后期增产措施中配套防垢工艺，并可在实施工程中细化要求[14]。

## 第三节 地层深部挤注防垢工艺与试验

地层深部挤注防垢工艺是国内外陆地、海上油田应用最普遍的一种清防垢工艺，本质上还是一种防垢剂的有效置放工艺。其与井口、地面系统加注防垢剂的最大区别是，地层清防垢等目的与井下作业结合，以储层作为防垢剂等的"存储库"，通过井口泵车挤注化学剂段塞到射孔段和储层深部的孔隙内，确保防垢剂等充分吸附到储层内和孔隙表面，或形成沉淀化合物；开井复产后，防垢剂等随产出流体缓慢释放，抑制井筒内、电动潜油泵和地面的结垢。

化学剂段塞通常组成是：有预清洗处理作用的前置液、以含防垢剂溶液的主段塞和将主段塞推到地层深部的顶替液段塞。前置液通常是表面活性剂和破乳剂的混合物，以清除射孔段的有机质、乳化物堵塞，将储层孔喉由油润湿变为水润湿。有时根据射孔段、近井地带的盐垢情况，也采用复合酸液进行清垢。主段塞通常为含防垢剂1%~20%的水溶液体系，挤入地层以实现对井眼特定半径内的吸附防垢。顶替液段塞可以是低浓度的防垢剂溶液或油基体系，以将防垢剂段塞推入地层深部，使储层基质更为充分地吸附防垢剂。

在理想的挤注处理中，预期所有注入的防垢剂被储存到储层中，并且忽略孔隙率损失，然后以高于MIC的浓度返排出井。一般认为约1/3的防垢剂会以高浓度在几天内返排出，约1/3的防垢剂在有效浓度范围内返排，有效抑制结垢，最后约1/3总量的防垢剂滞留在地层中，以低于MIC的浓度返排。

自20世纪60年代起，围绕地层深部挤注清防垢的各类研究，一直是油田防垢工作的热点和重点。围绕地层深部防垢挤注工艺，国外研究的主要内容有：各类防垢剂体系研究和适应性评价、施工设计方法和预测软件、施工工艺和效果评价。在防垢剂体系研究方面，人们进行了大量的研究试验，包括：为增强防垢剂的吸附和滞留能力，研究新型互溶剂和添加剂；为增强沉淀挤注效果，研究螯合剂、产酸剂和碱剂等；非水相的挤注配方、挤注药剂的纳米化研究。

图5-18为Nalco公司的Jordan等提出的海上油田挤注防垢的选井和监测施工管理流程。

### 一、吸附型防垢剂挤注工艺

该工艺是防垢剂分子与储层矿物的物理、化学吸附及解吸附。吸附挤注中，防垢剂随主段塞溶液注入，地层中可保留的防垢剂量比较有限。大部分膦酸盐类倾向于在开井初期的短时间内返排，然后剩余防垢剂的有效浓度值极低，不足以有效抑制结垢。

吸附量由防垢剂类型、地层水组分和pH值、储层润湿性和矿物组成（主要是黏土矿物类型和丰度）、温度等综合控制[4]。

**（一）pH值的影响**

在较低的pH值下，弱酸性防垢剂将趋于质子化/缔合，通过氢键和范德华力保留在岩

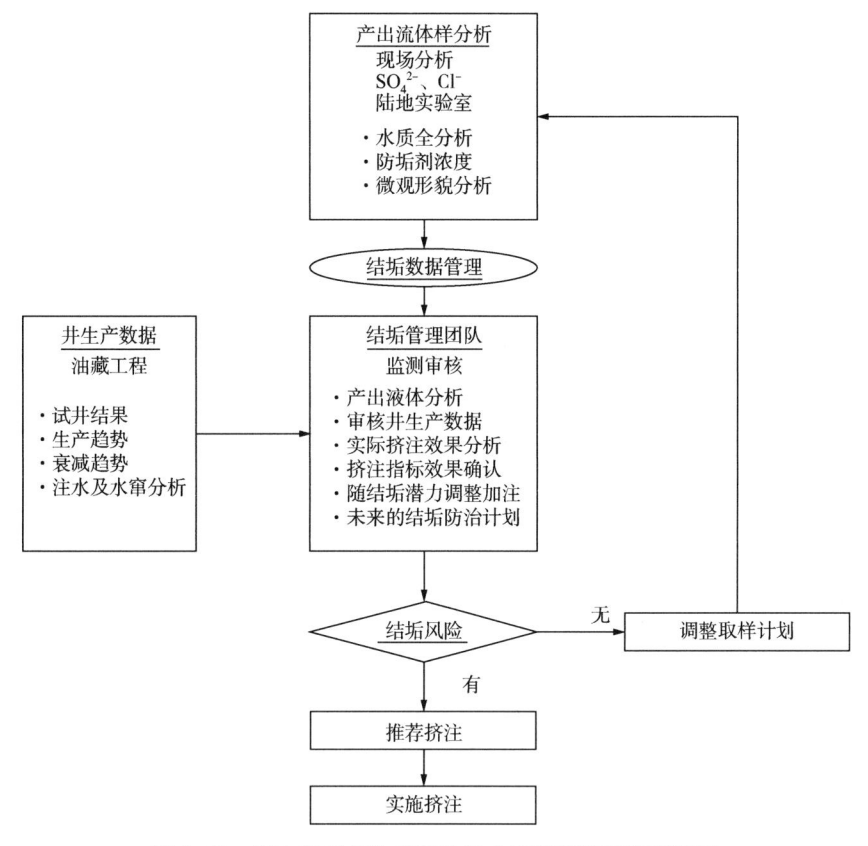

图 5-18 海上油田挤注防垢的选井和监测施工管理流程

石表面。在较高的 pH 值下，防垢剂趋向于离解，此时可通过范德华力以及金属离子桥接引起的静电力而保留在岩石表面。

**(二) 提高黏土稳定性**

因油气储层中，黏土所处环境的盐水浓度和 pH 值变化，以及注入水、各类措施液或流速变化时，砂岩中黏土可能因盐敏或速敏等作用，随产出流体一起运移。黏土微粒会沉积在毛细孔喉中，堵塞孔隙空间，从而导致渗透性降低。

最常见的黏土有膨润土、伊利石、高岭石和绿泥石。在低矿化度盐水情况下，膨润土会膨胀，而伊利石、高岭石和绿泥石可归类为非膨胀性黏土。

通过添加无机或有机黏土稳定剂(如 $KCl$、$NH_4Cl$ 盐水和聚合物类)，控制流体 pH 值和流速，可以降低黏土微粒运移量。还可以配合聚合物类表面活性剂，覆盖岩石表面，使黏土微粒更牢固地相互黏附，从而使水溶性防垢剂能更多地吸附在储层内。

**(三) 采用岩石表面改性剂**

当采用阴离子型防垢剂时，砂岩储层的 $SiO_2$ 表面有负电性，二者间的相互吸引力小。人们提出利用桥接机制，对岩石表面进行改性，使其表面产生更多的正电荷，从而降低对防垢剂的排斥作用，增强对防垢剂的吸附。具体做法是：实施挤注措施时，前置液段塞中添加特种处理剂进行储层预处理，或防垢剂主段塞中添加特种处理剂。特种处理剂可通过氢键和范德华力吸附在带负电荷的岩石表面上,并产生一定的等电点,改变界面双电层。在低 pH 值下,储层表面呈现更多的正电荷,并由此改变与防垢剂间的界面张力。

位于挪威海上 Haltenbanken 地区的 Heidrun 油田,开发侏罗系 3 个油藏,油藏埋深约 2400m,温度为 85~88℃,压力约 25MPa。注海水(其中 $Ba^{2+}$ 为 60~300mg/L,平均 200mg/L)开发 5 年后,在 A-28 油井中发现了海水注入引起的井下硫酸盐结垢沉积[22]。

砂岩油藏固结能力较差,孔隙填充的黏土矿物主要是高岭石(20%~30%),其次是云母和伊利石(5%~10%)。自 1999 年底起,Heidrun 油田已经使用膦酸盐和有机膦酸酯、聚合物等一系列水相、非水相防垢剂进行地层挤注处理。2002 年,该油田试验了一种新型含磷封端共聚物防垢剂,以提高挤注防垢效率和地层吸附式能力,并改善聚合物防垢剂的可检测性。但挤注措施后的寿命仍较短,并且挤注后的微粒运移,造成储层孔隙和多数生产井的防砂设备(砾石充填或独立式筛网)堵塞等问题,产量损失大。后来,又采用了多功能桥接添加剂以延长挤注寿命,并减少黏土微粒运移。

主要实验材料及防垢剂:6% NaCl 盐水;有机膦酸酯 A;膦酸酯 B;膦酸酯封端的共聚物 C;马来酸酯聚合物 D;多功能桥接添加剂 F。

将 Heidrun 油田岩屑由 6% NaCl 溶液和 5000mg/L 添加剂 F 分别预处理后,进行防垢剂吸附实验,吸附情况见表 5-12。数据表明,岩屑吸附防垢剂的量由高到低分别是 A、C、B。有添加剂 F 时,驱替岩心 180PV 后,防垢剂 D 浓度降至 1mg/L 以下;而无添加剂 F 时,仅 100PV 后,浓度降至 1mg/L 以下。添加剂 F 有助于增加挤注作业的有效期。

表 5-12 添加剂 F 对防垢剂吸附量的影响

| 样品组 | 前提条件 | 防垢剂 | 吸附量(mg/g) | 吸附量提高率(%) |
|---|---|---|---|---|
| 1 | NaCl 6%,pH=3 | 防垢剂 A,pH=3 | 4.53 | |
|   | 添加剂 F,pH=3 | 防垢剂 A,pH=3 | 4.91 | 8.44 |
| 2 | NaCl 6%,pH=3 | 防垢剂 A,pH=5 | 3.82 | |
|   | 添加剂 F,pH=3 | 防垢剂 A,pH=5 | 4.04 | 5.87 |
| 3 | NaCl 6%,pH=3 | 防垢剂 B,pH=3 | 1.68 | |
|   | 添加剂 F,pH=3 | 防垢剂 B,pH=3 | 1.85 | 9.87 |
| 4 | NaCl 6%,pH=3 | 防垢剂 B,pH=5 | 1.59 | |
|   | 添加剂 F,pH=3 | 防垢剂 B,pH=5 | 2.01 | 26.61 |
| 5 | NaCl 6%,pH=3 | 防垢剂 C,pH=3 | 3.17 | |
|   | 添加剂 F,pH=3 | 防垢剂 C,pH=3 | 3.19 | 7.07 |
| 6 | NaCl 6%,pH=3 | 防垢剂 C,pH=5 | 2.87 | |
|   | 添加剂 F,pH=3 | 防垢剂 C,pH=5 | 3.16 | 10.09 |

对 A28 井采用不同防垢剂体系,进行了 4 次连续挤注防垢作业,先后次序分别是基于膦酸盐的防垢剂、聚天冬氨酸、新型磷封端聚合物、新型磷封端聚合物与添加剂 F 组合。跟踪对应的产出水量—防垢剂浓度变化曲线,新型磷封端聚合物与添加剂 F 组合使用的有效期最长,见图 5-19 和表 5-13。需要说明的是,随着产出液中海水比例逐步提高到 25%,4 次挤注作业的防垢剂最低临界浓度相应增大。

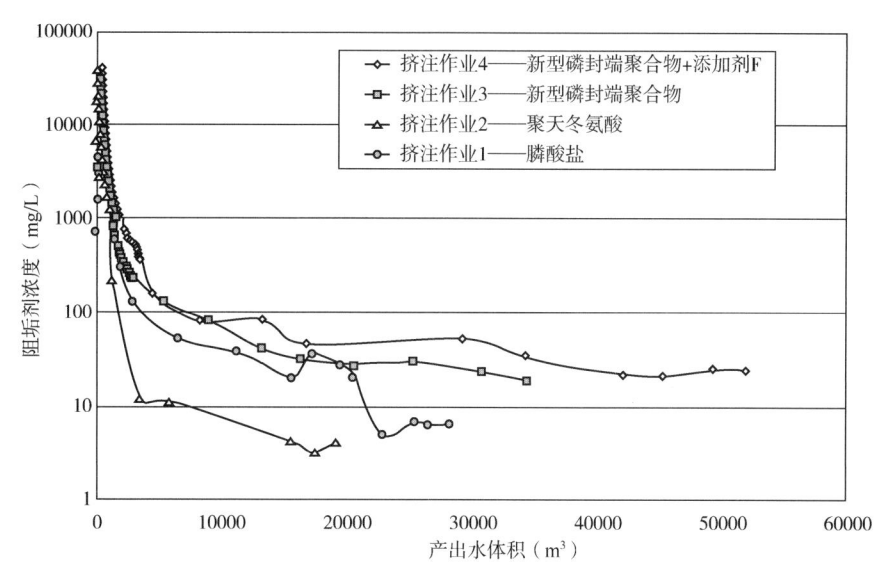

图 5-19  4 次挤注作业的防垢剂返排情况对比

表 5-13  4 种防垢剂挤注总体效果

| 作业方法 | 1 | 2 | 3 | 4 |
|---|---|---|---|---|
| 防垢剂 | 膦酸盐 | 聚天冬氨酸 | 新型磷封端共聚物 | 新型磷封端共聚物+添加剂 F |
| MIC(mg/L) | 10 | 10 | 20 | 24 |
| 累计产出水量(m³) | 30000 | 20000 | 35000 | 52000 |

分别拟合了使用和不使用添加剂 F 的两种挤注作业后返排曲线，防垢剂在 Heidrun 油田储层的吸附模式与 Freundlich 等温吸附曲线最为匹配。添加剂 F 与防垢剂组合后，防垢剂在储层岩石表面的吸附水平升高，对应的吸附/解吸速率降低。

用采液生产指数(PI)来分析挤注作业效果。PI 下降意味着油产量下降，与近井地带的储层伤害(如微粒运移、堵塞孔隙及垢沉积等)有关。2000 年 6 月钻磨清垢作业后，至 2001 年 7 月共进行了 6 次防垢剂挤注处理，图 5-20 显示了 A28 井的多次防垢挤注作业 PI 变化。在防垢剂主段塞之前的前置液段塞加入少量添加剂 F，挤注作业后的有效期平均增加 50%。A28 井的挤注作业次数从 18 次/年减少到 12 次/年。应该注意，对于中、低渗透储层的防垢剂吸附挤注要具体问题具体分析。

## 二、沉淀挤注机理

沉淀挤注处理一般应用在碳酸盐岩储层，其机理是将磷酸盐类、酸性磷酸酯类防垢剂段塞挤注进入碳酸盐中，其先被吸附，然后与二价阳离子如 $Ca^{2+}$、$Mg^{2+}$ 和 $Fe^{2+}$ 等反应，形成膦酸盐沉淀，聚集到储层矿物表面。在生产过程中，膦酸盐随产出液而溶解释放，既可起到增产效果，又可保持较长有效期。在砂岩等非碳酸盐岩储层中，因为地层中 $Ca^{2+}$ 等阳离子来源不足，不能进行沉淀挤注，还是采用吸附挤注工艺。沉淀挤注工艺的优势是适于对最低防垢剂浓度要求比较高的生产系统(如 MIC>15mg/L)，同时措施有效期更长。

沉淀过程由防垢剂类型、pH 值和沉淀配方中的二价阳离子水平控制。Kan 等的研究认

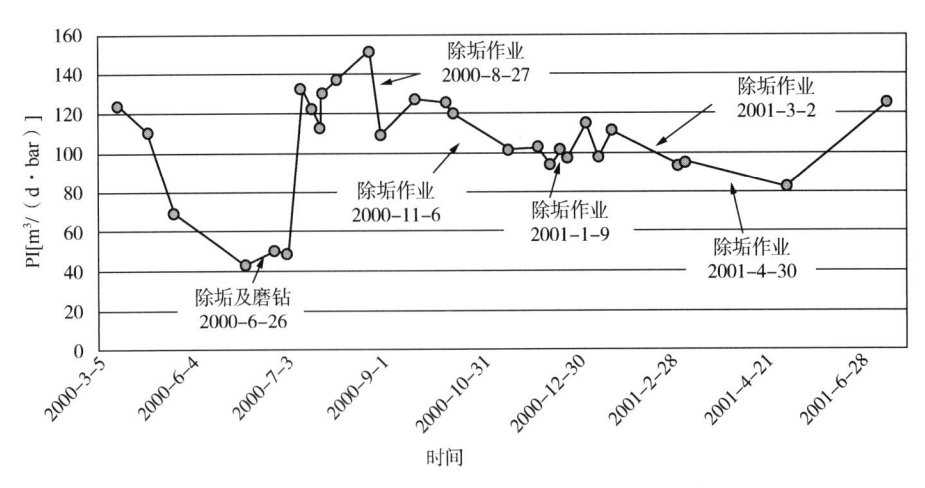

图 5-20 A28 井的多轮次防垢挤注作业效果跟踪

为，沉淀挤注工艺中，影响防垢剂在储层的保留和脱附主要因素是药剂的物化性能。如采用低浓度的氨基膦酸盐时，防垢剂在方解石表面的吸附特征符合 Langmuir 等温吸附模型，浓度受化学吸附控制[23]。而酸性膦酸盐防垢剂段塞的主要缺点是：酸与碳酸盐的化学反应和吸附反应都在短时间内发生，比典型注入速率快，导致反应生成的大部分酸性膦酸盐(有研究认为约78%的膦酸盐)沉淀在井筒射孔段附近，措施保护的距离比较有限。而部分中性防垢剂段塞，则可以挤注到地层深部(约50%的防垢剂沉淀在井远端)。

为了提高沉淀挤注的效果，Tomson 和 Oddo 等分析发现挤注全过程配液用水，也是决定作业成功与否的基本因素之一。可以通过提高井下 $Ca^{2+}/Mg^{2+}$、$Fe^{2+}$ 等的浓度或优化溶液 pH 值来提高沉淀效率，比如添加一种或多种螯合剂、酸等以优化挤注配方，或使用添加了还原剂的过滤产出水，以保持 $Fe^{2+}$ 的还原态。

沉淀挤注工艺在应用前应进行特别的评价试验，避免防垢剂沉淀物对近井地带的储层伤害及堵塞深部地层。

## 三、挤注工艺预测和模型设计

### (一) 挤注和返排的模拟装置

Moghadasi 等采用柱形装置开展碳酸盐的溶解过程实验，以模拟井内挤注防垢剂/岩心反应的方法。选择4个不同直径(0.5cm、1cm、1.2cm、1.6cm)串联的高压玻璃柱，柱的长度和尺寸用以模拟径向流的尺寸，柱中填充约4.5g、约10.9g、约15.8g 和约27.0g 试剂级的方解石，孔隙度为53%。

该装置的总液体体积约为26.5mL，死体积为1.5mL。4个柱以100mL/h 速率注入流体时，对应的流动线速度为230~22.5m/d。当流体以 $318m^3/d$ 的总量注入一口射孔深度12m、孔隙度为15%的井中时，线速度分别对应于距井中心处的0.3m、1.2m 和3m 半径的典型速度。通过选择实验柱的尺寸来模拟典型的挤注场中每单位孔隙体积的方解石表面积。例如，在实验室设备中，方解石表面积与流体体积比为 $1.05m^2/mL$。当地层孔隙度为15%且含10%的 $0.45m^2/g$ 的方解石时，方解石表面积与流体体积比为 $0.68m^2/mL$。由于膦酸盐/方解石反应速率快于注入速率，因此在不考虑径向流动速率的情况下，可以抑制防垢剂/岩心反应。

### （二）挤注和返排的模拟预测

许多国外文献中关注的重点是对防垢剂挤注措施的精确建模处理，以实现对措施化学剂的优选和处理设计的优化。但是，由于缺乏与如时间、经验等相关因素的结合或分析，建模技术很难达到预测的最佳挤注效果。而在井生产的中后期和措施成本要求苛刻的条件下，对措施有效期的预测十分重要。

**1. SQUEEZE 挤注模型**

英国赫瑞-瓦特大学的 Mackay 等提出以 SQUEEZE 挤注模型为基础，利用室内数据和现场经验，简化挤注设计和效果评价。通过北海油田的两个实例，将模型预测和首次挤注作业进行拟合匹配，以实现对后续多次措施的准确预测[24]。

防垢剂挤注工艺过程包括：先后泵送前置液（0.1%防垢剂的 KCl 或海水）；主防垢剂段塞[5%~20%（体积分数）防垢剂的 KCl 或海水]；最后是顶替阶段（含防垢剂的 KCl 或海水）。然后关井 6~24h，使防垢剂成分与储层岩石反应或吸附，保留在储层岩石中，最后开井恢复生产，如图 5-21 所示。

防垢剂挤注措施过程的建模有 3 个关键环节：(1)基于岩心驱替和伤害评价等数据，选择适宜的防垢剂；(2)进行首轮挤注的设计优化；(3)基于现场措施数据，对后续挤注轮次的优化设计。这 3 个关键环节相关的要点如下：

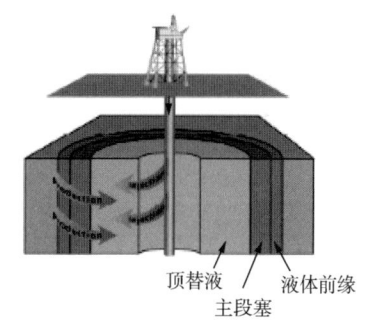

图 5-21 防垢剂挤注措施常规过程

（1）如果是首次措施或第二轮次措施后采用不同的防垢剂体系，需要评价地层伤害、现场返排情况，以计算措施液量，并通过软件模型导出预测曲线，以指导后续措施。如果措施使用与先前轮次相同的防垢剂时，则只需要岩心驱替测试地层伤害。

（2）在后续轮次措施中使用预测曲线时，其准确度可能受下列多种因素变化的影响，如地层岩性、防垢剂挤注深度和实际产量曲线、产出液的盐水化学特性、岩心驱替中液体段塞的流速和温度，与实际井之间的差异等。因此，应根据首次措施的防垢剂返排浓度等信息，及时调整模型和预测曲线。

（3）通过预测曲线反映现场实际条件下，化学防垢剂与储层相互作用，还可以综合生产要求，平衡考虑措施有效期与作业成本，优化后续措施设计。

**2. Squeeze Soft Pitzer 挤注模型**

美国莱斯大学通过研究防垢剂/岩心反应机理，探讨了防垢剂挤注措施中针对防垢剂返排测试及控制等方面，室内实验与现场短期、中长期试验的技术研究进展。研究成果被应用于挤注设计软件 Squeeze Soft Pitzer[25]。

控制防垢剂挤注和返排的反应非常复杂，与之相关的关键因素/反应如图 5-22 所示，从产出液的地面测试、温度、压力和产量来推算盐水在井底的化学状态，再根据井下盐水和防垢剂特性来计算防垢剂溶液形态。

Kan 等和 Tomson 等研究了碳酸盐岩储层中，氨基膦酸盐与方解石的反应及防垢剂的保留作用。在不同条件下可以形成 $Ca(H_2PO_4)_2 \cdot 8H_2O$、$CaHPO_4 \cdot 2H_2O$、$CaHPO_4$、$Ca_8H_2(PO_4)_6 \cdot 5H_2O$、$\beta\text{-}Ca_3(PO_4)_2$ 和 $Ca_5(PO_4)_3OH$ 等多种磷酸钙盐。挤注采用有机膦酸酯防垢剂次氨基三亚甲基膦酸（NTMP），可以形成 3 种不同化学计量数的钙钛矿型 NTMP 固相，即酸性 $Ca_{1.25}H_{3.5}NTMP$、非晶 $Ca_{2.5}HNTMP$ 和晶态 $Ca_{2.5}HNTMP$ 及其他几种膦酸盐。分别在温度为 90~410℃和离子强度为 0.1~3mol/L 的范围测量了它们的溶解性。综合 Guerra 及 McAllen 等关于方解石和重晶石的防垢剂—岩心反应认识，包括盐酸、正磷酸盐、多种氨基膦酸和磷基羧酸与岩心材料的吸附和解吸的平衡和动力学方面，得出以下结论：

(1) 影响挤注效果的主要因素之一是储层的矿物成分，防垢剂的保留和返排主要受防垢剂段塞的 pH 值和浓度控制。在高防垢剂浓度下，防垢剂吸附的主导作用是形成膦酸钙盐沉淀。部分膦酸盐以有机膦酸酯盐结晶的形式保留，与膦酸酯在方解石的吸附/沉淀本质上是相同的。而酸性防垢剂段塞则部分保留为可溶性更好的膦酸盐。

(2) 当将防垢剂段塞注入地层中时，会发生复杂的一系列反应：方解石酸解，固液相分离，在界面形成膦酸钙盐结晶层，方解石缓慢溶解，形成几种不同的磷酸钙固相体。

(3) 受液相控制的反应级数，对返排比和最终有效期有重要影响。

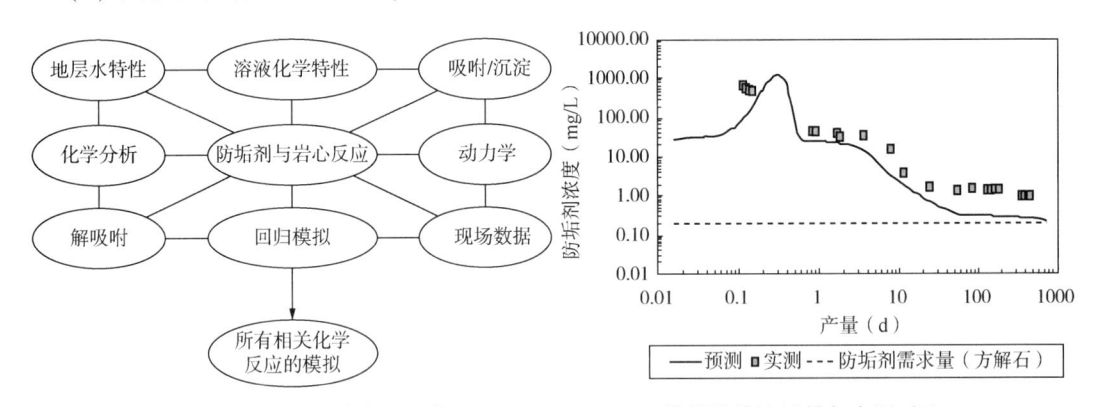

图 5-22 挤注相关化学因素和 Squeeze Soft Pitzer 模拟的挤注返排与实际对比

**（三）国内外挤注典型案例**

油水井挤注法清防垢技术是通过采油井或注水井，向射孔眼和近井地带挤入防垢剂溶液，依靠防垢剂在地层岩石表面的吸附使其滞留在地层孔隙中，再随着产出液或注入水而缓慢解吸附，使产出液或注入水中保持一定浓度的防垢剂。

在挤注防垢剂段塞之前，可根据储层润湿情况，配套以清洗有机质为主的溶剂，或对井筒射孔段进行螯合清垢，并及时返排。清除钙垢时，螯合型除垢剂浓度与溶垢量成正比，此时的螯合剂浓度应尽可能地高，化学剂注入速度与正常注水速度相同；清除钡垢时，随螯合型除垢剂的浓度降低，溶垢量增大，此时宜采用低浓度螯合剂和多次处理工艺。此外，还可以向地层内挤入酸液清垢，从保护储层的角度考虑，应尽量避免向深部油层挤入强酸性化学剂。

在挤完防垢剂段塞之后，再挤入小剂量螯合型除垢剂清理井底、射孔眼及近距离地层内结垢，达到既提高产液量或注水量，又延长措施有效期的双重目的。

在采油井清防垢作业中，当完成施工恢复油井生产时，被挤入地层的化学剂会随产出液排出地层。为了减少药剂浪费，对于采油井此类作业的化学剂，宜采用低浓度、大剂量的原则。而在注水井清防垢施工中，当完成挤注施工重新恢复注水时，被挤入地层的化学剂会随注入水向远距离地层内部继续推进，此时的防垢剂则宜采取高浓度、小剂量的原则。

1. 国外挤注典型案例

1）北海油田挤注作业中的典型防垢剂

北海油田的北欧、英国区域内油田在现场试验中挤注防垢剂时，对防垢剂的性能评价认识见表5-14。

表5-14 挤注用 $BaSO_4$ 防垢剂性能

| 种类 | 防 $BaSO_4$ 垢性能 | 热稳定性（℃） | 北海环保接受性 | 与高化度水的配伍性 | 防垢有效性 | 残余浓度分析方法 |
|---|---|---|---|---|---|---|
| 有机膦酸盐 | 好 | 约90 | 是 | 好 | 一般 | ICP |
| MEA | 差 | 约170 | 是 | 极优 | 好 | ICP |
| ATMP | 差 | 约170 | 是 | 好 | 很好 | ICP |
| DETMP | 好 | 约120 | 否 | 好 | 很好 | ICP |
| BHTMP | 好 | 约160 | 否 | 好 | 很好 | ICP |
| 磺化共聚物 | 很好 | >170 | 是 | 很好 | 差 | HPLC |
| 磷封端聚合物 | 差 | >170 | 是 | 很好 | 好 | HPLC |

2）哥伦比亚油田油井的中性溶垢解堵剂及其工艺

为除去油层中的 $CaCO_3$、$FeCO_3$，使用中性 pH 值、高溶解能力和无二次沉淀问题的溶垢剂体系。

前置液1：柴油+6%互溶剂+0.2%表面活性剂。目的是使用低界面张力流体来清洁岩石，改善溶垢剂性能，并利于入井流体返排。

前置液2：柴油+10%二甲苯+30%醇体系+0.2%表面活性剂。主要针对有沥青质等有机质，二甲苯可清洁有机沉积物，醇类汽化有助于提升井筒清洁效果。醇体系推荐用于低气液比的油井。

主处理剂：清洁水配液，其中0.2%黏土稳定剂+0.2%表面活性剂+非酸体系（配方70%）。作为作业最重要的环节，建议浸泡12h，以达到最佳溶垢效果。

顶替液：6%柴油互溶剂+0.2%表面活性剂。在关井期间，顶替液进入地层孔隙，并起到降低界面张力的作用。

3）巴西坎波斯盆地海上油田的高渗透储层油井挤注防垢

A4油井的挤注作业过程见表5-15。

表5-15 A4井挤注防垢作业对比

| 挤注设计参数 | 第一次挤注 | 第二次挤注 | 第三次挤注 |
|---|---|---|---|
| 前置液 | $6.6m^3$ 的纯互溶剂 | $13.4m^3$ 的纯互溶剂 | $17.49m^3$ 的纯互溶剂 |
| 主剂段塞 | $89m^3$ 的15%防垢剂 | $119m^3$ 的15%防垢剂 | $174.9m^3$ 的15%防垢剂 |
| 预计产水量($m^3$/d) | 0.245 | 111.3 | 1590 |

续表

| 挤注设计参数 | 第一次挤注 | 第二次挤注 | 第三次挤注 |
| --- | --- | --- | --- |
| 预计有效期(月) | 12 | 12 | 12 |
| 累计产水量($m^3$) | 89437.5 | 47700 | 58035 |
| 挤注失效的 MIC(mg/L) | 2 | 1~2 | 1~2 |
| 实际有效防垢剂体积($m^3$) | 15900 | 22260 | 77992(持续有效) |

2. 国内挤注典型案例

主要针对陆上油田的中、低渗透油井和注水井结垢伤害，采用水泥车挤注方法，施工中挤注压力不得大于地层破裂压力。

(1) 常规洗井：用低浓度表面活性剂水溶液或清水洗井，直到排出液清亮。如果井筒曾实施过酸化作业，为避免酸性物质对螯合型除垢剂的影响，必须充分洗井使返排液 pH 值大于 5，再挤入除垢剂和防垢剂。

(2) 挤入防垢工作液：用于采油井防垢工作液中防垢剂的有效浓度不低于 100mg/L；用于注水井防垢工作液中防垢剂的有效浓度不低于 2mg/L。防垢工作液的总量应根据油层厚度和吸水能力计算，在成本允许的范围内，原则上越大越好。单井用液量宜大于 $10m^3$。

(3) 挤除垢工作液：除垢剂的有效浓度应根据室内评价所确定的技术参数和施工井结垢状况确定，一般不低于 10%。

(4) 挤顶替液：用清水将井筒中的除垢工作液顶替到射孔段深部的地层。

(5) 关井反应：关井 1~2 天，清水洗井后，以原工作制度开井生产。

## 四、非水相防垢剂的挤注工艺

油气田生产中，对防垢剂挤注工艺的可靠性、有效性和措施有效期要求不断提高，需要将防垢剂挤入更深的储层内部，并控制防垢剂的溶解性和返排浓度、释放速率。

而常规防垢剂的挤注工艺应用于低压或水敏性储层、低含水油井时，措施的有效期较短，甚至大量水相措施液会改变储层的油润湿连续性，既限制了防垢剂进入更深部储层，又导致近井地带含水饱和度提高，使得油井产量大幅下降。挪威的 Magnus 海上油田就曾因防垢剂挤注措施后，因润湿反转降低油相渗透率，导致措施有效周期短，而且产量下降。

自 1997 年，Wat 等首次在哥伦比亚的陆上油井开展了油溶性防垢剂的挤注试验。此后，国外更多地发展了非水相防垢剂的挤注工艺。其优点包括：(1)降低了水包油乳液造成的储层堵塞、渗透率降低和黏土膨胀、运移等伤害；(2)可降低井筒液柱压力，加快油井复产并延长措施有效期；(3)可实现与防蜡剂、沥青抑制剂或缓蚀剂等油溶性化学剂的同步挤注。

从化学特性看，非水相的挤注防垢剂体系可分为油溶性防垢体系、反相乳液防垢体系和微乳液防垢体系。

### (一) 油溶性防垢剂体系

油溶性防垢剂体系主要有两类：

一类是防垢剂产品中完全不含水。防垢剂挤注进入储层后，先与原油混溶，然后有效成分转化为水溶性，起到防垢作用。此类体系的技术难点为：作业过程中，油溶性防垢剂可能与顶替液或储层中的水溶液快速接触，导致有效成分过早转化或水溶液间的不配伍。

另一类是 Wat 等提出的油溶性防垢剂体系，即含水量低于 8%，且与烃类溶剂（柴油、煤油）混溶的体系。这种体系由防垢剂、增溶剂和载体溶剂组成。增溶剂使防垢剂与载体溶剂完全互溶。与水接触后，防垢剂会脱离载体溶剂和增溶剂，进入水相并吸附到储层孔隙中。防垢剂可由膦酸盐、膦酸酯或聚合物防垢剂等组成。

油溶性防垢剂体系在哥伦比亚的 Cuisiana 油田，北海的 Murchison、Scott、Galley、Heidrun 等海上油田及美国阿拉斯加北部的 Milne Poin 陆上油田等的挤注防垢作业中，陆续进行了现场试验，整体取得了预期效果。这些试验井有直井、定向井和长水平井，含水率为 0.2%~67%，井底温度为 85~165℃，渗透率为 30~5900mD，孔隙度为 9%~31%，结垢类型有 $BaSO_4$、$CaCO_3$ [26]。

Champion 公司的 Chen 等为适应海上油井的低压储层和环保要求，研究了非水相/低密度防垢剂挤注段塞，主要成分是丙烯酸—氨基等共聚的聚合物防垢剂和非水相的互溶剂、双亲性表面活性剂。该体系的主要特点为：密度小于 $0.94g/cm^3$，可生物降解；在井筒温度 98℃内，与地层水和原油有良好配伍性；模拟现场条件的岩心驱替表明，体系挤注进入地层后，对储层的油相渗透率无伤害；体系与地层的水相系统混合后，97% 的防垢剂可以有效分散到水相中。

在两口井 3 个井次的现场挤注试验过程中，作业压力保持平稳，返排顺利。作业流程见表 5-16。效果较好的井在生产超过 6 个月后，产出液中的防垢剂有效浓度仍然显著高于 5mg/L [27]。

表 5-16 两口试验井的低密度防垢剂段塞作业流程

| 段塞顺序 | A 井第一次作业 | A 井第二次作业 | B 井第一次作业 | B 井第二次作业（水溶性防垢剂） |
|---|---|---|---|---|
| 1 | 前置段塞：以 $0.75m^3/min$ 排量挤入 $10m^3$ 柴油 | 前置段塞：以 $0.75m^3/min$ 排量挤入 $10m^3$ 柴油 | 前置段塞：以 $0.75m^3/min$ 排量挤入 $15m^3$ 柴油 | 前置段塞：以 $1m^3/min$ 排量挤入 $20m^3$ 盐水 |
| 2 | 主段塞：以 $1m^3/min$ 排量挤入 $60m^3$ 低密度防垢剂 | 主段塞：以 $1m^3/min$ 排量挤入 $80m^3$ 低密度防垢剂 | 主段塞：以 $1m^3/min$ 排量挤入 $103m^3$ 低密度防垢剂 | 挤入浓度为 10% 的增效剂 $40m^3$ |
| 3 | 顶替液：以 $0.75m^3/min$ 排量挤入 $100m^3$ 柴油 | 顶替液：以 $0.75m^3/min$ 排量挤入 $120m^3$ 柴油 | 顶替液：以 $0.75m^3/min$ 排量挤入 $150m^3$ 基油 | 主段塞：以 $1m^3/min$ 排量挤入 $135m^3$ 低密度防垢剂 |
| 4 | 油管替入：以 $0.75m^3/min$ 排量注入 $70.5m^3$ 柴油 | 油管替入：以 $0.75m^3/min$ 排量注入 $70.5m^3$ 柴油 | 油管替入：以 $0.75m^3/min$ 排量注入 $83.5m^3$ 柴油 | 顶替液：以 $0.75m^3/min$ 排量挤入 $200m^3$ 海水 |
| 5 | 关井 13h | 关井 16h | 关井 13h | 油管替入：以 $1m^3/min$ 排量注入 $83.5m^3$ 海水 |
| 6 |  |  |  | 关井 16h |

## （二）反相乳液防垢剂体系

反相乳液是以油相溶剂为连续相，水基化学剂为分散相，形成油包水形式。其携带分散的功能，适宜作为不相容的液体和（或）固体有效介质的多功能载体。例如，钻井作业中的油基钻井液和酸化作业中的延迟酸液体系等，常加工成油包水乳液，以实现降低摩阻、密度或延迟反应等作用。防垢剂反相乳液体系是将水基防垢剂作为分散相，油基为连续相，形成乳液，挤注到储层基质或生产流体中。

防垢剂反相乳液挤注的优势为：(1)乳液黏度低，注入方便。(2)液滴尺寸可调。当液滴尺寸小于地层孔隙直径时，可有效进入深层，渗吸到地层孔隙内。(3)油基乳液可以保持地层油润湿的连续性，措施后快速复产，对于水敏或低压储层有明显的保护效果。防垢剂的释放过程可能有 3 个阶段：(1)乳液进入储层后，快速破乳和释放控制阶段。在最初的 20~30h 内，部分防垢剂很快释放返排。(2)缓慢释放阶段。剩余的乳液在液滴的膨胀(取决于地层温度、乳液内相和地层水的相对矿化度)和表面活性剂的热力学作用下，防垢剂穿透液膜，进入水相聚并或扩散。(3)某些情况下，防垢剂与储层矿物进一步形成固相物质。

该技术存在的问题为：(1)乳液在短期内的快速破乳可能导致含水饱和度上升，并降低有效的油相渗透率。(2)释放过程的水基防垢剂可能堵塞孔喉。也有研究者认为通过现场测试，此类反相乳液没有缩短或延长挤注寿命。

从反相乳液防垢剂体系的组分分类，有单一功能防垢剂乳液体系和多功能防垢剂乳液体系。

1. 单一功能防垢剂乳液

Collins 等研究了乳液化技术路线，使用控释技术来设计乳液，为防垢剂提供液—液微胶囊释放载体。该乳液的制备方法为：首先将油溶性乳化剂加热至 50℃，溶解在基础油中，并与溶解在 NaCl 水溶液中的防垢剂手动混合。然后使用高速剪切分散机将制剂混匀，得到乳液。制备出包含 41.7% 的油和 14.37% 的二亚乙基三胺五亚甲基膦酸(DETAPMP)防垢剂乳液，其液滴直径为 1~2μm，环境扫描电镜照片如图 5-23 所示[28]。

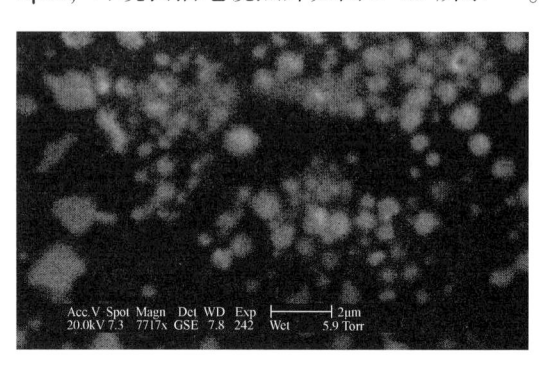

图 5-23　油基乳液体系的环境扫描电镜图

模拟地层环境，开展乳液的流变性能和驱替测试(Magnus 储层岩心和填砂管两种方式，温度为 116℃，渗透率为 1.2D)，评价防垢剂从油基乳液中释放的速率和乳液的破乳速率。连续跟踪不同温度(25℃、60℃、95℃和 105℃)条件下，乳液体系的防垢剂释放。

25℃时防垢剂释放速率非常低，总释放量不到总量的 0.3%。温度升高到 60℃，防垢剂释放量显著增大，13h 时达到约 7000mg/L 的峰值。此后，浓度降低，一周后降低到约 70mg/L。温度为 95℃、105℃的释放曲线几乎相同，仅 4h 后，防垢剂浓度就达到峰值 12000~12500mg/L，然后防垢剂浓度快速下降，3 天内降至 70mg/L 以下，并在 6 天内降至 5mg/L 以内(图 5-24)。

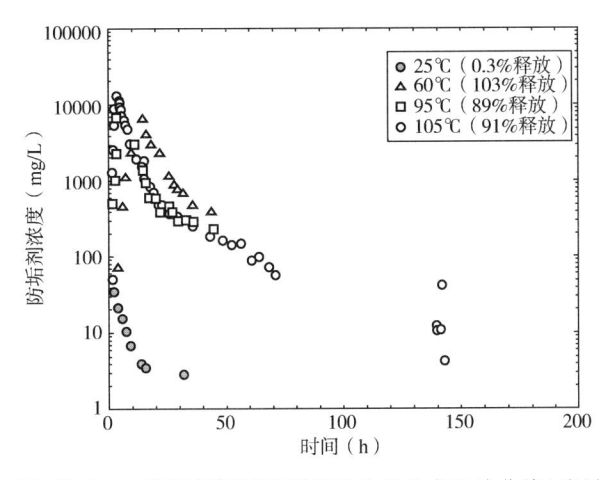

图 5-24 反相乳液中，防垢剂随试验温度变化的动态释放曲线(流量=60mL/h)

现场试验及效果：1999—2002 年，Smith 等、Collins 等在油田都进行了成功的试验[29]。Jordan 等在英国北海的海上油田开展的 4 口井相关试验见到一定效果。对挤注试验前后的生产指数(PI)进行对比，2 口井的 PI 变化不大(<±5%)，1 口井 PI 显著增加 275%，1 口井 PI 降低 64%。分析认为，PI 降低的主因是措施后返排过程的微粒运移堵塞了防砂筛管。Nasr-el-Din 等在沙特阿拉伯中部油田也试验了反相乳液的防 $CaCO_3$ 垢工艺[30]。

2. 多功能防垢乳液

Lucilla 等以膦酸—聚羧酸或膦羧酸等常规的防垢剂作为分散相，苯系蜡分散剂等为连续相，制备了多功能纳米防垢乳液(表 5-17)。为了实现在相同基质中两种或多种化学不相容的化学剂产品(例如，水溶性防垢剂和油溶性蜡分散剂、酸性防垢剂和碱性缓蚀剂)的稳定，在水相中制备含有 PPCA 防垢剂和连续相的苯系蜡分散剂纳米乳液，以及含有 PPCA 的纳米乳液和连续相咪唑啉缓蚀剂(表 5-18)[31]。

表 5-17 分散相中含防垢剂纳米乳液的成分

| 水(%) | 油(%) | 表面活性剂(%) | 添加剂(%) | 液相中添加剂比例[%(质量分数)] |
| --- | --- | --- | --- | --- |
| 19.5 | 71.1 | 8.6 | 0.8 | 5 |
| 6.5 | 89.7 | 3.2 | 0.6 | 10 |
| 9.7 | 84.7 | 4.7 | 0.9 | 10 |
| 14.3 | 77.7 | 6.8 | 1.2 | 10 |
| 19.1 | 70.4 | 8.9 | 1.6 | 10 |
| 18.6 | 70.4 | 8.6 | 2.4 | 15 |

表 5-18 不相容添加剂体系制备纳米乳液

| 水相添加剂 | 油相添加剂 | 水(%) | 油(%) | 表面活性剂(%) |
| --- | --- | --- | --- | --- |
| 防垢剂 1.6% | 蜡分散剂 6.9% | 19.5 | 65.6 | 9.4 |
| 防垢剂 1.6% | 缓蚀剂 700mg/L | 19.1 | 70.4 | 8.9 |

按照上述方法制备的纳米乳液在图 5-25 所示范围内，动力学稳定性好。

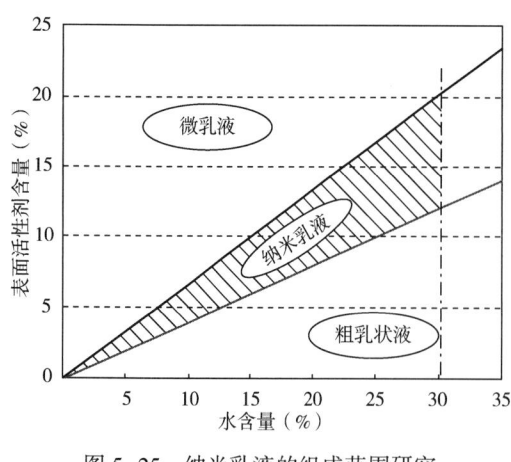

图 5-25 纳米乳液的组成范围研究

例如，含有 70.4% 有机烃类（包括如癸烷、十二烷等的直链烷烃以及柴油、溶剂油和煤油）、19.1% 水、8.9% 总表面活性剂和 1.6% PPCA 防垢剂的纳米乳液在制备 6 个月后，用粒度分析仪测试，反映乳液平均粒径和粒径分布均一性的指标基本未改变：初始的 $Z$ 均值和多分散指数（PDI）分别为 55nm 和 0.25，而 6 个月后，对应值分别为 55.4nm 和 0.22，没有任何分层、乳化等改变。同样时间周期内，采用 Turbiscan 乳液稳定性分析仪监测乳液稳定性，未发现透明度变化。

### （三）微乳液型防垢剂

微乳液防垢剂是防垢剂与油基溶剂、表面活性剂等形成的热力学稳定、各向同性的分散体系，微观上由表面活性剂界面膜所稳定的一种或两种液体的微液滴所组成。微乳液与前面提到的普通乳液（宏观乳液）相比，两者的差别是：稳定性上，普通乳液是热力学不稳定体系，只是动力学上的稳定，而微乳液是热力学稳定体系，长时间放置也不会破乳或分离；外观上，乳液因分散相质点大，不均匀，通常不透明，呈乳白色，而微乳液因液滴尺寸通常小于 50nm，呈现透明或近乎透明的外观[32]。

微乳液制备中需要消耗大量的能量或较高浓度的表面活性剂，以实现分散相的微分散和超低界面张力。

Miles 等介绍了油包水型微乳液防垢剂的挤注研究进展。制备所有微乳液系统所遵循的程序为：（1）将表面活性剂、助表面活性剂和油按比例移入小瓶中，用磁性搅拌器搅拌；（2）搅拌 1min，确保形成均匀的浆料；（3）用分析天平称量瓶质量；（4）再次搅拌，向浆料中缓慢滴加蒸馏水；（5）在定量加水过程中，定期停止搅拌，并给混合系统一定时间，以达到稳定平衡状态，直到溶液变得单相和清澈，标志着微乳化[33]。

### （四）含防垢剂微粒的乳液

借鉴碳酸盐的沉淀法挤注工艺，为加深挤注防垢剂在砂岩储层中的吸附和保留量，并加深其置放位置，国外以莱斯大学研究团队为主研究了系列制备亚微米级尺寸（100nm~1μm）防垢剂微粒的乳液。与常规防垢剂处理相比，亚微米级微粒的优势是在砂岩基质中的吸附和保留性能得到显著改善。后期生产中，通过溶解机理可缓慢释放，达到长效防垢。

前期 Collins 等开发了一种用醇基产品与聚合物防垢剂的酯化反应合成防垢剂微粒的方法。不足之处是为获得亚微米级的防垢剂微粒，制备过程需要多批湿法铣削。

现有合成纳米级微粒的方法有：化学共沉淀法、溶胶—凝胶法、热液法、机械化学—热液法、微乳液法、微波辐照法、表面活性剂和聚合物模板法等。

**1. Ca-DTPMP 亚微米级微粒**

将二乙烯三胺五亚甲基膦酸（DTPMP）与 $Ca^{2+}$ 反应沉淀[34]，形成 Ca-DTPMP 亚微米级微粒。

制备方法为：向双口烧瓶中加入 100mL 的蒸馏水，加热到 90℃。在高速搅拌条件下，将 25mL 的 0.4mol/L CaCl$_2$·2H$_2$O 溶液、25mL 的 0.1mol/L DTPMP 溶液(pH 值 11.3)，同时在 2min 之内完成滴加到烧瓶的过程。在溶液冷却到室温之前，额外搅拌 1.5min，得到 pH 值约为 7.2 的白色悬浮液。将悬浮液在 6500r/min 下离心 10min，去除上清液，并且将固体样品制成湿膏。最后将约 1g Ca-DTPMP 固体分散在 0.2%~2% 的 100mL 膦基聚羧酸(PPCA)或 PPCA/KCl 溶液中，调节 pH 值至 7.0，形成 PPCA 包裹的 Ca-DTPMP 纳米级微粒，粒径为 100~200nm。微粒的冷冻透射电镜图片和粒径分布统计情况如图 5-26 所示。

(a) PPCA包覆Ca-DTPMP微粒  (b) 粒度分布

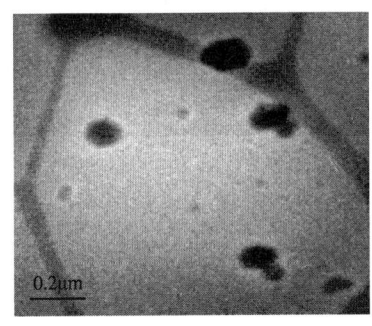

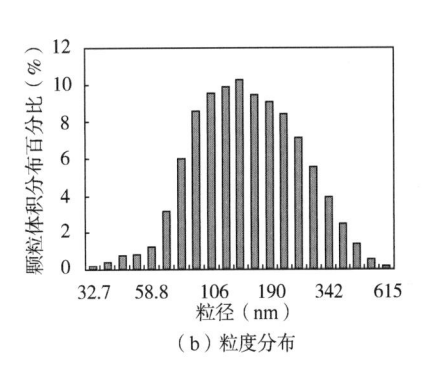

图 5-26　PPCA 包覆 Ca-DTPMP 微粒形貌(液氮冷冻)粒度分布

微粒体系的影响因素分析：

(1) PPCA 的影响。PPCA 可离解出大量羧基，起到控制亚微米级微粒吸附、聚集和有效分散黏泥、Fe$_2$O$_3$ 等物质的分散剂作用。PPCA 加入悬浮液体系中，Ca-DTPMP 粒径显著下降。Zeta(ζ)电位从 -15mV 下降到 -30mV，显示体系的稳定性提高。

(2) 电解质溶液的影响。KCl 溶液浓度从 0.2% 提高到 1%，导致 ζ 电位从 -30mV 增加到 -18mV，显示微粒体系稳定性降低。主要原因是电解质离子强度增加，会压缩带电微粒表面的扩散双电层，易于聚集。这样 Ca-DTPMP 的平均粒径显著增大，倾向于形成聚集体，并堵塞孔喉。

(3) 超声处理参数的影响。高浓度电解质溶液中，高能超声探针或低能超声浴等处理方法有利于提高 Ca-DTPMP 微粒悬浮液的流动性。延长超声波处理时间，也有利于提高微粒稳定性。

**2. SiO$_2$-Zn-DTMP 纳米级防垢剂微粒**

Kan 等研究发现，在膦酸盐挤注段塞中加入 Zn$^{2+}$ 后，Zn-防垢剂的化合物比起 Ca$^{2+}$/Mg$^{2+}$、Ba$^{2+}$ 等碱土金属-防垢剂，有更强的结合特性，防垢剂的保留率可达到 90% 以上。而且 Zn-防垢剂化合物的溶解度较低，防垢剂的保留量大大增加，预计挤注寿命增加 60 倍。Zn$^{2+}$ 与氨基膦酸盐(如 DTPMP、BHPMP 等)的协同效应良好。

为进一步提高膦酸盐防垢剂向地层深部的输送和吸附能力，Kan 和 Tomson 等又探索了以 SiO$_2$ 为基础的纳米级防垢剂微粒。SiO$_2$ 颗粒作为纳米级微粒结构导向剂，主要起到提供多孔框架、控制纳米级微粒结构和形态的作用。

制备方法为：(1) ZnCl$_2$ 溶液滴加到 22nm SiO$_2$ 纳米胶体中，高速搅拌形成初步的纳米流体；(2)加热上述纳米流体，逐步滴加二乙烯三胺五亚甲基膦酸(DTPMP)，搅拌作用下形成白色沉淀；(3)加入表面活性剂十二烷基苯磺酸钠(SDBS)；(4)用超声仪处理溶液，形成稳定的纳米流体(图5-27)。

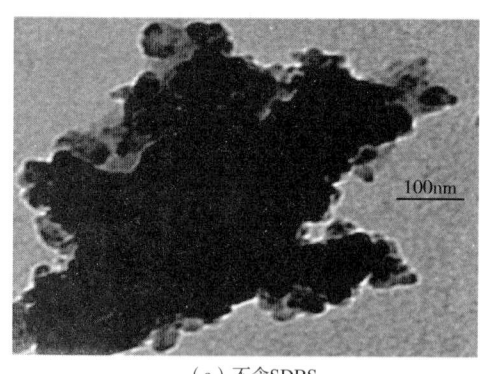

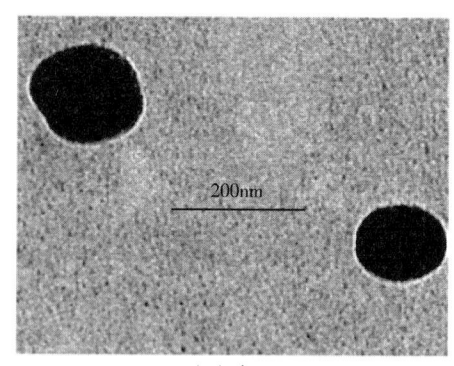

(a) 不含SDBS　　　　　　　(b) 含SDBS

图5-27　$SiO_2$-Zn-DTPMP 合成物的电镜图

选择 $Zn^{2+}$，因为其作为过渡金属能够显著增加防垢剂的保留和有效性。阴离子表面活性剂 SDBS 则可降低粒子的界面张力，增加粒子间的静电斥力，控制粒径，还可以预清洗岩心，提高纳米级粒子在多孔介质中的运移[35]。

$SiO_2$-Zn-DTPMP 纳米流体可在70℃、pH值6.7的1% KCl 环境下稳定12h以上。通过岩心驱替实验评价，这种纳米级微粒在碳酸盐岩和砂岩多孔介质中有较好的运移能力。此外，还可以用大量的锌盐水溶液对纳米级微粒进行渗滤处理，而进一步降低防垢剂体系的溶解度，延长有效期。挤注模拟试验表明，纳米级微粒随产出液返排，逐渐返出有机膦酸酯防垢剂，长期返排性能得到改善。

近年来，这类防垢剂微粒研究仍处于起步阶段，主要立足于室内的合成和性能评价。主要难点为：(1)制备工艺相对复杂，产品的稳定时间相对短。无论亚微米级或纳米级尺度的微粒都容易团聚，并迅速吸附到多孔介质内。(2)防垢剂微粒与地层渗透率、孔隙度等储层物性匹配关系，仍需深入研究。虽然尚未见到现场的工业化试验，但依然是很有前景的技术方向。

**(五) 长水平井的凝胶防垢剂**

油气田开发中，以增加产层长度和钻遇率，增大泄油面积和提高单井产量等为目的的水平井钻完井技术不断提升。与直井、定向井相比，长水平段水平井挤注防垢中存在着挤注防垢作业有效期较短、连续油管清垢作业费用高，以及储层中高岭石含量较高(20%~30%)时，挤注措施可能造成的微粒运移、堵塞井筒等难题。特别是水平段的多段之间往往因径向非均质，存在显著的渗透率或压力变化。措施液往往会优先进入高渗低压区，无法在水平段内均匀分布。2000年后，Selle、Weirich 等国外科研人员以凝胶防垢剂为思路，开展了水平井的凝胶防垢剂挤注工艺试验[36-37]。

在化学挤注措施中，将防垢剂放置到预期有效位置的难度很大，常被许多因素所干扰，特别是合采多个非均质储层的定向井和长水平段的水平井，如储层连通区域内的非均质性、多层/段间的压力差、层内原始微裂缝或人工裂缝、套管内摩阻和套管外流体绕流等因素，都可能导致大部分的入井处理液被挤入近井眼的非目标区域中，缩短挤注有效期，并造成近井地带的结垢区防垢效果差[38]。

此时，可基于自转向流体的理论，利用非牛顿流体的特性，试验剪切变稀的变黏度挤注防垢工艺。剪切变稀流体具有随流速或剪切速率而变化的黏度；在非常高和非常低的剪切速率下，剪切变稀的一类聚合物表现出牛顿行为（黏度与剪切速率无关）；而在中等剪切速率下，该类流体呈现非牛顿特性，其黏度就与剪切速率呈幂律关系：

$$\mu = k\gamma^{n-1}$$

式中，$\mu$ 为流体的黏度；$\gamma$ 为剪切速率；$k$ 为稠度系数；$n$ 为剪切稀化指数。

储层岩石等多孔介质中的剪切速率 $\gamma$ 可以利用宏观储层特性的 Kozeny-Carman 模型计算：

$$\gamma = \frac{4\alpha u}{\sqrt{8K\phi}}$$

式中，$\alpha$ 是岩石的形状因子；$u$ 是表观流速；$K$ 是渗透率；$\phi$ 是孔隙度。

上述公式显示，随着储层渗透率和孔隙度的降低，流体所受的剪切速率增加。在所有其他参数不变的情况下，流体流经低渗透区所受的剪切速率将高于高渗透区。另外，引入的形状因子 $\alpha$ 是一个经验系数，用以关联实验测得的剪切速率与毛细管束模型计算的结果。$\alpha$ 反映了储层岩石特性，一般随储层渗透率的降低而增加。

在水平井的水平段注入变黏性防垢剂，可增加沿目标井段放置的化学剂量，同时防垢剂可与整个井段区域接触。在高渗透带区域，变黏流体前沿的流速较高时，其受到的剪切速率较低。这样在高渗透区的流体有更高黏度，促进流体转向低渗透区。

2005 年，壳牌公司的 James 等首次在英国北海的 Nelson 油田的 N19z 井开展了水平井剪切稀化的变黏防垢挤注工艺试验。该井油藏温度为 115℃，水平段长 500m，因存在海水突进，在套管射孔完井过程中，仅射开水平段跟部端的 21.4m 处、接近中部的 76m 处和距趾部端 39m 处 3 个区域。趾部、跟部的渗透率分别约为 70mD、200mD，中部区域穿过上述两个储层带（主要约为 200mD，其余段约为 70mD）。除了水平段内的渗透率差异大，影响常规防垢剂有效放置外，还因为注海水驱油产生的段间压差，导致关井期间从水平段趾部到跟部存在相对严重的绕流问题。

以黏度为 5mPa·s 的琥珀酰聚糖或黄胞胶为增黏聚合物，形成一定黏度的剪切稀化防垢流体。该工艺无须采用油溶性暂堵转向材料，可以兼顾水平段相对高渗的跟部和中部的低压段，特别是对于难处理的趾部区域，在措施期间的注入流体量可能增加 65%。

试验后没有检测到储层伤害或含水率增加，挤注有效期达到设计预期寿命的 3 倍。但因措施液量大，降低了近井地带温度，使其低于凝胶黏度的转变温度，造成作业压力相对高，同时受凝胶的不完全破胶等影响，油井复产相对困难[25,32]。

后期 Selle 等按照凝胶分流、分段转向的思路，进一步开发了包括黄胞胶增黏剂、防垢剂和破胶剂的防垢剂体系，在 Norne 海上油田的两口长水平井和 Heidrun 油田的一口长斜井进行了试验。

1. 凝胶防垢剂的评价

考虑到羟丙基瓜尔胶(HPG)、羟乙基纤维素(HEC)和琥珀酰甘油等因为残渣对地层的伤害、难以清理或耐温值低等问题，选用了纯化的黄胞胶，属于剪切变稀的多糖，且温度高于115℃后，会受矿化度影响发生异常破胶。为防止残留凝胶的伤害，使用了适量的破胶剂。

针对聚合物凝胶与防垢剂的相容性以及凝胶防垢剂的耐温稳定性测试表明，都能达到预期要求。

在Heidrun储层条件下，进行了两类防垢剂在粉碎岩心的静态吸附试验。24h后，常规防垢剂平均吸附量为5.2mg/g，而凝胶防垢剂的吸附量为5.4mg/g。

1) 凝胶防垢剂的断裂特性和剪切稀化特性

通过流变仪，测量体系在不同动态剪切条件下的黏度—温度曲线，以确定凝胶的破胶和转变为牛顿流体(清水)之前所需的加热时间。

2) 岩心驱替试验

进行了一系列岩心驱油测试，检查凝胶对储层渗透率的影响，以及凝胶对防垢剂吸附/返排曲线的影响。

(1) Heidrun岩心驱油实验结果。

进行了3组岩心驱替对比试验，对应注入介质分别是盐水+防垢剂、凝胶防垢剂和仅使用凝胶。图5-28为3次岩心驱替返排曲线，凝胶防垢剂体系的返排液中的防垢剂浓度比盐水+防垢剂体系的稍低，但有效期更长。

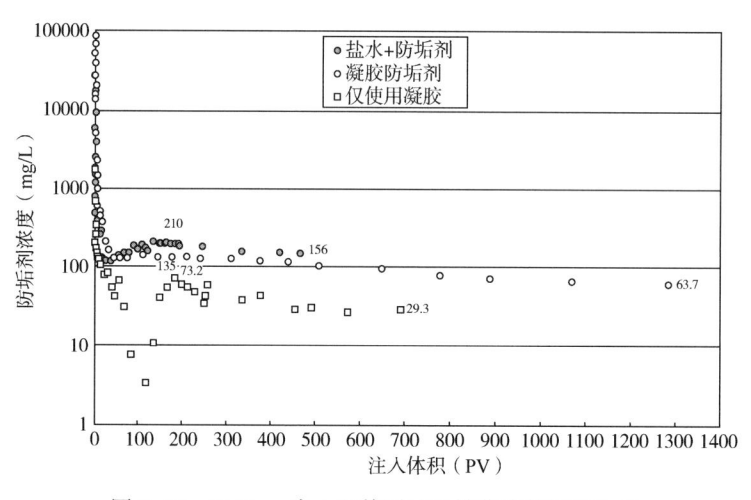

图5-28 Heidrun岩心驱替测试返排曲线数据的比较

这些测试的返排渗透率显示降低0~30%。油相渗透率下降较少，水相渗透率下降较高。

(2) Norne岩心驱油实验结果。

采用Norne岩心开展了3次岩心驱替实验，见表5-19。实验1凝胶防垢剂因破胶剂量高，导致凝胶过早破胶，但并未显示出损伤，渗透率恢复为76%~100%。实验2为低破胶剂浓度的胶凝防垢剂，实验3为盐水防垢剂，显示凝胶防垢剂相比于常规防垢剂流体，仅观察到轻微的渗透率损失(对比实验2和实验3)。

表 5-19  Norne 岩心驱替实验的渗透率变化

| 实验序号 | 驱替方向 | 初始油相 渗透率(mD) | 回流油相 渗透率(mD) | 回流油相 恢复率(%) | 最终油相 渗透率(mD) | 最终油相 恢复率(%) |
|---|---|---|---|---|---|---|
| 1 | 正 | 311 | 312 | 100 | 239 | 77 |
| 1 | 反 | 304 | 307 | 101 | 230 | 76 |
| 2 | 正 | 115 | 98 | 85 | 93 | 81 |
| 2 | 反 | 114 | 83 | 83 | 113 | 99 |
| 3 | 正 | 100 | 115 | 115 | 83 | 83 |
| 3 | 反 | 130 | 135 | 104 | 131 | 101 |

图 5-29 为返排曲线，该数据是防垢剂浓度与注入的孔隙体积的关系图。数据显示凝胶对防垢剂返排有副作用影响，即防垢剂保留较少，因此岩心驱替实验 1 和实验 2 的防垢剂浓度下降速度比实验 3 快。油田试验候选井的限制是：应具有低结垢潜力（低或高海水含水率），应稠化挤注防垢剂的一部分。

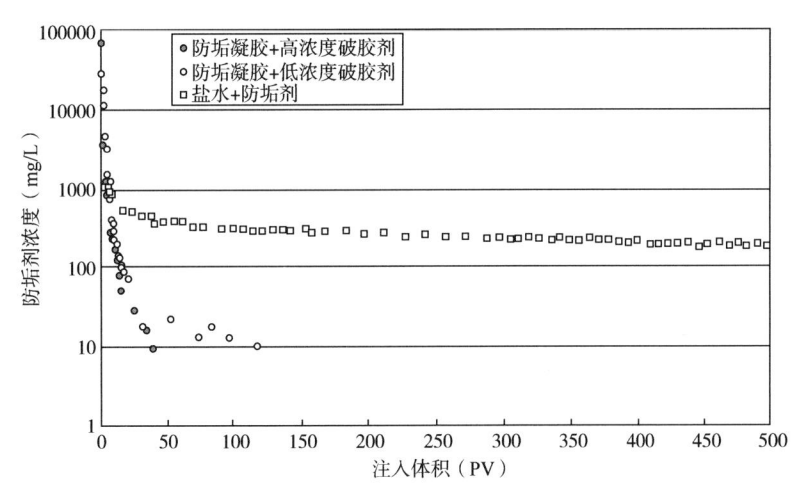

图 5-29  Norne 岩心驱替测试返排曲线对比

3）处理液放置模拟

采用基质酸化的材料和设计软件来评估胶凝剂作为导流效果。根据完井类型、油管规格、井温、压力、渗透率和孔隙度分布等数据建立目标试验井的模型，随后定义措施液性质、体积和注入速率。通过改变措施液的流变特性来模拟、调整凝胶防垢剂及其注入效果。目的是在关井期间实现黏性流体破胶。在聚合物防垢剂负载率固定的情况下，破胶剂浓度是变化的。65℃下，剪切速率为 13.2s$^{-1}$，而 8h 后黏度达到 11.2mPa·s。

2. 典型井分析

1）Norne 油田 E-3CH 井

E-3CH 井是一口长水平井，有 707m 长的射孔层段。水平段间约有 1MPa 的压差。油井中的海水含水率为 7%，Ba$^{2+}$ 含量从 65mg/L 开始下降（表 5-20）。

表 5-20 两口井的工作液段塞设计

| 段塞顺序 | Norne 油田 E-3CH 井 | | Heidrun 油田的 A-28A 井 | |
|---|---|---|---|---|
| | 流体成分 | 体积($m^3$) | 流体成分 | 体积($m^3$) |
| 1 | 乙二醇 | 1.5 | 乙二醇或密度为 1.04g/$cm^3$ 的 NaCl 盐水 | 2 |
| 2 | 柴油 | 2 | 10%桥接预冲洗液(密度为 1.04g/$cm^3$ 的 NaCl 盐水) | 19.5 |
| 3 | 密度为 1.04g/$cm^3$ 的 NaCl 盐水,前置液 | 20 | 10%防垢剂(密度为 1.04g/$cm^3$ 的 NaCl 盐水),主段塞 | 44 |
| 4 | 13%防垢剂(海水配制),主段塞 | 100 | 10%凝胶防垢剂,主段塞 | 65 |
| 5 | 13%凝胶防垢剂(海水配制),主段塞 | 82 | 13%防垢剂(海水配制),主段塞 | 43 |
| 6 | 13%防垢剂(海水配制),主段塞 | 110 | 10%防垢剂(密度为 1.04g/$cm^3$ 的 NaCl 盐水),主段塞 | 107 |
| 7 | 1%防垢剂(海水配制),后置液 | 358 | 2%黏土稳定剂(密度为 1.04g/$cm^3$ 的 NaCl 盐水),后置液 | 46.8 |
| 8 | 1%凝胶防垢剂(海水配制),后置液 | 48.8 | 乙二醇或密度为 1.04g/$cm^3$ 的 NaCl 盐水 | 57 |
| 9 | 柴油 | 69.1 | | |

值得注意的是,当凝胶到达地层时,井口作业压力显著增加,当凝胶移入地层时,井口作业压力变平缓。作业注入压力的变化规律表现出胶凝防垢剂流体的剪切变稀特性及其自转向能力。

井复产后没有显示生产率下降。措施后产出水中的 $Ba^{2+}$ 浓度由 10mg/L 左右升高到 30mg/L 左右,防垢剂浓度长期保持在 40mg/L 的高水平。累计有效产出水总量 $50×10^4 m^3$ 之后,防垢剂浓度才降至 5mg/L 以下。

2) Norne 油田 E-1H 井

在该井中,凝胶防垢剂的剪切变稀特性反映在油管中的注入压力下降,以及到达水平段内和不同注入阶段的显著压力增加。作业结束时的井下温度为 30℃。

3) Heidrun 油田 A-28A 井

A-28A 井是定向井,以 60m 筛管和裸眼砾石充填完井。井投产后,因注入海水突破而结垢,前期已采用 4 次防垢挤注和 1 次溶垢处理。凝胶防垢剂挤注作业后(表 5-20),该井的生产指数(PI)下降较多,分析认为是注入过程的黏性凝胶成分、固相微粒、垢成分等堵塞了砾石充填和筛管段。此次作业未取得预期效果。

凝胶防垢挤注可达到与液体防垢剂挤注同样的有效期。应考虑泵送过程中油井低温导致的流体黏度变化。由于该凝胶体系的摩擦阻力大幅降低,泵注时可达到更高排量。

## 五、小结

(1) 挤注防垢工艺是国内外最广泛采用的地层防垢工艺,尤其在海上油气井广泛采用,作业的有效期一般为 3 个月~2 年。不同类型储层可采取对应工艺,砂岩储层多采用吸附挤注工艺,碳酸盐岩储层多采用沉淀挤注工艺。

(2) 储层的吸附挤注工艺效果与有效期,受防垢剂体系的保留吸附/解吸附过程、井的含水率变化和温度、pH 值等影响。对挤注的 3 个基本要求是：①应保持高于 MIC 的极低浓度（一般为 1~30mg/L），有效抑制、延缓近井地带和井筒的结垢；②缓慢释放，长有效周期；③对储层无伤害或低伤害。挤注防垢作业应特别注意：防垢剂体系对储层的润湿性改变、伤害；注入药剂与地层水不配伍，储层产生类似于黏土微粒堵塞的假结垢沉淀等。

（3）从化学剂和施工工艺方面把握挤注防垢技术的发展趋势有：研发水溶性防垢剂的分子结构改性和非水相防垢剂，以及更为环保、低生物毒性和良好生物降解性的化学剂体系。还有工艺中的组合段塞设计，如 Heath 等研究了顶替液中添加离子聚合物来提高挤注寿命。高温 165℃、高压井的两口井现场试验表明，地层内的防垢剂保留量和返排效果都有所提高。

（4）针对低渗透储层油气井的解堵防垢，前期见到一些好效果，但仍需结合致密储层特点进行挤注工艺全流程的研究和优化，特别是与储层结合的地质模型分析和长效药剂的研发。

# 第四节　防垢剂加注及配套工艺

油气田地面加注防垢剂等井筒化学剂属于常规、成熟的工艺，一般有依靠药剂重力自然沉降的人工倒加、平衡罐加药方式；有移动加药车的定时加药方式；还有针对单井或丛式井组，采用电控装置的井口泵注方式。与之相关的文献资料比较多，此处不再赘述。

而特殊高产井或井下管柱结构复杂井的药剂加注时，需要能自动、定量和长期释放化学剂的井下装置，以稳定控制产出液等介质中的化学剂有效浓度，对井下工具、配套系统等的自动化程度、操作成本和可靠性要求较高。这里特别加以介绍。

## 一、井下加注工艺

### （一）井下连续加注化学剂工艺

在高产井、无法采取挤注措施或定期挤注成本高的油气井等，为保护井的油管、杆和井下安全阀等附件免受结垢影响，挪威国家石油公司等在多个油田应用了井下连续加注化学剂系统（DHCI）来加注防垢剂，该系统还可加注破乳剂、缓蚀剂或水合物抑制剂等[38]。哈里伯顿公司的深井井下连续加注系统（DDHCI）可以实现双路或多路毛细管线的药剂加注。

井下连续加注化学剂系统一般包括地面加注泵、注剂毛细管和井下加注器[39]。注剂毛细管材质一般为 316L 或双相不锈钢、镍基合金等材质，毛细管穿过井下封隔器后，与井下加注器连接，可在射孔段以上位置连续加注防垢剂。图 5-30 为直径 1.5in 的井下加注器，它包含两个单向止回阀、一个过滤器等。单向阀安装在弹簧座上，弹簧力设置为能够控制打开阀瓣需要的压力，还能防止井筒内的流体反向进入毛细管。内置过滤器的目的是过滤注入流体，确保碎屑、杂质等不影响单向阀的密封。一旦单向阀运行不畅，可通过提高毛细管内流速，或反复开关单向阀形成压力振荡，清洗系统内的碎屑或易黏结、沉淀的有机物成分。

井下连续加注化学剂工艺的优点是避免井口加注药剂的过量浪费，可以在井下定点位置安装，实现加注量可控的连续加注，取得最佳的药剂效果。该工艺也是国内外海上油气田的高产重点井优先选用的防垢技术。其缺点如下：

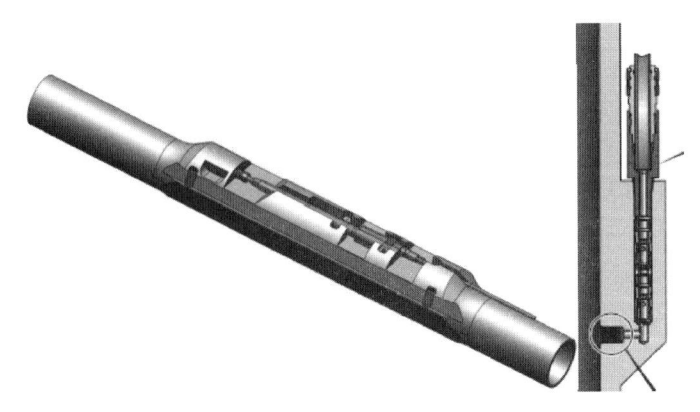

图 5-30 井下化学剂加注器

（1）对井下加注器的密封性和可靠性要求很高。

（2）注剂毛细管的堵塞问题。如毛细管内的防垢剂等化学剂可能会由于溶剂挥发、沉淀等因素形成高黏度胶体，堵塞毛细管线；还有可能因防垢剂与地层水不配伍，形成 Ca-防垢剂的絮凝物堵塞；或单向阀密封不好，造成高矿化度产出液进入毛细管，形成盐结晶堵塞。

（3）注剂毛细管的腐蚀问题。从井口到封隔器以上的油套环空都配套有环空保护液，毛细管外壁处于被保护状态。但管内的局部近真空气相与防垢剂间的过渡段，可能存在电偶腐蚀，同时防垢剂腐蚀性也可能造成毛细管内局部点蚀、破漏。挪威国家石油公司的油井就曾因镍基 825 合金毛细管内腐蚀破漏，导致高浓度的防垢剂冲刷 3Cr 油管表面，进一步造成油管外壁严重局部损伤，如图 5-31 所示。

（4）井下连续加注系统对材料等级、工艺配套要求和作业复杂性等要求很高，导致成本很高，难以在中低产井应用。

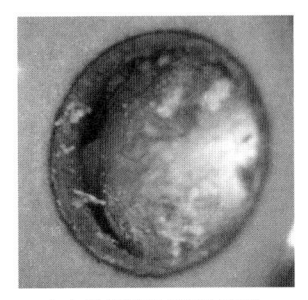

（a）防垢剂黏结堵塞管路　　　　（b）3Cr材质7in油管外壁严重局部腐蚀

图 5-31 井下连续加注化学剂系统的失效

### （二）井下电控加药装置

井下电控加药装置一般由储药管、加药控制系统和筛管附件等组成，曾在长庆油田小规模试验。其中，加药控制系统由工控芯片、高能电池组和微型减速电动机、轴承杆、磨轮调节阀组成。工作时可以根据油井的总加药量，设定电动机的启停时间间隔，电池供电后，电动机带动轴承杆、磨轮调节阀做顺时针旋转，在旋转过程中磨轮调节阀开启，化学药剂在旋转力的作用下通过磨轮的限流，被定量挤入井筒[40-45]。

1. 井下管柱结构

该装置连接在沉砂管的下端,从上到下的管柱结构是:φ73mm 油管+抽油泵+2 根尾管+1 根花管+3 根沉砂管+挡板+2 根花管+隔离塞+储药管+加药控制系统。其中,上面花管的作用是为抽油泵供液;下面花管的作用是在点滴加药装置工作时,随着储药管的药剂减少,井筒液由此进入储药管,始终保持储药管流入、流出平衡;挡板是防止沉砂管中的井筒污物进入储药管;隔离塞是隔离井内液体和药剂,同时利用自身的重力,对药剂产生一定压力(0.1MPa),使药剂更容易流入井筒;储药管由 φ73mm 的 J-55 油管充当,根据油井加药周期和加药量进行设计,一般储药管 5~10 根。最多 20 根储药管,可储存 600L 药剂,理论上能满足日产液 10m³ 油井的 600 天加药要求(加药浓度为 100mg/L)。

2. 技术参数

该装置每次开启释放药量为 50~60mL/次,并不受井筒沉没压力的影响,开启的时间间隔可调整。具体技术参数见表 5-21。

表 5-21 井下电控加药装置技术参数

| 名称 | 技术参数 | | |
|---|---|---|---|
| 尺寸 | 外径 φ73mm,长度 1.2m | 耐压 | 40MPa |
| 每次加药量 | 50~60mL/次 | 材质 | 不锈钢 |
| 电池寿命 | 300 天以上,可根据实际加药量调节电池数 | | |
| 开启制度 | 地面预设开启间隔时间,可精确到 1min | | |
| 储药管容积 | 0.6m³,20 根储药管 | 最高工作温度 | 90℃ |

另外,还有无须外界动力、利用密度差原理的井下点滴加药装置,其组成包括储药管、高密度药剂和加药器。其原理是抽油泵下安装装置,利用密度差原理,加药器中微孔的数量控制内外物质的交换速率,井底的低密度油向上运动,储药管内的高密度防垢剂向下运动,通过流入流出平衡,实现井下连续加注。

这两项技术在长庆油田已累计应用超过 500 口井。限制推广的主要问题是装置在低产油井工况下的稳定性和有效性评价不足,相对于人工加注,技术的成本较高。

## 二、井下固体防垢工艺

防垢剂还可加工成固体产品使用。固体防垢块是针对油田井筒垢而设计的一种特殊剂型,其外形似家用蜂窝煤。使用时,将其装入连接在抽油泵或筛管下方的防垢筒中,当油井正常生产时,油井产出液首先流经防垢筒,将固体防垢剂中的有效成分缓慢溶解,起到长效防垢作用。

黄红兵等研制出水溶性棒状防垢剂 CT2-14,具有密度可调、软化点适中(大于 65℃),在含水油气井的防垢有效成分缓慢释放、有效周期长及防垢效果好等特点[46]。张丽娜等利用复配的防垢剂,通过环氧树脂类黏合剂、聚酯类黏合剂、油溶性树脂类黏合剂和无机黏合剂等黏结材料制成了长效固体防垢剂,防垢效果较好[47]。胡云鹏研制了一种以炔氧甲基氨类防垢剂为主的水溶性固体防垢剂 JH-4,它能缓慢均匀释放,温度以及介质的流动对于防垢剂的释放影响不是很明显，长期保持有效浓度，溶解初期短时间达到平衡，长期的溶出速率保持相对稳定[48]。沈长斌等以咪唑啉类衍生物作为中心药物，以明胶、明胶与阿拉伯胶聚合体、乙基纤维素、醋酸纤维素作为载体材料，采用不同的方法制备胶囊缓释型咪唑啉防垢剂[49]。周云等针对油田井下油套管腐蚀结垢特点，研制了SIS固体缓蚀防垢剂及探讨了其制作工艺。试验结果表明，这种防垢剂具有较好的耐温性、长效性能[50]。80℃下加入50mg/L的SIS缓蚀防垢剂即可以保证其在腐蚀性盐水中对碳钢缓蚀率在80%以上，5mg/L时防垢率可达85%。吴雁等开展了丙烯酸-烯丙基磺酸钠（AA-SAS）二元共聚水溶性固体防垢剂的合成工艺，评价了$Ca^{2+}$浓度200mg/L水质对$CaCO_3$的防垢效果[51]。

长庆油田曾研制了固体防垢防蜡块，由防垢剂和防蜡剂混合组成。其中，防垢剂WSP-2的有效成分是聚顺丁烯二酸（HPMA）、乙酸乙烯酯（VC）、丙烯酸甲酯（MAC）三元共聚物，各成分的物质的量比依次为4.5:4.7:0.8，平均分子量约2000。防蜡剂的有效成分是低密度聚乙烯（PE）和乙烯-乙酸乙烯酯共聚物（EVA），其中乙酸乙烯酯含量占38%。聚乙烯平均分子量为2000~40000，在45~75℃下可缓慢溶解于原油中并形成网状结构，将存在于原油中的石蜡微晶吸附在分子链上，阻止石蜡晶体聚结长大，起到防蜡作用。

制作时将定量的PE和EVA用轻质油在室温下浸泡溶胀24h，再与定量的WSP-2混合均匀，经注塑成型为中空圆柱体，每块重约0.5kg。

笔者也曾加工试验了类似的防垢筒工具，其中的防垢块主要是由载体类高分子可溶材料[高分子量聚丙烯酰胺（PAM）、聚乙烯醇（PA）或聚乙烯（PE）]与防垢主剂[氨基三亚甲基膦酸盐（ATMP）、乙二胺四亚甲基膦酸钠（EDTEMPS）等]和水等按比例混合后，模具压制成块状圆柱体。

井筒固体防垢常用的是筛管式工作筒。采用$\phi$73.02mm×5.51mm油管旋转打孔，筛孔尺寸$\phi$5mm×8mm。筒中间放入固体防垢块，随油管下入井内（图5-32）。

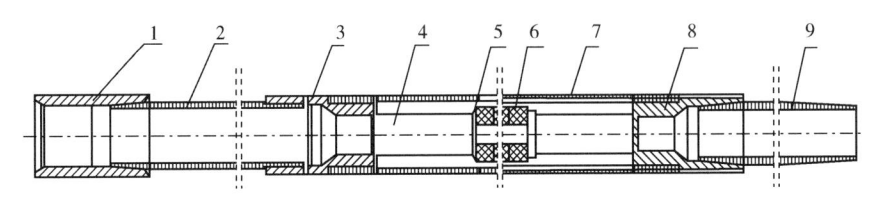

图5-32 筛管型固体防垢器结构示意图
1—油管接箍；2—油管短节1；3—上接头；4—托杆；5—孔板；
6—固体防垢块；7—多孔外管；8—下接头；9—油管短节2

固体结垢块外形除了上述蜂窝状、块状之外，还可以根据使用环境，将固体防垢、防蜡剂做成粒状或其他形状。近些年，随着结垢地层的油水物性和地质条件等变化，固体防垢块的防垢剂类型和整体配方已有很大改进，如可根据需要，将防垢剂与黏土稳定剂、铁离子稳定剂或防蜡剂等成分复配，但其基本原理和成型方式并无太大差别。长庆油田是固体防垢块应用量最大的国内油田，并联合大庆油田等完成了石油行业标准Q/SY 01876—2021《固体阻垢剂性能评价及验收规范》的编制。

前述各加药工艺优缺点对比见表5-22。

表 5-22 加药工艺优缺点对比

| 加药工艺 | 适用井况及优点 | 适用井况及存在问题 |
|---|---|---|
| 油套环空点滴加药 | 适应于套管口常放的油井。优点：<br>(1) 操作简单，适应性广；<br>(2) 药量和浓度可人为调整 | (1) 对于井下有封隔器的井，无法加注；<br>(2) 对套压控制油井无法加药；<br>(3) 冬季药剂易结冰，地面投加困难 |
| 固化药品投加 | 适用于低产、低液量的油井 | (1) 药品溶解温度难控制；<br>(2) 固体药剂在尾管中溶解后，容易堵塞油流通道，导致油井不能正常生产 |
| 固体防垢筒 | 井下有封隔器的井 | 有效期受油井产出液量和固体防垢块成分控制。一般防垢块溶解释放快，有效期很难达 1 年以上 |
| 井下电控加药系统 | 适用于低产、低液量的油井。优点：<br>(1) 降低加药劳动强度；<br>(2) 降低加药管理难度 | (1) 电动机和电池性能的长期稳定性会降低；<br>(2) 储药管总容积为 10~20 根油管，有效期一般 1~2 年 |
| 机械式井下点滴投加 | | 加药装置的药流速度无法实现自控，满足不了现场油井加药周期要求 |

针对长裸眼水平井的油管与裸眼段的环空结垢问题，Bhaduri 等提出在完井阶段提前加入固体防垢剂的方法，即将固体防垢材料与筛管预先包装组合，生产阶段随着产出水的增加，防垢剂实现长效释放。在试验井中加入 1361kg 的固体防垢材料，预计防垢有效期可大于 5 年，可以对 $33×10^4 m^3$ 产出水起到防垢作用。后期生产中防垢剂消耗完后，还可以通过常规挤注作业，使得固体防垢材料中高比表面积的油水不溶型基质再次吸附防垢剂，继续发挥防垢作用[37,52]。

## 三、胶囊类防垢剂及其应用

对于高压区块的部分油田储油层压力下降及储层连通性不好，使挤注防垢处理后的井复产所需时间大大增加。另外，边远、低产油井或无法配套井口加注系统、药剂储罐等的井组，为降低成本、减少井筒防垢管理难度，也可以采用井口环空定期加注胶囊类防垢剂的技术，以实现相对长间隔周期的药剂加注。国外对缓释型防垢剂有系列研究工作和相关专利报道。

### (一) 胶囊防垢剂的机理和特点

该技术的防垢机理是通过防垢剂的加重、固化和胶囊化，大幅降低活性防垢成分的释放速度，使特定时间段内产出液中的防垢剂浓度大于临界防垢有效浓度。胶囊防垢剂由直径为 25~75μm 的颗粒组成，宏观外形为直径 1~3mm 的团聚胶囊。其中，还添加加重剂，使胶囊迅速下沉；渗透聚合物膜封装防垢剂和加重剂，并延长释放周期和减少防垢剂处理量，胶囊、加重剂和多重封装的设计都是为了尽可能延缓防垢剂的释放速率，以控制防垢剂的最低有效释放量，同时减少流体动力学对防垢剂的影响。防垢剂的释放速率受温度、盐水组成、pH 值和水流速度控制[53]。

缓慢释放作用相当于将活性组分与聚合物膜的缓释组分以固溶体的形式"捆绑"成为一个均相整体，当其在环境介质中发生溶解时，活性物质得以释放。通常活性物质在固溶体内部的扩散作用可忽略不计，其释放速率只受到防垢剂表面溶解过程的速率控制。胶囊防垢剂体系的优点为：释放速率缓慢，处理周期长，一般可达 3~6 个月；在高含水井或低压井加注后即可复产，无须排液或诱喷等复产作业，也无挤注防垢剂作业等长时间占井等带来的产量损失；对储层没有潜在伤害影响；耐高温，可在190℃以内正常应用；防垢剂释放之后，绝大部分聚合物膜会溶解，不会污染井底"口袋"；胶囊防垢剂加注简单，处理成本低。

胶囊防垢剂被投入井底"口袋"（井底部小直径井眼）之后，会缓慢释放出防垢剂，并逐渐向上扩散。扩散到生产层位后随生产流体一起运动，对井筒和地面系统起到防护作用。生产层位之下，胶囊堆之上是防垢剂的扩散区。扩散区内，防垢剂的浓度呈梯度分布。越靠近胶囊堆，浓度越高，越靠近生产层位浓度越低。扩散区内流体几乎处于静止状态，靠近生产层位的流体处于流动状态。通过浓差扩散传递原理实现防垢剂的扩散。

沙特阿美公司的Al-Thuwaini等报道了在沙特阿拉伯Ghawar油田自1994年起的胶囊防垢技术试验情况。该技术使用的微囊化防垢剂产品由增重剂、活性防垢剂和渗透性的聚合物膜组成。Nalco公司的缓释防垢剂CAPTRON 75W为黄色液体储存的固体颗粒胶囊，通过胶囊包裹的方法在水中实现缓释效果，有效期一般为2个月左右，胶囊粒径为1~3mm。特点是pH值与$Cl^-$双重控制释放速率，高pH值时释放缓慢，高$Cl^-$含量时释放缓慢。产品可以在高温（190℃）下使用。常见的胶囊产品如图5-33所示。

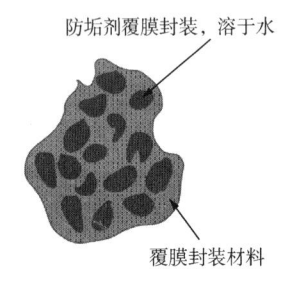

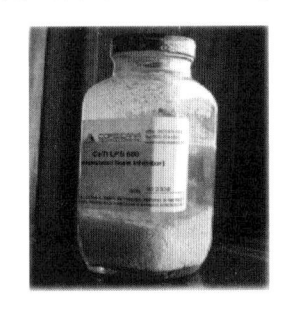

图5-33 胶囊防垢剂的结构示意图及外观

### （二）胶囊防垢剂的加注和现场试验

胶囊防垢技术不需要在井口安装永久的加药系统和储药设备，也不需要复杂的井下作业。其操作步骤可以概括为：

（1）预冲洗井筒：使用约300L含有1%常规防垢剂的水。

（2）环空注入胶囊防垢剂：根据可用的"口袋"体积或防垢剂量的限制，计算有效的体积，注入排量为200~300L/min。

（3）使用含有1%常规防垢剂的1.6m³水冲洗。

（4）关井24h，使胶囊充分沉降。

（5）复产。整个应用过程仅需要运输车辆和一台加注泵。

后期监测与传统的防垢效果监测类似，可以采用阳离子分析、挂片、防垢剂残留分析、产量和泵的运行情况分析等。

**1. 欧洲油田试验情况**

1997年，Bourne等在北阿尔温油田3/4a-15s井开展胶囊防垢剂加注试验。该井前期因$CaCO_3$结垢导致检泵，且储层压力低，难以进行储层挤注防垢措施。1997年7月，该井加注胶囊防垢剂2.862m³。1999年2月，采出液检测防垢剂浓度降至最低有效浓度以下，进行了第二次胶囊防垢剂加注。与水基防垢剂挤注处理相比，采用胶囊防垢剂减少了因结垢停产导致 19 天的产量损失和挤注作业造成的 20 天产量损失（图 5-34）。

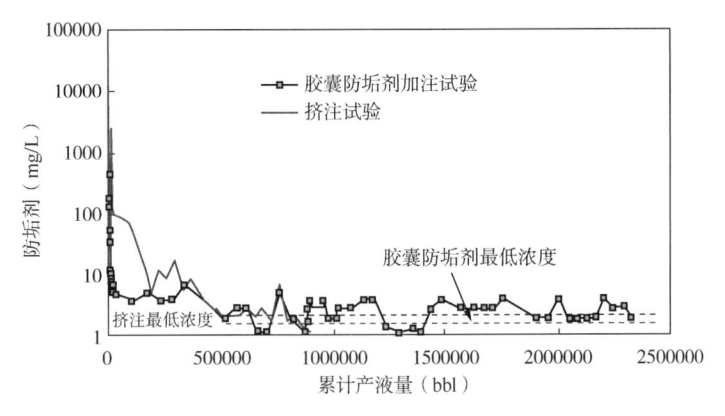

图 5-34　挤注防垢与胶囊防垢防垢剂随产液量浓度变化曲线

BP Amoco 于 1999 年报道在北海地区的 Thistle 油田现场试验了油性流动的 VS-Co 共聚物缓释防垢剂。防垢剂由微小喷雾干燥颗粒包裹油基分散剂组成，呈油性可流动。

2. 阿根廷油田试验情况

Ruiz 等报道了 2009—2013 年在阿根廷开展超过 600 口井的胶囊防垢剂现场试验。其中，某区块因 211 口井存在严重结垢问题，每年需要约 50 次酸化作业，费用大约 1800 万美元（包括产量损失）。2008 年，首先在 4 口井开展胶囊防垢试验。按照设计方案加量为 300L/井，理论上可以实现 6 个月的使用寿命。其中，PCH-801 井 2008 年 11 月因结垢严重而实施修井作业。加注胶囊防垢剂 100 天后，因该井更换大尺寸抽油泵，检泵表明：该井电动潜油泵电动机运行平稳，不存在结垢现象，试验前严重的结垢问题得到了有效抑制。图 5-35 为试验前后检泵照片对比。

图 5-35　胶囊防垢剂作业前后电动潜油泵结垢外观

2009 年 4 月在该油田推广胶囊防垢技术后，平均防垢有效期从 174 天增加到 300 多天（图 5-36）。

3. 沙特阿拉伯油田试验情况

Hsu 等在沙特阿拉伯 Ghawar 油田试验了胶囊防垢剂工艺，认为井底"口袋"容积和设计有效期决定了胶囊防垢剂的加量。根据现场经验，胶囊防垢剂加注单次量不大于 $1.5m^3$。比较了胶囊作业（5400 美元）与 1995 年（17300 美元）和 1999 年（8700 美元）的挤注防垢剂处理的成本，对应产水量为 $238m^3/d$ 的典型油井，胶囊处理的成本比 1999 年的挤注处理还低

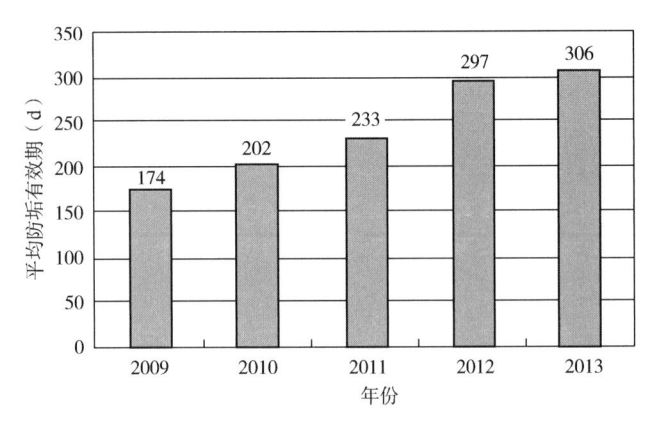

图 5-36 应用胶囊防垢剂处理的平均防垢有效期统计柱状图

38%。典型井试验情况见表 5-23。

表 5-23 Ghawar 油田胶囊防垢剂试验情况

| 项目 | B 井 | C 井 | D 井 |
| --- | --- | --- | --- |
| 措施时间 | 1994 年 12 月 | 1995 年 2 月 | 1997 年 10 月 |
| 完井类型 | 6in 裸眼 | 4.5in 射孔 | 6in 裸眼 |
| 井深(m) | 2190 | 2100 | 2100 |
| 井底"口袋"体积(L) | 2460 | 212 | 730 |
| 胶囊防垢剂加量(L) | 1135 | 208 | 416 |
| 措施前日产油量($m^3$) | 906 | 950 | 755 |
| 措施前日产水量($m^3$) | 210 | 626 | 300 |
| 措施阶段的日产油量($m^3$) | 334 | 278 | 509 |
| 措施阶段的日产水量($m^3$) | 254 | 668 | 218 |
| 试验期累计产水量($10^4 m^3$) | 38 | 9.5 | 16 |
| 末期防垢剂浓度(mg/L) | 1.4 | 0.5 | 2.3 |

4. 国内长庆油田试验情况

2019 年，在姬塬结垢严重区块引进胶囊防垢剂试验 4 口井，具体井况及加注量设计见表 5-24。其中，L59-14 井开发层系 C6，日产油 1.38t，含水率为 33.5%，措施前结垢卡泵进行修井作业，泵上第 1~30 根油管内结垢 2~3mm，垢样分析为 $CaCO_3$，该井井底"口袋"深 36m，加注微胶囊防垢剂 460kg，理论计算胶囊防垢剂使用有效期在 6 个月以上。

表 5-24 4 口试验井生产情况及胶囊防垢剂加量

| 井号 | 产层 | 日产液($m^3$) | 日产油(t) | 含水率(%) | 口袋深度(m) | 防垢剂量(kg) |
| --- | --- | --- | --- | --- | --- | --- |
| L55-6 | C4+5 | 2.83 | 1.49 | 38.2 | 36 | 400 |
| L59-14 | C6 | 2.39 | 1.52 | 25.2 | 18 | 200 |
| L64-101 | C6 | 1.49 | 0.43 | 66.3 | 20 | 200 |
| L74-13 | C4+5、C6 | 1.01 | 0.45 | 47.2 | 22 | 200 |

作业后至 2020 年 5 月 23 日，该井生产运行正常，经过连续 6 个月的采出液离子监测，采出液中磷含量不小于 30mg/L，加入胶囊防垢剂后采出液中 $Ca^{2+}$ 浓度明显升高，证明垢晶析出减少(图 5-37)。

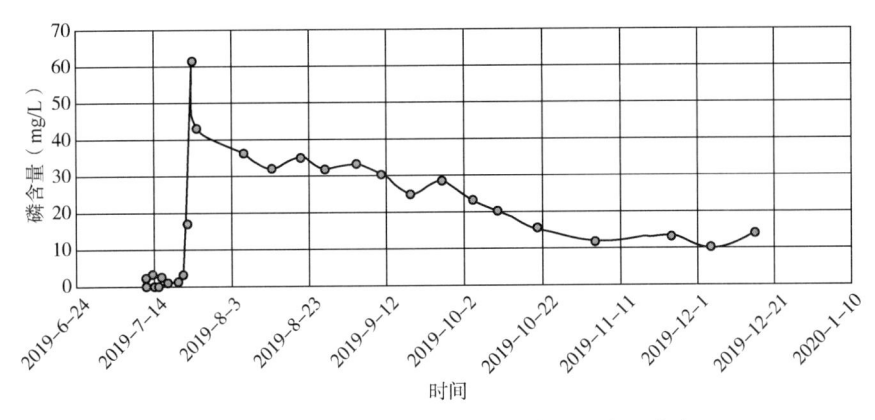

图 5-37　试验井采出液防垢剂残余浓度检测曲线

### (三) 胶囊防垢剂的技术前景

井底胶囊防垢防腐的设计目标是防止电动潜油泵等采油设备因结垢、酸性气体或细菌腐蚀而造成运行异常检泵。胶囊防垢技术的作业成本低，一次加注有效期长，是一种经济可行的处理措施，在低渗透油田很有应用前景。

当然，胶囊防垢技术也存在一些应用限制：在防 $CaCO_3$、$CaSO_4$ 垢方面应用较多，$BaSO_4$ 防垢胶囊的价格相对较高；适用于直井或接近竖直的井，井斜角较大的生产井需要配合连续油管应用；一般不适用于水平井。需要特别注意的是，试验井应有足够的井底"口袋"深度，以容纳足够的胶囊并逐渐释放，以抑制井筒结垢。

根据低渗透油田油井中低产特点和固体防垢的低成本要求，还在研制无外界动力、依靠产出液与可溶材料化学反应原理的分段释放长效工具。预期通过一次下入井下固体防垢工具，实现井筒长期有效防垢。

## 四、微生物防垢的探索

自然界的微生物(长度为 1~2μm)具有显著的生物化学多样性。通过优选天然存在的非致病性微生物，再经过特定的培养，以适用于特定的石油工业应用环境。近些年，随着生物工程等技术的快速发展，在石油上游生产中，人们培养相应的微生物菌种，用于井筒防蜡、防腐和提高采收率，还有用于含油污泥和污水的无害化处理[54]。

近些年，国内外针对微生物防蜡的研究比较多，且见到较好效果。所谓防蜡微生物产品是由发酵手段而制得的含多种好氧及兼性厌氧石油烃降解菌(铜绿假单胞菌、枯草芽孢杆菌、地衣芽孢杆菌等)及其代谢产物，包括生物表面活性剂、生物溶剂及生物酶等。当将这些混合菌剂注入油井后，混合菌将以原油中的蜡质成分($C_{16}$—$C_{63}$)为生长繁殖的唯一碳源，使长链烃转化为短链烃，产生脂肪酸、糖脂、类脂体等多种生物表面活性剂，并因形成菌而改变金属或黏土矿物表面的润湿性，从而阻止蜡结晶的析出、长大和沉积。

微生物防垢则是利用特定微生物新陈代谢产物中的有机酸和某些特殊细胞物质的分解产

物等，抑制晶核生长和聚集。某些新陈代谢产物的生物表面活性剂作用，能够分解碳酸盐，螯合成垢阳离子，分散垢晶，从而达到防垢作用。

Ratliff 等曾报道在美国二叠盆地的某油田开展了水驱过程注入水的微生物处理，评价了微生物对注水系统的结垢控制效果。

### （一）注水区块 1#

区块内 6 口注水井注水约 6800m³/月，井下管柱和注水泵都存在着定期堵塞，垢产物主要是 $CaSO_4$ 和 FeS。水系统的前期防垢措施是向系统水罐中连续注入防垢剂，1995 年 6 月起，开始采用微生物处理注入水。对微生物处理剂加注前后的水样进行过滤比较，显示处理后的水通过 3μm 过滤器的速度显著提高。分析注水量、压力随时间变化时，发现注水量趋于稳定，并且注水压力显著降低。

### （二）注水区块 2#

该区块 26 口注水井的总注水量超过 $1.37×10^4 m^3$/月。该储层由于注水水源与地层水不配伍，之前储层有 $CaSO_4$、FeS，偶尔发现 $BaSO_4$。

常规防垢措施是联合站注入水中连续投加防垢剂。1993 年 9 月开始加注微生物处理剂，经过 9 个月措施，显示注水压力稍微增加，水量显著增加。垢沉积量显著减少。

### （三）注水区块 3#

该区块腐蚀、结垢并存，储层曾结 $CaCO_3$ 和 FeS 垢，且该系统之前出现过管线泄漏。早期的处理是连续注入防垢剂和高碘酸处理剂。在开始注微生物防垢剂后，注水量稳定，并且单位体积水量的注入压力下降，管线泄漏也减少。有可能是微生物生成了生物表面活性剂，改变储层润湿性或降低原油黏度（表 5-25）。

表 5-25 微生物防垢与化学防垢的成本对比

| 区块 | 常规化学防垢 | 微生物防垢 |
| --- | --- | --- |
| 1# | 2884 美元/月；效果不明显 | 1440 美元/月 |
| 2# | 3671 美元/月；效果不明显 | 3700 美元/月；有效 |
| 3# | 1640 美元/月；效果不明显 | 1500 美元/月 |

现场试验中没有发现因微生物防垢剂及其次生成分导致的堵塞地层，降低储层渗透率等情况，研究者认为其原因可能有：(1)水系统中间歇投加微生物防垢剂的浓度是 2000mg/L，绝对量值很小；(2)加注微生物防垢产品中的微生物一般为 $40×10^4$ 个/mL，与当地生活水中的微生物数量相当，不太可能堵塞储层；(3)该防垢产品中的微生物菌种不生成黏液或胶囊产物，也不产生硫酸盐还原菌。

除 Ratliff 等报道微生物防垢技术之外，再未见此方面报道，也没有此试验相关的深层次机理和长期效果跟踪。微生物防垢的可行性还存在一定程度的未知性。

## 参 考 文 献

[1] Al-Riyami Mackay M，Eric James，Deliu G，et al. When will low sulphate seawater no longer be required on the Tiffany field[C]. SPE International Symposium and Exhibition on Formation Damage Control，2008.

[2] Jordan M M，Collins I R，Mackay E J. Low sulfate seawater injection for barium sulfate scale control：A life-of-

field solution to a complex challenge［C］. International Symposium and Exhibition on Formation Damage Control, 2006.
[3] McElhiney J E, Tomson M B, Kan A T. Design of low sulphate seawater injection based upon kinetic limits［C］. SPE International Oilfield Scale Symposium, 2006.
[4] Mackay E, Sorbie K, Kavle V, et al. Impact of in-situ sulfate stripping on scale management in the Gyda Field［C］. SPE International Oilfield Scale Symposium, 2006.
[5] Hardy J A, Barthorpe R T, Plummer M A, et al. Control of scaling in the south brae field［C］. 24th Annual OTC in Houston, 1992.
[6] Gupta D V S, Brown J M, Szymczak S. A 5-year survey of applications and results of placing solid chemical inhibitors in the formation viahydraulic fracturing［C］. SPE Annual Technical Conference and Exhibition, 2010.
[7] Szymczak S, Shen D, Higgins R, et al. Minimizing environmental and economic risks with a proppant-sized solid-scale-Inhibitor additive in the bakken formation［J］. SPE Production & Operations, 2013, 29(1): 14-20.
[8] Shen D, Bhaduri S, Minh Vo, et al. A novel solid inhibitor for anhydrite scale control under extreme well conditions［C］. SPE International Conference on Oilfield Chemistry, 2017.
[9] Fitzgerald A M, Laurence G Cowie. A history of frac-pack scale-inhibitor deployment［C］. SPE International Symposium and Exhibition on Formation Damage Control, 2008.
[10] Wyldy J J, Mahamoundkhani A. Development of a scale inhibitor for Zr-crosslinked seawater systems: A case history of successful testing to failure and field applications［C］. SPE International Oifield Scale Conference and Exhibition, 2016.
[11] Ozuruigbo C Q, Fan C. Influence of friction reducer on scale inhibitor performance and scaling tendency in slickwater fracturing［C］. SPE/CSUR Unconventional Resources Conference – Canada, 2014.
[12] Cenegy L M, Mcafee C A, Kalfayan L J. Field study of the physical and chemical factors affecting downhole scale deposition in the North Dakota Bakken Formation［J］. SPE Production & Operations, 2013, 28(1): 67-76.
[13] Szymczak S S, Brock G, Brown J M, et al. Beyond the Frac: Using the fracture process as the delivery system for production chemical designed to perform for prolonged periods of time［C］. SPE Rocky Mountain Oil & Gas Technology Symposium, 2007.
[14] Aygiz K, Alexander F. Simulation of hydrodynamic conditions of bottom-hole zone of well to test a capsulated corrosion-scale inhibitor (Russian)［C］. Russia SPE Russian Petroleum Technology Conference, 2015.
[15] Gupta D V S, Shen D, Szymczak S J. A chemical inhibitor-infused, high-strength proppant additive for reservoir flow assurance against scale deposition in wells with high intervention costs［C］. SPE European Formation Damage Conference & Exhibition, 2013.
[16] Brown J M, Gupta D V S, Taylor G N, et al. Laboratory and field studies of long-term release rates for a solid scale inhibitor［C］. SPE International Symposium on Oilfield Chemistry, 2011.
[17] Tony W S, Steve S, Gupta D V. Solid paraffin inhibitor pumped in a hydraulic fracture provides long term paraffin inhibition in Permian Basin wells［C］. SPE Annual Technical Conference and Exhibition, 2009.
[18] DeBenedictis F, Bhaduri S. Dispersion-based paraffin inhibitors adsorbed in solid substrates affords long term flow assurance［C］. SPE International Conference and Exhibition on Formation Damage Control, 2018.
[19] Wornstaff V, Hagen S, Ignacz T, et al. Solid paraffin inhibitors pumped in hydraulic fracturing increase oil recovery in viking wells［C］. SPE International Symposium and Exhibition on Formation Damage Control, 2014.
[20] Mukhopadhyay Sumitra. Delivering long-lasting treatment for adverse downhole conditions using an innovative

technology: A brand new solution for an old problem[C]. SPE Production and Operations Symposium, 2015.
[21] Fears S, Bolton S, Chollar N. Mitigation of downhole scale deposition leads to production enhancement for a south texas eagle ford shale operator[C]. SPE Production and Operations Symposium, 2015.
[22] Selle O M, Springer M, Auflem I H, et al. Gelled scale inhibitor treatment for improved placement in long horizontal wells at norne and heidrun fields[J]. SPE Production & Operations, 2009, 24(3): 425-438.
[23] Jordan M M, Hiscox I, Dalton J F, et al. The design and deployment of enhanced scale dissolver/squeeze treatment in subsea horizontal production wells, North Sea basin[C]. International Symposium and Exhibition on Formation Damage Control, 2002.
[24] Mackay E J, Jordan M M. SQUEEZE modelling: Treatment design and case histories[C]. SPE European Formation Damage Conference, 2003.
[25] Tomson M B, Kan A T, Fu G. Control of inhibitor squeeze through mechanistic understanding of inhibitor chemistry[J]. SPE Journal, 2006, 11(3): 283-293.
[26] Jordan M M, Graff C J, Cooper K N. Deployment of a scale squeeze enhancer and oil-soluble scale inhibitor to avoid oil production losses in low water-cut well[J]. SPE Production & Facilities, 2001, 16(4): 267-276.
[27] Chen P, Juliussen B, Vikane O, et al. Development of non-aqueous/low density scale inhibitor package for down-hole squeeze treatments[C]. SPE International Conference on Oilfield Scale, 2010.
[28] Collins I R, Jordan M M, Taylor S E. The development and application of a novel scale inhibitor for deployment in low water cut, water sensitive or low pressure reservoirs[C]. International Symposium on Oilfield Scale, 2000.
[29] Collins I R. The development of emulsion-based production chemical deployment systems[C]. SPE International Symposium on Oilfield Chemistry, 2001.
[30] Bourne H M, Heath S M, McKay S, et al. Effective treatment of subsea wells with a solid scale inhibitor system [C]. Second International Symposium on Oilfield Scale, 2000.
[31] Lucilla D G, Rossella B, Thomas P L. Nanoemulsions: A new vehicle for chemical additive delivery[C]. International Symposium on Oilfield Chemistry, 2007.
[32] Graham G M. Selection and application of a non-damaging scale inhibitor package for pre-emptive squeeze in mungo production wells[C]. SPE Oilfield Scale Symposium, 2000.
[33] Miles A F, Vikane O, Healey D S, et al. Field experiences using "Oil Soluble" non-aqueous scale inhibitor delivery system[C]. SPE International Symposium on Oilfield Scale, 2005.
[34] Kan A T, Fu G, Al-Thubaiti M, et al. A new approach to inhibitor squeeze design[C]. SPE International Sympossium on Oilfield Chemsitry, 2003.
[35] Zhang P, Kan A T, Fan C, et al. Silica-templated synthesis of novel zinc-DTPMP nanomaterials: Their transport in carbonate and sandstone media during scale inhibition[J]. SPE Journal, 2011, 16(3): 662-671.
[36] Selle O M, Springer M, Auflem I H, et al. Gelled scale inhibitor treatment for improved placement in long horizontal wells at Norne and Heidrun fields[C]. SPE International Symposium and Exhibition on Formation Damage Control, 2008.
[37] Weirich J B, Monroe T D, Beall B B, et al. Field application of chemically treated substrate in pre-packed well screen[C]. SPE Middle East Oil and Gas Show and Conference, 2011.
[38] Hustad B M, Svela O G, Olsen J H, et al. Downhole chemical injection lines-why do they fail? Experiences, challenges and application of new test methods[C]. International Conference on Oilfield Scale, 2012.
[39] Wylde J J, Williams G D, Carceil F M, et al. A new type of super-adsorption, high-desorption scale squeeze chemistry doubling treatment life on miller wells[C]. SPE International Symposium on Oilfield Scale, 2016.
[40] 田殿龙, 杨仓海, 樊晨. 丛式油井多井井口远程自控加药装置[J]. 油气田地面工程, 2013, 32(12):

155-156.

[41] 王明瑜,何建军,蒋天昊,等.数字化多井口加药装置的研究与应用[J].石油化工应用,2012(1):85-87.

[42] 黄玉志,杨朝锋,梁玉茹,等.井口加药计量装置的设计与应用[J].化工自动化及仪表,2014,41(3):323-325.

[43] 任福生,刘艳平.油井套管连续自动化加药装置的研制应用[J].中国设备工程,2003(1):25-26.

[44] 王强,王秋,郑大铳.连续加药装置在二连油田的应用[J].内蒙古石油化工,2000(2):225-226.

[45] 胡山峰,刘呆章.点滴加药装置简介[J].油气田地面工程,2004(7):63-63.

[46] 黄红兵,刘友家,艾天敬.水溶性棒状缓蚀剂CT2-14的研究及应用[J].石油与天然气化工,2000,29(4):191-194.

[47] 张丽娜,智卫东.新型固体长效缓蚀剂的研究与应用[J].精细石油化工进展,2004,5(6):5-7.

[48] 胡云鹏.固体缓蚀剂的研制与应用[C]//第十二届全国缓蚀剂学术讨论会论文集,2001:301-305.

[49] 沈长斌,薛钰芝,陶晓杰,等.胶囊技术制备缓释型咪唑啉类缓蚀剂[J].大连铁道大学学报,2004,25(1):89-92.

[50] 周云,付朝阳,郑家燊.耐高温固体缓蚀防垢剂的研制[J].材料保护,2004,37(6):14-16.

[51] 吴雁,杨旭.水溶性固体阻垢剂的合成及阻垢性能研究[J].西南石油学院学报(自然科学版),2004,26(2):54-56.

[52] Vazquez O, Mackay E J, Shuaili K H Al, et al. Modelling a surfactant preflush with non-aqueous and aqueous scale inhibitor squeeze treatments[C]. Europec/EAGE Conference and Exhibition, 2008.

[53] Hsu J F, Al-Zain A K, Raju K U, et al. Encapsulated scale inhibitor treatments experience in the Ghawar field, Saudi Arabia[C]. SPE International Symposium on Oilfield Scale, 2000.

[54] Ratliff T, Hoskins B C, Schneider D R. Improved water flood operation in the Permian basin through microbial culture treatment[C]. Permian Basin Oil&Gas Recovery Conference, 1996.

# 第六章　国内油田防垢技术实践及认识

在油田生产中，石油需要经过在地层岩石孔隙内渗流，通过油井射孔眼和井筒被举升到地面，再经过地面集输系统分离出产出水三大环节。

随着油田开发进入中后期，这三大环节都可产生结垢或其他类型的储层、油水井伤害。油藏地层结垢可以发生在采油井附近的岩石孔隙中，也可以发生在注水井附近或注水井到采油井之间任何部位的岩石孔隙中。当结垢发生在采油井附近时，会造成采油井眼附近地层伤害，其典型症状是油井供液不足，日产液量和动液面持续下降。这时往往同时伴随采油井筒结垢，在修井作业时很容易在生产管柱上直接看到盐垢附着。在注水井附近或注水井到采油井之间发生伤害的典型症状是注水压力持续升高和日注水量持续下降。这时往往同时出现油层压力降低和油井供液不足。

国内油气田的生产能力主要集中在陆上油田。国内陆上油田与国外油田相比还是有很多不同，如东部油田普遍进入高含水阶段，为提高采收率而采取的三次采油技术带来的结垢问题，以及西部油田低渗透、特低渗透油藏开发中的油田结垢，都有具体的特殊性、复杂性。

国内油田在坚持化学防垢为主的前提下，还往往结合储层特点、开发要求和实际注采工艺情况等，通过改变或控制某些工艺条件，减少结垢机会或清除已形成的垢。具体工艺措施有：

（1）采用分层采油、分层处理、分层回注的采油工艺，以避免不配伍产出液的混合结垢。

（2）进行水处理，确保注入水质，具体方法包括：采用净水网或过滤设备，除去水中机械杂质和有机物；加杀菌剂，控制腐蚀性细菌滋生；用气提法或真空法除去溶液中的二氧化碳或氧等，防止结垢、腐蚀；采用离子交换膜、交换树脂或纳滤膜等置换或物理脱除方法，降低水中的成垢离子含量；通过不相容的水提前混合或加入石灰乳等化学反应沉淀，除去影响关键管路、设备的成垢离子。

（3）采用密闭注水流程，隔绝水和大气的接触，防止有氧微生物的繁殖和管道的腐蚀。

（4）使产出液转变为反相型，避免难溶盐的析出和沉淀。

（5）采用油井的隔水采油、化学堵漏或局部补贴等工艺，避免上部层系的不配伍水进入油井，造成井筒内和储层结垢。

（6）增加系统压力，提高流体流速或采用人为措施使流体呈紊流状态，阻碍污垢沉积。

（7）在设计输油管线时，尽量减少弯管，采用管壁涂镀层，使管内壁光滑、润湿角增大，减少附着性结垢。

本章结合相关文献资料，主要回顾长庆、大庆油田等国内主要油田的结垢防治方法和应用实例。

# 第一节　国内主力油田防垢技术

## 一、长庆油田结垢防治技术与实践

长庆油区已经开发的油藏有侏罗系延安组和三叠系延长组，均为砂岩油藏。按照油藏地质特征，已开发油田可分为中低渗透油藏、低渗透油藏、特低渗透油藏、超低渗透油藏等。以开发时间为顺序，简述长庆油区的陇东油田、安塞油田、西峰油田和姬塬油田的结垢和防治技术[1-7]试验情况。

### （一）陇东油田结垢情况

20世纪70年代初，陇东油田马岭地区的城壕、樊家川等区块侏罗系油藏投入开发。油藏埋深为1200~1300m，厚度为20~40m，油藏温度为50℃。对应的储层物性相对较好，孔隙度为16.1%~17.8%，渗透率为71.8~210mD。岩石矿物中石英含量为32%~39%，胶结物以黏土为主，黏土中自生高岭土占90%~95%，自生伊利石占5%~10%。孔隙结构属于较均匀—不均匀喉型，孔喉半径为0.5~1μm。

开发初期就发现了部分油井和站点的结垢问题。Q1井检泵两周后，油管即被盐垢堵死，接着QC1井也因严重结垢报废。投产10年后，又在地面集输系统发现结垢，其中马岭中二转油站投产仅两周，换热器管线就因严重结垢报废；马岭中区集中处理站加热炉投产仅半年，就因炉管结垢导致过热而烧穿；马岭北区原油沉降罐内垢层厚达120mm。

20世纪90年代后，陇东地区已有23.9%的油水井和35.5%的地面集输系统结垢。经过不断治理，2000年后，陇东地区仍有21.3%的油水井结垢，而地面集输站结垢比例上升到70.2%。

以该地区最典型的H152区为例，分析不同含水期的结垢变化。该区开发层位主要为侏罗系Y3，孔隙结构为中孔、细孔细喉型，平均孔喉半径为0.33μm，平均孔隙度为14.9%，平均渗透率为3.16mD。注入水和地层水资料见表6-1。

表6-1　H152区水分析资料

| 井号 | 浓度(mg/L) Na$^+$+K$^+$ | Ca$^{2+}$ | Mg$^{2+}$ | Ba$^{2+}$ | Cl$^-$ | SO$_4^{2-}$ | HCO$_3^-$ | 矿化度(mg/L) | 水型 |
|---|---|---|---|---|---|---|---|---|---|
| 注入水 | 1108 | 204 | 114 | 0 | 719 | 2199 | 104 | 4448 | Na$_2$SO$_4$ |
| H78-7 | 28073 | 2705 | 626 | 0 | 49651 | 209 | 31 | 81295 | CaCl$_2$ |
| P26-1 | 36482 | 5828 | 1008 | 2002 | 70401 | 0 | 200 | 225921 | CaCl$_2$ |
| P37-7 | 25635 | 4570 | 902 | 2273 | 66690 | 0 | 211 | 110281 | CaCl$_2$ |
| P37-6 | 35029 | 4642 | 952 | 2024 | 65858 | 0 | 286 | 108791 | CaCl$_2$ |
| P7-4 | 32736 | 6151 | 1045 | 1439 | 65051 | 0 | 134 | 106556 | CaCl$_2$ |
| P37-6 | 34296 | 5925 | 861 | 2001 | 66645 | 0 | 107 | 109835 | CaCl$_2$ |
| P41-4 | 32695 | 4407 | 701 | 1647 | 60974 | 0 | 188 | 100612 | CaCl$_2$ |
| P33-4 | 20564 | 2625 | 522 | 560 | 38109 | 0 | 77 | 62457 | CaCl$_2$ |

20世纪90年代初期，H152区投入注水开发。1997年结垢调查时，只发现有5口油井和4座转油站结垢；1998年结垢油井已升至11口；2001年又升至49口，14座地面集输站中有11座发现结垢。油井结垢以$CaCO_3$为主，集输系统多为$CaCO_3$和$BaSO_4$的混合垢，垢分析资料见表6-2。

表6-2  H152区结垢成分分析　　　　单位：%（质量分数）

| 取样部位 | $CaCO_3$ | $CaSO_4$ | $Fe_2O_3$ | $SiO_2+BaSO_4$ | 有机物 |
|---|---|---|---|---|---|
| H2转油站外输管线 | 46.76 | 11.66 | 4.82 | 22.58 | 5 |
| H4转油站收球包 | 25.34 | 4.08 | 2.42 | 58.6 | 2.84 |
| P39-11井油管外 | 4.21 | 0.69 | 1.36 | 3.65 | 89 |
| P30-8井油管内 | 45 | 39.65 | 2.64 | 10.1 | — |

2013年以来，H152区综合含水率上升到80%以上，见注入水及开发期延长等因素，导致井筒、地面系统腐蚀明显加剧，腐蚀为主，并与结垢共存的问题相对更为突出。

（二）安塞油田结垢情况

安塞油田20世纪90年代初投入开发，开采层位为三叠系C6、C2、C3。主力油藏C6埋深为965~1500m，厚度为12~21.4m，温度为45~51℃。油层孔隙结构以小孔细喉为主，平均喉道半径为0.43μm。有效孔隙度为11.00%~13.25%，平均渗透率为0.96~2.90mD。

安塞油田地层水属封闭的原生水，矿化度随地层深度的增加而升高，最高达89850mg/L。典型注入清水和地层水分析见表6-3。

表6-3  安塞油田水分析

| 层位 | pH值 | 浓度（mg/L） | | | | | | | | 矿化度（mg/L） | 水型 |
|---|---|---|---|---|---|---|---|---|---|---|---|
| | | $K^++Na^+$ | $Ca^{2+}$ | $Mg^{2+}$ | $Ba^{2+}$ | $CO_3^{2-}$ | $HCO_3^-$ | $Cl^-$ | $SO_4^{2-}$ | | |
| LH | 6.50 | 80 | 50 | 30 | 0 | 0 | 320 | 50 | 75 | 605 | $Na_2SO_4$ |
| Y7 | 8.50 | 3200 | 100 | 35 | 0 | 370 | 3300 | 800 | 2700 | 10500 | $NaHCO_3$ |
| Y9 | 8.90 | 2700 | 25 | 40 | 0 | 520 | 4100 | 1000 | 280 | 8500 | $NaHCO_3$ |
| Y10 | 8.20 | 4500 | 50 | 90 | 0 | 10 | 220 | 2600 | 6700 | 14500 | $Na_2SO_4$ |
| C2 | 8.40 | 10000 | 2600 | 200 | 0~100 | 20 | 420 | 19000 | 0~7000 | 32000 | $CaCl_2$ |
| C3 | 7.50 | 11500 | 1200 | 220 | 0~100 | 0 | 300 | 20000 | 0~1000 | 34000 | $CaCl_2$ |
| C4+5 | 6.50 | 15000 | 6000 | 200 | 0~200 | 0 | 100 | 49000 | 0~800 | 75000 | $CaCl_2$ |
| C6 | 6.80 | 13000 | 21000 | 80 | 650 | 0 | 80 | 57000 | 0 | 90000 | $CaCl_2$ |

注：表中各离子浓度是各区块平均浓度。

在油井井筒结垢方面，1997年后发现的结垢油井只占1.6%。2000年后，此类井已占油井总数的5.5%，其中因多油层合采、层间水不配伍而结垢的有14口；因套管破损，地层水与套破段地层水不配伍而结垢的有47口；因井底压力、温度变化而结垢的有66口。2010年后，安塞油田部分区块逐步进入中高含水期（2019年综合含水率达70%），随着注入水的比例升高，老区油井产出水矿化度降至48000mg/L左右。

分析原因是在注水开发初期，因原始地层条件下的介质平衡被打破，在采油井底或射孔段易析出碳酸盐垢；产出水与注入水不配伍，地面系统易形成硫酸盐垢见表6-4。在注水开发中后期，结垢类型没有明显变化。

表6-4 安塞油田结垢成分分析　　　　　　　　单位：%（质量分数）

| 取样部位 | $CaCO_3$ | $CaSO_4$ | $Fe_2O_3$ | $SiO_2+BaSO_4$ | 有机物 |
|---|---|---|---|---|---|
| W23-10井泵筒内 | 81.05 | 4.19 | 2.52 | 1.66 | 9.96 |
| W23-10井泵筒外 | 70.31 | 3.08 | 3.36 | 11.82 | 11.14 |
| W24-10井筛管外 | 90.23 | 2.56 | 0 | 0.88 | 3.92 |
| W17-5井尾管 | 90.28 | 0.94 | 0.31 | 3.96 | 1.78 |
| W17-4井筛管外 | 94.28 | 1.74 | 0.11 | 2.58 | 0.72 |
| W23-6井尾管外 | 87.37 | 10.5 | 0.18 | 1.14 | 5.6 |
| W31-16井油管内 | 77.59 | 2.1 | 2 | 4.48 | 6.24 |
| W1转油站收球筒 | 2.32 | 72.32 | 0.2 | 2 | 20.02 |
| W10转油站输油泵 | 2.77 | 73.37 | 0.56 | 5.68 | 19.24 |
| W10转油站换热器 | 0 | 63.45 | 2.4 | 10.9 | 22.74 |
| X1转油站输油泵 | 1.82 | 75.47 | 1.56 | 3 | 20.2 |
| S63井组管线 | 8.25 | 69.7 | 0.32 | 4.42 | 16.2 |
| W2转油站换热器 | 11.02 | 4.31 | 4.32 | 75.66 | 2.6 |
| W5转油站换热器 | 36.28 | 8.3 | 2.03 | 36.46 | 10.68 |
| W6转油站换热器 | 54.55 | 5.48 | 1.79 | 23.96 | 1.82 |

### （三）姬塬油田结垢情况

姬塬油田于2005年投入开发，主力油藏有三叠系C2、C4+5。其中，C2油层平均渗透率为6.43mD，而C4+5油层平均渗透率只有0.69mD。埋深普遍大于2000m，地层水主要为$CaCl_2$型，矿化度最高达119g/L，普遍含有高浓度$Ba^{2+}$。

该区注入水为华池—洛河组水，$Na_2SO_4$型。20口水源井水化学分析资料表明，该区域西部、西北部和北部的洛河水矿化度较高，为4.4~5.32g/L，其中$SO_4^{2-}$平均含量为2400mg/L；油田南部矿化度略低，为2.3~3.2g/L，其中$SO_4^{2-}$平均含量为1200mg/L。当注入水进入地层后，也会与地层水中的$Ca^{2+}$、$Ba^{2+}$形成酸碱难溶的硫酸盐垢。

根据国内外油田资料（详见本书第三章第一节），姬塬油田产出地层水中的$Ba^{2+}/Sr^{2+}$含量处于最高范围值，而且该区注入水的$SO_4^{2-}$含量高，注采开发过程中的$BaSO_4/SrSO_4$垢防治难度非常大。

调查表明，当油井含水率大于25%时，油井井筒普遍结垢，垢型以$CaCO_3$和$CaSO_4$为主。表6-5为姬塬油田原始地层水分析资料。可以看出投产初期就已存在难溶性硫酸盐对油层的伤害，原始地层水中有$Ba^{2+}$存在，就没有$SO_4^{2-}$存在，两种离子在地层内已充分反应沉淀。

表 6-5　姬塬油田原始地层水分析资料　　　　　单位：mg/L

| 井号 | Na⁺+K⁺ | Ca²⁺ | Mg²⁺ | Ba²⁺ | Cl⁻ | SO₄²⁻ | HCO₃⁻ | 矿化度 | 水型 |
|---|---|---|---|---|---|---|---|---|---|
| Y12-4 | 34482 | 7363 | 1392 | 589 | 70404 | 0 | 228 | 114458 | CaCl₂ |
| G19 | 31916 | 7920 | 1119 | 1074 | 66866 | 0 | 267 | 109162 | CaCl₂ |
| Y58-30 | 33382 | 10020 | 1315 | 802 | 73254 | 0 | 300 | 119073 | CaCl₂ |
| Y56-33 | 33367 | 11325 | 1196 | 1061 | 75347 | 0 | 261 | 122557 | CaCl₂ |
| G32 | 25732 | 5596 | 663 | 579 | 51606 | 0 | 323 | 84499 | CaCl₂ |
| G32-11 | 25702 | 5431 | 825 | 1403 | 52245 | 0 | 188 | 85794 | CaCl₂ |
| G33-12 | 24939 | 4727 | 720 | 1273 | 49477 | 0 | 142 | 81274 | CaCl₂ |
| G44 | 25796 | 5406 | 844 | 1571 | 52328 | 0 | 460 | 86400 | CaCl₂ |
| G60 | 33775 | 8422 | 1335 | 2436 | 71966 | 0 | 246 | 118180 | CaCl₂ |
| B43-45 | 10543 | 1881 | 264 | 0 | 20050 | 260 | 181 | 33179 | CaCl₂ |
| B40-42 | 9062 | 1202 | 122 | 0 | 16205 | 107 | 317 | 27015 | CaCl₂ |
| B42-46 | 8616 | 990 | 153 | 0 | 15051 | 356 | 285 | 25451 | CaCl₂ |
| B41-46 | 8218 | 1039 | 120 | 0 | 14445 | 323 | 298 | 24456 | CaCl₂ |
| Y103 | 6177 | 1495 | 786 | 0 | 12888 | 1837 | 369 | 23552 | CaCl₂ |
| B39-45 | 4188 | 438 | 72 | 0 | 6764 | 701 | 272 | 12435 | CaCl₂ |
| B45-46 | 2967 | 1198 | 180 | 0 | 6747 | 527 | 142 | 11761 | CaCl₂ |
| B45-41 | 3910 | 301 | 10 | 0 | 5780 | 653 | 330 | 10984 | Na₂SO₄ |

图 6-1　J4 增压橇（结垢周期 3 个月）

随着姬塬油田开发的深入，综合含水率为 40%~60%，地层水矿化度较其他油田高出数倍，最高达 124g/L，井筒、地面注采系统主要为 CaCl₂ 水型，钡、锶成垢离子分布差异大，含量大于 2000mg/L；洛河层注入水为 Na₂SO₄ 水型，SO₄²⁻ 含量为 2000~3000mg/L，二者严重不配伍，导致地层、井筒、地面集输系统结垢日趋严重。2019 年，姬塬油田结垢油井 1805 口，结垢部位主要集中在尾管、花管和泵上至 800m 油管、杆上，结垢井数明显高于其他油田。例如，姬塬油田采油 * 厂，地面系统结垢站点 112 座（表 6-6），结垢站点占投运站点的 40%，平均结垢周期 10 个月，部分区块站点仅 2~3 个月就结垢堵死（图 6-1）；结垢管线 146 条，占管线总数的 8%，结垢周期 2~8 个月。

表 6-6　采油 * 厂结垢情况统计

| 项目 | 全厂 | H3 区块 |
|---|---|---|
| 结垢站点（座） | 112 | 29 |
| 平均结垢周期（d） | 300 | 105 |
| 结垢生产成本（万元） | 1040 | 268 |

(四) 长庆油田结垢防治的典型实践

自20世纪90年代初，国内早期投入开发的油田多数已进入中高含水期，油田结垢日益加剧。尤其对于地层结垢，地层酸化处理效果逐渐变差。长庆油田在参考国外挤注防垢经验的基础上，从1991年开始，先后在陇东和宁夏、陕北地区的油井，开展了低渗透油藏特点的地层结垢防治现场试验。

1. 陇东油田的清防垢解堵试验

1991—2004年初，主要使用螯合型除垢剂、EDTMPS有机膦酸盐防垢剂等化学剂，在陇东地区侏罗系油藏共完成23口油井的清防垢解堵试验，有21口井见到效果，共增产原油22180t，平均单井增油964.3t，平均有效期为14.3个月（表6-7）。

表6-7 陇东地区侏罗系油井早期清防垢措施效果

| 井号 | 日产液(m³) | 日产油(t) | 含水率(%) | 增油(t) | 有效期(mon) | 日增油(t) |
|---|---|---|---|---|---|---|
| N31-17 | 0/28.1 | 0/5.52 | —/76.9 | 2995 | 27 | 3.7 |
| N29-25 | 5.75/12.1 | 1.26/2.19 | 74.2/78.7 | 146 | 9 | 0.54 |
| N29-22 | 8.65/19.6 | 5.18/11.3 | 29.5/32.2 | 2345 | 18 | 4.34 |
| N9-12 | 6.09/18.3 | 0.98/3.22 | 81.1/79.3 | 384 | 11 | 1.16 |
| N6-16 | 6.67/26.3 | 4.67/17.5 | 17.6/21.7 | 2533 | 20 | 4.22 |
| N10-14 | 5.47/15.1 | 2.63/7.34 | 43.4/42.8 | 829 | 15 | 1.84 |
| N31-23 | 2.20/9.26 | 0/0 | 100/100 | 0 | 无效 | 0 |
| N31-182 | 7.56/22.7 | 2.32/3.40 | 63.9/82.6 | 69 | 25 | 0.09 |
| Z240 | 4.35/49.3 | 2.57/13.1 | 30.5/68.7 | 3278 | 19 | 5.75 |
| Z239 | 1.22/28.8 | 0.49/2.72 | 52.7/88.9 | 1706 | 16 | 3.55 |
| Z249 | 4.66/30.2 | 1.18/6.69 | 70.2/73.9 | 979 | 24 | 1.36 |
| Z216 | 3.00/10.0 | 1.09/2.43 | 57.2/71.4 | 120 | 11 | 0.36 |
| Z15-1 | 0/16.3 | 0/2.50 | —/81.9 | 456 | 18 | 0.84 |
| Z229-1 | 15.52/20.1 | 2.68/3.74 | 79.7/78.8 | 298 | 15 | 0.66 |
| Z5-28 | 14.1/16.6 | 3.52/5.00 | 70.0/64.5 | 220 | 5 | 1.47 |
| L214-2 | 5.11/10.9 | 1.76/2.42 | 59.5/73.9 | 531 | 17 | 1.04 |
| XW33 | 5.20/17.8 | 4.13/8.02 | 18.8/47.0 | 1708 | 19 | 3 |
| D62-1 | 9.18/14.6 | 3.01/5.00 | 61.4/59.7 | 221 | 11 | 0.67 |
| D98 | 12.3/33.0 | 2.02/11.6 | 80.7/58.6 | 1930 | 15 | 4.29 |
| Da24 | 3.33/9.77 | 1.37/5.17 | 51.6/37.7 | 901 | 10 | 3 |
| Da10 | 1.08/0.97 | 0.84/0.80 | 8.5/3.0 | 0 | 无效 | 0 |
| B71 | 1.35/4.38 | 0.36/1.15 | 68.6/69.1 | 170 | 10 | 0.57 |
| B207 | 8.13/10.9 | 1.64/3.56 | 76.3/61.6 | 361 | 13 | 0.92 |
| 合计/平均 | 131/388 | 43.7/124 | 56.9/63.1 | 22180 | 14.3 | 2.25 |

其中，Z240 井和 N29-22 井因地层结垢堵塞，每年都要进行多次酸化或检泵作业。图 6-2 和图 6-3 为这两口井的采油曲线。前期对两口井所实施的酸化作业虽有一定增产效果，但油井产量逐次更大幅度递减。判断问题是：(1)油层内部孔隙的严重结垢堵塞是影响产量降低的主因；(2)多次酸化作业对地层带来伤害。而在 1992 年实施了络合剂处理后，两口井产量保持了较长时间的稳定，检泵周期也明显延长。

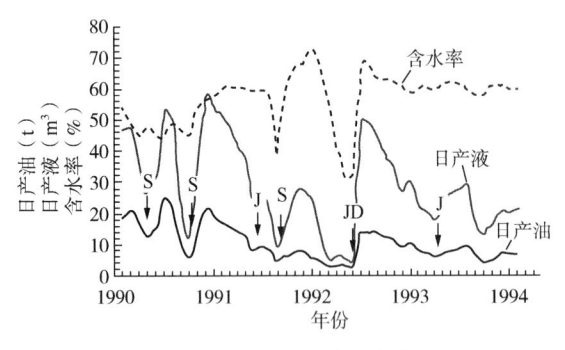

图 6-2　Z240 井采油曲线
S—酸化；J—检泵；JD—化学解垢

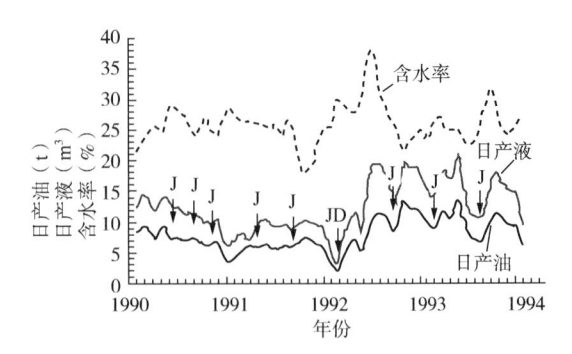

图 6-3　N29-22 井采油曲线
J—检泵；JD—化学解垢

Z239 井：从 1990 年开始日产液量和日产油量逐月递减。1992 年 7 月以前曾进行过多次酸化和检泵作业，作业时经常可以在采油管柱上观察到垢沉积。1992 年 7 月挤入螯合型除垢剂 10m³ 和 EDTMPS 防垢剂 50m³，施工后该井产液量由 5m³/d 升到 27m³/d，产油量由 0.5t/d 升到 4.8t/d，动液面由 1300m 升到 780m，检泵周期也明显延长。

华池油田的 P36-2 井：生产层位为三叠系延长组。地层水中的 $Ba^{2+}$ 达 1000mg/L，而注入水为 $Na_2SO_4$ 型，二者严重不配伍。2000 年 9 月注水见效后，产液量由 3m³/d 升到 6m³/d，产油量由 1.4t/d 升到 2t/d。但自 2001 年 6 月开始，因严重结垢使产液量和产油量分别下降到 0.6m³/d 和 0.2t/d，动液面由 1107m 降到 1263m。修井时在油管柱上发现 2~3mm 厚的 $CaCO_3$ 和 $BaSO_4$ 混合垢。先用盐酸对井底和射孔段进行快速解堵，再充分洗井至返排液为中性，最后挤入除垢工作液、防垢工作液。施工后产液量上升到 7.8m³/d，含水率持续下降，有效期 19 个月。

2. 安塞油田的清防垢解堵试验

安塞结垢油井试验挤注法清防垢的解堵效果也较明显。单井的平均累计增油量和日增油量分别达到 321t 和 0.97t，平均措施有效期 11 个月(表 6-8)。

表 6-8　安塞油田油井早期结垢防治效果统计

| 井号 | 措施前生产动态 ||| 措施后生产动态 ||| 有效期(d) | 累计增油(t) | 日增油(t) |
|---|---|---|---|---|---|---|---|---|---|
| | 产液(m³/d) | 产油(t/d) | 含水率(%) | 产液(m³/d) | 产油(t/d) | 含水率(%) | | | |
| W23-11 | 7.8 | 5.89 | 11.2 | 11.1 | 8.38 | 11.4 | 30 | 76 | 2.53 |
| W21-14 | 4.25 | 3.13 | 13.4 | 7.5 | 5.48 | 14 | 240 | 168 | 0.7 |
| W17-5 | 3.93 | 3.21 | 3.9 | 7.82 | 6.22 | 6.4 | 420 | 324 | 0.77 |
| W17-4 | 5.37 | 4.51 | 1.2 | 10.2 | 8.39 | 9.2 | 300 | 244 | 0.81 |

续表

| 井号 | 措施前生产动态 ||| 措施后生产动态 ||| 有效期 (d) | 累计增油 (t) | 日增油 (t) |
|---|---|---|---|---|---|---|---|---|---|
| | 产液 (m³/d) | 产油 (t/d) | 含水率 (%) | 产液 (m³/d) | 产油 (t/d) | 含水率 (%) | | | |
| W23-10 | 0.9 | 0.7 | 8.5 | 7.7 | 5.1 | 22.1 | 630 | 1158 | 1.84 |
| W24-10 | 3.7 | 3 | 4.6 | 9.9 | 7.2 | 14.4 | 750 | 858 | 1.14 |
| W52 | 1.1 | 0.2 | 78.6 | 20.9 | 3.1 | 82.5 | 600 | 510 | 0.85 |
| W5-25 | 0.6 | 0.5 | 2 | 3.5 | 2.9 | 2.5 | 390 | 397 | 1.02 |
| W17-4 | 4.7 | 3.4 | 14.9 | 6.84 | 5.05 | 13.1 | 120 | 158 | 1.32 |
| W20-9 | 1.87 | 1.45 | 8.8 | 7.29 | 5.78 | 6.7 | 300 | 442 | 1.47 |
| W20-7 | 3.84 | 0.97 | 69 | 5.69 | 1.6 | 66.4 | 630 | 141 | 0.22 |
| W11-281 | 1.64 | 0.68 | 50.2 | 4.08 | 1.72 | 50 | 390 | 695 | 1.78 |
| W11-17 | 1.77 | 0.73 | 50.9 | 2.39 | 1.68 | 66.2 | 420 | 125 | 0.3 |
| W21-6 | 2.35 | 0.75 | 62 | 7.68 | 2.06 | 68 | 90 | 102 | 1.33 |
| W32-13 | 7.86 | 4.29 | 36.4 | 4.29 | 1.73 | 52 | 0 | 0 | 0 |
| H19-17 | 1.8 | 1.4 | 5.6 | 5.4 | 1.83 | 59.9 | 240 | 79 | 0.43 |
| X7-01 | 4.43 | 2.26 | 39.4 | 5.24 | 3 | 31.7 | 210 | 258 | 1.23 |
| P37-9 | 4.67 | 3.58 | 8.9 | 5.27 | 3.72 | 16.6 | 180 | 50 | 0.28 |
| 平均 | 3.48 | 2.26 | 26.1 | 7.38 | 4.16 | 32.9 | 330 | 321 | 0.97 |

W11-281井：1998年9月底投产，因结垢严重，产液能力逐月递减。到1999年10月，产液量和产油量已分别由初期的9.57m³/d和5.22t/d降到1.71m³/d和0.77t/d，修井作业发现油管壁附着2~4mm的碳酸盐垢。1999年上半年曾实施机械除垢和酸化除垢作业，但产量仍继续降低，推测在井筒、地层中都存在堵塞。1999年11月挤入螯合型除垢工作液6m³和EDTMPS防垢工作液45m³后，产液量和产油量分别上升到5.18m³/d和1.61t/d，含水率逐月下降，产油量稳定保持了17个月。

3. 西峰油田的清防垢解堵试验

西峰油田的三叠系C8油藏，孔隙度为1.6%~16%，平均渗透率为3.6mD。2001年10月，以注、采同步方式投入开发。注水井在投产初期的注入压力就异常偏高，达到12~15MPa。部分注水井投注仅半年，其吸水指数就呈持续下降趋势，达不到配注要求而严重影响油井产量。

模拟注水过程的水敏试验曲线（图6-4）可以看出，在注入水后期，岩心渗透率大幅度下降，最大下降了30%。综合分析认为，主要是注水过程中岩石中的伊利石和蒙皂石黏土矿物对地层的伤害，以及地层水与注入水不配伍结垢。

2002—2004年，在西峰油田注水井上实施了螯合型除垢剂和DTMPS防垢剂联合挤注解堵试验。在挤注试验中，除垢剂平均单井使用量为2t，平均单井除垢工作液用量为10m³，平均防垢工作液用量为70m³。

X13井：2001年10月投注，在投注初期8个月内，吸水指数从2.43m³/(MPa·d)降到1.70m³/(MPa·d)。投注后第9个月实施清防垢措施解堵后，吸水指数提高到2m³/(MPa·d)，

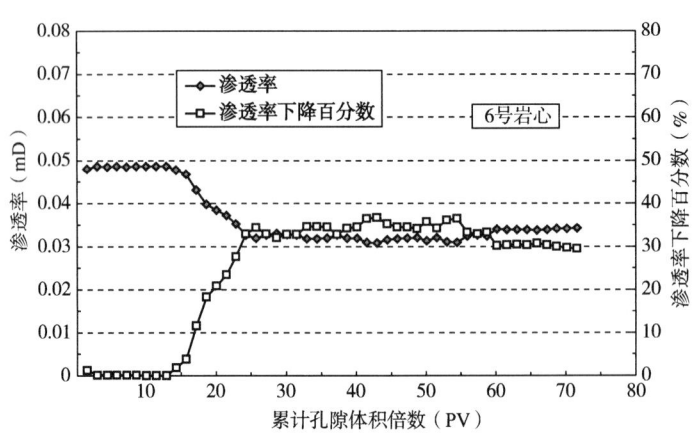

图 6-4 岩心注入水驱替试验结果

有效期超过 26 个月。

X17 井：2002 年 2 月投注，8 个月后，吸水指数即从 4.34m³/(MPa·d) 降到 3.59m³/(MPa·d)。实施措施后，吸水指数下降速率明显减缓，稳定在 1.6~1.8m³/(MPa·d) 水平，有效期超过 24 个月。6 口注水井的解堵施工效果比较明显，见表 6-9。

表 6-9 西峰油田注水井地层结垢防治效果统计

| 井号 | 投注初期/施工前注水动态/施工后注水动态 | | |
|---|---|---|---|
| | 日注量 (m³) | 油压 (MPa) | 吸水指数 [m³/(MPa·d)] |
| X13 | 34/26/42 | 14.0/15.3/14.5 | 2.43/1.70/2.90 |
| X17 | 56/46/38 | 12.9/12.8/12.8 | 4.34/3.59/2.97 |
| X33-22 | 29/29/30 | 15.0/15.2/15.5 | 1.93/1.91/1.93 |
| X27-6 | 39/35/35 | 15.0/16.8/15.1 | 2.60/2.08/2.32 |
| X25-14 | 40/35/35 | 13.5/17.0/15.5 | 2.96/2.05/2.26 |
| X32-41 | 40/25/25 | 13.5/13.2/13.8 | 2.96/1.89/2.54 |
| 合计/平均 | 238/196/215 | 14.0/15.0/14.5 | 2.87/2.20/2.49 |

**4. 近年来典型井的结垢挤注**

表 6-10 为 2010 年后特低渗透油田部分油井实施结垢防治效果，单井日增油量和累计增油量都有了明显提高。

表 6-10 2010 年后特低渗透油层结垢防治效果统计

| 井号 | 措施前生产动态 | | | 措施后生产动态 | | | 有效期 (d) | 日增油 (t) |
|---|---|---|---|---|---|---|---|---|
| | 产液 (m³/d) | 产油 (t/d) | 含水率 (%) | 产液 (m³/d) | 产油 (t/d) | 含水率 (%) | | |
| P22-6 | 1.26 | 0.62 | 42.4 | 8.59 | 2.32 | 68.2 | 220 | 0.63 |
| P22-02 | 2.65 | 0.48 | 78.5 | 11.05 | 0.61 | 93.5 | 204 | 1.41 |
| P4-7 | 1.80 | 0.98 | 36.1 | 8.64 | 1.85 | 74.8 | 234 | 1.39 |
| P27-02 | 0.43 | 0.33 | 8.4 | 4.34 | 2.68 | 27.3 | 222 | 2.55 |

续表

| 井号 | 措施前生产动态 ||| 措施后生产动态 ||| 有效期 (d) | 日增油 (t) |
|---|---|---|---|---|---|---|---|---|
| | 产液 (m³/d) | 产油 (t/d) | 含水率 (%) | 产液 (m³/d) | 产油 (t/d) | 含水率 (%) | | |
| P276-04 | 1.97 | 0.27 | 84.1 | 8.92 | 3.55 | 53.1 | 102 | 1.95 |
| P33-2 | 1.36 | 0.65 | 43.4 | 8.64 | 4.94 | 32.8 | 103 | 3.80 |
| P30-16 | 0.99 | 0.30 | 64.6 | 4.77 | 3.08 | 24 | 201 | 2.28 |
| 平均 | 2.31 | 0.52 | 51.1 | 15.45 | 2.72 | 53.4 | 184 | 2.00 |

5. 姬塬油田结垢防治技术研究

2007年以来，为控制结垢问题，先后试验了注入水纳滤脱硫酸根技术、注水井深部清垢解堵技术，以及钡锶垢防垢剂优选、地面管线物理清垢等清防垢技术，并在地面集输系统开展不配伍层系的分层、分输优化和产建配套，取得了阶段性的效果。相关内容可参见石油工业出版社2014年出版的《油田实用清防蜡与清防垢技术》，本书不再赘述。在此重点对2016年后的一些新技术试验及其效果进行介绍。

1）新型钡锶防垢剂研究评价

（1）实验方法。

实验用模拟油田水配制：为了消除其他垢对防垢剂的影响，实验室用$BaCl_2 \cdot 2H_2O$和NaCl模拟油田地层水，用$Na_2SO_4$和NaCl模拟油田注入水，通过加入NaCl调节矿化度以及成垢阴阳离子平衡，水质离子含量见表6-11。

表6-11 防垢剂评价用水成垢离子的情况　　　单位：mg/L

| 水样 || 含量 ||||  总矿化度 |
|---|---|---|---|---|---|---|
| | | $Cl^-$ | $SO_4^{2-}$ | $Ba^{2+}$ | $Na^+$ | |
| 生产水 | 注入水 | 868 | 1819 | — | 949 | 4250 |
| | 地层水 | 19177 | — | 1875 | 11795 | 31875 |

（2）生产水用防垢剂筛选。

依据SY/T 5673—2020《油田用防垢剂通用技术条件》，评价某采油厂在用HZG-01、SW-188两种防垢剂以及PBTCA、TH-607B型防垢剂对$BaSO_4$垢的防垢效果。

室内分别模拟注入水与地层水体积比1∶1和注入水与地层水体积比2∶1混合，评价不同见注入水生产状况时，4种防垢剂在使用浓度为100mg/L时对$BaSO_4$垢的防垢效果，实验结果如图6-5所示。

实验结果表明：对照表6-11水质条件，见注入水50%时，4种防垢剂使用浓度为100mg/L时，TH-607B防垢剂对$BaSO_4$效果最好，防垢率为42.3%；见注入水67%时，TH-607B防垢剂防垢率仅为24.3%。

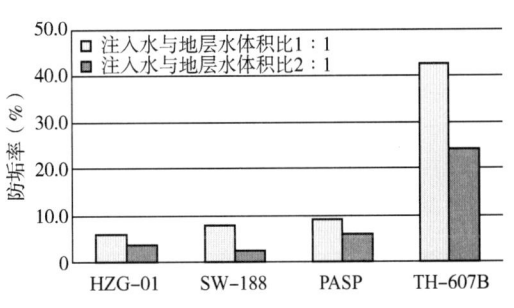

图6-5 4种防垢剂对$BaSO_4$垢的防垢率

2）新型钡锶防垢剂研发

针对 H3 区水质（$SO_4^{2-}$ 含量不大于 1800mg/L，$Ba^{2+}$ 含量不大于 1800mg/L），研究新型 $BaSO_4$ 垢防垢剂（图 6-6），较国内外同类提高 30%（图 6-7）。

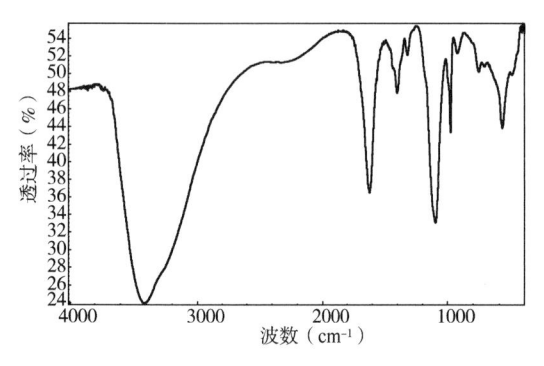

图 6-6　新型硫酸钡防垢剂产品红外光谱

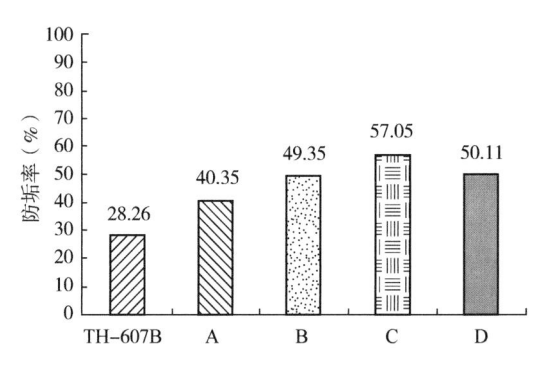

图 6-7　TH-607B 与新型防垢剂产品对 $BaSO_4$ 防垢率评价

（1）含油对防垢剂性能的影响。

依据 SY/T 5673—2020《油田用防垢剂通用技术条件》，模拟注入水与 C6 地层水，水质离子含量见表 6-12。

表 6-12　模拟水质的离子含量情况　　　　　　　　　　　单位：mg/L

| 水样 | 含量 |  |  |  |  |  |  | 总矿化度 |
|---|---|---|---|---|---|---|---|---|
|  | $Na^+/K^+$ | $Ca^{2+}$ | $Mg^{2+}$ | $Sr^{2+}/Ba^{2+}$ | $Cl^-$ | $HCO_3^-$ | $SO_4^{2-}$ |  |
| 注入水 | 867 | 139 | 67 | — | 538 | 110 | 1600 | 3318 |
| 地层水 C6 | 16822 | 147 | 26 | 696 | 26526 | 149 | 17 | 44386 |

注入水与地层水按照体积比 4∶6 混合，在含油 10%、30%、70% 的油水混合液中分别加入浓度为 100mg/L、120mg/L 的 TH-607B 防垢剂，评价对 $BaSO_4$ 垢的防垢效果。实验温度为 60℃，恒温 24h，见表 6-13。

表 6-13　原油含量对 TH-607B 型防垢剂防垢效果的影响

| 原油含量(%) | 防垢剂浓度(mg/L) | $Ba^{2+}$ 浓度(mg/L) | $Ba^{2+}$ 防垢率(%) |
|---|---|---|---|
| 0 | 100 | 432.7010 | 86.62 |
| 10 | 100 | 356.3420 | 71.19 |
| 30 | 100 | 345.9790 | 69.11 |
| 70 | 100 | 291.4850 | 58.10 |
| 0 | 120 | 458.0050 | 91.72 |
| 10 | 120 | 449.2460 | 89.95 |
| 30 | 120 | 396.0390 | 79.21 |
| 70 | 120 | 345.7130 | 69.05 |

实验结果表明，地层水中含油对 TH-607B 防垢剂的防垢率存在一定影响，随着原油含

量增大，相同浓度防垢剂，防垢率明显下降。因此，TH-607B防垢剂的使用浓度应随地层水含油率做适当调整。

（2）杀菌剂对防垢剂性能的影响。

姬塬油田注水系统一般会定期加入杀菌剂来防止细菌造成的腐蚀问题，如果在注水系统加入防垢剂，需要考虑防垢剂与杀菌剂的配伍性关系。

实验方法：分别移取40mL注入水A至3个50mL比色管内，按照表6-14进行杀菌剂试验。评价杀菌剂、防垢剂与水的配伍性及混配顺序，据此确定现场试验杀菌剂、防垢剂的加入顺序。

表6-14 杀菌剂SJ-99对TH-607B防垢剂性能的影响

| 实验项目 | 操作步骤 | 观察现象记录 | pH值 | 500nm透过率（%） |
| --- | --- | --- | --- | --- |
| 1 | 注入水A | 澄清 | 7.75 | 92.7 |
| | 杀菌剂加入A中（B） | 互溶 | 5.62 | 94.0 |
| | 防垢剂加入（B）中 | 互溶 | 7.23 | 94.4 |
| 2 | 注入水A | 澄清 | 7.75 | 92.7 |
| | 防垢剂加入A中（B） | 互溶 | 7.43 | 94.2 |
| | 杀菌剂加入（B）中 | 互溶 | 7.54 | 94.2 |

实验现象：①在模拟注入水A中加入100mg/L的SJ-99杀菌剂后，pH值减小，说明杀菌剂与防垢剂作用后，混合液呈弱酸性；对注入水透光率提高，说明杀菌剂与注入水有良好的互溶性，继续向（B）中加入TH-607B防垢剂后，pH值和透光率均增大，表明TH-607B防垢剂呈较强碱性，与注入水互溶性良好，有较强防垢能力。②向注入水A中加入TH-607B防垢剂，pH值变化不大，透过率提高，继续加入100mg/L的SJ-99杀菌剂，透光率不变。

实验结果表明，TH-607B防垢剂与SJ-99型杀菌剂、注入水有良好的相溶性。同时，室内评价SJ-99杀菌剂对TH-607B防垢剂防垢率的影响。实验温度为60℃，恒温24h，实验结果见表6-15。

表6-15 SJ-99杀菌剂对TH-607B防垢剂防垢率的影响情况

| 防垢剂浓度（mg/L） | 操作步骤 | 杀菌剂浓度（mg/L） | $Ba^{2+}$防垢率（%） |
| --- | --- | --- | --- |
| 100 | 注入水+防垢剂+地层水 | 0 | 40.99 |
| | 注入水+杀菌剂+防垢剂+地层水 | 100 | 48.06 |
| | 注入水+防垢剂+杀菌剂+地层水 | 100 | 36.44 |
| 120 | 注入水+防垢剂+地层水 | 0 | 75.99 |
| | 注入水+杀菌剂+防垢剂+地层水 | 100 | 83.58 |
| | 注入水+防垢剂+杀菌剂+地层水 | 100 | 69.78 |

结果表明：TH-607B防垢剂的防垢率随防垢剂浓度增大而提高；SJ-99杀菌剂对其防垢率也有重要影响，且与加入顺序有关。当按照注入水先加杀菌剂，后加防垢剂的操作顺序时，杀菌剂与防垢剂表现出协同作用。

## 二、大庆油田三元复合驱结垢与防治

大庆油田为提高高含水阶段的采收率,自2010年全面应用三元复合驱。当三元复合驱的驱油体系注入地层后,会与地层水、原油、岩石矿物混合发生反应从而产生垢,并且结垢日趋严重。经统计,大庆油田强碱三元复合驱区块的结垢井数达到70%以上。机采井结垢后频繁发生卡泵、断杆等故障,导致机采井检泵周期远低于水驱、聚合物驱井,严重影响了生产时率,并且增加了操作成本,已成为制约强碱三元复合驱技术工业化的瓶颈问题之一。

强碱三元复合驱生产过程中结垢情况可归纳为3种:(1)化学剂与地层内流体不配伍直接产生沉淀而结垢;(2)化学剂(主要是碱剂)进一步与储层矿物反应后产生的离子(如$Ca^{2+}$、$Mg^{2+}$、$Al^{3+}$、$Si^{4+}$)与储层流体发生化学反应,导致沉淀产生;(3)流体采出过程中,随温度和压力的变化,碳酸盐沉淀结垢。强碱三元复合驱油体系与地层中流体及岩石矿物反应生成的沉淀主要有碳酸盐垢、硅垢、氢氧化物垢、硅酸盐垢和硫酸盐垢等[8]。

### (一) 三元复合驱垢样组成

唐洪明等研究发现[9],大庆油田三元复合驱结垢物的主要矿物成分为非晶质二氧化硅、六方球状方解石、普通方解石等。次要矿物为碎屑石英、碎屑长石、碎屑黏土颗粒和黄铁矿等。另外,还有少量微量矿物(表6-16)。

表6-16 大庆杏北油田垢样的矿物成分与含量

| 样品编号 | 矿物含量(%) | | | | | | | |
|---|---|---|---|---|---|---|---|---|
| | 石英 | 重晶石 | 方解石 | 白云石类 | 角闪石 | 非晶态 | 六方球方解石 | X相 |
| 7-p127-1 | 25 | 20 | 0.9 | | | 主相 | | |
| 7-p127-2 | 30 | 120 | 27.7 | 0.8 | 0.5 | 50 | | |
| 杏2-31-616-1 | 0.7 | 微量 | | | | 20 | 主矿物 | 少量 |
| 杏2-31-616-2 | 0.7 | 微量 | | | | 20 | 主矿物 | 少量 |

| 样品编号 | 矿物含量(%) | | | | | | |
|---|---|---|---|---|---|---|---|
| | 石英 | 钾长石 | 钠长石 | 方解石 | 白云石类 | X相 | 非晶态 |
| 南4-11-649 | 10.0 | 2.3 | 4.8 | 1.2 | | 有 | 65.0 |
| 北2-J5-P54 | 0.4 | | | 9.6 | | 微 | |

### (二) 三元复合驱结垢特征[10-11]

(1) 在三元复合驱不同的驱替阶段,垢的外观、成分及成垢速率有很大变化,大致可以分为3个阶段:

第一阶段为驱替初期,即结垢高峰期。灰褐色板片状,较为疏松,垢的堆积速率较快,30天内可达3~4mm。以碳酸盐垢为主,其次为二氧化硅。

第二阶段为驱替中期,即结垢中期碳酸盐垢含量减少,硅垢增加,结垢速率稳定。

第三阶段为驱替后期,即结垢后期硅垢含量达70%以上,结垢速率减缓(表6-17)。

表 6-17 三元复合驱油井不同阶段垢样主要成分 单位:%

| 结垢阶段 | 结垢特点 | 有机物 | $CaCO_3$ | $MgO$ | $Al_2O_3$ | $Fe_2O_3$ | $SiO_2$ |
|---|---|---|---|---|---|---|---|
| 初期 | 结垢速率快,结垢量大 | 15.90 | 55.30 | 0.84 | 0.25 | 0.51 | 20.09 |
| 中期 | 结垢速率稳定 | 10.57 | 16.93 | 0.27 | 0.15 | 2.96 | 66.96 |
| 后期 | 结垢速率减缓 | 9.90 | 14.90 | 0.62 | 0.14 | 1.10 | 70.80 |

① 从开发单元来说,中心井区结垢严重,见垢时间早;边角井结垢晚,并且处于结垢初期阶段时间较长。

以南五三元复合驱试验区块为例,中心井第一次见垢时间是 2007 年 9 月至 2008 年 9 月,结垢井数达到 15 口,占中心井总数 75.0%;边井 2008 年 6 月才见垢,3 口井结垢,占边井总井数 15.8%。

② 不同区块的差异结垢特征。

各区块储层物性存在差异,结垢特征不同[12-14]。北一区断东从初期到后期始终以 $CaCO_3$ 垢为主,$CaCO_3$ 垢含量高于硅垢;南五区、喇嘛甸北东块结垢初期以 $CaCO_3$ 垢含量高,结垢中期 $CaCO_3$ 垢含量减少,硅垢增加;南六区和杏 1-2 区东部 Ⅱ 块 $BaCO_3$ 垢含量相对较高,含量在 20% 左右(图 6-8)。

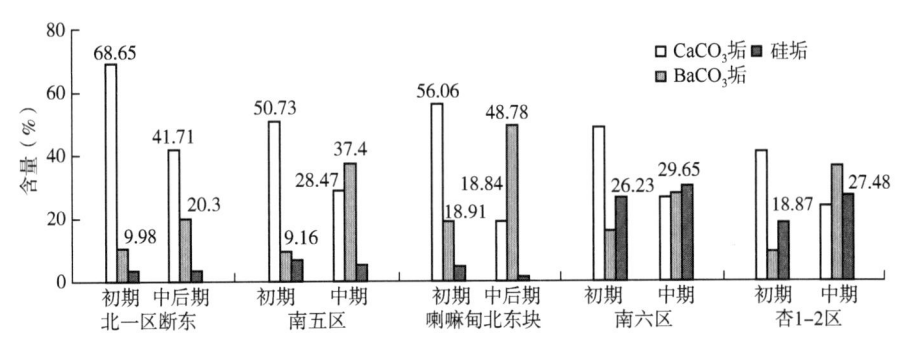

图 6-8 不同三元复合驱区块垢质成分分析数据

(2) 井筒结垢规律特征。

通过在油井不同深度下入油管短节观察井筒结垢变化。

① 随着深度增加,结垢速率加快,泵下短节和泵筒结垢最严重。

采出液从地层—井筒—泵下短节—泵筒,整个过程中压力梯度变化大,大部分成垢离子在泵下短节位置形成垢晶析出,结垢严重,泵下短节(861m)结垢速率是泵上短节(850m)的 1.5 倍以上;而泵上油管内采出液在流经泵筒后压力梯度变化小,从 800m 到 850m 泵上短节结垢速率尽管依次增加,幅度小;井口以下 500m 到井口段一般观察不到结垢。

② 进入驱替中期后,结垢速率降低。

第一次下入的短节结垢速率比第二次快近 2 倍。第一次下入的短节上碳酸盐垢比例高,沉积速率快,硅垢沉积速率慢,碳酸盐垢可促进硅垢沉积,二者以复合垢形式存在;第二次取出短节碳酸盐垢比例低(泵下第一次短节比例为 30.9%,第二次比例为 16.8%),以硅垢沉积为主,结垢速率变慢。

③ 随着深度增加,碳酸盐垢比例增加,硅垢比例降低;进入驱替中期,碳酸盐垢比例减少,硅垢比例增加。

温度和压力是影响碳酸盐垢沉积的主要环境因素,当采出液从地层流到井底时,压力降低,二氧化碳从水中逸出,加速碳酸盐垢沉积。因而井筒内从地面到井底随深度递增,碳酸盐结垢量依次增加。硅垢沉积受温度、压力变化影响很小,从井底到地面,硅垢比例增加。另外,按时间先后顺序,油井采出液 pH 值升高(pH 值为 11~12),硅离子浓度不断增加,井筒内碳酸盐垢比例减少,硅垢比例增加。

### (三) 三元复合驱油井采出液离子变化规律

三元复合体系(碱+表面活性剂+聚合物)注入地层后,一方面和地层中流体混合发生物理化学反应;另一方面与岩石矿物发生反应,打破原流体和岩石矿物间的物理化学平衡状态,使地下流体中的离子组成和含量发生变化[15-16]。

#### 1. OH⁻ 浓度的变化

由于三元复合体系中的 NaOH 对储层中的石英、长石等硅酸盐矿物及各种黏土矿物产生很大程度的溶蚀,消耗很大,因此驱替液前沿中的碱在运移过程中会基本上消耗殆尽[17]。采出液的 pH 值变化不大,甚至可以近似看作不变。但随着更多的三元复合体系注入,采出液的 pH 值开始有小幅度上扬,并开始持续增加(图 6-9)。

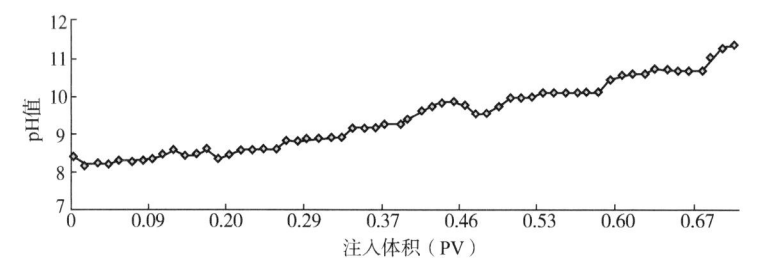

图 6-9 三元复合驱采出液中 pH 值变化曲线

#### 2. $Ca^{2+}$、$Mg^{2+}$ 浓度的变化

相比 $Ca^{2+}$,$Mg^{2+}$ 在地层水中的浓度较低,并且由于两者形成垢的存在形式基本一致,多数为碳酸盐垢和氢氧化物垢。

三元复合体系中碱除了强烈地溶蚀储层中的岩石矿物外,还会与 $Na^+$、$Ca^{2+}$ 和 $Mg^{2+}$ 等发生交换反应,在三元复合体系溶液的浸泡和溶蚀作用下,矿物的 $Ca^{2+}$、$Mg^{2+}$ 进入地层水中[10-19]。因此,油井见效前采出液基本都是原有储层中的流体,$Ca^{2+}$、$Mg^{2+}$ 浓度基本保持不变,见效后采出液中 $Ca^{2+}$、$Mg^{2+}$ 浓度增加。随着三元复合体系注入体积的增加,导致 pH 值增加,$HCO_3^-$ 转变为 $CO_3^{2-}$,促使地层水中的 $Ca^{2+}$、$Mg^{2+}$ 沉淀。由于三元复合驱注入的连续性,pH 值和 $CO_3^{2-}$ 浓度不断增加,采出液中的 $Ca^{2+}$、$Mg^{2+}$ 浓度越来越低(图 6-10)。

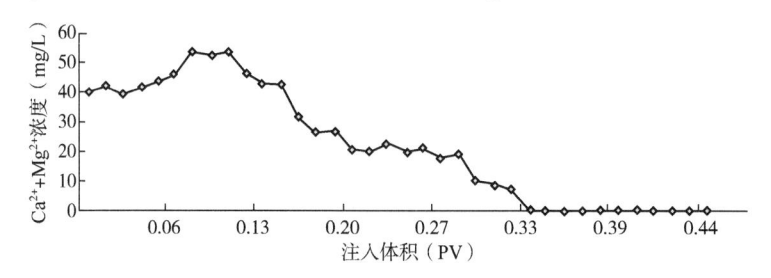

图 6-10 三元复合驱采出液中 $Ca^{2+}$、$Mg^{2+}$ 浓度变化曲线

### 3. Si$^{4+}$浓度的变化

三元复合体系中碱与储层中硅酸盐等岩石矿物反应，使硅元素进入溶液中，而且溶液中的硅多以一价原硅酸负离子和二价原硅酸负离子的形式存在。地层流体携带着大量硅酸根离子向前驱替，由于储层中分布着大量的硅酸盐矿物，一价硅酸根离子和二价硅酸根离子会与储层中岩石表面伸出的氧负离子和羟基之间发生氧联反应，从而使得先前溶解进入三元复合体系中的硅酸根离子重新在岩石表面上沉积下来。

石英（SiO$_2$）：

$$SiO_2 + 2OH^- \longrightarrow SiO_3^{2-} + H_2O$$

其他黏土矿物的化学组成通式为 $xK_2O \cdot yAl_2O_3 \cdot zSiO_2 \cdot mH_2O$，还掺杂有其他不同的阳离子，碱与这些其他黏土矿物的化学反应基本与长石相同。以伊利石为例，单一的表面活性剂、聚合物基本不与伊利石发生反应，而 NaOH 与伊利石作用后，硅、铝离子大量增加，说明注入的碱溶液对溶解伊利石中的硅、铝化合物能力较强，且碱溶液的浓度越大，溶解能力也越强。三元复合驱强碱驱油体系对伊利石亦有一定的溶解能力，其他黏土矿物如高岭石、蒙皂石、绿泥石等，以及主要岩石成分石英、长石、正长石等与伊利石反应相类似，即与强碱和三元复合驱强碱体系作用后都产生大量的硅、铝离子（图 6-11）。

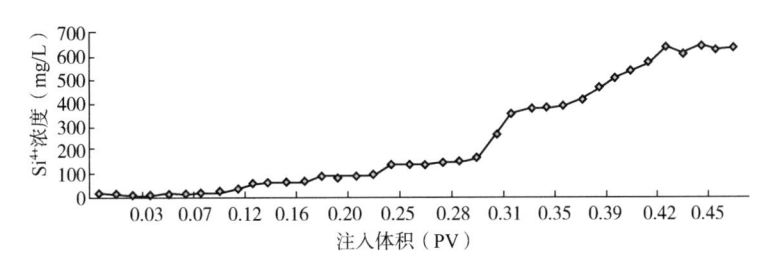

图 6-11 三元复合驱采出液中 Si$^{4+}$浓度变化曲线

### 4. CO$_3^{2-}$和 HCO$_3^-$浓度的变化

油井三元复合驱见效前地层水 pH 值不大于 8.5，溶液中的碳酸组分以 HCO$_3^-$ 为主，采出液中的 CO$_3^{2-}$ 浓度仍然基本保持不变。随着储层流体 pH 值升高，当 pH 值大于 8.5 时，采出液中 HCO$_3^-$ 浓度有所下降，而 CO$_3^{2-}$ 浓度有所上升。

### （四）三元复合驱化学清防垢技术研究

为了防止井筒结垢，现场通常间歇地向油井中加注防垢剂。针对加注防垢剂开展：

#### 1. 三元复合驱碳酸盐防垢剂筛选

从性能较好的 19 种防垢剂优选出适合的防垢剂 T-601 和 T-602。防垢率分别为 85.9% 和 81.9%（表 6-18）。

表 6-18 强碱三元复合体系下 CaCO$_3$（Mg）垢防垢剂筛选

| 防垢剂名称 | 类别 | 浓度（mg/L） | 原液中 Ca$^{2+}$含量（mg/L） | 反应液中 Ca$^{2+}$含量（mg/L） | 防垢率（%） |
|---|---|---|---|---|---|
| 未添加防垢剂 | — | — | 63 | 0.0 | — |
| TS-629 | 丙烯酸-聚丙烯酸二元共聚物 | 50 | 63 | 25.6 | 40.7 |
| TS-604A | 聚丙烯酸 | 50 | 63 | 0.0 | 0.0 |

续表

| 防垢剂名称 | 类别 | 浓度(mg/L) | 原液中 Ca$^{2+}$ 含量(mg/L) | 反应液中 Ca$^{2+}$ 含量(mg/L) | 防垢率(%) |
|---|---|---|---|---|---|
| TS-607 | 聚丙烯酸钠 | 50 | 63 | 0.0 | 0.0 |
| TS-605 | 丙烯酸 A 类共聚物 | 50 | 63 | 20.5 | 32.6 |
| TS-623 | 丙烯酸 B 类共聚物 | 50 | 63 | 0.0 | 0.0 |
| 防垢剂 1 号 | 羧酸多元共聚物 | 50 | 63 | 30.6 | 48.6 |
| 防垢剂 2 号 | 防垢分散剂 | 50 | 63 | 23.2 | 36.9 |
| T-601 | 膦羧酸共聚物 | 50 | 63 | 54.1 | 85.9 |
| W-120 | 聚合物型防垢剂 | 50 | 63 | 27.0 | 42.9 |
| HPMA | 水解聚马来酸酐 | 50 | 63 | 20.4 | 32.4 |
| T-602 | 有机膦酸 | 50 | 63 | 51.6 | 81.9 |
| W-118A | 聚磷型 | 50 | 63 | 0.0 | 0.0 |
| EDTMPS | 聚膦羧酸型 | 50 | 63 | 35.8 | 56.9 |
| JN-518 | 无机聚磷酸盐 | 50 | 63 | 16.8 | 26.7 |
| W-122 | 氨基三亚甲基膦酸 | 50 | 63 | 23.4 | 37.1 |
| JN-520 | 聚羧酸共聚物 | 50 | 63 | 19.7 | 31.2 |
| HPAA | 聚磷酸型(无磷) | 50 | 63 | 30.6 | 48.6 |
| JN-225 | 乙二胺四亚甲基膦酸盐 | 50 | 63 | 14.9 | 23.7 |

2. 硅垢防垢剂

1) 硅垢的形成

三元复合体系中的碱与储层岩石矿物反应,在碱性溶液中游离出硅元素,以 $H_3SiO_3^-$ 和 $H_2SiO_3^{2-}$ 的形式存在。研究结果表明,均是由原硅酸离解生成的。

在三元复合驱采出液中的硅元素主要以 $Si(OH)_4$、$SiO(OH)_3^-$ 和 $SiO_2(OH)_2^{2-}$ 形式存在。在水溶液中,硅酸的一个重要特征是它的自聚合作用,即硅酸能由其本身从单硅酸逐步聚合成多硅酸,最后为硅酸凝胶。另外,三元复合驱中硅垢的形成与胶团在金属表面的吸附和聚集密切相关,胶团之间聚集脱水最终会形成无定形二氧化硅。

2) 钙、硅垢系列防垢剂

多数碳酸盐防垢剂对 $SiO_2$ 等不能有效抑制,因此将有抑制 $SiO_2$ 垢晶和防止垢晶聚并作用的 SY-KD 硅垢防垢剂与 T-601、T602 复配,形成系列防垢剂配方(表6-19)。

表6-19 系列防垢剂配方性能数据

| 结垢阶段 | 防垢剂组成 | 使用浓度(mg/L) | 防垢率(%) 碳酸盐垢 | 防垢率(%) 硅垢 | 使用范围 |
|---|---|---|---|---|---|
| 初期 | T-602/T-601 | 30 | 95.3 | — | $[Ca^{2+}+Mg^{2+}] \geq 50mg/L$(上升阶段),$[Si^{4+}]<10 mg/L$ |
| | | 50 | 97.9 | — | $10mg/L \leq [Ca^{2+}+Mg^{2+}]<50mg/L$(下降阶段),$[Si^{4+}]>10mg/L$ |
| 中期 | SY-KD/T-602 | 50/50 | 97.9 | 80.5 | $10mg/L<[Si^{4+}]\leq10mg/L$,$30mg/L\leq[Ca^{2+}+Mg^{2+}]<50mg/L$ |
| | | 100/30 | 97.9 | 81.7 | $50mg/L<[Si^{4+}]\leq100mg/L$,$10mg/L\leq[Ca^{2+}+Mg^{2+}]<30mg/L$ |
| | | 150/30 | 95.3 | 83.1 | $100mg/L<[Si^{4+}]\leq500mg/L$,$[Ca^{2+}+Mg^{2+}]<10mg/L$ |
| 后期 | SY-KD/T-602 | 200/30 | 95.3 | 85.0 | $[Ca^{2+}+Mg^{2+}]=0$,$[Si^{4+}]\geq50mg/L$ |

表 6-19 表明，T-601、T-602 与 SY-KD 的合理配伍，复合防垢剂对碳酸盐垢的防垢率达到 95% 以上，对硅垢防垢率也不低于 80%。

**（五）三元复合驱物理化学防垢现场试验**

结合物理、化学清防垢技术，优选出长柱塞短泵筒抽油泵和小过盈螺杆泵举升方式，在 576 口井采取综合防垢措施，加药井检泵周期平均为 328 天，其中北一区断东加药井检泵周期平均为 382 天，有效地延长了机采井的检泵周期，防垢效果良好[18]。

典型案例：大庆油田采油一厂三元复合驱区块 ZB1-J5 更-P127 井见效后，于 2001 年 4 月初出现垢卡而停产，4 月 9 日清垢施工后启抽正常，开展了地面连续加入防垢工艺试验，经过 200 多天的防垢试验，至今未发生井下卡泵情况。加药过程中对采出液中防垢剂浓度和离子进行了分析检测，数据如图 6-12 所示。

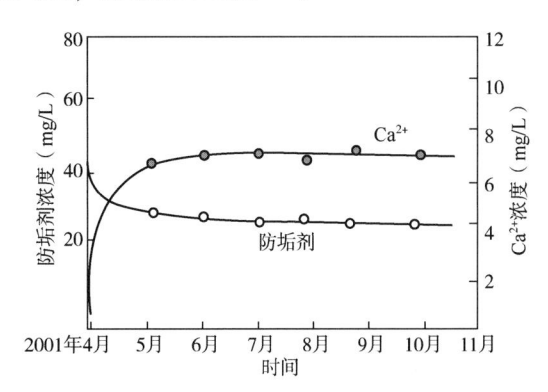

图 6-12  ZB1-J5 更-P127 井采出防垢剂和 $Ca^{2+}$ 浓度曲线

从图 6-12 中可以看出，加药后采出液中防垢剂浓度相对恒定，$Ca^{2+}$ 含量增加，说明采出液中部分 $Ca^{2+}$ 在防垢剂的作用下被络合，抑制了垢物的形成，起到了防垢效果。

三元复合驱见效后，ZB1-7-P125 井泵及底部抽油杆结垢严重。2001 年 4 月 27 日到 7 月 28 日的 3 个月中，作业换泵达 4 次之多。遂于 2001 年 8 月开展了防垢剂挤注工艺现场试验，措施后近 210 天的时间里未发生卡泵问题。设计数据见表 6-20。

表 6-20  ZB1-7-P125 油井挤注法处理设计数据

| 挤注日期 | 产液量（m³） | 产水量（m³） | 防垢剂量（kg） |
| --- | --- | --- | --- |
| 2001 年 8 月 18 日 | 178 | 145 | 409 |
| 前置液（m³） | 隔离液（m³） | 顶替液（m³） | 有效厚度（m） |
| 10 | 5 | 80 | 6.29 |
| 孔隙度（%） | 关井时间（h） | | |
| 26.8 | 24 | | |
| 射孔层位 | P I | | |

在挤注完成后，对采出液中防垢剂浓度及 $Ca^{2+}$、$Mg^{2+}$ 等进行了监测和分析，结果显示，与挤注前对比成垢离子浓度增加，挤注前 $Ca^{2+}$ 含量为 10mg/L、$CO_3^{2-}$ 浓度为 735mg/L，挤注后 $Ca^{2+}$ 含量为 20mg/L、$CO_3^{2-}$ 浓度为 1710mg/L，说明抑制了近井地层和井筒结垢的趋势。

## 三、国内其他油田结垢防治技术

**（一）胜利油田的结垢防治技术**

胜利油田纯化油区每年检泵作业在 520 井次左右，其中约 220 井次为结垢腐蚀所引起，占作业总井数的40%以上，相应造成的更换油管数量达1.4万多根，更换抽油杆1.3万根以上，因此造成的直接经济损失约1300多万元；水井作业转大修也是纯化油区的突出问题，每年水井大修井次达30口以上，其中60%的大修井是由于腐蚀、结垢造成套破或拔不动管柱引起，因而增加作业维护费用亦在1000多万元(图6-13)。该油田随着油田注水开发的进行，注水压力上升，油井$CaCO_3$、$BaSO_4$等结垢严重，地层和油水井结垢已严重影响油田生产。

图6-13 纯化油区部分井筒结垢照片

孤岛油田三元复合试验区于1998年开始应用三元复合体系进行驱油试验，取得了显著效果。但在生产过程中产生了较为严重的井筒内结垢现象，平均20天左右需酸化处理一次，严重影响油井正常生产。

梁家楼油田外输管线及输油干线结垢严重。例如，C44站至C49站外输管线及输油干线因结垢每年需要更换管线和进行多次除垢处理，C46站运行3个月左右输油管线即被堵死，C48站$\phi$159mm外输管线每年要除垢3次以上。

1. 胜利油田结垢特征

纯化油田：井筒垢样分析发现碳酸盐占垢样组成的92%(质量分数)，硫酸盐为8%(质量分数)，其中$CaCO_3$占碳酸盐总量的94%，$MgCO_3$仅占6%，说明引起樊41块油水井结垢的主要原因是$CaCO_3$，可判断纯化油区油水井结垢的主要类型是$CaCO_3$为主的无机盐垢。

孤岛油田：分析三元复合驱采出井泵筒垢样，发现以$CaCO_3$、$MgCO_3$为主，同时伴随有少量的$SiO_2$，$SiO_2$质量分数为2.65%~5.56%。

梁家楼油田：对集输站及其外输管线垢样分析(表6-21)表明，无机物占95%，主要为硫酸钡锶($Ba_{0.75}Sr_{0.25}SO_4$)。对该油田4个集输站21口油井产出水水质分析发现，生产层为S层的油井产出水富含$Ba^{2+}$、$Sr^{2+}$，产层为H层的油井产出水富含$SO_4^{2-}$，两种水混合引起集输站及外输管线结垢。

表 6-21　3 个垢样灼烧试验和 X 射线衍射分析结果

| 取样地点 | 垢物成分 | 无机物含量(%) | 烧失量(%) |
| --- | --- | --- | --- |
| C46 站外输线 | $Ba_{0.75}Sr_{0.25}SO_4$ | 95.9 | 4.1 |
| C48 站外输线 | $Ba_{0.75}Sr_{0.25}SO_4$ | 94.7 | 5.3 |
| 静电防垢器 | $Ba_{0.75}Sr_{0.25}SO_4$ | 94.9 | 5.1 |

2. 典型井的清防垢工艺试验

庞丽娜等对纯化油区 6 口井采用挤注工艺防垢法，挤入防垢剂使 6 口井不同程度延长了酸洗有效期，例如，F41X1 井的酸洗有效期由先前的 45 天延长到 521 天；6 口井自采用挤注工艺防垢法后，日产液量和日产油量也均有不同程度的增加，施工一年左右时间 6 口井的累计增油量达到 5294t[19]。

付剑等从 1998 年 11 月开始，在孤岛油田三元复合驱采出井陆续注入了 HMP 防垢剂，采取从套管点滴加药和一次挤入两种方式。试验 8 口井，使用防垢剂前，20 天左右需酸化处理一次结垢，使用防垢剂后，100 天左右需酸化处理一次结垢，油井免修期最长已达 270 天以上，并且注入防垢剂后产量均有不同程度的增加[20]。

自 2003 年 12 月起，靳宝军等在梁南油田集输站使用了 WD-2+J-1 缓蚀防垢剂，到 2006 年 12 月，已取得了非常明显的效果：投加药剂的计量站均未出现结垢堵死、腐蚀及压力快速上升现象，截至 2007 年，输油管线未进行过管线清垢作业[21]。

(二) 中原油田的结垢与防治

中原油田是一个多层次、多油藏类型的复杂断块油田，产出污水水质复杂，当回注水进行回注时，不配伍的流体混合并进入地下与地层水混合，由于水体性质的不稳定性和化学不相容性，结垢现象异常严重。地面集输系统、泵、注水管线等部位均有不同程度的结垢存在，随着注水开发的进行，注水压力明显升高，吸水指数大大降低。

1997 年，轮南油田发现井下油管结垢，使得油管全部报废，造成了很大的经济损失，结垢物中 $BaSO_4$ 含量超过 90%。对濮城油田 10 口注水井、3 口电泵井进行调查显示，管线处出现普遍的结垢现象，经分析表明，结垢物主要为碳酸盐。由于碳酸盐溶解度随温度升高而降低，因此在地层温度较高的情况下，很容易形成碳酸盐垢，在地面管线、油管、泵、炮眼等位置均出现结垢现象。

王家印等对濮 3-201 井、3-182 井等 10 口注水井、3 口电泵井进行了检查，在管线结垢严重部位取样分析。发现垢物呈灰白色，具有沉积韵律层状结构[22]。样品经粉碎烘干检测，发现垢物中碳酸盐占 77%，原油及其他无机盐占 23%。垢物来源主要是注入水和地层水中的 $Ca^{2+}$、$Mg^{2+}$、$HCO_3^-$ 等。

1. 井筒和地层结垢分析

井筒中垢物形成机理受多种因素的影响[23]。当注入水沿井筒进入地层时，注入水温度逐步升高到 100℃ 以上。此时，$Ca^{2+}$ 与 $CO_3^{2-}$ 将以 $CaCO_3$ 的形式沉积下来，$Ca(HCO_3)_2$ 也将分解出 $CaCO_3$，使井筒结垢。注入水在井筒中温度越高，结垢越严重。同样，电泵井由于电动机发热，在泵进口、叶轮、花键套节流部位和筛管、射孔孔眼和近井地带造成流体流速、流态的改变，使结垢物逐渐沉积下来。从地面管线、油管、炮眼到地层，结垢趋势依次增大。

注入水进入地层后，形成由注入水和地层水(或束缚水)等组成的混合液。混合液中$Ca^{2+}$、$Mg^{2+}$、$HCO_3^-$形成$CaCO_3$和$MgCO_3$等沉淀物。濮城油田注入水、地层水和混合水(采出水)的水质分析结果见表6-22。

从表6-22可以看出，水质严重不配伍，导致碳酸盐垢物形成，堵塞地层孔道，降低地层渗透率。结垢量因见水时间的长短而不同。

表6-22 濮城油田注入水、地层水和采出水的水质分析

| 水样 | $Na^++K^+$ (mg/L) | $Ca^{2+}$ (mg/L) | $Mg^{2+}$ (mg/L) | $Cl^-$ (mg/L) | $SO_4^{2-}$ (mg/L) | $HCO_3^-$ (mg/L) | $CO_3^{2-}$ (mg/L) | pH值 | 水型 | 矿化度 (mg/L) |
|---|---|---|---|---|---|---|---|---|---|---|
| 注入水(清水) | 24610 | 2711 | 675 | 18100 | 2237 | 616 | 54 | 7.1 | $Na_2SO_4$ | 50003 |
| 注入水(污水) | 51704 | 4228 | 977 | 88163 | 4117 | 1050 | 87 | 6.8 | $CaCl_2$ | 46129 |
| 地层水 | 90452 | 32989 | 4325 | 92440 | 6985 | 8985 | 967 | 6.8 | $CaCl_2$ | 243143 |
| 采出水 | 84610 | 12971 | 971 | 76859 | 7434 | 1345 | 1330 | 6.5 | $CaCl_2$ | 98625 |

2. 典型井的清防垢工艺试验

1) 水井除垢降压增注工艺

濮城油田6-603井累计注水两年，折算井下垢物的总量约7360kg。采用配方为10%盐酸+2%缓蚀剂+1%渗透剂的除垢剂15m³进行除垢。注入除垢剂后，关井反应2h，返洗井排除残酸及结垢物。

当返排液pH值大于5时，结束施工，开始正常注水。2000年1月，6-603井首次进行除垢增注实验取得成功。随后在3-182井、5-11井等20口碳酸岩垢堵塞的注水井进行了除垢降压增注实验，均取得了不同程度降压增注的效果。吸水启动压力平均降低了2.78MPa，吸水指数平均上升了4.1m³/(MPa·d)，注水压力平均降低了4.6MPa，平均单井日增注水量73.5m³，平均有效期91天，有效地补充了地层能量。所对应的37口油井中，有23口油井见到了增油效果，累计增液$1.35×10^4 m^3$，累计增油2988.5t。

2) 电泵井防除垢技术

濮城油田27.7%的采油井是电泵井。一般电泵井投产半年内，泵体、进液口、叶轮花键套连接处、筛管、炮眼等部位就严重结垢，造成泵卡、停机。取样分析表明，垢物中碳酸盐含量达68.8%。典型的7-20井于1999年1月下电泵开始生产，采用的是100m³机组，日产液41.6m³，日产油16.1t，泵排量效率为50.3%，动液面为1155m，半年内共检泵3次，平均运行周期56天。泵检发现，泵内多级叶轮结垢严重，造成供排不平衡，影响泵效提高。

7-20井的pH值为5.5~7.5，雪松等利用EDTA-2Na螯合除垢。措施实施后，电泵的工作状况明显改观，泵工作电流稳定。日产液上升到55.8m³，日产油上升到20.1t，泵排量效率上升到111.6%，动液面为1387m。该井正常生产240天以上，累计增产原油960t。另外，3-358井、7-15井等7口井采取防除垢技术后，累计增油7742t[24]。

(三) 华北油田的结垢防治技术

华北油田自注水开发以来，注水井、采油电泵井及其生产配套系统结垢现象普遍严重地层结垢。华北油田部分集输系统、采出水处理系统的水质矿化度为37200~78380mg/L，$Ba^{2+}$浓度为10.6~217.6mg/L；水质富含$SO_4^{2-}$，$SO_4^{2-}$浓度为22.0~1252mg/L；集输系统、采出

水系统的管网温度为30~69℃。华北油田由于地矿条件的差异，油井采出水的性质不同，造成油田集输系统及采出水系统的水质矿化度、$Ba^{2+}$及$SO_4^{2-}$浓度各不相同（表6-23）；同时，由于工艺生产运行流程不同，导致各生产环节温度也存在差异。

1. 结垢特征分析

华北油田京11区块为砂岩油藏，为提高采收率，主要采用以弱碱复合驱为主的三次采油技术，然而在实施过程中，采油工具出现严重的结垢问题。京11区块采用采出水回注开发方式，地层水和注入水成分相近，因此可以推断出京11区块水样结垢主要为$CaCO_3$或$CaSO_4$；水样的pH值为7.76~7.88，有利于垢的形成。

表6-23 华北油田部分集输系统及污水系统水质特性数据

| 取样地点 | | 温度(℃) | $Ba^{2+}$(mg/L) | $SO_4^{2-}$(mg/L) | 矿化度(mg/L) |
|---|---|---|---|---|---|
| 南马庄油田 | 马一换转输马1计集油线 | 58 | 55.6 | — | 20730 |
| | 马一换转输马2计集油线 | 50 | 54.2 | — | 26230 |
| 同口油田 | 同一站集油线 | 45 | — | 387.8 | 11510 |
| | 同二站掺水泵出口 | 49 | — | 137.6 | 9859 |
| 文安油田 | 文118站集油线采出液 | 50 | 46.6 | — | 23200 |
| | 文31站集油线采出液 | 69 | 67.5 | — | 31520 |
| 岔19、岔4断块 | 岔南站采油9站集油线 | 38 | 10.6 | — | 8134 |
| | 岔南站喂水泵出口 | 40 | 10.8 | — | 9433 |
| 武强油田 | 留17站采出水 | 39 | 13.6 | — | 8065 |
| | 强二站三相分离器采出水 | 50 | 32.0 | — | 15650 |
| 别古庄工区 | 古一联一站、二站集油线 | 30 | — | 53.9 | 14330 |
| | 古一联泉古集油线 | 42 | — | 161.6 | 3720 |
| 赵一联工区 | 1计、2计集油线 | 41 | — | 94.2 | 8907 |
| | 57计、113计集油线 | 37 | — | 444.3 | 10380 |
| 漳尔油田 | N6断块集油线 | 34 | 217.6 | — | 2010 |
| | N22断块集油线 | 31 | — | 1252 | 78380 |
| 塞汉油田 | 塞汉联合站1集油线 | 43 | — | 105.0 | 11850 |
| | 塞汉联合站三相分离器采出水 | 53 | 35.2 | — | 9892 |
| 阿尔油田 | 四环西回液 | 40 | — | 22.0 | 6573 |
| | 三相分离器采出水 | 61 | — | 95.5 | 9284 |

2. 典型井的清防垢工艺试验

在华北油田百余口油井日常维护时，因三元复合驱机采井结垢阶段随着采出液的pH值变化分为碳酸盐垢期、混合垢期和硅酸盐垢期，因此，按照侯丛福提供的计算方法确定三元复合驱油井清防垢剂的最佳加量。

针对钡锶垢沉积，BSZG-012钡锶垢防垢剂，在60余口油井中加量为15~20mg/L，防垢率大于90%[25]。

典型井例：CH62-8井地层水中$Ba^{2+}$、$Sr^{2+}$含量分别达到457.5mg/L和817.4mg/L，地

层注入水中 $SO_4^{2-}$ 含量达到 1200mg/L，日常维护时按 20mg/L 加入防垢剂。

### （四）涠洲油田

涠洲油田群注海水开发区块属于油井结垢的重灾区，结垢类型为极难溶的硫酸钡锶。涠洲 12-1 油田、涠洲 11-1 油田等均属于注海水开发油田，由于注入水为富含硫酸根的海水，而地层水含钡、锶等离子，注入水与地层水不配伍再加之地层水自身的析出，导致油田结垢问题严重，严重影响油田的正常生产。以涠洲 12-1 油田为典型代表，其北、中块注水区问题表现尤其突出，其他注海水开发的区块也已出现结垢问题。地层一旦结垢极易导致地层堵塞，孔喉缩小，影响原油流动；井筒结垢使油管流道变小甚至堵死；井下电泵机组结垢易造成电泵过载、卡死；随生产带出油井的流体结垢又增加了下游处理费用，同时对整个生产、处理流程上的设备也造成损害。截至 2018 年，涠洲油田群已发现结垢井次多达 90 余次，结垢井作业时效平均延长 30%，单井作业成本增加超 200 万元，极大地增加了作业难度和安全风险。同时，部分井因结垢问题未解决，无法恢复生产，保守估计每天减少原油产量 600m³，严重影响北部湾产量过半的注海水油田的生产效益。[26]

1. 结垢特征分析

取涠洲 12-1 油田 A6 井垢样用 X 射线衍射仪进行分析，垢样的成分为 $Ba_{0.7}Sr_{0.3}SO_4$，其中 $BaSO_4$ 含量占 70%，$SrSO_4$ 含量占 30%。

2. 井筒结垢原因分析

通过现场水质分析发现，涠洲油田各油井水体中存在大量成垢阳离子 $Ca^{2+}$、$Ba^{2+}$、$Sr^{2+}$ 和阴离子 $SO_4^{2-}$、$HCO_3^-$，它们在地层中处于热力学平衡状态，即在温度、压力及盐度合适的条件下，一些矿物（如 $BaSO_4$、$SrSO_4$ 等）在水中的溶解度达到最大。一旦热力学条件（压力、温度等）发生变化，溶液的平衡便会遭到破坏，或由于固液界面的压力场吸附使平衡状态发生变化，都会在溶液中形成过饱和的现象，从而导致无机垢的形成，即自析出结垢。$BaSO_4$ 的溶解度随温度和压力的降低而减小，而 $SrSO_4$ 的溶解度随温度的升高和压力的降低而减小，因此涠洲 12-1 油田中块油井 $BaSO_4$ 垢的比例大于 $SrSO_4$ 垢。

3. 典型井的清防垢工艺试验

根据涠洲油田注海水开发区块油井成垢机理，中海石油（中国）有限公司湛江分公司先后提出了化学螯合除垢+地层挤注缓释防垢的化学除防垢措施，配合贵金属防垢、连续油管水力射流除垢+连续油管磨铣除垢、涂层防垢等物理防垢措施，取得了一定的效果。

典型应用案例：WZ12-1-A1 井是油田中块的一口采油井，目前生产层位为 $W_3Ⅳ$ 油组 D 砂体。该井受注水影响，2004 年、2011 年及 2013 年多次作业发现井筒生产管柱结垢现象。经分析，垢样主要成分为 $BaSO_4$，与该区块其他井作业发现的垢样为同一类型。从大修作业结垢现象来看，产出液流经的地方均发现结垢，所以近井地层和炮眼孔眼出现结垢的可能性极大，因此对 WZ12-1-A1 井开展除垢处理。

通过优选硫酸钡/碳酸盐除垢剂 B1，并于 2013 年 11 月实施除垢作业，从井口挤注除垢剂至近井地层（包括井底井筒位置），并浸泡反应 24h 以上。除垢剂加量见表 6-24。

表 6-24　除垢工序除垢剂加量

| 步骤 | 内容 | 流量(m³/min) | 体积(m³) | 药剂 | 备注 |
|---|---|---|---|---|---|
| 1 | 前置液 | 0.1~0.2 | 6 | 6m³ 2%KCl(淡水) | 清洗 |
| 2 | 主剂 | | 12.8 | 8m³除垢剂B1原液+12m³ 2%KCl(淡水) | 除垢 |
| 3 | 顶替液 | | 11 | 柴油 | 顶替生产管柱油管内体积 |
| 4 | 关井24h ||||| 
| 5 | 启动电动潜油泵返排并取样 |||||

试验后，通过测试作业后油井采出液离子发现，油井产出液中 $SO_4^{2-}$ 浓度从处理前的 690mg/L 增加到 4220mg/L，$Ba^{2+}$ 浓度从 0 增加到 1521mg/L，$Sr^{2+}$ 浓度从 36mg/L 增加到 1302mg/L，$Mg^{2+}$ 浓度变化不大，$Ca^{2+}$ 浓度稍微增加；通过离子浓度变化，预计溶解硫酸盐垢 90kg，取得一定除垢效果。

另外，在江苏油田也出现了硫酸盐结垢现象，由于长期进行注水开发，以 DT 断块、C3 断块为代表的多个油田地层、井筒及地面集输系统结垢严重，结垢物中主要含有 $BaSO_4$、$SrSO_4$、$CaSO_4$ 等硫酸盐垢，严重影响油田正常生产。硫酸盐垢溶解度极低，晶体结构致密、硬度高，难以清除。从硫酸盐防垢剂方面进行设计，采用高效防垢剂提前防控。

# 第二节　提高采收率工艺中的结垢及对策

油田开发中，常在二次采油和三次采油阶段，通过注入 $CO_2$、烃类等气体或聚合物—表面活性剂体系，在储层原位加热形成高温蒸汽等手段，以尽可能提高原油采出水平，被称为提高采收率(Enhanced Oil Recovery，EOR)。为了更好地起到洗油或驱替作用，注入介质常为与储层流体状态不同的混合物或处于高压、高温状态，此时注入介质与储层岩石的岩溶作用，或注入介质与储层流体的物理交换或化学反应，会造成盐垢等在储层、井筒等处聚集，影响正常生产。通过专门的 EOR 结垢分析与防垢工艺研究，可以扬长避短，最大限度发挥 EOR 的整体效果。

## 一、国内外 EOR 中的结垢及防治研究进展

主要从 $CO_2$ 驱、蒸汽驱和烃类驱等 3 个方面介绍 EOR 中的结垢防治情况。

### (一) $CO_2$ 驱工艺要求及特点

$CO_2$ 驱是当前世界范围内一项较为成熟、高效的采油技术。20多年来，世界注气采油特别是注 $CO_2$ 提高采收率技术项目逐年增加，已成为世界范围内提高原油产量的重要手段之一。

1. $CO_2$ 驱的超临界要求和效果

$CO_2$ 的主要优点是易于达到超临界状态。$CO_2$ 在温度高于临界温度 31.26℃ 和压力高于临界压力 7.2MPa 状态下，处于超临界状态，其性质会发生变化，其密度近于液体，黏度近于气体，扩散系数为液体的 100 倍，因而具有较大的溶解能力。原油溶有 $CO_2$ 时，其性质会发

生变化,甚至油藏性质也会得到改善,这就是 $CO_2$ 提高原油采收率的关键。

应用 $CO_2$ 提高采收率有混相驱和非混相驱两种驱油方式,注入方式有水与气交替注入和重力稳定注入。$CO_2$ 混相驱可以小规模实施,具有广阔的应用前景;$CO_2$ 非混相驱运用于整个油田,与混相驱相比,可以埋存大量的 $CO_2$。

同氮气、天然气相比,$CO_2$ 驱的最小混相压力(MMP)小,膨胀系数高,具有更好的驱油效果。由于低渗透油田一般都是能量供应不足,要实现 $CO_2$ 的混相驱,需要研究低渗透储层的破裂压力和 MMP 的大小关系,若是 MMP 的最小混相压力大于破裂压力,则不适合进行 $CO_2$ 混相驱。$CO_2$ 的 MMP 在各个区块大小都不相同,因此在进行混相驱之前,需要针对区块评价是否适合 $CO_2$ 混相驱。

关于混相驱的试验,就是驱替流体和被驱替流体(油)两者完全相互溶解,两相之间的界面张力等于零。$CO_2$ 混相驱油提高采收率便是 $CO_2$ 析取原油中的轻质组分,致使原油溶解重质成分能力下降,从而降低原油黏度,以及原油溶解 $CO_2$ 后体积膨胀,弹性能力增加,原油表面张力减小。

2. $CO_2$ 驱对结垢的影响

开展 $CO_2$ 驱的油田普遍存在结垢情况,主要是 $CO_2$ 腐蚀产物、水质腐蚀产物及 $CaCO_3$、$MgCO_3$ 等无机垢的沉积。垢质附着在套管、油管及地面设备和管道壁上,严重影响注采井的正常运行和安全平稳生产。由于水质、温度、井筒轨迹的不同,各个油田、各个区块油井结垢的状况、结垢时机、结垢条件是不尽相同的,所以不同油田、不同区块、不同开采方式注采井防垢方法也不尽相同[27-29]。

当采用 $CO_2$ 驱或 $CO_2$ 吞吐技术采油时,$CO_2$ 注入储层后,溶于地层水形成碳酸,碳酸两步离解生成 $HCO_3^-$ 和 $CO_3^{2-}$,增加了地层流体的酸度。一方面,会加剧井筒腐蚀,造成井下管柱的腐蚀穿孔、变形、断落,严重影响注采井的正常生产;另一方面,酸性流体会与储层岩石发生物理化学反应,减少 $CaCO_3$ 垢的同时,$CO_2$ 可能会导致其他类型垢的增加。有研究认为,$CO_2$ 驱中 pH 值降低,可增大已有 $BaSO_4$ 垢的溶解度,并降低结垢速率。但也有研究认为,$CO_2$ 注入增加了成核的垢晶数量,可将 $BaSO_4$ 结垢速率提高 15%[30-31]。

如 20 世纪 80 年代,Ramsey 等研究发现,美国科罗拉多州某油田在 $CO_2$ 驱先导试验中 $BaSO_4$ 结垢问题突然加剧,而同一生产系统在数年前,已通过防垢剂有效地控制了 $BaSO_4$ 垢。为此,专门立项研究 $CO_2$ 驱过程中对 $BaSO_4$ 防垢剂的性能影响,pH 值从 7 降低到 4,PAA、HEDP 和 DETAPMPA 等 5 种不同防垢剂的效果都有明显降低,需要通过提高加注浓度来进行补偿[32]。

在我国大庆油田、胜利油田、吉林油田、江苏油田等不同区块开展了 $CO_2$ 驱油先导性实践工作。在 $CO_2$ 驱工艺应用过程中,不同程度地出现了注采井结垢问题,它们主要是无机垢。

目前,对 $CO_2$ 驱的结垢防治主要是对 $CO_2$ 驱注采生产系统(地层、井筒、地面系统)的结垢现状进行全面调查,掌握结垢方面的数据资料,分析垢样组成和地层水、采出液水样;根据离解平衡理论、热力学、结晶动力学和流体动力学理论,研究 $CO_2$ 驱注采生产系统的结垢趋势及影响结垢的因素,制定结垢防治对策。注采井筒结垢的治理是预防为主。井筒、集输管线发生垢堵后,可根据垢样的成分采取合适的酸溶液进行清洗。

## (二) 吉林油田 $CO_2$ 驱的结垢问题

近年来，吉林油田作为中国石油 $CO_2$ 驱油开发试验的研究基地，先后在黑46站、黑59站等试验区开展先导性驱油试验。自开展试验以来，试验区井筒及地面系统 $CO_2$ 腐蚀、结垢问题日益严重。

### 1. 油井结垢的部位分析

1) 井径测井

油井测试结果表明，井筒结垢主要集中在1770~2150m井段（在动液面以下100m，射孔层段以上），套管内壁普遍结垢。

表 6-25 黑1-1油井修井记录

| 射孔层段 | 投产时间 | 综合含水率(%) | 动液面(m) | 修井时间 | 修井原因 | 影响因素 | 现场描述 |
| --- | --- | --- | --- | --- | --- | --- | --- |
| 青一段Ⅱ 2112~2116.8m 青一段Ⅳ 2154.6~2156.8m | 2008-6-4 | 91.5 | 1678 | 2010-6-8 | 杆断 | 疲劳 | 第145根油杆接箍脱，未更换杆 |
| | | | | 2011-1-28 | 杆断 | 疲劳 | 活塞阀门罩断，未更换杆、管 |
| | | | | 2011-3-31 | 卡泵 | 腐蚀结垢 | 杆、管无结垢现象，花管内、泵筒内结垢严重，活塞被卡在工作筒内，花管被垢片堵死 |

2) 作业统计

根据调查，采油厂油井的结垢部位主要集中在油井泵下尾管、油管尾接管的下部筛管网眼、阀门座等处，油井的500~1200m以下抽油杆上、油管外壁、泵筒内部结垢严重，井筒上部不易结垢。

现场产出井中，油井腐蚀结垢严重的部位集中在下部，且腐蚀结垢严重段的深度基本上在1000m以下（表6-25）。

表 6-26 结垢组分分析统计　　　　　　　　　　　　　单位：%

| 井号 | $CaCO_3$ | FeS | $FeCO_3$ | 水合氧化铁 | 酸不溶物 |
| --- | --- | --- | --- | --- | --- |
| 黑1-2尾管污物 | 5 | 0 | 7.25 | 8.6 | 79.2 |
| 黑1-2尾管 | 80 | 0 | 3.1 | 1.9 | 14.98 |
| 黑1-2阀门座垢层 | 93.47 | 0 | 0 | 0 | 6.53 |
| 黑1-3阀门座垢层 | 94.88 | 0 | 0 | 0 | 5.12 |
| 黑1-3阀门座垢层 | 93.73 | 0 | 0 | 0 | 6.27 |

3) 结垢井结垢主控因素分析

根据数据分析，油井尾管及泵入口处以纯无机垢为主，主要是由于压力突降破坏流体中离子的平衡导致结垢（表6-26）。地层的砂岩碎屑、黏土等加速垢形成。

## 2. 现场注入井水结垢原因分析

为了扩大 $CO_2$ 波及体积，黑 2 南及黑 2 北 $CO_2$ 试验区先后开展水气交替注入。黑 2 南 $CO_2$ 试验区 2012 年开始有 4 口井正式实施水气交替注入工艺，其余注气井因气源供应问题及"高部位注气、低部位注水"措施也都进行过临时或长期注水。2012 年 5 月以来，先后有黑 2-2、黑 2-3、黑 2-4、黑 2-5 和黑 2-6 5 口井出现了注水欠注现象，对 5 口注水欠注井转注动态数据及试注气情况分析表明，5 口井井筒均未发生堵塞，堵塞位置位于近井地带。

黑 2 南 $CO_2$ 试验区共有 5 个注气井组，其中 1#注入水来自青联，2-5#注入水来自黑 2 水站。黑 2 北共有 10 口注入井水源均来自青联。

1) 水质的影响

2012 年 11 月、2013 年 3 月和 2013 年 8 月分别对黑 2 南及黑 2 小井距注入水样中离子进行分析，注入水中 $Fe^{2+}$、$Ca^{2+}$ 和 $Cl^-$ 等含量高（表 6-27），其中 SRB、$Fe^{2+}$、腐蚀速率严重超标。

表 6-27 注入水水质分析

| 分析项目 | 清水 | 5 号井组 黑 2-3 | 青联 | 1 号井组 黑 2-3 | SY/T 5329—2012 |
|---|---|---|---|---|---|
| pH 值 | 7.1 | 7.2 | 7.2 | 7.2 | 7.2 | 7±0.5 |
| $Ca^{2+}$(mg/L) | 84.37 | 52.32 | 59.36 | 83.35 | 60.16 | — |
| $Mg^{2+}$(mg/L) | 0 | 0 | 0 | 13.53 | 0 | |
| $Cl^-$(mg/L) | 212.7 | 3428.36 | 3564.4 | 4388.73 | 4431.25 | |
| $CO_3^{2-}$(mg/L) | 0 | 0 | 0 | 75.01 | 61.42 | |
| $HCO_3^-$(mg/L) | 217.3 | 1477.16 | 1564.24 | 1403.45 | 2777.72 | |
| $Fe^{2+}$(mg/L) | 0.1 | 15 | 1 | | | ≤0.5 |
| 总铁(mg/L) | 0.2 | 15 | 1 | | | |
| SRB(个/mL) | — | — | — | | | <25 |
| 机械杂质(mg/L) | — | — | — | | | <10 |

2) 固体杂质的影响

水中固相颗粒分布范围较宽，最大可达到 100μm 以上，粒径中值和分选系数表明，黑 2 净化站水质相对颗粒分布范围窄且集中，水质中存在 $CaCO_3$ 固相及机械杂质，随注水过程可对储层深部造成堵塞或结垢。

3) 水质配伍性的影响

以不同混合比例，对注入水（注入清水、注入污水）进行混合配伍实验，结果见表 6-28。

表 6-28 地层温度下注入水配伍性实验

| 黑 2 清水 : 黑 2 污水 | $Ca^{2+}$(常温)(mg/L) | $Ca^{2+}$(地层温度)(mg/L) | $Ca^{2+}$ 沉积 |
|---|---|---|---|
| 1 : 0 | 72.54 | 2.7966 | 0.96 |
| 0 : 1 | 61.12 | 0.7865 | 0.99 |
| 1 : 1 | 64.48 | 0.6999 | 0.99 |

续表

| 黑2清水:黑2污水 | Ca$^{2+}$(常温)(mg/L) | Ca$^{2+}$(地层温度)(mg/L) | Ca$^{2+}$沉积 |
|---|---|---|---|
| 1:2 | 59.87 | 0.5723 | 0.99 |
| 1:3 | 59.39 | 0.7207 | 0.99 |
| 1:4 | 62.8 | 3.3603 | 0.95 |
| 2:1 | 58.31 | 1.4634 | 0.97 |
| 3:1 | 63.24 | 0.7961 | 0.99 |
| 4:1 | 67.25 | 0.7348 | 0.99 |
| 5:1 | 65.73 | 2.349 | 0.96 |

水质配伍性实验表明，注入清水与注入污水不配伍，混合后钙离子易沉积，温度越高沉积率越大，结垢趋势越明显。与盐酸反应所形成 $CO_2$ 量增多，由此可见，固相 $CaCO_3$ 注入地层中与地层中油相混合将形成 $CaCO_3$ 结垢堵塞孔隙。实验表明，黑2区块注入水与黑2区块的地层水配伍性差，两种水进入地层后产生了 $Ca^{2+}$ 沉积，沉积率高达71.18%（表6-29）。

表6-29 注入水与采出水配伍性实验

| 试样 | 配伍比例 | 分析项目 ||| |
|---|---|---|---|---|---|
| | | Ca$^{2+}$(mg/L) || Ca$^{2+}$(mg/L) | Ca$^{2+}$沉积率(%) |
| | | 常温 | 实验温度90℃、24h | | |
| 注入水:黑3采出水 | 1:1 | 91.78 | 26.45 | 65.33 | 71.18 |

3. 防垢技术研究

吉林油田主要研究化学药剂抑制注采井的结垢。从注入水与采出水水质分析数据可知，采出水中 $Ca^{2+}$ 浓度显著降低，为了筛选出适合吉林油田现场水质的 $CaCO_3$ 防垢剂，对6种防垢剂进行了筛选。

在鼓泡实验中，当防垢剂的浓度为10mg/L时，HEDP溶液中 $Ca^{2+}$ 浓度变化最小，其次是PBTCA和ATMP，这说明在鼓泡实验中，HEDP的防垢率最高，其次是PBTCA和ATMP。在黑1水源井水防垢实验中，水源井水中 $Ca^{2+}$ 浓度为24mg/L，$CO_2$ 分压为16MPa、20MPa、24MPa、28MPa。实验结果表明，在某一恒定压力下，实验前后水中 $Ca^{2+}$ 浓度没有降低，说明在此条件下没有结垢，防垢率达到100%。

（三）长庆油田 $CO_2$ 驱的结垢问题

为提高低渗透油田原油采收率，在长庆姬塬油田 H* 区进行了 $CO_2$ 驱先导试验，为进一步推广积累经验。

$CO_2$ 注入含水层后，地层水中成垢离子浓度的增加会导致新矿物沉积。新生矿物或溶蚀碎屑在随流体运移过程中堵截储层孔喉，导致结垢。黄*先导试验驱地层水型为 $CaCl_2$ 型，矿化度高，平均78000mg/L（表6-30）。室内实验表明，超临界态 $CO_2$ 对地层原始矿物存在一定的溶蚀作用，随 $CO_2$ 分压增加，高矿化度环境的井筒、集输管线等腐蚀、结垢同时存在且较严重。预测碳酸盐的沉积主要发生在 $CO_2$ 压力急剧或明显降低的地方。

表6-30  H*区地层水离子成分　　　　　　　　　　　单位：mg/L

| 井号 | $Na^+/K^+$ | $Ca^{2+}/Mg^{2+}$ | $Sr^{2+}/Ba^{2+}$ | $Cl^-$ | $SO_4^{2-}$ | $HCO_3^-$ | 总矿化度 |
| --- | --- | --- | --- | --- | --- | --- | --- |
| Y52-8* | 28745.17 | 1506.61 | 5076.57 | 49499 | — | 129.48 | 84980.51 |
| F100-10* | 6062.29 | 7944.36 | 2293.58 | 23219.7 | 139.93 | 127.5 | 37493.83 |

**（四）稠油热采中的结垢与防治进展**

1. 中东地区稠油蒸汽驱中的结垢问题

Wang等在中东地区的稠油蒸汽驱过程中发现产生$CaSO_4$垢，急剧增加了油井停井时间。高温环境中，对$CaSO_4$防垢剂的热稳定性和与地层水相容性有很高的要求，且热降解会严重影响防垢剂的活性。

Barge等开展了蒸汽驱先导过程中的结垢复杂性研究[33-34]。例如，蒸汽随井下温度变化、蒸汽稀释及不同区域蒸汽混合导致的地层水中离子组成的变化。另外，20世纪80年代在Wafra油田开展了系列蒸汽驱研究。2006年，在Wafra油田始新统油藏开展了蒸汽驱先导试验(SST)，试验井组包括4口生产井、1口注入井和1口观察井。2006年2月开始连续注蒸汽，以约79.5m³/d水当量连续注入蒸汽，注入井口压力为4.13MPa，井口温度为82.2℃[35]。2006年末，停井时间大幅增加。随后的修井作业发现，生产油管下部的外表面沉积了大量硬石膏($CaSO_4$)垢。此外，每口小规模试采井井底发现了大量垢。对这些垢样进行分析，主要是$CaSO_4$垢和(或)腐蚀产物(主要是$Fe_2O_3$和FeS)。通过地球化学建模研究，发现硬石膏的形成主要是热区流体与较冷流体相遇的结果。由于硬石膏水垢溶解度与温度成反比，蒸汽驱形成的高温，导致蒸汽驱前原油藏较冷生产区产水内形成硬石膏垢。

2. 辽河油田稠油蒸汽辅助重力驱(SAGD)结垢问题

稠油油藏黏度高、成分复杂，注水开采已不能满足生产需求，而蒸汽驱开采，将蒸汽由注汽井注入地层，可不断提高地层周围的温度和pH值，降低含油饱和度，并将可流动性原油驱出，可有效提高原油采收率。

国内外研究表明，在高温高压碱性蒸汽的注入过程中，会引起储层内部固、液、气三相强烈的物理、化学作用，从而产生一系列复杂的水—岩、水—液、水—油反应[36]，尤其是水—岩反应，会使储层岩石的支撑方式、孔隙结构、喉道特征等物理几何形态发生改变。

辽河油田的齐40区块属高孔隙度、高渗透储层，内部断层广泛发育，非均质性强。65井组黏土矿物主要为蒙皂石，其次为伊利石、绿泥石、高岭石等。随着蒸汽的注入，高岭石逐渐减少，检2井(井距40m)的蒙皂石减少，而伊利石和绿泥石增多；齐40-1-301井(井距80m)和齐40-18-K281井(井距120m)恰恰相反，蒙皂石增多，而伊利石、高岭石、绿泥石减少。

刚注入的蒸汽会使周围地层形成高温(温度高于250℃)强碱性环境，处于该环境下的长石溶解量增加而提供$K^+$，蒙皂石呈不稳定性，易生成伊利石。而注采井距从40m至120m时，蒸汽的温度和pH值均降低而形成中低温(温度不高于250℃)碱—弱碱性环境，其中富含$Ca^{2+}$、$Na^+$、$Mg^{2+}$，但缺少$K^+$，伊利石进行去$K^+$反应转化成蒙皂石多为片状晶体的集合体，在蒸汽的长期作用下，集合体的晶体格架会遭到破坏而形成细小的微粒。随着油藏开发流体的驱动，形成的微粒易随蒸汽一起被驱出，导致地层中高岭石的相对含量下降，并且在

低温(温度低于250℃)碱性环境中,高岭石易溶解转化为蒙皂石,即

高岭石+Na$^+$(Ca$^{2+}$、Mg$^{2+}$)+H$_4$SiO$_4$——→Na(Ca、Mg)蒙皂石+H$^+$+H$_2$O

在辽河油田蒸汽驱试验中,黏土矿物在储层中既有建设作用,又有破坏作用。建设作用主要表现在黏土矿物可以胶结储层骨架颗粒,而破坏作用体现在对骨架颗粒和孔隙的伤害,即在高温高压碱性蒸汽的作用下,黏土矿物发生物理、化学变化,在生成新矿物的同时,一些矿物的形态会发生变化而发生结垢,堵塞孔喉。

## 二、长庆油田CO$_2$驱缓蚀防垢一体化剂的研制、合成

对目前工业上应用较广的防垢剂单体进行初选。实验选取工业膦酸酯防垢剂、马-丙共聚物(MA-AA)、聚天冬氨酸(PASP)、水解聚马来酸酐(HPMA)等9种防垢剂进行性能测试。结果表明,工业膦酸酯防垢剂、聚环氧琥珀酸和聚天冬氨酸阻钡锶垢性能最佳。由于高分子链的位阻效应,因此尝试将膦酸酯基团嫁接到缓蚀剂分子上,实现防垢功效。

### (一)缓蚀基团设计、制备

前期研究表明,油酸咪唑啉类缓蚀剂是目前最成熟的CO$_2$缓蚀剂,但超临界CO$_2$环境下,其缓蚀性能急剧下降[37]。考虑减少烷基链的长度,用苯甲酸取代长链脂肪酸,避免长链烷基与防垢剂缠绕,同时苯环与长链烷烃同样具有疏水性,还可增强缓蚀剂的吸附。另外,缓蚀剂分子中引入N、S、O等亲水性基团,可以通过诱导效应改变中心原子的吸附能力,形成多吸附中心,还可增强缓蚀剂的疏水效应,吸附膜更加完整,阻止腐蚀介质与金属表面接触。设计将硫脲基团嫁接在改性咪唑啉上,并再次嫁接磷羧酸酯基,进一步加强缓蚀性能,并获得兼具缓蚀与防垢性能的一体化药剂。

### (二)硫脲基咪唑啉磷酸酯的性能评价

首先通过红外光谱仪对合成产物进行表征,结果证实合成的产物为硫脲基咪唑啉磷酸酯目标分子。

1. 饱和CO$_2$模拟地层水中硫脲基咪唑啉磷酸酯的缓蚀性能

以CO$_2$饱和的模拟地层水为腐蚀介质,控制温度为40℃,采用失重挂片评价N80碳钢的腐蚀速率,并评价新产物的钡锶防垢率。结果表明,硫脲基咪唑啉磷酸酯在常压状态下,缓蚀性能较好,兼具一定的钡锶防垢性能。加量为100mg/L时,腐蚀速率小于0.076mm/a,钡锶防垢率为27%。进一步复配聚环氧琥珀酸提高防垢效果。

电化学测试结果表明,硫脲基咪唑啉磷酸酯的加入,对腐蚀反应的阴阳极过程均有一定的抑制作用,但添加缓蚀剂后,体系的自腐蚀电位显著正移,表明该产物是抑制阳极为主的混合抑制型缓蚀剂,且聚环氧琥珀酸的复配可以降低腐蚀电流密度,表明二者可以发挥协同效应。

2. 高压CO$_2$地层水中主体分子的缓蚀性能

在CO$_2$分压为3MPa、温度为65℃时,评价其抑制高压CO$_2$腐蚀的作用,并进一步探索与聚环氧琥珀酸之间的协同性。结果表明,在高压CO$_2$条件下,硫脲基咪唑啉磷酸酯具有较好的缓蚀效果,且能与聚环氧琥珀酸具有协同作用。

3. 一体化试剂复配优化

由于杂环季铵盐具有显著的抗高温CO$_2$腐蚀性能,而喹啉具有毒性低、生物容忍性好的

特点。喹啉季铵盐在酸液中可以解离出分子量较大的季氮阳离子和分子量较小的无机 $Cl^-$；季氮阳离子含有一个憎水基团和以氮原子为中心的亲水基团，使得该离子具有强烈的表面活性作用，易于吸附在钢铁表面；$Cl^-$ 在金属表面产生特性吸附，钢片界面的零电荷电位向负方向移动，使季氮阳离子通过静电引力吸附在钢片表面（物理吸附）；该季氮阳离子中含有两个苯环结构，苯环具有较高的电子云密度，可以和 Fe 原子的 d 空轨道形成配位键，产生强烈的化学吸附。这些都使得铁离子化反应的活化能大大提高，而抑制了阳极反应，减缓了钢片的腐蚀。

季氮阳离子的疏水基团还能形成疏水薄膜，膜的覆盖屏蔽了电荷或物质的移动，同时抑制腐蚀反应的阳、阴极过程。季氮阳离子在金属表面的吸附构成了静电模型，其周围有起屏蔽效应的正电场存在，阻碍了 $H^+$ 在金属表面的阴极过程，也抑制了腐蚀反应的阴极过程。

最终的一体化药剂以硫脲基咪唑啉磷酸酯为主体，复配喹啉季铵盐、聚环氧琥珀酸和异丙醇、表面活性剂、乙酸等助剂。

利用挂片失重法，对一体化药剂进行缓蚀性能评价，按照 SY/T 5673—2020 标准《油田用防垢剂通用技术条件》，采用油田实际水样，并尽可能模拟现场实际工况条件。结果显示，在 80℃，$CO_2$ 分压为 9MPa 时，添加 300mg/L 一体化试剂，腐蚀速率为 0.10mm/a，钡锶防垢率大于 70%，综合防垢率大于 99%。

根据现场生产过程添加缓蚀剂、破乳剂等需求，评价了一体化药剂与破乳剂、防蜡剂、杀菌剂之间的配伍性。其中：破乳剂选用聚氧乙烯聚氧丙烯十八醇醚，添加浓度为 100mg/L；杀菌剂选用 1227，添加浓度为 50mg/L，评价对 SRB 的杀灭效果；防蜡剂选用 OP-10，添加浓度为 100mg/L；缓蚀剂选用一体化药剂，添加浓度为 300mg/L。评价结果显示，选用的破乳剂、防蜡剂和杀菌剂与一体化药剂具有良好的配伍性。

### （三）下步需要解决的技术问题

基于上述理论及路线，制备的一体化药剂基本满足恶劣工况需要，但是一体化试剂本身还存在一些尚待研究的技术问题。

（1）缓蚀剂与防垢剂不配伍的实质原因尚不能确认。前期探索认为，缓蚀剂与防垢剂不配伍的原因是由电荷不平衡而导致二者紧密结合，进而发生分子链的缠绕，絮凝析出。按照该思路，同类型的阳离子缓蚀剂与高分子防垢剂共混后，会发生絮凝问题，采用阳离子型缓蚀剂（如炔氧甲基季铵盐等）与高分子防垢剂进行配伍，发现两者配伍性良好，说明缓蚀剂与防垢剂发生絮凝问题的根本原因还有待进一步的验证和探索。

（2）缓蚀防垢一体化剂的理化性能稳定性。对于水溶性防垢剂、油溶性季铵盐、多种溶剂和助剂制成的一体化剂，当储存条件发生恶劣变化时，例如极寒条件下，体系会发生物理性沉降，虽然在温度升高时可以恢复，但是也会对冬季的正常使用和储存条件提出更高的要求。

（3）兼具缓蚀和防垢性能的主体分子需要提高防腐和防垢性能。将磷酸酯基嫁接到缓蚀剂分子上，得到的主体功能分子既可以起到缓蚀效果，也能够发挥防垢作用，但是防垢能力还需进一步提升，以减少复配药剂的使用量。

## 第三节　气井除垢解堵技术

天然气钻探和开采过程中，使用的钻(完)井液、压井液、缓蚀剂和泡排剂等工作液，或过饱和的地层水，多层间不配伍组分的无机、有机产物沉积会造成近井地带、井筒以及地面设备堵塞，给气井生产带来一系列问题(图6-14)。此外，低渗透气田往往储层非均质性较强，随着气田开发期延长，气井产出地层水或凝析液等可能导致储层含水饱和度增加，随之而来的反渗吸水锁等现象，也影响到气井产能的发挥。

图6-14　长庆气田气井油管、集输管线结垢图

国内外气田针对气井结垢、堵塞的问题，开展了气井机械解堵、化学剂解堵等技术研究，以解除气井近井地带、井筒堵塞，消除堵塞对气井产能发挥的影响。

### 一、气井除垢解堵技术与应用

中东Khuff、Ghawar等油气田的气井生产管柱结垢，针对气井结垢问题，开展了结垢预测和解堵技术研究与应用，Nalco公司开展了水合物抑制剂对解堵剂影响研究。

#### (一) 中东油田凝析气井结垢分析及除垢方法

**1. Khuff凝析气田的结垢预测和防垢**[38-39]

中东Khuff凝析气田的产出气中$H_2S$含量为10%(摩尔分数)，$CO_2$含量为4%~5%(摩尔分数)，管柱为C95抗硫材质。产水量(凝析水或地层水)范围为0.32~15.9t/d。凝析液气比为168.4~1403t/m³。

对开采Khuff储层的4口井水样进行了井下、地面采样，分析表明，A井水样为储层水，B井、C井和D井水样为凝析水。对同一口井的井下和地面水样，对比其化学成分，发现9种离子的整体变化趋势相似，但具体浓度值的差异显著，分析原因是井下和地面两种不同工况条件下，水分蒸发和垢沉积程度存在显著差异(图6-15)。

A井、B井和C井的水质分析数据表明，生产管柱中存在中等—严重程度的垢沉积，这一判断由通井、井径测井和固体样品分析等数据得到证实。而D井水样分析表明，该井生产管柱中无结垢沉积。

使用OLI ScaleChem(2001)结垢预测软件，输入储层水样的水质分析数据，模拟地层砂面区的沉积环境，预测生产系统不同环节可能出现的垢类型。其中，通过计算过饱和化合物的沉积速率，从储层水样成分中去除过饱和沉淀的化合物，以此来预测计算生产管柱的结垢情况。

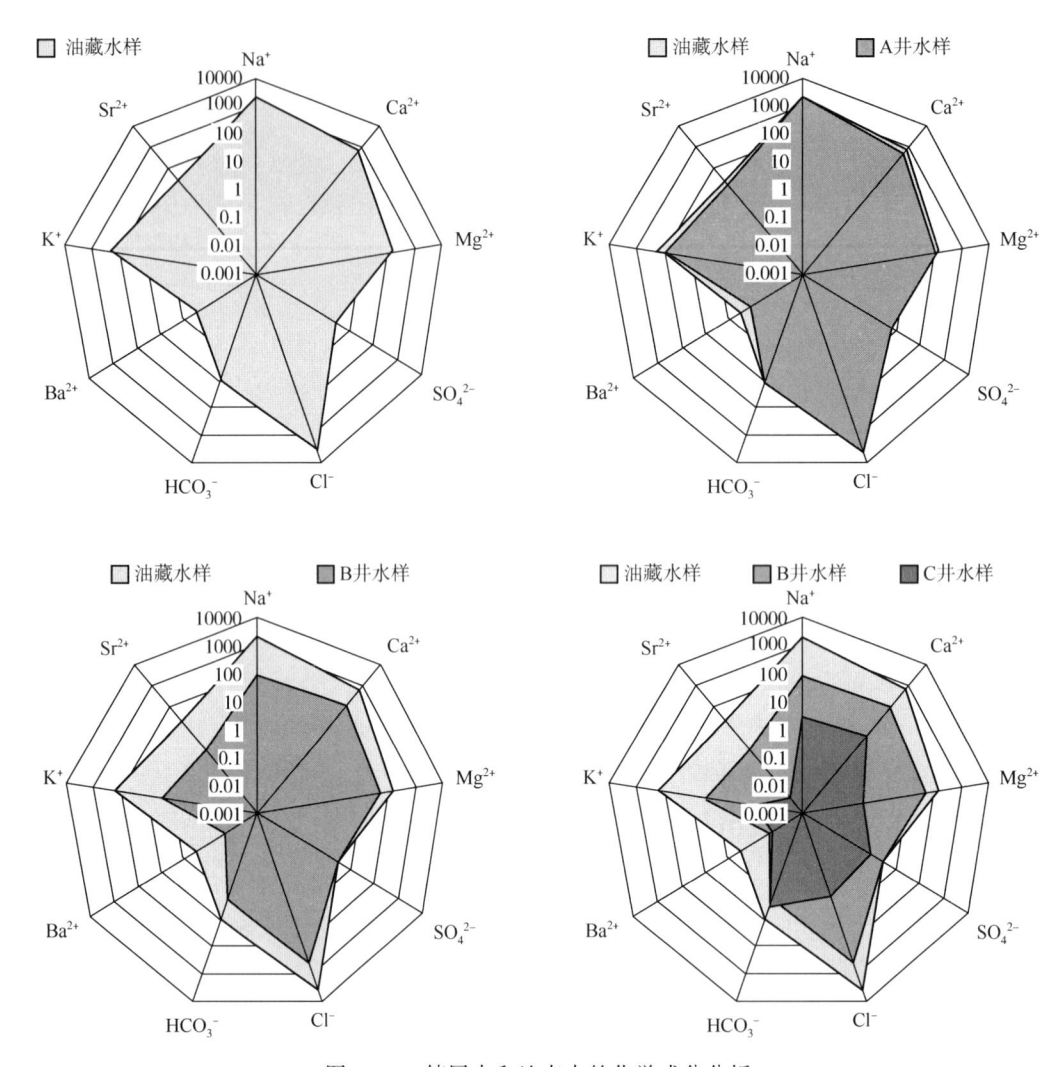

图 6-15 储层水和地表水的化学成分分析

模拟条件为：$CO_2$ 和 $H_2S$ 浓度分别为 3.2mg/L 和 26.8mg/L，储层温度为 132℃，储层压力衰减从 56MPa 降至 7MPa。考虑到气井产出液中地层黏土、管柱腐蚀及钻井、完井和压裂液体中都可能引入 $Fe^{2+}$，向水样化学组成中加入 0~150mg/L 的 $Fe^{2+}$。模拟结果显示，储层内最有可能沉积 $CaCO_3$ 和 FeS 垢，生产管柱中最有可能沉积 FeS、FeO、$CaCO_3$ 和 $BaSO_4$ 垢。

在同一口井的不同深度段会沉积不同类型的垢，但由于产出流体的流动能力，会有一定量的垢输送到地表。C 井生产管柱沉积的垢是 FeS 和 $CaCO_3$。没有 $Fe^{2+}$ 时，$CaCO_3$ 垢有最大沉积速率。当 $Fe^{2+}$ 的量与 FeS 垢的沉积速率一起增加时，情况正好相反。

模拟 $Fe^{2+}$ 含量为 30~150mg/L 的储层水时，在储层附近最有可能沉淀的垢虽然是 $BaSO_4$ 和 FeS、$CaCO_3$，但在高温高压地层，$Fe^{2+}$ 的化合物成为主要沉淀（FeO 或 FeS，FeS 沉积速率随着 $Fe^{2+}$ 浓度的增加和温度的降低而增加）。$Fe^{2+}$ 同时影响 $BaSO_4$ 和 $CaCO_3$ 的沉积，即 $BaSO_4$ 在温度达到 93℃ 或更高时达到过饱和状态。而 $Fe^{2+}$ 含量的升高，会使得储层区的 $CaCO_3$ 沉积速率和沉积量降低，而生产管柱流体内的 $CaCO_3$ 沉淀量相应增加。

井筒压力和温度的变化也直接影响结垢的类型和程度，$BaSO_4$ 和 FeO 更可能在低于 93℃

的温度下出现，而 FeS 和 CaCO₃ 的成垢则与 Ca²⁺、Fe²⁺、Fe³⁺、HCO₃⁻的浓度密切相关，可能在各种条件下出现。

2. 清垢解堵技术分析

中东地区的 Ghawar 油田生产管柱中 FeS 垢沉积导致无法进入井筒，需要进行复杂耗时的清理工作[40]。

现场使用的除垢措施主要是机械清除和化学溶解的组合方法。连续油管连接清垢工具，在磨铣硬质垢的同时，边循环出固体物质，边泵送溶垢化学剂，以完全溶解或软化管柱中的垢。高产油井的连续油管机械清垢作业虽然清垢效率高、效果好，但作业成本较高，存在连续油管堵塞等安全风险。另外，生产管柱化学除垢方法对筛管垢的效果比较有限，清垢化学剂还可能造成储层伤害，并影响油井产量。

1）酸洗除 FeS 垢

无机酸溶解 FeS 的反应式以及该反应的速率 $v$，分别如下：

$$FeS + 2H^+ \Longleftrightarrow H_2S + Fe^{2+}$$

$$v = k_f [H^+] - k_r [Fe^{2+}]^{0.5} (p_{H_2S})^{0.5}$$

其中，$k_f$ 和 $k_r$ 分别是正向反应和逆向反应的速率常数。

从反应速率公式可以推断：使用浓酸，特别是浓硫酸和浓盐酸，可以提高 FeS 的溶解速率；$H_2S$ 的积聚和游离 $Fe^{2+}$ 的减少都会降低酸的反应速率，所以清除 $H_2S$ 和使用强螯合剂控制游离的 $Fe^{2+}$，都有利于溶解 FeS 垢。

在化学溶垢作业期间，为避免高浓度酸腐蚀油套管，一般挤入盐酸的浓度为 15%~20%，其中还含有缓蚀防垢剂、水润湿表面活性剂，以除去 FeS 垢表面的沉积物和有机质。而 FeS 的酸反应过程，会释放有毒和腐蚀性的 $H_2S$ 气体。一旦反应中残酸液的低 pH 值无法保持，并且 pH 值升高到 1.9 以上后，如果存在 $Fe^{3+}$ 会与 $H_2S$ 反应，二次沉淀析出单质硫和 FeS。

$$2Fe^{3+} + S^{2-} \Longleftrightarrow 2Fe^{2+} + S$$

单质硫不溶于盐酸，其沉淀会导致地层伤害。因此，在酸液配方中还要添加适当的 $H_2S$ 清除剂，如醛、酮和肟等几种。

酸液配方为：1%（体积比，以下同）$H_2S$ 清除剂、0.1%~0.2%酸液缓蚀剂、2%水润湿表面活性剂和 2%减阻剂，余量为 20%（质量分数）盐酸。实际应用中，应特别注意 $H_2S$ 清除剂浓度不能过高。另外，还应注意清除反应产物在产出流体中的溶解度。例如，甲醛与 $H_2S$ 在酸性环境下反应，生成不溶于酸、水或烃的三噻烷；乙醛与 $H_2S$ 反应会生产油基物质。如果措施作业中，不返排出井筒，这些反应产物的沉淀会造成地层伤害。

2）地层 FeS 的溶垢

挤注溶解井下 FeS 垢时，措施液的基本配方为：缓蚀防垢剂、四羟甲基硫酸磷（THPS）和表面活性剂。缓蚀防垢剂用于控制降低 $Fe^{2+}$ 含量，表面活性剂用于将油润湿的 FeS 颗粒改变为水润湿。THPS 是一种环境友好型的 FeS 去除剂，与 FeS 中的 $Fe^{2+}$ 可以反应形成水溶性的络合物，当有 $NH_4^+$ 时，效果更好。THPS 还可用作 SRB 杀菌剂，但应避免 THPS 在空气中氧化而变成无效的杀菌剂。Nasr-El-Din 等研究发现，使用高浓度的 THPS 会造成砂岩储层的伤害问题[41]。

## (二) 水合物抑制剂对气井解堵剂的影响

生产气井在伴生地层水时，会出现水合物堵塞，此时需要加注水合物抑制剂以控制水合物的形成。常用的热力学水合物抑制剂有甲醇和乙二醇、丙三醇等。它们的作用机理是与水形成氢键，或与盐离子形成强库仑键，这些键与水合物键竞争并防止水合物形成，直至达到更低的温度。

Kan 等[36]系统研究了水合物抑制剂对 $BaSO_4$ 和方解石的成核动力学和抑制作用。水合物抑制剂对 $BaSO_4$ 溶解度影响很大，但对成核动力学和抑制的影响更为显著。为了掌握气井溶垢措施全过程中水合物抑制剂对溶垢剂的影响，Williams 等开展了甲醇和乙二醇对 $CaCO_3$ 溶垢剂(有机酸混合物为主)和 $BaSO_4$ 溶垢剂(2%KCl 与螯合剂组成)的性能研究，发现：

(1) 甲醇和乙二醇对 $BaSO_4$ 溶垢剂作用。在电解质溶液中，甲醇和乙二醇起到助溶剂作用，影响离子活动，显著降低了 $CaCO_3$、$BaSO_4$ 的溶解度，并增加其结垢倾向。具体的认识有：①在溶垢措施之前和措施初期，已存在的甲醇或乙二醇对溶垢剂性能的影响较小；②措施中，甲醇或乙醇的引入则会造成溶垢速率的严重降低，主要原因是其对 $BaSO_4$ 溶解动力学有减速作用。对比溶垢剂性能的降低程度，甲醇和乙二醇在 24h 内没有显著差异，但整个测试期间都存在甲醇和乙二醇时，会增大 $BaSO_4$ 的总溶解量。

(2) 甲醇和乙二醇对 $CaCO_3$ 溶垢剂作用。在 $CaCO_3$ 溶垢剂的作业中，甲醇和乙二醇会降低已溶垢的溶解度，导致溶解性钙化物的再沉淀。此外，与乙二醇相比，甲醇更严重地降低了溶垢剂与 $CaCO_3$ 垢反应的溶解速率和溶解度。

## (三) 国内气田的除垢解堵试验

与油田开发的注水采油等结垢情况类似，气田进入开发中后期，采用泡排、机抽等排水工艺及加注缓蚀剂等防腐工艺时，由于压力、温度等条件的变化以及水的热力学不稳定性和化学不相容性，往往造成井筒、地面设备堵塞、结垢，需要及时采取除垢解堵措施。

### 1. 蜀南气矿

蜀南气矿具有 50 多年的开发历史，一些气井不同程度地出现带水现象，采出的气田水矿化度较高，达 32000～78000mg/L。这些温度高达 60～70℃的采出水经过输送管线汇集后从回注井重新注入地层。井筒产出液在流动过程中结垢，导致气井井筒及地面集输管线、回注井等均不同程度受到影响。

1) 井筒结垢机理

以蜀南气矿 26 井、桐 18 井、付 1 井、合 8 井、H1 井等具有典型结垢特征的回注井，开展井筒结垢机理研究。

合 8 井检修期间取得其井筒垢样，采用 X 射线衍射仪进行分析，主要成分分别为 $CaCO_3$ 晶体、$MgCO_3$ 晶体、$Fe_2O_3$、$SrO$、$BaSO_4$ 晶体、$FeS$、$Cr_2O_3$ 以及它们的混合晶体。

这些地层水样均属于典型的 $CaCl_2$ 水型，垢样成分主要包括 $CaCO_3$、$MgCO_3$、$SrCO_3$、$BaSO_4$、$CaSO_4$、$SrSO_4$、$FeS$、$Fe_3O_4$ 及其他菌类代谢物等，其中 $CaCO_3$ 更突出。

从整个结垢部位预测和结垢量大小来分析，井筒结垢量最大的部位在靠近井底 500m 的范围内。原因是井底温度高，而其中 $CO_2$ 的含量小，压力不够高。

2）防垢剂筛选和复配

对油田常用防 $CaCO_3$ 垢效果较好的防垢剂聚丙烯酸钠（PAAS）、氨基三亚甲基膦酸（ATMP）、羟基亚乙基二膦酸（HEDP）、乙二胺四亚甲基膦酸钠（EDTMPS）、水解聚马来酸酐（HPMA）等进行单剂防 $CaSO_4$ 垢实验。HPMA 防垢效果最差，ATMP 和 PAAS 效果较好，HEDP 和 EDTMPS 效果更优。再对 PAAS、HEDP 和 EDTMPS 进行复配，表明复配的防垢剂防垢效果优于单剂。

在付 1 井、井 26/桐 18 井还进行了固体防垢块试验，以聚乙烯醇（PVA1799）为载体，聚丙烯酸钠（PAAS）和苯并三氮唑为防垢剂和缓蚀剂可以达到防垢效果，制作的固体防垢块的防垢率可达到 80% 以上，缓蚀率达 57%。

针对气田采出水回注井的防垢措施，综合考虑防垢措施包括以下方面：合理选择气田水回注井；注意回注水与地层水配伍性；采取措施降低回注水温度；提高回注水流速和压力；在地面对回注水进行预处理（固体杂质的去除、$H_2S$ 去除、杀菌）；井筒酸洗除垢；防垢剂防垢措施。

2. 迪那 2 气田

地处塔里木盆地的迪那 2 气田，储层属于致密砂岩气藏，储层裂缝发育，非均质性强，岩性以粉砂岩和细砂岩为主。自 2009 年 6 月投产以来，一直保持高产稳产，随着开采时间和开发程度的增加，井筒堵塞是目前面临的主要生产问题之一。

迪那 2 气田大部分气井采用筛管完井，筛管孔眼直径为 3mm。统计数据发现，筛管完井管柱更加容易发生堵塞。修井作业发现，筛管孔眼被砂粒堵死，筛管表面附着一层垢样。

截至 2017 年，迪那 2 气田共有 21 口井出现油压产量异常和通井遇阻情况，前期在井口取得少量地层砂样，并且油嘴存在冲蚀现象，初步判断地层出砂造成了井筒堵塞。后来在连续油管冲砂及修井过程中，发现了垢及其他物质成分的堵塞物。迪那 2 气田井筒堵塞是由多种因素造成的。

1）井筒垢样分析

迪那 2 气田自投产以来获取的井口异物样品、措施作业中获取的堵塞物样品共有 67 个，化验 30 井次。这些样品的主要成分为 $SiO_2$、$CaCO_3$ 和有机物（图 6-16、图 6-17）。

图 6-16 井口获取的异物

图 6-17 措施作业中井内获取的异物

2) 解堵液研发

合适的螯合剂配合弱酸是解堵液的基本配方, 筛选出好的螯合剂是研制解堵液的关键。从常用螯合剂 EDTA、HEDTA、EDTA·2Na 和 NTA 等中, 优选出对 $Ca^{2+}$、$Al^{3+}$、$Fe^{3+}$ 综合螯合能力最好的螯合剂 CA-5。形成两种高温井筒解堵液体系: 8%弱酸 A2+3%HF+5%螯合剂 CA-5 和 3%HF+10%螯合剂 CA-5。

3) 现场应用

DN2-3C 井投产初期, 日产气 $54 \times 10^4 m^3$, 油压为 79.81MPa。因井筒堵塞, 造成油压、产量波动下降; 开展了多次放喷排砂解堵措施, 效果不明显; 对封隔器以下油管进行穿孔作业, 油压、产量上升后即快速下降, 稳产期短。2017 年, 从油管中挤注 10%CA-5+3%HF 解堵液体系 $20m^3$, 关井反应 5h, 对井筒堵塞物进行溶解, 然后放喷, 油压从 13.32MPa 升至 43.68MPa、日产油从 13t 升至 32t、日产气从 $151283m^3$ 升至 $383765m^3$, 油压、日产油及日产气分别增加 3.3 倍、2.5 倍及 2.5 倍。

解堵后, 累计生产 70 天, 油压、产量稳定。该解堵液体系可以与连续油管冲砂配合使用, 可实现更好的井筒解堵效果。

3. 元坝气田

元坝气田是碳酸盐岩气藏, 主要生产层位为二叠系长兴组气藏。前期投产的 32 口井中, 已发生 13 口井 27 次堵塞, 其中 5 口井 8 井次为水合物堵塞; 而 8 口井 19 井次为井筒复合堵塞, 堵塞物呈墨黑色, 并有沥青气味, 井筒堵塞物造成气井难以正常生产。

通过成分分析, 堵塞物以沥青质为主, 在酸液体系配方中增加有机物解堵剂或沥青质清除剂, 以溶解井筒沥青质复合堵塞物及井筒附近的地层。开展活性剂和有机物降解剂优选, 形成高效解堵酸配方: 5%盐酸+10%主乳化剂+0.4%助乳化剂+43%特效有机溶剂+0.1%有机盐+10%互溶剂+4%高温缓蚀剂+0.8%铁离子稳定剂+0.1%消泡剂+水。解堵剂注入井筒, 油接触管壁, 酸被隔离, 防止了酸对管柱的腐蚀。

元坝 2X 井自投产以来, 已分别进行了 4 次常规酸化解堵, 酸化规模分别为 $25m^3$、$40m^3$、$20m^3$ 和 $30m^3$, 解堵后有效期最长 73 天, 最短仅 28 天。采用有机解堵剂+无机解堵剂+连续油管施工工艺, 连续油管在 6380m 遇阻, 反复开展上提下放、循环冲洗等均无法通过遇阻点。再次注入有机解堵剂, 堵塞物迅速被溶解, 连续油管顺利下放至 6438m (管柱底界 6408m), 成功解除井筒堵塞。气井产量恢复到 $55 \times 10^4 m^3/d$ 左右, 气井油压恢复到 40MPa 以上。

4. 普光气田

作为国内已投产规模最大的海相整装高含硫气田, 普光气田投产 10 多年来, 随着地层压力的降低, 部分气井井底、近井口、地面三级节流管汇出现了不同类别、不同程度的堵塞。通过成分分析, 明确地面流程堵塞物为单质硫、有机物混合物; 井筒堵塞物为 $CaCO_3$、有机物混合物。

(1) 高效溶硫体系研发。以高效、低毒溶硫为目标, 设计了"二元胺+多元胺"为主剂的组合。同时, 考虑橡胶件低伤害、易泵送、快速溶硫的目的, 引入稀释剂烷基酰胺、催化剂硫化物、分散剂聚氧乙烯醚等助剂, 形成主剂与助剂配比为二元胺:多元胺:烷基酰胺的 4:4:2 溶硫配方。30℃时, 0.5h 饱和溶硫量为 69.85g/100mL。

(2) 井筒解堵体系研发。配方组成: 20.0%分散剂(含羧基、聚氧乙烯基的梳状结构有机物)+8.0%HCl+4.0%EDTMPS+3.0%高温缓蚀剂(胺类衍生物)+0.06%~0.09%降阻剂等。井筒解堵体系实验显示，该体系溶解 $CaCO_3$ 能力为 208.1g/L，分散溶解有机物能力大于 50g/L，对连续油管的腐蚀速率小于 13g/(m·h)。

(3)现场应用。2017—2018年，普光气田采用地面泵注溶硫剂循环溶解和井筒连续油管旋转喷射实施复合解堵 7 井次，措施后气井产能均得到有效恢复，平均单井增产 $10×10^4m^3/d$ 以上。其中，2017 年除 P302-3 井调产外，同等油压下平均产量增加 23%；2018 年，P204-2H 井、D402-2H 井解除堵塞成功复产，D402-3 井日增气 $23.6×10^4m^3$，产量增长达 118%。

## 二、长庆气田气井除垢解堵技术

长庆气田储层非均质性强、渗透率低，尤其是开发下古生界的碳酸盐岩储层，产出天然气普遍含 $H_2S$、$CO_2$，部分产水气井的产出水矿化度较高，这类井管柱腐蚀和结垢问题较为突出。在长期以来的气井生产中，井筒防腐周期加注缓蚀剂，排水采气则是定期加注泡排剂。

随着气井生产时间的延长，气井产出液、管柱腐蚀产物和缓蚀剂、泡排剂等入井剂的残留物共同作用，造成气井井筒和产层附近形成有机或无机堵塞，导致气井无法正常生产，甚至被迫关井。

气井井筒结垢堵塞主要表现为通井遇阻，生产油套压差增大，产气量、产水量明显下降，甚至无法生产，泡沫排水采气井泡排效果差，气井所产水质、气质差，生产不稳定，保护器频繁坐死等。

### (一)某下古生界气田的井筒堵塞和解堵试验

历年先后对 1314 口气井进行通井作业，其中通井遇阻或遇卡气井 363 口，占通井总井数的 27.6%。通井遇阻位置主要在 2000m 以下，尤其是 3000m 至喇叭口的位置(表 6-31)。

表6-31 长庆气田气井结垢堵塞统计

| 堵塞部位 | 影响因素 |
| --- | --- |
| 油管堵塞 | (1)水合物堵塞。<br>(2)井筒污物堵塞：<br>①气井自身井底复杂而产生的腐蚀产物、硫以及砂等；<br>②气井在钻井、完井和开发过程中应用的各种入井液(钻井液、完井液、酸液、缓蚀剂、泡排剂等)在近井地带和井筒内的残留 |
| 地层堵塞 | 气井在开采过程中，因气藏出水或外来流体进入容易引起水锁储层伤害。如储层含敏感性矿物、黏土水化膨胀、颗粒分散迁移堵塞和储渗空间的液体发生物理化学变化，造成结垢、水锁、润湿性改变等，从而导致储渗性降低 |

现场实践表明，不同井下环境下井筒所产生的堵塞类型存在较大的差异。靖边气田油管堵塞产物分析：无机组分元素组成为 Fe、Ca、C、O 和 S，其主要成分为 $CaCO_3$ 及铁的腐蚀产物($FeCO_3$、FeS 等)。定量分析表明，$CaCO_3$ 占 33%，$FeCO_3$ 占 38%，FeS 占 22%，$SiO_2$ 占 7%；有机组分中有大量的 $C_7$—$C_{14}$ 的有机化合物，各碳数含量基本平均分布，主要为壬烷基同分异构体、多乙烯多胺衍生物、吡啶衍生物、芳香烃衍生物等烃类，这类物质黏性大，相互之间基本无缝隙，容易堵死气流通道，影响气井的正常生产，甚至被迫关井。部分气井起

出管柱后，发现底部油管被结垢堵塞，缩径严重(图 6-18)。

图 6-18 部分产水气井油管堵塞示意图

目前，针对气井井筒结垢堵塞，应用相似相溶原理，解堵剂(表 6-32)与井内有机垢物及无机垢物发生缓慢物理化学反应，拆散堵塞物骨架，溶解填充物，在气液搅动下经多次反复清洗，放空将垢物带出井内，实现解除油管堵塞的目的。

表 6-32 现用井筒解堵剂基本性质

| 井筒解堵剂 | pH 值 | 密度($g/cm^3$) | 组成 | 作用 | 外观 |
|---|---|---|---|---|---|
| 碱性解堵剂 | 12.35 | 1.0501 | 由络合碱、分散剂和增溶表面活性剂组成 | 主要溶解有机垢 | 无色透明液体 |
| 酸性溶垢剂 | 2.35 | 0.9948 | 由混合酸、缓速剂和表面活性剂组成 | 主要溶解有机、无机垢 | 橙黄色澄清液体 |

气井有机物解堵剂选用原则：

(1) 能够有效地溶解井下有机堵塞物。

(2) 解堵剂密度应根据井下堵塞物存在位置进行调节，堵塞物在井下液面以上，解堵剂密度应小于 $1g/cm^3$；堵塞物在液面以下，解堵剂密度则应大于 $1g/cm^3$。

(3) 解堵剂应溶于水，且对助排剂影响较小，有利于施工作业后返排。

(4) 解堵剂的毒性应尽量低，防止施工人员中毒和给环境造成污染。

进行室内溶解速率实验：药剂用量与垢样含量比例为 1:0.4，碱性除垢剂与酸性除垢剂用量比例为 1.5:1。实际作业过程中实行循环加注、逐段溶解的方法，加药量还需根据返排液的理化性质和 pH 值的变化程度判断。

现场施工采用酸碱药剂联合使用、交替加注，在有效防护井筒腐蚀的情况下，可溶解芳香烃、石蜡和沥青等高黏度的酸不溶有机质垢，进一步提高了垢样的溶解率和溶解物质的返排率，同时配合间隔加注泡排剂可提高溶解残留物的返排。

2006 年至今，在长庆下古生界气田共开展了 70 余口气井进行了除垢解堵作业，解堵剂最佳溶解温度为 85℃，最佳溶解时间为 10h。措施平均有效期 1.7 年，单井最高有效期 5 年，取得了良好的效果。

**(二) SU 气区的气井垢解堵技术试验**

SU 气区为上、下古生界多层系开发，井深 3500~4160m，$CO_2$ 含量为 0.56%~5.8%，平均为 2.56%。$H_2S$ 含量为 98.2～10031mg/$m^3$，平均为 4126mg/$m^3$，呈西低东高趋势。地层水水型为 $CaCl_2$，产水量呈中部较高、四周偏低的趋势，平均矿化度为 45200mg/L，最高矿化度为 175400mg/L。

部分气井生产 3 年左右，油套压差逐步升高至 3～6MPa，由于产水量大、产出水矿化度高等因素，井筒、地面管线和部分设备结 $BaSO_4$、$CaCO_3$ 等无机垢，影响气田稳定开采。

#### 1. 油管结垢情况

为明确 SU 气区产水气井油套压差大的原因，采用 MIT+MTT+MID-K 技术对 G3×-××、莲 3×、G3×-0×× 等气井进行不压井检测。

结果表明气井中下部井段存在结垢现象，集中在 2000m 至井底，随着向下部延深，结垢程度越严重。

以 G3×-0×× 井为例，在该井 10.00～3645.00m 范围内，2971.41m 以下至井底存在明显结垢现象，结垢程度由间断逐步发展到连续分布，随井深增加逐步严重。结垢厚度为 2～3mm，结垢最严重处在 3508m，结垢厚度达到 6mm，最大结垢速率为 1.91mm/a。

#### 2. 垢样分析

采用 X 射线衍射仪分析该区部分产水气井井筒垢样，主要含 $BaSO_4$、$CaCO_3$ 等垢和 $FeCO_3$、$Fe_xS_y$ 腐蚀产物。截取气井集气站存在压力释放的输水管线，对结垢样进行了 X 衍射和电镜能谱分析，显示垢样中含 $CaCO_3$、$BaSO_4$ 等组分。

#### 3. 产水气井结垢趋势预测

对苏 4×、苏 3×、G35-×× 和 G39-×× 4 口气井产出水进行取样，分析表明，4 口井水样的水型均为 $CaCl_2$，密度为 1.05g/$cm^3$ 左右，pH 值为 6.28～6.53，具体情况见表 6-33。

表 6-33　不同层位气井水质分析结果　　　　　　　　　　单位：mg/L

| 井号 | 层位 | $Cl^-$ | $SO_4^{2-}$ | $HCO_3^-$ | $Mg^{2+}$ | $Ca^{2+}$ | $Sr^{2+}/Ba^{2+}$ | $Na^+/K^+$ | 总矿化度 |
|---|---|---|---|---|---|---|---|---|---|
| 苏 4× | 上古生界 | 16249.22 | 30.46 | 182.82 | 80.86 | 412.09 | 1412.07 | 9527.09 | 27894.61 |
| 苏 3× | 下古生界 | 52116.82 | 26.34 | 329.07 | 88.22 | 1179.70 | 4135.16 | 31044.21 | 88919.52 |
| G35-×× | 下古生界 | 54643.69 | 31.28 | 359.10 | 173.98 | 1252.42 | 4525.56 | 32320.83 | 93306.86 |
| G39-×× | 合采 | 13020.43 | 8.23 | 58.76 | 85.77 | 363.61 | 1245.95 | 7476.83 | 22259.58 |

结合气井不同井段温度和压力环境，采用 OLI ScaleChem 软件预测了上述 4 口井的水样在 50℃、8MPa，70℃、10MPa 和 90℃、15MPa 条件下的结垢趋势。

表 6-34 中，矿化度低的生界苏 4× 井水样和 G39-×× 井水样结 $BaSO_4$ 垢，矿化度高的苏 3× 井水样和 G35-×× 井水样 $BaSO_4$、$CaCO_3$ 垢共存，结垢量随水样矿化度的升高逐步增长。

表 6-34　4 口井在不同温度、压力条件下的结垢趋势预测结果统计　　单位：mg/L

| 实验条件 | 苏 4× $BaSO_4$ | 苏 4× $CaCO_3$ | 苏 3× $BaSO_4$ | 苏 3× $CaCO_3$ | G35-×× $BaSO_4$ | G35-×× $CaCO_3$ | G39-×× $BaSO_4$ | G39-×× $CaCO_3$ |
|---|---|---|---|---|---|---|---|---|
| 50℃，8MPa | 73.30 | 0.00 | 63.26 | 1.63 | 75.16 | 42.81 | 19.66 | 0.00 |
| 70℃，10MPa | 72.51 | 0.00 | 62.52 | 53.19 | 74.30 | 89.68 | 19.37 | 0.00 |
| 90℃，15MPa | 71.62 | 0.00 | 61.73 | 92.47 | 73.40 | 125.51 | 19.04 | 0.00 |

采用 OLI ScaleChem 软件,预测 50℃、8MPa、70℃、10MPa 和 90℃、15MPa 环境下,苏 4×井和苏 3×井水样、苏 4×井和 G35-××井水样、G35-××井和苏 3×井水样 3 组混合水样结垢情况。

结果表明,3 种混合水样 $BaSO_4$(61.73~75.16mg/L)结垢趋势比较稳定,温度和压力高,结垢趋势略低;纵向上分布比较均匀,呈上部比下部井段略多的趋势。$CaCO_3$(0~125.51mg/L)结垢随温度和压力升高趋势愈加明显,在温度超过 50℃ 时出现明显结垢,随着井深的增加结垢量增加,且矿化度越高、产水量越大,结垢程度越严重。

4. 清垢解堵体系研究试验

2016—2017 年,针对 SU 气区产水气井井筒 $BaSO_4$、$CaSO_4$ 等酸不溶垢与 $CaCO_3$ 垢共存的现状,从与地层水配伍性好、对管柱无腐蚀、溶垢效果好、能及时返排、不伤害储层等角度出发,开展了两种解堵体系研究:一种为 $CaCO_3$ 和腐蚀产物($FeCO_3$、FeS)等酸溶解堵体系,另一种为 $BaSO_4$、$CaSO_4$ 等酸不溶垢螯合解堵体系,用于解除井筒结垢,恢复正常生产。

酸溶解堵剂以有机磺酸为主要组分的 YGJD 作为解堵基体,配套曼尼希碱类缓蚀剂 HJF-50A 降低对管柱的腐蚀,复配起泡剂 UT-11C。碱性螯合体系以多氨基多酸盐为主的 YBJD-1 作为螯合基体。在常压、90℃ 条件下对 $BaSO_4$(分析纯)的溶垢能力为 14.18g/L,对应 $CaSO_4$(分析纯)的溶垢能力为 57.88g/L,与国内外同类技术水平相当。考虑到解堵后易于返排,还筛选了配伍性较好的起泡剂 YFP-2。

2017 年 4 月至 5 月,在 G3×-××井和莲 3×井开展了井筒除垢解堵试验。G3×-××井加注解堵剂 2 轮次,使用酸性解堵剂 $0.8m^3$、碱性螯合剂 $2m^3$。生产油套压差由 3.16MPa 降至 1.27MPa,下降 59.8%;产气量由 $3.37×10^4 m^3/d$ 升至 $(4.05~5.18)×10^4 m^3/d$,提高 20% 以上。有效期约 240 天。

莲 3×井现场加注解堵剂 4 轮次,消耗酸性解堵剂 $1.6m^3$、碱性螯合剂 $4m^3$。生产油套压差由 3.07MPa 降至 2.06MPa,产气量由 $2.12×10^4 m^3/d$ 升至 $2.42×10^4 m^3/d$,提高 14.2%。有效期约 120 天。

存在的技术难点和问题:(1)在 SU 气区两口下古生界碳酸盐岩储层气井开展的解堵除垢试验表明,研发的解堵体系均具有明显的解堵效果,降低了生产压差,但有效期存在一定的差异。解堵体系能解除井筒结垢,可以与防垢剂挤注技术结合,延缓垢的生成,延长解堵防垢有效期,同时与排水采气技术相结合,避免外加药剂对储层的伤害。(2)针对长庆低渗透砂岩储层气井储层堵塞,开展解堵、解水锁试验 140 余口井,措施多为酸性解堵剂、解水锁表面活性剂和起泡剂等复合作业,此技术的主要难点为措施后水锁解除范围、效果和有效期没有统一的评价方法和标准,需进一步加强研究。

## 参 考 文 献

[1] 高春宁,武平仓,南珺祥,等. 特低渗透油田注水地层结垢矿物特征及其影响[J]. 油田化学,2011(1):30-33.

[2] 庞岁社,李花花,赵新智. 长庆低渗透油藏油层解堵技术综述[J]. 石油化工应用,2012,31(7):8-13.

[3] 马广彦,庞岁社. 清垢剂 CQ-1 与采油井化学清垢技术[J]. 油田化学,1994,11(1):26-31.

[4] 马广彦,徐振峰. 有机络合剂在油气田除垢技术中的应用[J]. 油田化学,1997,14(2):180-185.

[5] 马广彦. 油田难溶垢化学处理技术[J]. 钻采工艺, 2000, 23(5): 62-66.
[6] 刘涛, 金晓红, 马红星. 姬塬特低渗高含盐地层结垢防治效果[J]. 断块油气田, 2009, 71(3): 45-48.
[7] 杨全安, 慕立俊. 油田实用清防蜡与清防垢技术[M]. 北京: 石油工业出版社, 2014.
[8] Gao Sh T, Ga. Q. Recent progress and evaluation of ASP flooding for EOR in Daqing oil field[C]. SPE EOR Conforence at Oil & Gas West Asia, 2010.
[9] 唐洪明, 孟英峰, 陈忠, 等. 大庆油田三元复合驱过程中垢预测与垢研究[J]. 钻井液与完井液, 2002, 19(2): 9-12.
[10] Cheng J Ch, Liao G Zh, Yang Zh Y, et al. Pilot test of ASP flooding in Daqing oilfield[J]. Petroleum Geology & Oilfield Development in Daqing, 2001, 20(2): 40-49.
[11] 程杰成, 吴军政, 吴迪. 三元复合驱油技术[M]. 北京: 石油工业出版社, 2013.
[12] 王贤君, 谢朝阳, 王庆国. 三元复合驱采油井结垢物质组成分析研究[J]. 油田化学, 2003, 20(4): 307-330.
[13] 姜平. 南海西部在生产油气田化学工艺技术研究及实践[M]. 北京: 化学工业出版社, 2019.
[14] 曹锡秋, 隋新光. 对北一区断西三元复合驱若干问题的认识[J]. 大庆石油地质与开发, 2001, 20(2): 111-114.
[15] 路遥, 陈立滇. 油田水结垢问题[J]. 油田化学, 1995, 12(3): 281-286.
[16] 袁瑞瑞, 段明, 王虎, 等. 含聚合物油田采出水的结垢规律研究[J]. 石油与天然气化工, 2011, 40(3): 305-308.
[17] 于涛, 荆国林. 三元复合驱结垢机理研究——NaOH对高岭石和蒙脱石的作用[J]. 大庆石油地质与开发, 2001, 25(2)28-30.
[18] 王贤君, 王庆国. 三元复合驱矿藏采油井结垢及清垢剂的研究及应用[J]. 油田化学, 2003, 20(1): 1-3.
[19] 庞丽娜. 纯化油区地层结垢机理及防治技术研究[D]. 青岛: 中国石油大学(华东), 2008.
[20] 付剑, 高亚丽, 吴卫国, 等. 孤岛油田三元复合驱结垢机理与防垢技术[J]. 西安石油大学学报(自然科学版), 2004, 19(1): 55-61.
[21] 靳宝军, 谢绍敏. 梁家楼油田硫酸钡锶垢成因分析[J]. 油田化学, 2007, 24(4): 333-337.
[22] 王家印, 雷芳英, 岳玉红, 等. 降压增注酸化工艺在濮城南区沙二下油藏中的应用[J]. 断块油气田, 2002, 9(1): 66-71.
[23] 冯国强, 俞敦义, 金名惠. 中原油田水碳酸钙结垢倾向预测软件及应用[J]. 油田化学, 2000, 17(3): 212-215.
[24] 雪松, 郭学辉, 宋继宇, 等. 中原油田注入水水质改性效果及结垢可能性研究[J]. 油田化学, 2001, 18(2): 132-135.
[25] 朱倩, 底国彬, 林俊岭, 等. 华北油田$BaSO_4$阻垢剂防垢效果评价[J]. 油气田地面工程, 2019, 38(1): 92-99.
[26] 李跃喜, 付美龙, 熊帆. 涠洲12-1油田油井结垢现状分析及对策研究[J]. 石油天然气学报, 2010, 32(2): 327-329.
[27] 陈育红, 潘卫东, 孙双立. $CO_2$吞吐对储层结垢趋势的影响研究[J]. 石油化工腐蚀与防护, 2003, 20(6): 21-23.
[28] Ryzhenko B N. Genesis of dawsonite mineralization: Thermodynamic analysis and alternatives[J]. Geochemistry International, 2006, 44(8): 835-840.
[29] Kapelke M S, Caballero E P. Prevention of calcium carbonate precipitation from calcium chloride kill fluid in $CO_2$-Laden formations[C]. SPE California Regional Meeting, 1984.
[30] 王霞, 马发明, 陈玉祥, 等. 注$CO_2$提高采收率工程中的腐蚀机理及防护措施[J]. 钻采工艺, 2006

29(6): 73-76.

[31] Ellis A J. The solubility of calcite in carbon dioxide solutions[J]. America Journal of Science, 1959, 257: 259-266.

[32] Ramsey J E, Cenegy L M. A laboratory evaluation of barium sulfate scale inhibitors at low pH for use in carbon dioxide EOR floods[C]. SPE Annual Technical Conference and Exhibition, 1985.

[33] Barge D L, Saudi A C, et al. An integral approach boosts the value of heavy oil core analysis[C]. International Petroleum Technology Conference, 2009.

[34] Barge D L, Al-Yami F, Uphold D, et al. Steam flood piloting the Wafra field Eocene reservoir in the partitioned neutral zone, between Saudi Arabia and Kuwait[C]. SPE Middle East Oil add Gas Show and Conference, 2009.

[35] Cui Z D, Wu S L, Li C F, et al. Corrosion behavior of oil tube steels under conditions of multiphase flow saturated with super-critical carbon dioxide[J]. Materials Letters, 2004, 58: 1035-1040.

[36] 刘再华, Wolfgang Dreybrodt. 方解石沉淀速率控制的物理化学机制及其古环境重建意义[J]. 中国岩溶, 2002, 21(4): 252-257.

[37] Zhang Y C, Gao K W, Guenter S. Water effect on steel under supercritical $CO_2$ Condition[J]. Corrosion, 2011, 64: 11378.

[38] Mirza M S, Prasad V. Scale removal in Khuff gas wells[C]. The Middle East Oil Show and Conference, 1999.

[39] Bolarinwa S O, Leal J, Al-Bu Ali M S, et al. Innovative integrated procedure for scale removal in Khuff gas wells in Saudi Arabia[C]. SPE International Conference on Oilfield Scale, 2012.

[40] Ramanathan R, Nasr-El-Din H. Improving the dissolution of lron sulfide by blending chelating agents and its aynergists[C]. SPE Middle East Oil & Gas Show & Conference, 2019.

[41] Mahmoud M A, Kamal M, Bageri B S, et al. Removal of pyrite and different types of iron sulfide scales in oil and gas wells without $H_2S$ generation[C]. International Petroleum Technology Conference, 2015.

# 第七章 物理清防垢技术与应用

国内外油田在生产系统清防垢方面，一直以来均以化学防垢为主，但针对集输流程的某些异常严重部位或加注清防垢剂难以实施的情况，人们也进行了很多物理防垢、水力或机械清垢的研究和探索。

物理清防垢主要是采用机械设备和器具，通过物理作用处理井筒或管道，抑制垢的生成或使垢以软垢的形式出现，从而达到防垢的目的。对于油田各种管柱、设备的严重结垢，可以定期采用水力冲击、振荡或机械钻磨等方式清垢，作业过程可控，效果直观。主要问题是作业过程必须停产，影响正常生产。

现场生产中，人们期望能有一种防垢设备，通过安装在管柱、设备外部起作用，或者具有优良防垢性能的内涂/镀层，既能避免或减少日常防垢剂的加注，又无须专人操作管理。超声波、电磁防垢和涂/镀层技术的原理基本可行，但防垢效果受油、气、水含量和矿化度变化、管柱材质和表面状态、设备结构设计及环境因素(温度、压力和流态)等影响很大，使用范围、应用条件都须严格限定。

还有一些物理防垢技术的机理尚不明确，在油田工程应用后，往往呈现截然相反的应用效果认识。特别是近年来，量子防垢、合金防垢等以物理作用为主的防垢技术，常常以主观、神秘化色彩的文字解释和描述防垢机理，缺乏科学原理的认识。例如，Jarragh等研究[1]认为，分子调制振荡或晶格振荡原理的物理防垢系统"应有可靠的科学理论支撑，才能应用于现场试验"。

本章主要从较为常用且在油田见到实际效果的超声波、电磁(含电场、磁场)和涂镀层三方面，汇总分析物理防垢技术原理、应用及存在的问题，并以长庆油田的应用情况为主，简要介绍地面管线水力清垢和集中结垢试验情况。

## 第一节 国内外物理清防垢技术与应用

本节主要从超声防垢技术、磁场防垢技术、电场防垢技术和电磁场防垢技术等方面介绍。对于国内油田开展过尝试性试验的合金防垢、量子防垢、电气石防垢和放射性辐射防垢等技术，多年来在室内和现场评价方面仍缺乏公认的效果和争议认识，此处不再一一展开。

## 一、超声波防垢

超声波防垢是在介质中传播机械振动的过程，主要是利用超声波强声场处理流体，使流体中垢质的理化指标和形态产生变化，起到分散和粉碎、降低垢在管壁附着等作用。主要优点是清除金属材料表面的垢颗粒，对金属本身无影响。

### （一）主要的技术原理

（1）机械振荡作用：经超声波的作用，超声波会引发流体介质振动甚至产生周期性共振。这种振荡冲击大幅降低了介质分子间的界面张力，起到防垢作用。

（2）空化作用：超声波的作用会改变流体介质中的固有属性，溶解于液体中的气体会逸出产生大量不稳定的微小空穴和气泡。这些小气泡随着超声作用而生长、破裂，当功率足够大时，这种极端高压可以粉碎部分小尺寸的垢晶。

（3）剪切作用：在声阻抗不同的两种介质中，超声波传播的波速不相同。传播到两种介质的交界面处时，会产生速度差并因此直接影响介质分子的振动速度，进而在界面上形成剪切应力。这种剪切力直接减弱了分子与界面间的亲和力。

（4）热作用：当超声波作用于流体时，会带动流体介质振动。将流体看成无数质点，则质点随着介质振动而具有动能，同时质点也发生形变，存储势能。按照能量守恒定律，这些能量最终将以热能的形式发散。

（5）抑制效应：超声波作用于管道内流体，直接剧烈改变流体瞬时的物理和化学状态，从而有效抑制了微垢晶的生长。

### （二）技术发展

20世纪30年代前后，Richards首次发现了超声波的化学效应，美国无线电公司发现了超声波的清洗作用。1980年后，相继出现了价格较为合理、运行比较可靠的超声波清洗系统，使得超声波在工业领域的应用更为广泛。1995年，欧洲会议介绍了超声技术在监测和提高石油管道盐垢溶解等方面取得的成果。

我国自20世纪60年代起，开始进行油田超声波相关技术试验，主要集中在油井解堵方面，但是由于技术成熟度、材料缺陷等因素而终止。90年代初，随着国外在工业领域的超声波防垢仪进展，李锡波等在垦利油田联合站和输油管线试验了超声波防垢装置，发现运行一段时间后，垢体渐渐消失。高英杰等以大庆萨南油田为研究对象，对三元复合驱的主要成分进行实验研究。近年来，我国在超声波除垢和防垢技术上的研究比较少，发展也比较缓慢。

国外在中高频超声波（20~100kHz）的清防垢技术有持续研究，主要通过超声波振幅或功率、作用时间及介质流量等参数变化，室内评价对$CaSO_4$、$NaCl$等垢晶的清除效果。但是对$CaCO_3$、$BaSO_4/SrSO_4$需要进一步的研究[2-4]。Kunanz等室内试验采用的超声波装置，主要由超声波换能器（将电能转变为机械振动）、Sonotrode超声波探头（将振动传递到液体中）和水冷器（控制换能器的压电材料温度小于90℃）构成（图7-1）。

### （三）技术应用

余兰兰等报道了大庆油田采油二厂南3-2站和南6-1站曾采用超声波物理防垢，认为超声波对成垢离子的结合有明显的阻碍作用，延缓了$Ca^{2+}$、$Mg^{2+}$和$CO_3^{2-}$的结垢诱导期，使

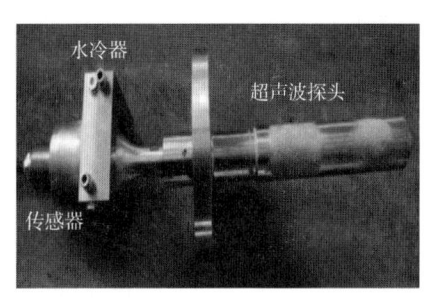

图 7-1 Kunanz 等的试验装置和超声波探头

结垢离子在水中以离子形式存在,与空白试验相比,具有明显的增溶作用,从而有效抑制垢生成[5]。刘利梅等报道了胜利油田孤岛采油厂垦东 32 接转站应用声学防垢装置后,从压力、温度上可看出效果[6]。2000 年 9 月,梁南管理区 48 号站安装超声波防垢器,当时管线回压 0.7MPa,不到两个月管线回压升至 1.6MPa,未见到效果[7]。陈先庆报道了西南油气田某污水回注管线曾利用超声波技术,使泵的压力从 3~4MPa 降至 1.1MPa 左右,并且使出口处污水矿化度升高,见到防垢作用[8]。

整体来看,我国对在超声波防垢仪器的作用功率、频率和振幅、时长等方面与油田流体结垢特征结合不够。还需要科学研究指导现有超声波除垢装置的设备调试与安装、作用部位和最佳参数,并进行现场的科学验证。

## 二、磁场防垢

### (一) 技术原理

近些年来,关于磁场防垢的作用机理,国内外的专家、学者及工程技术人员提出了 6 种理论模型:

(1) 磁场改变水的分子构型以及电荷分布。

(2) 磁场会引起液体分子的内共振,并诱发电偶极作用,使分子内部的化学键发生变化或破裂,从而改变分子构型,造成液体物理性质发生变化。

(3) 磁场的作用使得溶液中晶核的生成速率和晶体生长速率发生改变,水中微晶增多,稳定性增强,不容易在容器壁上结垢。

(4) 磁场可引起水的微观多相结构发生改变。研究发现低浓度盐水溶液的双折射率随着磁场的增强而增大,即水溶液的各向异性随着磁场的增强而加大,水经过磁处理后其结构变得有序。

(5) 液体中磁场能引起附加磁矩、附加能量和附加磁场。这些附加量的综合作用,使抗磁性液体的内聚力减少,分子势垒降低,引起物理性质的变化。

(6) 一些学者从晶体结构的各向异性角度研究了磁场对水的作用及其防垢的机理,认为碳酸氢钙分子能通过氢键与许多水分子相结合,其抗磁性及形状具有明显的各向异性,磁处理使水合物沿平面方向有序流动,沿水流方向黏滞性变小,不易结垢。

目前,关于磁场防垢机理的理论研究还处于假说的提出与论证阶段。

### (二) 技术发展

20 世纪 50 年代后期,我国开始了磁技术用于锅炉水除垢和防垢的研究与应用。80 年代，国外发现磁处理对水的许多物理化学性质，如介电常数、电导率、折射率、表面张力、黏度、黏滞系数、渗透压等都有影响。磁处理可以使水的结构发生变化，影响溶解、结晶、凝聚、沉淀过程及生物系统的代谢过程，磁处理可以使水系统显著活化，并对化学反应的动力学过程具有一定的影响[9-11]。80 年代末至 90 年代初，磁场防垢、清垢技术先后在大庆、辽河、玉门、华北、新疆等油田进行了现场试验和应用。

(三) 技术应用

苏联从 1964 年起开始在石油工业试验磁防垢方法。最初是在阿塞拜疆的油矿上试验，后续在奥伦堡矿区、巴什基里亚、西西伯利亚进行试验，但有效和无效的认识结果同时存在。

Lewis 等自 1984 年起，在美军装备研究部门[美国陆军工程兵建筑工程研究实验室(US-ACERL)]进行了多轮次磁防垢技术模拟试验。尤其是 1999 年针对两种磁防垢和一种电子防垢系统的试验，表明这些设备并不能防止或明显减缓结垢。Pritchard 等在试验中发现，在盐水中施加较强磁场(13500G❶)时，对 $CaCO_3$ 沉积和沉积物的形态没有显著影响。

Farshad 等[12]开展了磁场对 $CaSO_4$ 垢的影响实验研究，发现磁处理使得实验中的 $CaSO_4$ 沉积量减少，有一定防垢作用。其效果与磁场方向、流体流动方向有关，如环形磁铁的磁性系统使结垢沉积量减少了 18%~42%(磁场与流动平行)。柱形磁铁的磁系统使结垢减少 24%~73%(磁场垂直于流动)(图 7-2)。

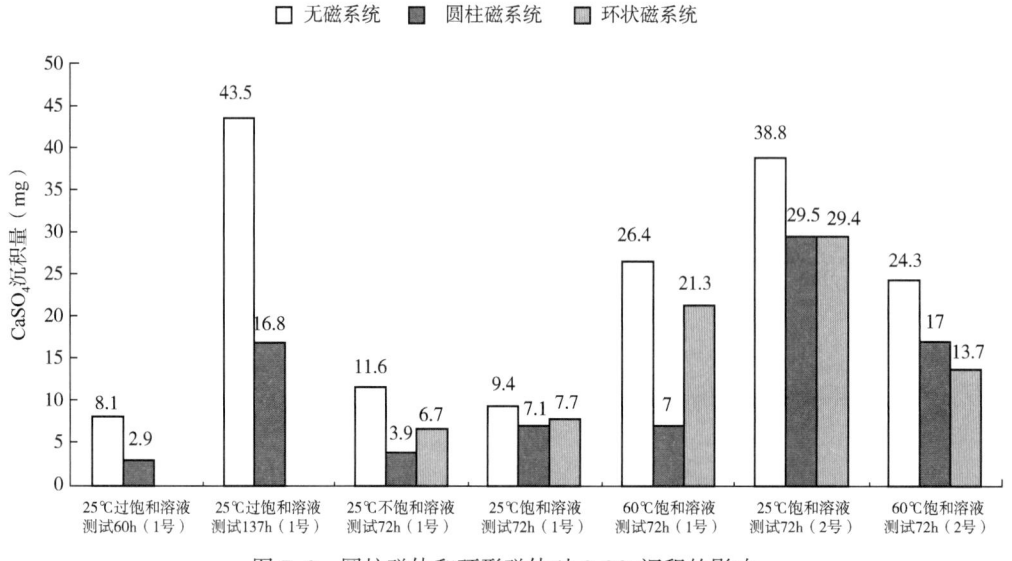

图 7-2 圆柱磁体和环形磁体对 $CaSO_4$ 沉积的影响

我国华北油田的注入水系统、大庆油田的原油集输系统以及中原油田采油二厂等现场试验表明，永磁防垢器具有很好的防垢效果[13]。但是有的研究表明，磁场防垢技术不适用于含盐量高于 3000mg/L 的水溶液，溶液含盐量越高，磁场防垢效果越差。胜利油田 1998 年曾在梁南管理区 48 号站安装了两个磁化防垢器，使用 3 个月后管线被堵死。同年，王家岗油田 W102-6 计量站输油管线安装磁化器，效果很差，集输管线结垢仍很严重。

---

❶ $1G = 10^{-4}T$。

由于磁场防垢技术机理研究仍不充分，同时存在磁稳定性差、长时间应用防垢效果差且要定期清洗磁化器等缺点，服务厂商往往难以根据实际应用情况，设定最佳磁场和优化磁化参数。这些情况直接影响了该技术的发展和应用。

## 三、电场防垢

电场防垢、除垢技术的出现晚于磁场防垢技术，但由于电子电器工业的快速发展，该技术发展势头超过了磁场处理技术。

### （一）技术原理

目前国内外电场防垢、除垢技术主要分为静电场、电流场和交变电场3种类型。

1. 静电场技术

当偶极子之间混入大量 $Ca^{2+}/Mg^{2+}$ 和 $HCO_3^-$ 等或极性化合物时，由于表面正负电荷或离子间产生互相吸引，通过水合作用，形成一定量的水合离子，使 $Ca^{2+}/Mg^{2+}$ 等处于水分子的包围中，不易形成水垢。另外，水合作用可以增强对已有垢的溶解能力。

2. 电流场的微电解防垢、除垢技术

在微电解条件下，离子定向运动和有效碰撞能产生高压静电场的效果，同时电极表面能催化产生活性水。微电解电场的作用有：(1)向水中溶解的离子和极性的水分子施加电场力，使它们定向运动；(2)改变水中微小颗粒与水体的界面电位，使粒子的水合程度和相互聚集的状况发生变化；(3)改变水分子自身的状态和水分子间的缔合程度等。

3. 高频电场防垢、除垢技术

其原理是运用现代电子技术和分子表面能量重新排列技术，使水体吸收高频电磁能量后，在不改变原有化学成分的情况下，使水中钙镁离子无法与碳酸根结合成 $CaCO_3$ 及 $MgCO_3$ 等，从而起到防垢作用。

### （二）技术发展

在国外电场处理装置已广泛用于工业与民用给水系统中的防垢、杀菌等，相继开发出了静电水处理器(高压直流)、电子水处理器(低压直流)和高频电子水处理器等电场防垢装置。尤其是一些高频电场防垢除垢装置(频率在10MHz以上、电压7000V以上)，它们弥补了永磁装置磁感应强度小(小于10000G)的缺点，因而得到了广泛应用，其发展势头已超过了永磁装置。

### （三）技术应用

2009年7月初，胜利油田现河采油厂对郝现联轻烃生产装置的循环水冷却系统，进行了检修及酸洗除垢后，在循环水冷却系统的上游入水管处安装了变频电磁防垢装置。该装置的线圈匝数为25匝，输入电压为220V，输入功率为40W。2002年8月，梁南管理区在46号站和48号站试用高频电场防垢技术，现场试验9个月后，管线结垢堵死。

大庆油田采油四厂加热炉原有的清防垢措施效果不理想，通过双波感应防垢仪等4种物理防垢仪安装在加热炉的进口汇管，其中杏北C站的电磁防垢仪安装在加热炉的进口支管，防垢仪效果差异较大[14-18]。

## 第二节 涂镀层防垢

从管道等设施的表面工程角度出发,对易结垢表面进行化学改性,或应用表面涂镀层等也是可以减少表面成垢的较好方向。表面涂层多为无机镀/涂层、有机涂层等单一或复合的材料,也可添加无机盐或氧化物等。这些材料表面与金属材料表面相比,具有较低的表面自由能,能减少表面的垢沉积。涂层的防垢性能是关键要素,而其他参数如疏水性、表面自由能、表面粗糙度、厚度和硬度、耐腐蚀性等也是非常重要的,介质的温度、流速和成垢离子浓度等都是影响结垢过程的重要因素。

### 一、无机镀/涂层

机械工业中常从防腐、防垢的表面处理出发,采用电镀、渗镀、喷涂或气相沉积等方式在碳钢表面形成致密光洁的异种金属镀层或金属—非金属镀层。常见的有石油化工中针对带内腔的复杂件、小件,采用热浸渗(镀)锌或铝;针对长尺寸管件、杆体的电镀或化学镀镍磷、镍钨合金;还有真空气体渗氮等技术。这些表面镀/涂层的共性是一般厚度较小(100μm以内),镀层与基体结合力强,镀层本身具有高硬度、润滑性及耐磨、耐腐蚀等优良的性能。

#### (一) 金属镀层

1. 技术原理

渗铝、锌镀层的原理:在一定温度的热状态下,活化的锌、铝被钢铁表面吸附,锌、铝与铁原子相互渗透扩散,在钢铁表面形成 Zn-Fe、Al-Fe 合金保护层。

镍钨镀的原理:利用诱导共沉积原理,从水溶液中电沉积出钨基非晶态合金镀层,提高设备的抗磨损、腐蚀能力。

渗氮技术/真空渗氮工艺原理:将真空炉排气至较高真空度后,以 450~600℃内的多温度段升温管材,同时送入以 $NH_3$ 为主的复合气体,加入二胺类促渗剂。保温 1~2h 后,用炉内气体进行快速冷却,氮原子渗入管材表面,形成在 $\alpha$-Fe 中的饱和固溶体和氮化物。活性氮原子向管材内层继续扩散,最终形成有一定深度的氮化层。

2. 技术效果与应用

张兵强等研究者实验对比了铜、铝、不锈钢和渗铝钢 4 种材料的 $CaCO_3$ 结垢过程,表明材料表面能、温度、流速和浓度都是影响结垢过程的因素。在同等介质情况下,不同金属材质的结垢量会有明显差异。

在流速为 0.1m/s 的模拟工况运行 60h 后,垢沉积量分别为:铜 $30g/m^2$,铝 $22g/m^2$,而不锈钢仅有 $7g/m^2$。对于渗铝材料,表面能虽要低于不锈钢,但是表面比较粗糙,垢沉积量要高于不锈钢。不锈钢、铜的试验表明,表面能是决定材料成垢量的主要因素,材料表面能越大,其成垢量越大。

镍钨镀技术在元坝气田、塔里木油田哈得井区、大港油田等有一定应用。

3. 存在的问题

在碳钢表面的金属镀层也存在着一定的技术局限性。

（1）腐蚀环境下的镀层电化学可靠性。由于渗铝、渗锌电极电位比基体碳钢的更负，因而得到的是阳极保护层。在渗层损伤或微缺陷时，都不会加速基体碳钢的腐蚀。而化学Ni-P镀、Ni-W镀或渗氮等工艺中，Ni标准电极电位为-0.25V，较Fe标准电极电位（-0.44V）正得多，而镍层与空气中的氧作用后形成的薄钝化膜电位更正。此时镍复合镀层为阴极，且硬度较高，若局部破损，会与基体形成大阴极小阳极的不利面积比，造成严重的局部腐蚀。在油气管道、油气井管连接时，对于工具牙形钳的损伤和下井管的碰撞冲击损伤应尽可能避免。

（2）高拉应力作用下的化学镀层与基体的结合力问题。基体与镀层结合力较好，实际中发现镀层易脱落，而磷含量调节不当时，结合力会更差。

（3）应用于地面管线和油井管的工艺完整性问题。主要是焊接处如何补口及管接箍的处理问题。油井管长度均为10m左右，在镀镍生产过程中，管体长，内外空间有限，往往内外镀层的均匀差异度大，同时在接箍、螺纹等变尺寸部位，镀层质量不易控制，实际使用中成为防腐薄弱点，导致防腐失效。

**（二）类金刚石涂层**

Venturon等报道了类金刚石涂层可以减缓$CaCO_3$垢的沉积15%~30%。

**1. 技术原理**

通过等离子体增强化学气相沉积技术（PECVD），在烃类或硅氧烷等前驱气体存在条件下，在导电材料表面形成非晶态的含碳或硅—碳薄膜层。其物理性能接近金刚石，具有高硬度、低摩擦系数和耐腐蚀的特点。特别是表面高疏水（油水接触角大于150°），可有效降低垢的沉积速率和黏附力。此类涂层在半导体、医疗和汽车等工业领域的小尺寸零部件广泛应用，但用于石油和天然气行业大尺寸管件的内外镀时有一定难度，也是国外多年研究热点。

Gore等研究了长管体（内径为3/8~8 1/2 in）和复杂形状管件（螺纹接箍、弯头、阀门等）的涂层加工工艺（图7-3）。加工流程中主要控制参数是加工件内的等离子体密度、直流放电电压（与工件内径、系统内压相关）和温度等[19]。

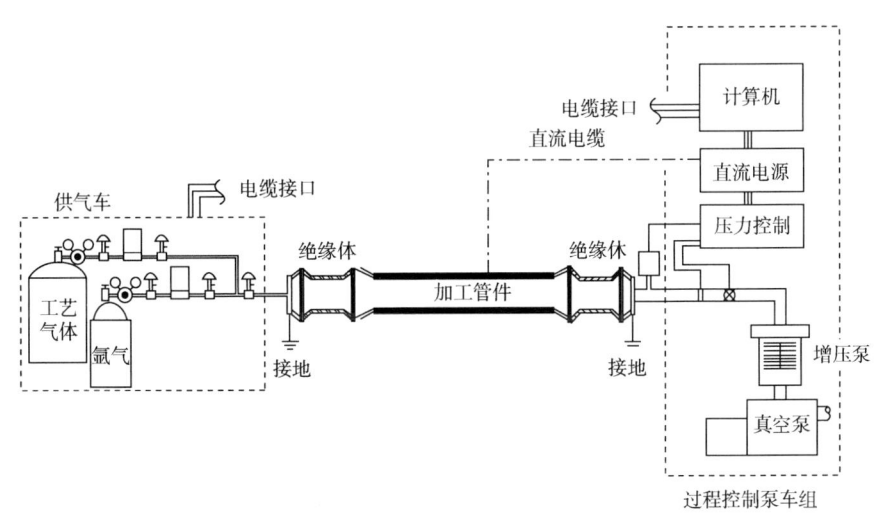

图7-3 油井管的类金刚石涂层加工工艺示意图

## 2. 技术评价

Heydrich 等采用旋转圆柱电极系统(RCE)和冲击射流装置，开展了类金刚石涂层(DLC)防垢性能评价[20]。实验样品表面粗糙度为 0.1μm 和 2.2μm，DLC 涂层厚度为 0、200nm 和 500nm，温度为 50℃和 80℃，实验介质为海水与地层水的混合溶液(饱和指数为 180)。实验后，采用重量法和电镜法测量垢的沉积质量和沉积厚度。

实验发现：(1)影响垢沉积增重量的因素，由大到小排序是温度、表面粗糙度和涂层厚度。无论是否有 DLC 涂层，表面粗糙度和温度较高时，垢沉积量更大(表 7-1)。表面粗糙度为 2.2μm 的无涂层 RCE，在 80℃下沉积垢量为 36mg；其余粗糙度时，沉积垢量为 17~28mg。(2)在溶液中垢沉积早期阶段，DLC 涂层可以减少 15%~30%的 $CaCO_3$ 垢沉积量。一旦器件表面形成完整的垢层，后续垢沉积不再受涂层表面原始粗糙度影响。(3)通过有无涂层冲蚀后垢残余厚度测量，表明有涂层时垢的附着力大大降低，冲蚀后完全剥离。

表 7-1 DLC 涂层对 REC 表面结垢的影响

| 项目 | 无涂层 | 有涂层 |
|---|---|---|
| 沉积厚度 | 235.555μm | 119.494μm |
| 附着力状态 |  |  |

目前，类金刚石涂层主要是用于小尺寸零件，同时因为成本较高，尚未在油气井管柱、集输管件等中应用。

## 二、有机涂层防垢技术

利用有机涂层对腐蚀性流体与碳钢基材之间的物理隔离作用，或减磨、憎油等作用，油田常将有机涂层作为管道、油套管的防腐层或防蜡层、防垢层。表面涂层多为环氧树脂、聚苯硫醚、聚硅氧烷、聚四氟乙烯、含氟聚合物、溶胶—凝胶纳米涂层、结构疏水涂料等。

英国利兹大学的 Vazirian 等开展了环氧树脂和含氟聚合物两类有机涂层的防垢性能评价[21]。含氟聚合物的耐化学性和耐温性能较好，涂层一般有三层结构，制备参数为：(1)涂溶剂型底漆由含氟聚合物和耐高温、耐化学腐蚀的黏结树脂(如聚酰胺酰亚胺、聚醚砜或聚苯硫醚)的混合物组成。在喷砂除锈的金属表面涂装，200~250℃烘烤30min；干膜厚度为20~25μm。(2)中间涂层与底漆、面漆的黏合性好，含有抗渗透的添加剂。涂装后，在380~399℃烘烤数小时，干膜厚度为40~60μm。(3)面漆有高含量的含氟聚合物，形成抗化学介质和光滑的表面。涂装后，在343~371℃固化，干膜厚度为40~60μm。

选用奥氏体不锈钢(SS)作为标准基材，基材表面涂覆10种油田管道用涂料(环氧树脂类为P-1—P-5，含氟聚合物为F-1—F-5)，制备成涂层样品。模拟盐水的化学组成与油井产出液相同，其中$Sr^{2+}$为2686mg/L，$Ba^{2+}$为157mg/L，总矿化度约226000mg/L，pH值为6.7。在56℃条件下，理论上主要结$BaSO_4$垢或$SrSO_4$垢。

为评价不同涂层的防垢能力，试验具体的测试内容有：(1)涂层的表面特征测试，包括涂层的粗糙度、涂层与油水的接触角及涂层表面能。(2)涂层的抗液体渗透能力。(3)室内动态模拟环境(层流/湍流)、模拟现场流动环境下涂层表面的结垢量。

## (一) 基础参数的测试

采用表面轮廓仪测试涂层的表面粗糙度 $Ra$，见表7-2。

**表7-2 不同涂层的表面粗糙度**

| 涂层 | 不锈钢基材 | P-1 | P-4 | P-5 | F-2 | P-2 |
|---|---|---|---|---|---|---|
| $Ra(\mu m)$ | 0.109±0.005 | 0.351±0.074 | 0.685±0.206 | 0.799±0.051 | 0.976±0.042 | 1.032±0.145 |
| 涂层 | — | F-3 | F-4 | P-3 | F-5 | F-1 |
| $Ra(\mu m)$ | — | 1.066±0.372 | 1.185±0.075 | 1.481±0.206 | 1.589±0.175 | 1.805±0.050 |

1. 涂层表面能的计算

采用超纯水和二碘甲烷分别模拟水相和油相液体(对应的表面张力及其分量见表7-3)，通过光学接触角测试法，测量每种涂层与两种液体的接触角。其中，涂层的表面能计算结果和基于Fowkes理论计算的色散分量和极性分量，见表7-4。

**表7-3 不同液体的表面张力及分量**

| 液体 | 总表面张力(mN/m) | 色散分量($mJ/m^2$) | 极性分量($mJ/m^2$) | 酸作用($mJ/m^2$) | 碱作用($mJ/m^2$) |
|---|---|---|---|---|---|
| 水 | 72.8 | 21.8 | 51.0 | 25.5 | 25.5 |
| 二碘甲烷 | 50.8 | 50.8 | 0.0 | 0.0 | 0.0 |

**表7-4 不同涂层与液体的接触角和表面能**

| 编号 | 名称 | 接触角(°) 二碘甲烷 | 接触角(°) 水 | 色散分量($mJ/m^2$) | 极性分量($mJ/m^2$) | 总表面能($mJ/m^2$) |
|---|---|---|---|---|---|---|
| 1 | F-5 | 113.66 | 81.91 | 16.526 | 0.155 | 16.681 |
| 2 | F-3 | 109.21 | 79.62 | 17.688 | 0.449 | 18.137 |
| 3 | F-2 | 109.95 | 78.45 | 18.294 | 0.315 | 18.609 |
| 4 | F-1 | 102.83 | 74.82 | 20.221 | 1.050 | 21.271 |
| 5 | F-4 | 109.27 | 71.81 | 21.866 | 0.127 | 21.993 |
| 6 | P-4 | 99.00 | 61.30 | 27.826 | 0.723 | 28.549 |

续表

| 编号 | 名称 | 接触角(°) 二碘甲烷 | 接触角(°) 水 | 色散分量 (mJ/m²) | 极性分量 (mJ/m²) | 总表面能 (mJ/m²) |
|---|---|---|---|---|---|---|
| 7 | SS | 92.28 | 42.70 | 38.226 | 0.725 | 38.951 |
| 8 | P-3 | 78.25 | 43.99 | 37.548 | 4.531 | 42.079 |
| 9 | P-2 | 73.55 | 47.24 | 35.798 | 6.909 | 42.707 |
| 10 | P-1 | 75.21 | 42.40 | 38.382 | 5.511 | 43.893 |
| 11 | P-5 | 79.49 | 33.15 | 42.868 | 3.048 | 45.916 |

**2. 动态垢沉积测试**

使用 RCE 系统控制涂层电极的转速、流体温度等参数条件。涂层试样加工为直径 12mm、高 10mm 的圆柱形,安装在两个聚四氟基环之间。涂层试样在盐水中以两种速度旋转:(1)2000r/min(雷诺数为 17845),代表完全湍流状态;(2)20r/min(雷诺数为 178),代表层流状态。对应测试参数见表 7-5。

表 7-5 RCE 测试中的水动力条件

| 转速(r/min) | 表面/表观速度(cm/s) | 雷诺数 |
|---|---|---|
| 2000 | 125.6 | 17845 |
| 20 | 1.256 | 178 |

涂层电极样品放入大广口瓶,在 56℃、常压下进行垢沉积测试。每次试验后,样品先后用蒸馏水冲洗、压缩空气干燥,最后放入烘箱恒重。氟聚合物的 FEP、PFA 和 ETFE 等在 24h 内的对应吸水率,参考 McKeen 等的研究报道,分别约为 0.01%、0.03% 和 0.03%,可通过多次重复测量,扣减聚合物涂层的自身吸水量。

层流和湍流条件下,不同涂层表面的质量增加如图 7-4 所示。层流状态的质量增加值为 0.430~1.245mg,而在湍流状态下质量增加值为 0.518~2.624mg。随着流态从层流变为湍流,与表面接触的成垢离子传质速率较高,涂层表面的成垢量也显著增加。比较两类涂层与表面光洁不锈钢的防垢性能,多数涂层的表面性能更优。

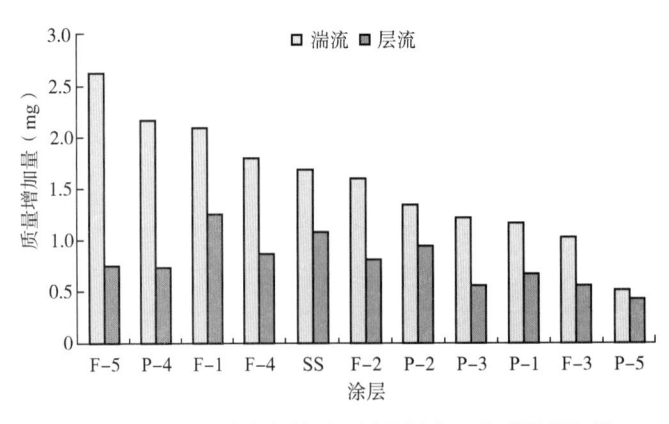

图 7-4 层流和湍流条件下不同涂层表面的质量增加量

一般的文献和理论认为，涂层的表面能越高，表面成垢速率增加，但此试验结果发现，二者无强相关趋势，可能与试验影响因素较多有关(图 7-5)。

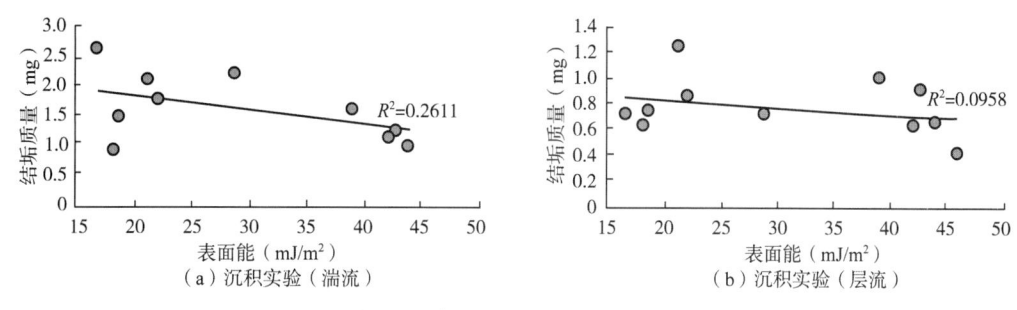

图 7-5 表面能对表面垢层的影响

层流和湍流条件下，实验表明，随着表面粗糙度的增加，涂层样品与盐水接触的表面积增大，垢晶颗粒更容易在这种粗糙表面附着和沉积，对应的结垢速率增高；但在粗糙度小于 2μm 的范围内，其对结垢的影响不是一个主控参数。

### (二) 油田现场试验

**1. 地面管道系统试验**

在现场管道系统配套分离罐和各类试验管段，输送温度为 55~60℃、含油量小于 0.1% 的地层水。试验管段共有 8 段，每段均为长度 1m，直径为 3.5in。第一个和最后一个管段为无涂层裸管，中间的管道内壁均涂有环氧树脂和含氟聚合物涂层，具体配置如图 7-6 所示。

管线安装到系统中之前，对管段进行称重。运行 5 个月后，管段的质量增加则为管道内表面的垢沉积量。

图 7-6 油田现场流动装置

涂层管段的顺序和质量增加量见表 7-6。

表 7-6 涂层管段的质量增加量

| 试验管段安装顺序 | 样品管 | 质量增加量(g) |
| --- | --- | --- |
| 1号 | 无涂层的裸管 | 830.13 |
| 2号 | P-5 | 202.1 |
| 3号 | X-1 | 279.14 |

续表

| 试验管段安装顺序 | 样品管 | 质量增加量(g) |
|---|---|---|
| 4号 | P-1 | 243.18 |
| 5号 | X-2 | 288.88 |
| 6号 | P-3 | 260.61 |
| 7号 | X-3 | 216.85 |
| 8号 | 无涂层的裸管 | 287.09 |

试验管段均采用碳钢材质，不同管段分别涂有6种不同的改性涂层，其中3种(P-1、P-3和P-5)也在前面的实验中进行了评价。与裸管段相比，所有涂层在一定程度上都降低了表面附着垢的质量，如图7-7所示。综合看，P-5涂层的防垢性能最优，P-1、P-3涂层的防垢能力基本相同。

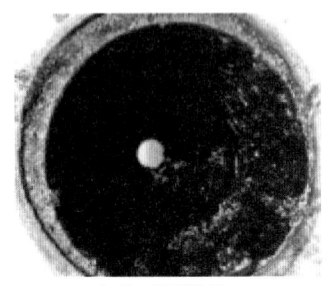

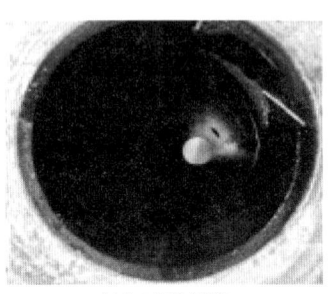

(a) 1号无涂层　　(b) 7号涂层管　　(c) 8号无涂层

图7-7　试验管段内的垢沉积

2. 油井典型试验效果

在北美的多口严重结垢/蜡试验井，应用氟基有机涂层38个月后，生产保持稳定。而相距20m处的一口邻井需要每两个月进行一次清垢作业，应用涂层技术的单井节省300多万美元。在井口节流阀应用也起到了防止蜡、垢沉积的作用。图7-8为该涂层在挪威某工厂喂液管线应用效果对比。

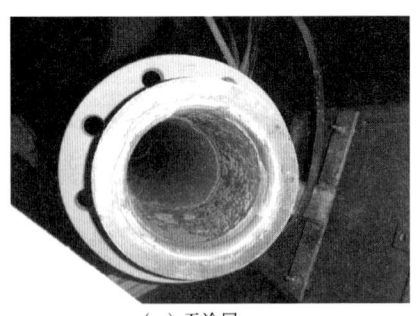

(a) 无涂层　　(b) 有涂层

图7-8　涂层应用1年试验效果

3. 长庆油田涂层防垢应用情况

姬塬油田对加热炉盘管做HS-128防腐防垢涂层处理后，油气混输一体化装置运行水平得到了明显提升。

镇原油田采用高分子材料喷涂设备或管线表面，利用其附着力强、黏结性好、结构致密，能牢固地结合在基本表面，隔绝空气和水以及介质，具有超光滑的表面，减缓了垢附着速度，有效延长了结垢周期。镇一卸输油泵通过防结垢涂层处理，输油泵叶轮结垢周期延长了120天[22]。

## 第三节　长庆油田物理防垢技术应用

### 一、长庆油田物理防垢系统应用情况

自2007年起，为了控制集输站内管道、收球筒和加热炉盘管等处的内部严重结垢，在长庆油田的5个采油厂试验应用了超声波、电磁场和合金能量环3类9种不同型号的物理防垢系统278台/套，单台/套价格为3万~30万元不等。防垢系统主要安装在转油站、增压点的严重结垢管段、加热炉等处(图7-9、图7-10)[23-24]。其中，应用数量居于前两位的是超声波防垢和变频防垢系统，其相关性能(来源于厂家)对比见表7-7。

表7-7　两类物理防垢装置的性能(来源于厂家)

| 装置 | 机理 | 设备特点 | 安装方式和位置 |
| --- | --- | --- | --- |
| 超声波防除垢装置 | 超声波脉冲信号传播到管道，并反射作用于液相：(1)声波"增溶"作用；(2)声波"粉碎"作用；(3)声波"剪切"作用 | 主机接通电源，自动变频系统发射不同频率的超声波脉冲信号。无须割开管道，不停产 | 加热炉进出口盘管法兰片、收球筒进出口 |
| 变频(高频电磁场)防垢仪 | (1)电信号作用于管道上，引起水分子共振，使氢键缔合的水分子团变成单个极性水分子，提高水的活化性和溶解性，使各类盐正负离子有效碰撞次数减少；(2)水的偶极矩增大，使它与盐的正负离子吸引能增大，原有垢变软、易脱落 | 主机接通220V电源，自动产生输出频率变化的电信号。无须割开管道，不停产 | 信号线缠绕在管道上，信号线两端连接变频防垢仪主机。主机与缠绕线圈距离越近越好，一般不超过2m。缠绕线应尽量远离(2m以外)干扰源，如大功率水泵等 |

图7-9　超声波防除垢装置

图 7-10 变频防垢仪现场安装

超声波防除垢装置在 2011—2012 年安装 3 批 17 套。试验 7 个月后，整体有效果的仅 12%，2 个站加热炉应用后，压差下降；5 个站压差无变化；其他站点压差则略有不同程度上升。两年后，只有 10% 的站点运行正常。此类防垢设备的后期运行率低，主要原因是结垢等问题导致更换加热炉盘管的同时也拆卸了防垢设备，并且缺乏专业人员运行保障和维护。

变频防垢仪只在个别站点进行现场评价。主要是监控注水管压、油压及流量等参数，两个月内拆开分水器查看管线结垢情况。但现场试验时间较短，无法判断有效性。

## 二、超声波物理防垢的现场测试

参考 Q/SH 1020 1737—2006《物理防垢仪防垢效果评价方法》标准的相关技术方法，采用加热浓缩法和成垢离子滴定法在某站点进行了超声波防垢仪的效果测试。超声波设备参数：电压 220V，频率 50~60Hz，电流 1.0A，输出频率 20~25kHz。现场运行参数：电压 129V，电流 0.65A。在一次加热炉进口、出口各安装一套装置。未处理样品取自防垢装置前端的进站收球筒处，处理后样取自防垢装置后端的计量出口进二次加热炉，该站流程如图 7-11 所示。

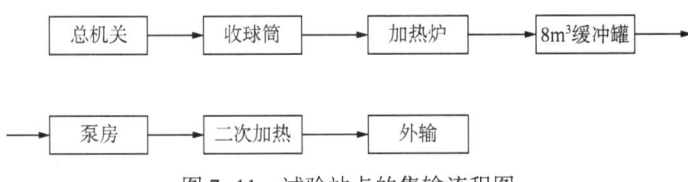

总机关 → 收球筒 → 加热炉 → 8m³缓冲罐 → 泵房 → 二次加热 → 外输

图 7-11 试验站点的集输流程图

### （一）离子测试法

处理后水样在现场水温条件下放置不同时间后，再进行成垢阳离子浓度的测试，绘制离子浓度随时间变化曲线，曲线出现明显拐点所对应的时间为有效保留时间，时间可为 2h、4h、8h、16h、24h 不等。

因该站油水分离困难，从现场超声波防垢仪处理 2h 后才进行离子测试。2h 后防垢率达到 49.8%，随着时间的增加，除垢效果逐渐降低，20h 后降低到 40%。成垢阳离子随时间的变化曲线见表 7-8、图 7-12 和图 7-13。

表 7-8 处理前后水质成垢阳离子变化情况

| 时间间隔(h) | | 2 | 4 | 6 | 9 | 12 | 15 | 17 | 19 |
|---|---|---|---|---|---|---|---|---|---|
| 成垢阳离子 (mg/L) | 处理前 | 2411.2 | — | — | — | — | — | — | — |
| | 处理后 | 3609.3 | 3591.9 | 3536.2 | 3529.4 | 3512.8 | 3482.7 | 3466.1 | 3461.8 |
| 防垢率(%) | | 49.69 | 48.97 | 46.66 | 46.38 | 45.69 | 44.44 | 43.75 | 43.56 |

注：现场 EDTA 滴定量折合成 $Ca^{2+}$ 量。

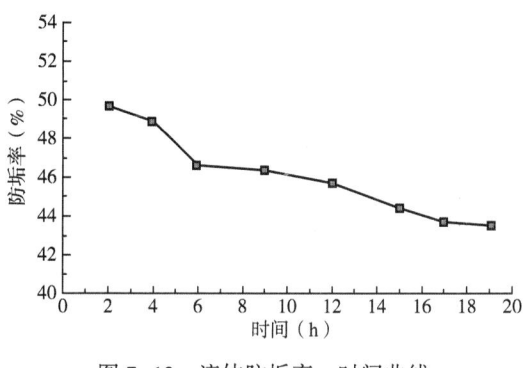

图 7-12 流体防垢率—时间曲线

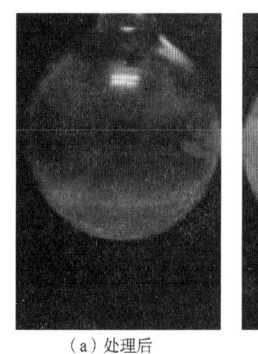

图 7-13 加热浓缩，结垢对比
(a) 处理后　(b) 未经处理

### （二）加热浓缩状态测试

原理是水经物理防垢仪处理后，所生成的沉淀强度低，不再是致密的结晶，且容器壁的结合力很弱。处理后的水经过加热浓缩后，析出的沉淀应呈絮状聚集在底部。如果装置防垢效果差或无效，则容器壁上附着硬质垢。

用量筒量取防垢仪处理后水样 400mL，倒入洁净干燥的 500mL 圆底烧瓶中，放置于电热套上加热，待水样沸腾后控制加热电压，使得水样保持微沸，加热过程中注意观察实验现象，1h 后关闭电源停止加热，观察水中析出沉淀状态。若水中析出沉淀呈絮状聚集在瓶底，烧瓶保持透明，说明处理效果较好；若瓶壁上附着硬质垢而变暗，说明处理效果差或无效。

从图 7-13 可以看出，经过超声波防垢仪处理后，瓶壁透明，瓶底有大量疏松沉淀生成，但存在防垢效果不高、有效作用时间短的问题。未处理样瓶壁附着大量硬质垢。

经统计，采油厂的站内关键设备安装后，主要问题是防垢有效距离有限，只能保护重点设备，不能解决整个站内流程的结垢问题，而且装置长期防垢作用逐渐变差。

## 三、地面系统的水力清垢技术

长庆油田集输系统结垢主要有以下特点：一是结垢量大，结垢速率快，混合垢质成分复杂，难以清除；二是高差大，黄土高原地势的特性决定了集输管线位差大，最大达 80～100m。每年注采管线因结垢造成的管线堵塞损坏 400～500 余条，目前油田地面小直径管线以及站内复杂总机关一旦结垢，只能更换管线，严重影响油田正常生产。而管线的化学清洗主要存在对长距离管线清洗难度大，药品很难到达或充分反应，经常存在清管不彻底、管壁有残垢等现象；施工中要防止可能的次生 $H_2S$ 等毒害气体对人员的伤害，配套健康安全环保方面的投入；避免清洗物体对管线、设备的腐蚀；做好作业废液的处理和合规排放。

针对上述问题开展了小直径管在线清垢器以及复杂管路高压软管输送水力喷头清垢技术研究。

### （一）空化水射流清垢技术及应用

空化水射流是指流体经过喷嘴产生射流，瞬间诱发空泡产生，适度地控制喷嘴出口截面与靶物表面间的距离，使空泡在靶物表面溃灭，产生高压强的反复作用，达到清除管壁上垢物的效果。

空化水射流清管器，是根据水力空穴微射流机理设计的一种有效引发空化现象的设备，具有如下特征：(1)由两组碗状叶片体构成，两组碗状叶片由连接轴连接，轴长与清垢管线的管径和转弯半径有关；(2)每组碗状叶片交错固定在轴上，叶片间由聚乙烯等隔层隔开；(3)碗状叶片由锰钢材料构成，形状为梯弧形。此外，对大管径清垢或在复杂工况条件下清垢时，后端可配装跟踪探测器，如图 7-14 所示。

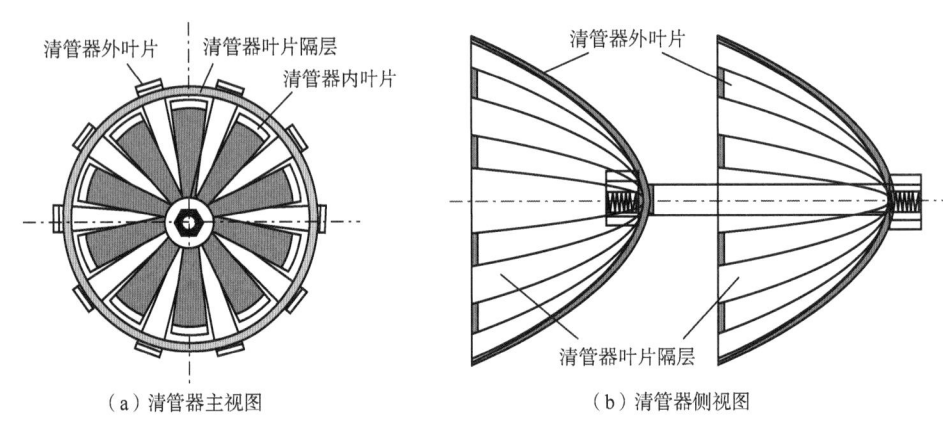

(a)清管器主视图　　(b)清管器侧视图

图 7-14　φ60mm 清管器

正常工作时，将空穴清管器放入被清垢管线内，在水压力的推动下向前移动。当遇到垢阻挡时，空穴清管器移动速度减小，水流就会从空穴清管器边缘和清垢管线内壁面间的环隙空间通过，因为环隙空间很小，清管器前端的压力会陡然下降。在大压差情况下，就会出现急速旋转的涡流，形成连续移动的低压区，产生细微气泡，当经过此区域后，压力回升，细微气泡会瞬间被压缩、破裂，发生内爆，形成强力的微射流，快速清出壁面的垢(图 7-15)。

当空穴清管器遇阻时，可通过反方向打压，使清管器从管道起始端退出。若无效，则可采用割管措施。

### （二）高压水射流清垢技术及应用

高压水射流清垢技术是运用液体增压原理，通过增压泵—水—小孔喷嘴将压力能转变为高度聚集的水射流动能，从而完成清垢。高压水射流常用压力为 2~35MPa，在与垢碰撞时，产生极高的冲击动压和涡流。高压水射流从微观上存在刚性高和刚性低的部分，刚性高的部分产生的冲击动压增大了冲击强度，宏观上起到快速楔劈作用，而刚性低的部分相对于刚性高的部分形成了柔性空间，起吸屑、排屑作用。

油田主要用此技术进行总机关清垢。高压水射流清垢装置由高压水射流喷嘴(把高压泵或增压器提供的静压转换为水的动力)、高压软管输送装置(滚动轮和主体组成。主体由外

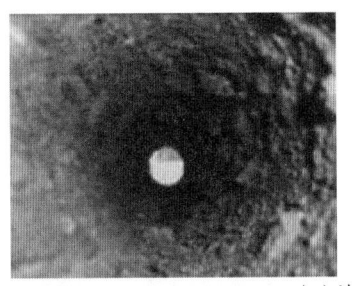

(a) 清垢前

(b) 清垢后

图 7-15　注水、输油管线清垢前后对比

层支撑体和内层防滑衬体构成，通过固定螺栓固定在一起，滚动轮通过人字形支架连接到主体上。主体为两个半圆体构成，通过销轴连接，在现场施工时方便安装)，可根据需要自喷头开始每 1.5~3m 安装一个传送装置(图 7-16)。

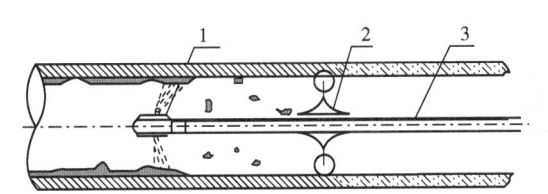

图 7-16　高压软管水力射流清垢示意图
1—自进式水射流喷头；2—高压软管输送装置；3—高压软管

**(三) 地面系统的高压气水脉冲射流清洗技术**

高压气水脉冲射流清洗技术以高压气体作为介质，经脉冲发生仪产生高压脉冲波，以一定的频率进入地面管道，形成间断的气水流。这种高流速紊流脉冲波对管壁表面的垢、金属氧化物和复合胶质等附着性污垢形成冲蚀、剥层、水楔等作用，使其从基体表面脱离，并随水气流排除。当管道表面有坚硬、致密的钡锶垢时，会在流体中加入钢丸、钉头等硬质磨料。

2015 年起，在姬塬油田严重结垢的一体化增压橇等设备进行清垢施工。针对增压橇一次或二次加热盘管的清垢，典型施工流程为：(1)将高压数控脉冲输出管汇连接到增压橇加热盘管进口，加热盘管出口连接到罐车排污口；(2)用高压空气对加热盘管进行贯通测试，在保证安全的前提下，压缩机逐渐增压，确认管线贯通；(3)开始脉冲清垢工作对管内清垢，排污口收集黑色污水和碎屑；(4)当输出管汇压力自然降至 0MPa、出水见清时，清垢工作结束。一般清垢作业用时 4~6h(图 7-17、图 7-18)。

(a) 清垢前　　　　　　　　　(b) 清垢后

图 7-17　加热盘管清垢前后对比

(a) 清垢前　　　　　(b) 清垢后　　　　　(c) 垢渣

图 7-18　总机关管道内清垢前后对比

高压气水脉冲射流清洗技术的优点是对站点总机关、存在变径的管线以及复杂管网的清垢具有较好的适用性，并且施工压力相对较低，只有 2~7MPa，相对其他高压清垢更安全可靠。另外，与将增压橇等现场设备拉运回工厂清洗处理的费用 15 万元/套相比，该技术清垢费用为 4 万~6 万元/套，对生产影响小，也更为经济。

该技术的不足之处是：(1) 作业过程对清洗用水的需求量较大，基本每次需要 30~40m$^3$。(2) 施工用的工程车辆较多，需要泵车、压缩机车、水罐车、空罐车。对生产场地的临时占用面积较大。(3) 国内有油田采用碎石作为地面管道的除垢磨料，取得相应的效果。但为了避免脉冲流体对管道基体的冲蚀、损伤，其中的硬质磨料的材质、添加量、作业时长与管道内壁结垢量、垢质硬度及管壁厚度安全裕量等之间的关系，还需要深入的论证分析。(4) 高压脉冲清垢后，可能使得管道内壁粗糙度变大，后续的垢沉积更容易。现场生产也发现清垢作业后，再次结垢周期缩短的现象。应及时配套化学防垢措施，避免短时间内再次结垢。

其他常用的物理清垢技术有通气改变液相流态技术、机械清垢等技术。在长庆油田、大庆油田和新疆油田等都有应用，取得了一定的效果。其中机械清垢操作简单，作业周期短，但清垢器为直线运动，排垢效率低。

## 第四节 集中结垢技术

集中结垢技术作为一类特殊的防垢技术，不同于常规物理防垢，通过改变流体环境，人为创造利于结垢的氛围，促使在设备前端结垢，定期排垢，有效避免结垢对设备运行的影响[25]。

### 一、板式集中结垢技术

#### (一) 技术原理

利用不相容水体混合结垢，通过改变化学热力学条件，诱导水体中的结垢因子在指定的地点结垢并定期排垢，避免垢对后续管线设备运行的影响。

#### (二) 技术应用

在长庆油田 Y4 转开展定点结垢工艺试验。该转运站来液层系复杂，侏罗系和三叠系来液分别进入两个独立的加热炉，日处理液量为 $500\sim600m^3$。装置安装前投加 SIB 防垢剂（25kg/d）。针对该站液量及流体性质，依据罐内驻留时间、颗粒沉降速率，设计装置罐体积 $2.5m^3$，内加波纹板填料，同时设计了反洗、排污流程（图 7-19、图 7-20）。

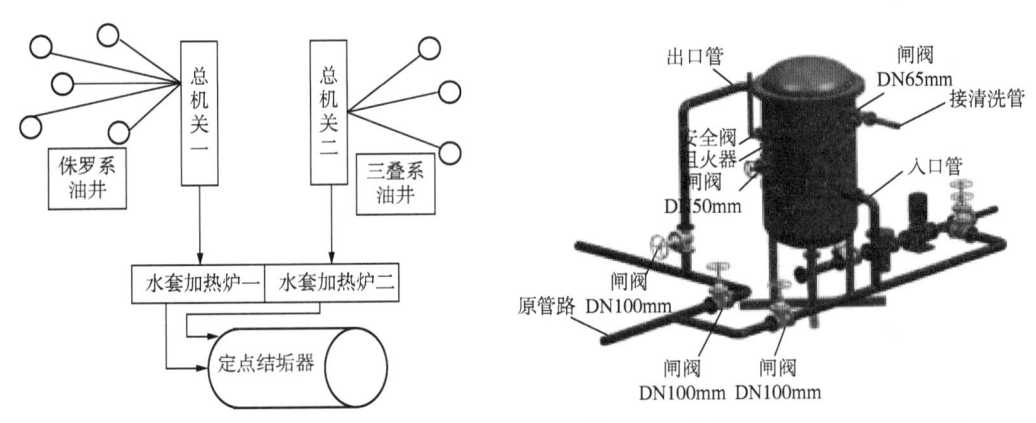

图 7-19 定点结垢装置工艺流程方案

图 7-20 定点结垢装置管路连接方案

2017 年 11 月安装后，平稳运行 800 天以上，系统压力保持在 $0.15\sim0.28MPa$。2018 年 1 月、2019 年 4 月分别打开观察口及上盖进行效果评价。效果如图 7-21 所示。

图 7-21 现场结垢情况

混合水样通过结垢器后,钙镁离子减少量为290.61mg/L,碳酸根和碳酸氢根减少量为134.27mg/L,硫酸根减少量为250.93mg/L,结垢器结垢效果良好。

清罐共计清理垢、油、水和泥砂2470kg。其中,内部结垢场中总质量约735kg(其中垢550kg、油37kg、水87kg、泥砂61kg);罐内沉积固相质量约1735kg(其中垢1200kg、油323kg、水79kg、泥砂133kg)。设备安装至首次清罐,共计运行513天,平均日产垢大约3.4kg。

## 二、CG型集中成垢技术

### (一)技术原理

通过垢晶的聚集,诱导在装置内填料表面结垢,消耗采出水中的成垢离子,从而延缓后端流程及设备结垢。油水混合液体进入除垢器中的填料,液体中的垢晶被除垢填料吸附而截留,从而达到延缓后端流程结垢的目的。

装置包括进液管、若干个滤液管和设置在滤液管内部的成垢组件。若干个滤液管阵列式布置。相邻两个相连的滤液管之间形成旋流式液体流动。滤液管为伴热结构。滤液管一端设置有管帽,用于拆装成垢组件(图7-22)。

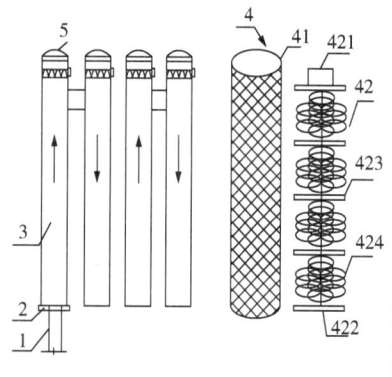

(a)示意图　　　　　　　　　　(b)实物图

图7-22　集中结垢装置示意图和加工实物图

1—滤芯头;2—法兰螺纹;3—$\phi$159mm;4—滤芯管;5—管帽;41—滤网;
421—管帽;422—中心管;423—钢片;42、424—钢丝网

### (二)技术应用

截至2019年底,该装置在姬塬油田共计应用5套,以X1转为例。该转油站来液层系复杂,包含长2、长6、长8、长9、延9、延10,日进液量365m³,综合含水率为57%,站点结垢周期两个月,腐蚀速率为0.27mm/a,前期投加防垢剂。成垢装置安装位置选定在温场变化之前,即在总机关与加热炉之间。目前应用较多的填料类型主要有5种:比表面积大的金属片填料、钢丝球填料、尼龙波纹板填料、尼龙丝填料、凹凸塑料抽芯填料(图7-23)。

现场应用258天,装置后端加热炉、外输泵等重点设备运行正常,未采取清垢措施,其间更换一次填料。装置前后挂片结垢腐蚀室内分析,结垢速率由1.8311g/a下降到0.6936g/a。

| 金属片填料 | 钢丝球填料 | 尼龙波纹板填料 | 尼龙丝填料 | 凹凸塑料抽芯填料 |

图 7-23 常用填料示意图

集中结垢装置的维护和结垢产物处置等问题是影响该技术推广的主要因素。

整体看，物理防垢技术仍不成熟，相信随着绿色化学剂技术[26-28]、电磁学等物理技术的发展，会有更好的物理防垢或物理与化学防垢结合的新方法出现和应用。建议下一步开展以下工作：

（1）物理防垢系统多在城市水管网、工业或民用锅炉防垢采用，没有明确的、在油田中低压、复杂油水输送介质条件下应用的临界条件和效果评价结论。而油水混合介质中胶质、蜡质和沥青质等有机组分、无机垢类型和状态、细菌等，对管道内金属基体和油水界面的附着状态、清防垢电磁波信号等的影响非常大。生产厂家应按照科学的方法和试验过程，开展系统的原理分析、计算和试验验证。

（2）此类物理防垢系统的一次设备投资高，投入产出比低于传统的化学防垢剂。地面系统严重结垢后，在更换管线或加热炉盘管的同时，已安装的对应防垢装置往往被拆除，需持续的后期维护和技术保障。

（3）国内外缺乏统一、可准确量化的行业评价标准，需要研究配套物理防垢仪防垢效果，包括室内的流动模拟对比方法、现场的评价短节（管路系统）或多级小孔挂片（固定在收球筒内或楔形流量计下部）等，定量化对比防垢仪应用前后的防垢效果。

## 参 考 文 献

[1] Amer J, Abdul W A, Surya P, et al. Field trial of an unconventional internal corrosion mitigation technology [C]. Corrosion 2013, 2013.

[2] Hartwig K, Sylvia W. Scale removal with ultrasonic waves[C]. SPE International Oilfield Scale Conference and Exhibition, 2014.

[3] Jaber T S, Hassan N, Yaser S, et al. The effect of ultrasonic wave on the removal of inorganic scales: NaCl and KCl[C]. Offshore Mediterranean Conference and Exhibition, 2017.

[4] Bott T R. Biofouling control with ultrasound[J]. Heat Transfer Engineering, 2000, 21(3): 43-49.

[5] 余兰兰, 高英杰, 余宏伟, 等. 超声波防垢措施及效果分析[J]. 油气田地面工程, 2009, 28(10): 16-17.

[6] 刘利梅, 陈洁, 韩胜华, 等. 声学防垢装置[J]. 油气田地面工程, 2009, 28(10): 87.

[7] 靳宝军, 谢绍敏, 张云芝, 等. 梁南管理区硫酸钡锶结垢和腐蚀的防治[J]. 油田化学, 2007(4): 337-339.

[8] 陈先庆. 超声波防垢技术在油田中的应用研究[J]. 钻采工艺, 2000(3): 60-63.

[9] Kent W S, Charles D C, Vincent F H. Demonstration and evaluation of magnetic descalers[C]. Corrosion 2003, 2003.

[10] Andrew M P, Steve B, William B. Assessing of the application magnetic treatment for the reduction of oilfield

scale[C]. Corrosion 2000, 2000.

[11] Lewis A L, Raju K U. Evaluation of two electrostatic and magnetic antiscaling and anticorrosion devices [C]. Corrosion 1997, 1997.

[12] Farshad F F, Linsley J, Kuznetsov O, et al. The effects of magnetic treatment on calcium sulfate scale formation[C]. SPE Western Regional/AAPG Pacific Section Joint Meeting, 2002.

[13] 马彩凤. 磁场对油田污水结垢的影响及综合防垢方法的研究[D]. 西安：西安石油大学, 2010.

[14] 刘科. 变频电磁场除垢阻垢机理的实验研究[D]. 青岛：中国石油大学(华东), 2013.

[15] 张怡焉. 电磁除垢防垢技术在油田中的应用[D]. 西安：西安石油大学, 2015.

[16] 张超. 电磁防垢实验研究[D]. 青岛：中国石油大学(华东), 2010.

[17] 王勇. 二合一加热炉物理防垢技术研究[J]. 石油规划设计, 2011, 22(6)：43-45.

[18] 韩枫. 油气田高频电磁场清防垢影响因素分析[D]. 大庆：东北石油大学, 2017.

[19] Gore M, Boardman B. Emergence of diamond-like-carbon technology: One step closer to OCTG corrosion prevention[C]. SPE International Conference on Oilfield Corrosion, 2010.

[20] Heydrich M, Hammami A, Choudhary S, et al. Impact of a novel coating on inorganic scale deposit growth and adhesion[C]. Offshore Technology Conference, 2019.

[21] Vazirian M M, Charpentier T T J, Neville A, et al. Assessing surface engineering solutions for oilfield scale: Correlating laboratory tests to field trials[C]. SPE International Oilfield Scale Conference and Exhibition, 2016.

[22] 李建中, 苏春娥, 刘凯旋, 等. 镇原油田结垢机理及防垢技术研究[J]. 石化技术, 2015, 22(1)：17-18.

[23] 许振宇. 油田复杂垢声波防除实验研究[D]. 青岛：中国石油大学(华东), 2008.

[24] 李丹. 油田管道超声波防除垢技术实验研究[D]. 荆州：长江大学, 2015.

[25] 刘清云, 张兴华, 李毓枫, 等. 集中结垢与腐蚀控制技术在长庆油田的应用[J]. 石油机械, 2011, 39(1)：64-66.

[26] 张园贺. 油田防垢技术研究与应用进展[J]. 中国石油石化, 2016(S2)：212.

[27] 李琼玮, 李慧, 刘爱华, 等. 国外油田化学防垢技术新进展[J]. 现代化工, 2018, 38(8)：63-67.

[28] Anastas P T, Warner J C. Green chemistry: Theory and practice[M]. New York: Oxford University Press, 1998.

# 后 记

多年来，因姬塬油田生产中所面临的结垢防治系列问题，针对性地检索了国内外相关文献资料，发现国外在油气田结垢及化学剂机理、测试方法和油藏与工程结合等方面内容纷繁，进展变化很快。国内相应的系统性研究相对缺乏，使得采油气工程中油田化学的作用发挥受到极大限制。

6 年前，开始着手梳理整合国内外结垢防治的技术框架、新方向和新措施，并利用最大可能的业余时间，克服各种困难，结合自身修炼和悟、学、用，终于编写完成本书。但受作者认知水平、资料来源等的限制，书中内容仍存在欠客观、不完善等诸多缺陷，谨希望得到同行批评，并以此对低渗透油气田的实际开发工作有所裨益。

随着油价持续低位振荡，油气藏开发难度不断加大等客观因素的变化，对于油田结垢防治技术的发展也呈现出"低成本、多功能化、绿色化、智能化"等特点，具体方向可能有：

（1）低成本方向。

主要寻求化学剂在低加量下的最优效果和综合成本最优化。应该认识到，当上游油气生产企业未建立全系统的技术、质量管控体系时，单纯从地面集输流程的低成本简化、化学剂的低价招标采购或从生产作业层面的低成本加注等，都有可能是舍本逐末或适得其反，会造成全系统结垢防治的效果差，甚至造成后期更多的补救性成本投入。

作为上游油气生产企业，应从化学剂的合成和质量控制、生产过程的井口连续加注或间歇加注方式、地层挤注防垢的段塞设计或现场监测技术等方面，整体梳理各因素的相互作用关系，探索科学、合理的经济界限，以经济、有效为目标实现高防垢效率、长保护周期。

（2）多功能化方向。

主要是在油田区块层面的整体开发方案中，要做好全生命周期结垢防治的顶层设计；在新井完井方面，与筛管、完井管柱的防垢工艺配套，压裂改造的防垢措施配套等结合，扩展防垢药剂和工艺的功能；在注水开发和三次采油阶段，研究以提高采收率为目的的综合防垢工艺；还有清垢、防垢化学剂本身，从分子设计、改性或复配等方面出发，研究兼具防腐蚀、破乳或杀菌等多种功能的新型油田化学剂。

（3）绿色环保化方向。

20 世纪 90 年代起，欧洲的英国、挪威等国海洋环保法规越来越严格，为避免传统的有机膦酸盐类等防垢剂中磷排放导致的海水水体富营养化，要求采用防垢分散性能良好、低磷或无磷的环境友好和可生物降解产品，进而实现"绿色化学"，用化学的技术和方法，从根本上减少或消灭对人类健康或环境有害的原料、产物和副产物、溶剂和试剂等的产生和应用。

按照斯坦福大学 M. M. Trost 提出的"原子经济性"，是高效的化学合成应最大限度地利用原料分子的每个原子，使之结合到目标分子中（如完全的加成反应），尽可能地节约不可再生的原料，最大限度地减少废物排放。通过高选择性反应和原子经济性反应两个范畴组成评价化学工艺的新标准，改变仅针对经济性的传统做法。具体参照绿色化学的原则要求，从防止废物生成、合成方法设计、高效功能、溶剂和分离试剂等助剂选用、过程能耗、对应分析方法等 12 个方面实施。油田结垢防治工艺中的各类化学剂也需要向绿色化学方向不断提升。

（4）智能化方向。

随着微传感器、5G 通信、大数据和云计算等技术的成熟应用，蓬勃发展的智能化油气藏和智能油气井工程等系统，必将大幅降低人工操作、干预等成本投入，在提升油气田管理水平的同时，也会给传统油气田生产带来颠覆性的变革。结垢防治等油田化学技术，可能会在动态预测、监/检测和化学剂研发、加注管理、措施作业等方面发生巨大变化。唯有超前布局和充分准备、扎实推动，才能应对这种变革的挑战。

本书在编写过程中，得到了很多前辈、同行的支持，还有家人、同事及朋友们的默默付出和鼓励，在此深表感谢！同时，也希望激励炘泽、曹成、小雨和星仔等孩子们，能够有远大的理想，在无常世事中克服困难并坚持自己的理想，以饱满的热情和勇气，更好地为我们的国家做贡献！

编　者

2021 年 12 月 18 日